Nancy Hathaway

Wie alt ist die Sonne, und wie weit weg sind die Sterne?

Nancy Hathaway

Wie alt ist die Sonne, und wie weit weg sind die Sterne?

* * *

Ein Begleiter durch Raum, Zeit und die Wunder des Weltalls

*

Aus dem Amerikanischen
von Anita Ehlers

Limes

Der Verlag dankt dem Deutschen Museum
für die Abdruckrechte mehrerer Bilder, dem
European Southern Observatory für das Abdruckrecht
eines der ersten Bilder des Very Large Telescope,
dem Max-Planck-Institut für Astrophysik für
die Bereitstellung einiger Bildvorlagen und den
Wissenschaftlern Tom Abel, Jürgen Ehlers und
Hermann Ulrich Schmidt für ihre fachliche Hilfe.

Im Gedenken an meinen Vater,
Alan Berman, der mit uns im
Vorgarten stand, um uns den Mars
in einer günstigen Stellung und
den Sputnik irgendwo über
unseren Köpfen zu zeigen.

Nichts ist zu wunderbar, um nicht wahr zu sein.

Michael Faraday (1791–1867)

Wohin mein Weg mich führen mag,
Der Himmel ist mein Dach,
Die Sonne kommt mit jedem Tag,
Die Sterne halten Wach'.

Joseph von Eichendorff (1788–1857)

Inhalt

IV
Ein Album der Sterne und Sternbilder

Vorwort

In meinen Augen sitzt Planetenstaub.
Edmond Rostand, *Cyrano de Bergerac*

Mehr als jede andere Wissenschaft verdankt die Astronomie wichtige Beobachtungen und Entdeckungen immer wieder neugierigen Amateuren. Der in Paris lebende Hermann Goldschmidt, ein deutscher Maler des neunzehnten Jahrhunderts, widmete sich, um seiner Schwermut Herr zu werden, der Astronomie und entdeckte vierzehn Asteroiden. Will Hay, ein englischer Komiker, der in den dreißiger und vierziger Jahren große Publikumserfolge feierte, bemerkte den großen weißen Fleck auf dem Saturn. Wilhelm von Biela, der Entdecker des gleichnamigen Kometen, war Hauptmann in der österreichischen k. u. k. Armee; der veränderliche Stern Mira wurde zuerst von einem holländischen Pfarrer beobachtet und der Sonnenfleckenzyklus von einem Apotheker. Die von diesen und vielen anderen Liebhaberastronomen begründete Tradition wird heute von Sternfreunden fortgesetzt, die bei ihren Beobachtungen mit Fernrohren im eigenen Garten so aktiv und einfallsreich arbeiten, daß die NASA sie 1986 bat, Experimente vorzuschlagen, die das vielbelagerte Hubble-Weltraumteleskop durchführen sollte. Die Astronomie löst ein Gefühl aus, das etwas mit Liebe zu tun hat; deshalb kann sie mit populärwissenschaftlichen Zeitschriften, Kreuzfahrten, Wochenendseminaren an Volkshochschulen und mit Katalogen voller Dinge aufwarten, die im Dunklen leuchten; deshalb auch treffen sich unzählige begeisterte Sternfreunde in Hunderten von Vereinen. Keine andere

Naturwissenschaft – nicht einmal die Paläontologie – kann ähnliches von sich behaupten.

Simon Newcomb, Professor für Astronomie und Mathematik an der Johns Hopkins University, der bekannt ist für sein Insistieren darauf, daß keine Maschine, die schwerer ist als Luft, fliegen könne, schrieb im Februar 1885 in *Harper's Magazine* dazu, die Astronomie ziehe anscheinend besonders diejenigen in ihren Bann, die sie nicht sehr gut kennen. »Die Sicht solcher Geister wird nicht durch technische Einzelheiten abgelenkt, die dem Forscher Sorgen machen, und die großen Umrisse werden in einer Atmosphäre von Empfindungen gesehen, die die algebraischen Gleichungen, mit denen sich der Astronom beschäftigt, umwandelt in jene großartige Schau der Schöpfung, die alle begeistert, ob ausgebildet oder nicht.«

Die Einstellung, die Newcomb hier beschreibt, ist auch die meine. Ich habe dieses Buch aus Begeisterung geschrieben und das Wichtige und Bekannte abgewogen gegen das, was mich mit Verwunderung erfüllt, meine Phantasie beflügelt und mich beglückt. Das klingt womöglich allzu unwissenschaftlich, weil es ja um eine Reise durch das unermeßliche, gewalttätige, von Kernkraft betriebene Ungeheure geht, das unser Weltall ist. Aber dieses Buch ist weder eine Anleitung zur Beobachtung noch eine Geschichte der Astronomie oder eine Einführung in diese Wissenschaft, und es ist sicherlich kein Lehrbuch. Es ist ein Begleiter, der Naturwissenschaft, Geschichte und Mythologie (mit Häppchen aus Kunst und Literatur) auf meine persönliche Weise mischt.

Dieses Buch ist keine allumfassende Behandlung des Themas, und das kann es auch gar nicht sein. Das Universum ist zu groß. Allein im Sonnensystem gibt es neun Planeten und Dutzende von Monden, von den hundert Milliarden Kometen in den eisigen Bereichen der Oortschen Wolke ganz zu schweigen. In einer sternklaren Nacht kann man auf dem Land mit dem bloßen Auge 1500 Sterne sehen. Die alten Griechen kannten etwa 6000 Sterne. Mit der Erfindung des Teleskops im Jahre 1608 nahm die Anzahl der sichtbaren Sterne exponentiell zu. In den glitzernden Plejaden, dem Sternhaufen, der auch Siebengestirn heißt, sieht der Beobachter gewöhnlich nur sechs oder sieben Sterne, aber wenn man diesen winzigen Fleck des Himmels selbst mitten in einer Stadt durch ein tragbares Fernglas betrachtet, tauchen Dutzende von Sternen auf. Tennyson beschrieb sie als einen »zu einem silbernen Zopf verflochtenen Schwarm von Glühwürmchen«. Insgesamt hat man in den Plejaden tausende von Sternen gezählt – und es gibt noch mehr. Das ist überall so, wohin man auch schaut. Das Wort »Milliarden« ist eigentlich ein Gemeinplatz geworden, in der Astronomie jedoch kommt man ohne es nicht aus; allein in unserer Galaxis gibt es etwa zweihundert Milliarden Sterne.

Die Astronomie ist mehr als eine Beschreibung des Himmels. Sie ist zugleich die Geschichte des menschlichen Versuchs, die Welt im größtmöglichen Maßstab zu verstehen, und als solche ist sie mit Genialem und Irrtümern befrachtet. Man könnte sich über jeden Astronomen, den wir wegen entscheidender Erkenntnisse verehren, auch lustig machen (was ungerecht wäre), weil er Theorien aufstellte, die im Rückblick verrückt erscheinen – wie beispielsweise Wilhelm Herschel, den Berufsmusiker und Entdecker des Uranus, der meinte, die Sonne sei ein Festkörper, unter deren feurigem Rand Wesen leben, die sich von uns kaum unterscheiden.

Mit der Entwicklung der Astronomie hat sich unser Bild vom Universum verändert und an Komplexität, Vielfalt und Größe gewonnen. Vor weniger als hundert Jahren noch war die Milchstraße unsere Galaxie, das Weltall, die ganze Welt. Dann wurde ein Nebelfleck im Sternbild Andromeda als eine andere Galaxie erkannt – als das, was Immanuel Kant eine »Welteninsel« nannte. Heute wissen wir, daß die Anzahl der Galaxien in die Milliarden geht. Und unser Wissen nimmt weiter zu. Abgesehen von den Fehlern, die ich womöglich gemacht habe, sind Teile dieses Buchs sicherlich schon jetzt veraltet oder haben sich als falsch erwiesen; etwas Unvorhergesehenes wurde entdeckt, etwas Erstaunliches wurde behauptet, und zweifellos sind einige der hier angeführten Superlative – das Größte, das Fernste, das Heißeste, das Hellste – inzwischen auf den zweiten Platz verwiesen worden.

Als ich studierte, gab es zwei Arten von naturwissenschaftlichen Vorlesungen: Eine war für diejenigen, die Wissenschaftler werden wollten, und eine für die übrigen. Dieses Buch ist für uns übrige.

Ptolomea
Astronomia

I

Eine Chronologie

Meditationen über die immer riesiger wachsende Evolution: über den Mond, der bei beginnender Lunation unsichtbar war, bei Annäherung ans Perigäum: über die unendliche lattiginose funkelnde unkondensierte Milchstraße ... über unser dem Sternbild des Herkules zustürzendes System: über die Parallaxe beziehungsweise die parallaktische Drift sogenannter Fixsterne, die sich in Wirklichkeit aus unermeßlich fernen Äonen in unendlich ferne Zukünfte ewig wandernd fortbewegten, im Vergleich wozu die Jahre, welche dem menschlichen Leben zugeteilt waren, siebzig und wenn es hochkam achtzig, eine Parenthese von infinitesimaler Kürze bildeten.

James Joyce, *Ulysses*

Ein Überblick über die Geschichte des Weltalls

Vor fünfzehn bis zwanzig Milliarden Jahren – Das Universum beginnt im Urknall. Während des ersten unvorstellbar kleinen Bruchteils einer Sekunde ist es ein unendlich dichter, heißer Feuerball; Raum und Zeit sind eins, und die Naturgesetze gelten nicht.

10^{-43} Sekunden oder 0,000 000 000 000 000 000 000 000 000 000 000 000 000 000 1 Sekunden nach dem Urknall – In diesem Moment, der sogenannten Planckzeit, wird die Schwerkraft eine eigene Kraft. Die uns bekannte Physik beginnt.

10^{-36} Sekunden nach dem Urknall – Das Universum dehnt sich aus, verdoppelt und vervielfältigt sich immer wieder, viele Male, bis es von der Größe eines Protons zu dem einer Honigmelone angewachsen ist. Die starke Kraft, die die Kerne von Atomen zusammenhält, beginnt zu wirken.

10^{-34} Sekunden nach dem Urknall – Die inflationäre Ära ist beendet. Quarks, Leptonen, Photonen und Neutrinos durchfluten das Universum.

10^{-10} Sekunden nach dem Urknall – Die elektromagnetischen und schwachen Kräfte beginnen zu wirken.

10^{-6} Sekunden nach dem Urknall – Quarks stoßen zusammen und bilden Protonen und Neutronen.

Drei Minuten nach dem Urknall – Protonen und Neutronen bilden

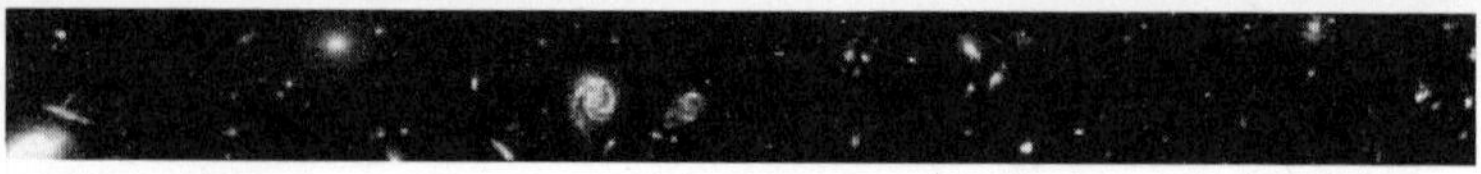

die Kerne von Wasserstoff, Helium und Lithium.

500 000 Jahre nach dem Urknall – Elektronen beginnen auf Bahnen um die Atomkerne zu kreisen.

Eine Million Jahre nach dem Urknall – Das Universum wird durchsichtig. Das Licht kann sich ausbreiten. Es ist möglich zu sehen.

Dreihundert Millionen Jahre nach dem Urknall – Sterne und Galaxien bilden sich.

Eine Milliarde Jahre nach dem Urknall – Quasare beginnen zu leuchten.

Wir stellen uns den Urknall als einen Bruchteil der Zeit vor, aber in diesem Bruchteil könnten die unglaublichsten Dinge passiert sein; es könnten die höchstentwickelten Kulturen geblüht haben und verschwunden sein, für die wir zur fernen Zukunft gehörten.
Tullio Regge

Viele Jahre vergehen.

Vor 4,5 Milliarden Jahren – Das Sonnensystem bildet sich aus einer Wolke von Staub und Gas.

Vor vier Milliarden Jahren – Blitze durchzucken die frühe Atmosphäre der Erde, und es bilden sich Aminosäuren, die Bausteine von Proteinen und damit die Grundlage des Lebens.

Vor 3,6 Milliarden Jahren – Einzeller sind fruchtbar und vermehren sich.

Vor einer Milliarde Jahren – Würmer, Quallen und Algen breiten sich aus.

Vor 570 Millionen Jahren – Fossilien belegen, daß plötzlich sehr viele Lebewesen mit hartem Panzer auftreten. Diese sprunghafte Entfaltung wird als Kambrische Explosion bezeichnet.

Vor 360 Millionen Jahren – Wirbeltiere paddeln ans Land.

Vor 248 Millionen Jahren – Erste Dinosaurier durchstreifen das Land.

Johannes Hevelius (1611–1687) und seine Frau.
Yerkes Observatory, University of Chicago

Vor 65 Millionen Jahren – Ein Asteroid schlägt am Nordende der Yucatán-Halbinsel in Mexiko ein. Die Dinosaurier sterben aus.

Vor 35 000 Jahren – *Homo sapiens* nimmt die Erde in Besitz.

Sonntag, den 27. April 4977 vor Chr. – Nach Johannes Kepler

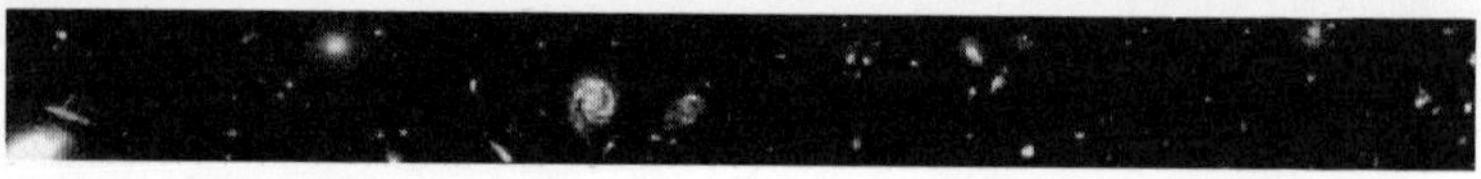

(1571–1630), Hofastronom des Kaisers Rudolf II. und Entdecker der Bewegungsgesetze, der Tag, an dem die Welt geschaffen wurde.

1. Januar 4713 vor Chr. – Nach Joseph Justus Scaliger (1540–1609) der erste Tag der Welt. Er benannte seine Abzählung der Tage seither nach seinem Vater, Julius Caesar Scaliger. Der 1. Januar 2000 ist der Julianische Tag 2 451 545.

Am 22. Oktober 4004 vor Chr. – Nach dem irischen Erzbischof James Ussher (1581–1656) wurde abends die Welt erschaffen.

Am 24. Oktober 3936 vor Chr. – Nach dem Danziger Astronomen Johannes Hevelius (1611–1687) wurde um sechs Uhr abends die Welt erschaffen.

3761 vor Chr. – Der jüdische Kalender beginnt.

3500 vor Chr. – Nach Isaac Newton (1642–1727) wurde zu dieser Zeit die Welt erschaffen.

2283 vor Chr. – Babylonier beobachten in der Stadt Ur eine Mondfinsternis – die erste je verzeichnete.

22. Oktober 2136 vor Chr. – Die chinesischen Astronomen Hsi und Ho haben es versäumt, die an diesem Tag eintretende Sonnenfinsternis vorherzusagen. Sie werden auf Befehl des Kaisers Chung Kong hingerichtet.

1300 vor Chr. – In der Nähe von Antares im Skorpion erscheint ein neuer Stern. Chinesische Astronomen verzeichnen ihn auf einem Orakelknochen.

Etwa 450 vor Chr. – Demokrit und sein Lehrer Leukippos behaupten, alle Materie bestehe aus Atomen. Demokrit sagt: »Es gibt nur Atome und leeren Raum; alles andere ist Meinung.«

352 vor Chr. – Chinesische Beobachter verzeichnen eine Supernova.

270 vor Chr. – Aratos von Soloi beschreibt in seinem einflußreichen Epos *Phainomena* 45 Sternbilder.

260 vor Chr. – Aristarch von Samos behauptet, die Erde drehe sich um die Sonne.

240 vor Chr. – Sommersonnenwende. Eratosthenes, der in Syene (jetzt Assuan) Urlaub macht, bemerkt, daß die Sonne am Mittag dieses Tages dort genau senkrecht steht und keinen Schatten wirft, während die Sonne in Alexandria etwas südlich vom Zenith ist und Schatten wirft. Nachdem er den Winkel zur Sonne und die Entfernung der beiden Städte gemessen hat, berechnet er nach den Regeln der Mathematik den Umfang unseres Planeten. Seine Berechnungen kommen dem richtigen Ergebnis sehr nahe, doch seine Zeitgenossen können nicht glauben, daß die Erde so groß ist.

134 vor Chr. – Hipparch bemerkt im Sternbild Skorpion einen Stern, den er vorher noch nicht gesehen hatte. Das veranlaßt ihn, die Positionen von etwa eintausend Sternen zu vermessen und nach ihrer Helligkeit anzuordnen. Mit einigen Abänderungen wird sein System heute noch verwendet.

46 vor Chr. – Julius Cäsar reformiert den Kalender. Er führt alle vier Jahre ein Schaltjahr ein und verlängert das Jahr einmalig um fast drei Monate, wodurch dieses Jahr länger ist als jedes andere.

Im März 44 vor Chr. – Ein Komet, der kurz nach der Ermordung von Julius Cäsar erscheint, wird für seine Seele gehalten.

Etwa 100 nach Chr. – Der Astronom Claudius Ptolemäus, der in Alexandria lebte und auf dem Werk von Hipparch aufbaut, schafft ein geozentrisches Modell des Universums, das über 1400 Jahre Bestand hat.

150 – Lucian von Samosata schreibt *Icaromenippus,* die erste Schrift, die der Science-fiction zuzuordnen ist. Der Held, Menippus, fliegt vom Berg Olymp zum Mond und sieht, daß die Erde rund ist.

497 – Der indische Astronom Aryabhata I. behauptet, die Erde drehe sich.

Am 15. Februar 538 – Die *Angel-*

sächsische Chronik beschreibt eine Sonnenfinsternis. Es ist die erste, die in England verzeichnet wird.

570 – Isidorus, Bischof von Sevilla, unterscheidet zwischen Astronomie und Astrologie. Seither fühlen sich Wissenschaftler immer wieder dazu aufgerufen, diese Unterscheidung zu machen.

773 – Die Astronomie kommt nach Bagdad, als ein Besucher aus Indien dem Kalifen erklärt, wie Finsternisse vorhergesagt werden können.

827 – *Megale mathematike syntaxis* von Claudius Ptolemäus aus dem zweiten Jahrhundert nach Chr. wird ins Arabische übersetzt und als *Almagest* bekannt.

Am 1. Mai 1006 – Der ägyptische Astrologe Ali ibn Ridwan beobachtet im Sternbild Wolf in der Nähe des Skorpions eine Supernova. Chinesische und japanische Berichte bestätigen die Beobachtung ebenso wie die Aufzeichnungen eines Mönchs im Kloster Sankt Gallen. Im zwanzigsten Jahrhundert ist von der wohl leuchtkräftigsten Supernova in der Menschheitsgeschichte nur noch Strahlung im Radiobereich übrig.

1054 – Juli. Ein neuer Stern im Sternbild Stier scheint heller als die Venus. Er wird von chinesischen, japanischen und indianischen Beobachtern verzeichnet; aber die Menschen in Europa sahen die große Supernova von 1054 nicht, weil sie, wie der Nobelpreisträger Sheldon Glashow sagte, »zu sehr damit beschäftigt waren, sich darüber zu streiten, wie viele Engel auf der Spitze einer Nadel tanzen können«. Die Überreste dieser Explosion sind heute als Krebsnebel sichtbar.

1066 – Wilhelm I., der Eroberer, der Halleys Kometen als »ein wunderbares Zeichen des Himmels« deutet, besiegt Harold II. von England und errichtet einen normannischen Lehnsstaat.

1175 – Der *Almagest* wird ins Lateinische übersetzt.

1229 – Friedrich Barbarossas Sohn bringt von einem Kreuzzug das erste Planetarium mit, das je

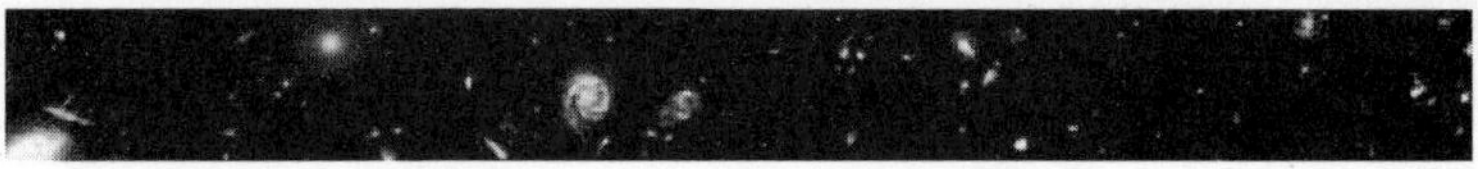

in Europa gesehen wurde, nämlich ein arabisches Zelt, dessen kuppelförmiges Dach mit Sternbildern versehen ist.

1252 – Alfons X., der Weise, wird zum König von León und Kastilien gekrönt. Er ist bekannt für seine Zusammenstellung von astronomischen Abhandlungen, Sternkatalogen und Tafeln der Planetenbewegung und für die etwas apokryphe Bemerkung: »Wenn der Allmächtige mich um Rat gefragt hätte, bevor er sich an die Schöpfung machte, hätte ich ihm etwas Einfacheres empfohlen.«

Am 24. Oktober 1408 – Chinesische Beobachter bemerken einen »Gaststern« im Sternbild Schwan. Mehr als fünf Jahrhunderte später entdecken Wissenschaftler dort eine starke Röntgenquelle, die sie für ein Schwarzes Loch halten – die Reste der damaligen Supernova.

1433 – Der Tatarenfürst und Astronom Ulugh Beg errichtet in Samarkand eine Sternwarte – ihre Überreste wurden 1908 gefunden –, in der er mit riesigen Instrumenten die Position von 1018 Sternen bestimmt. Er veröffentlicht die erste Sternenkarte seit Hipparch. Er verbannt seinen Sohn Abdallatif, als ihm ein Astrologe vorhersagt, sein Sohn werde ihn ermorden.

Am 27. Oktober 1449 – Ulugh Beg wird im Auftrag seines Sohnes umgebracht.

1456 – Papst Kalixt III. exkommuniziert den Halleyschen Kometen (jedenfalls wird das behauptet).

Am 19. Februar 1473 – Nikolaus Kopernikus wird in Thorn geboren.

1483 – Die lateinische Übersetzung der Alfonsinischen Tafeln mit den Planetenpositionen, die um 1272 unter der Obhut von Alfons X. von den jüdischen Gelehrten Jehuda ben Mose und Isaak ben Sidi erstellt worden waren, wird in Toledo gedruckt.

Am 24. Mai 1543 – Kopernikus stirbt. Auf seinem Totenbett erhält er die erste Kopie seines Buches *De revolutionibus orbium*

Der nördliche Sternhimmel, Holzschnitt von Albrecht Dürer (1515). In diesen ersten gedruckten Sternkarten zeichnete Dürer die Sternbilder, nachdem ein Mathematiker die Lage der Sterne vorgegeben hatte. Oben rechts Ptolemäus (Ptolemaeus Aegyptius).
Deutsches Museum, München

coelestium, in dem dargelegt ist, daß die Erde und die anderen Planeten um die Sonne kreisen.

Am 15. Februar 1564 – Galileo Galilei wird geboren.

Am 29. Dezember 1566 – Der große Beobachter Tycho Brahe und Manderup Parsbjerg tragen ein Duell aus, um zu entscheiden, wer der bessere Mathematiker ist. Parsbjerg erweist sich als der bessere Fechter und schlägt seinem Gegner ein Stück der Nase ab. Tycho trägt seither eine Prothese aus Metall.

Am 27. Dezember 1571 – Johannes Kepler wird im württembergischen Weil der Stadt geboren.

1572 – Tycho Brahe beobachtet im Sternbild Cassiopeia eine Supernova.

1576 – Im Anhang einer englischen Übersetzung von Kopernikus' *De revolutionibus* stellt Thomas Digges die Behauptung auf, der Raum sei unendlich.

1582 – Reformierung des Kalenders durch Papst Gregor XIII. Um das Osterdatum wieder in das Frühjahr zu verschieben, folgt in diesem Jahr auf den 4. Oktober sofort der 15. Oktober; die Säkularjahre (volle Jahrhunderte) werden keine Schaltjahre mehr sein, und das Osterdatum wird nach neuen Regeln berechnet. Der Gregorianische Kalender wurde in den katholischen Ländern sofort, in den protestantischen im Laufe des siebzehnten Jahrhunderts nur zögernd eingeführt (im englischsprachigen Raum sogar erst 1752 und in Schweden 1753).

Am 13. August 1596 – Der ostfriesische Pfarrer David Fabricius entdeckt im Sternbild Walfisch einen veränderlichen Stern, den der Astronom Hevelius ein halbes Jahrhundert später Mira, die Wunderbare, nennt.

1599 – Shakespeares *Julius Caesar* wird uraufgeführt. »Kometen sieht man nicht, wenn Bettler sterben. Der Himmel selbst flammt Fürstentod herab.«

Am 17. Februar 1600 – Giordano Bruno schreibt: »Es gibt unzählig viele Sonnen, und unzählig viele Erden umlaufen diese Sonnen ähnlich wie die sieben Planeten unsere Sonne. Diese Welten werden von Lebewesen bewohnt.« Für diese und andere Vorstellungen wird er auf dem Scheiterhaufen verbrannt.

Im Oktober 1604 – Kepler und Galilei sehen im Sternbild Schlangenträger Ophiuchus, eine Supernova.

Am 2. Oktober 1608 – Hans Lippershey, ein holländischer Brillenschleifer, beantragt eine Lizenz zur Herstellung von Teleskopen. Sein Antrag wird abgelehnt.

1609 – Galilei, der von Lipperseys Erfindung gelesen hat, baut sein eigenes Teleskop und demonstriert dem Dogen und dem Senat von Venedig seinen militärischen Nutzen. Sein Gehalt wird verdoppelt.

1610 – Galilei sieht die Jupitermonde, die Saturnringe, die Phasen der Venus, Sonnenflecken und die Sterne der Milchstraße. Er veröffentlicht die Neuigkeiten in seinem Buch *Sidereus Nuncius* (*Der Sternenbote*).

1616 – Kopernikus' Buch *De revo-*

Galileo Galilei.

Astronomical Society of the Pacific

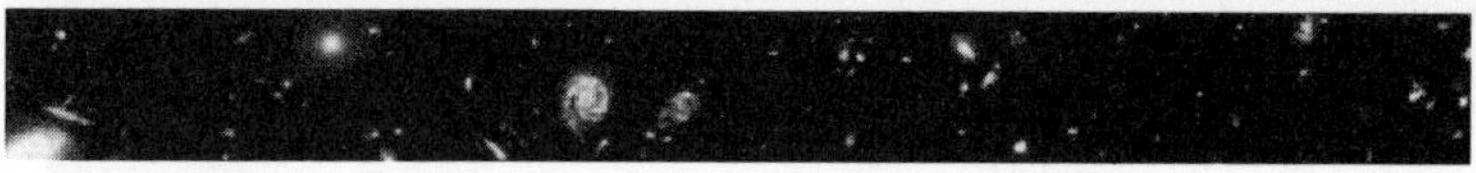

lutionibus wird von der römisch-katholischen Kirche auf den Index verbotener Bücher gesetzt, und Galilei wird davor gewarnt, die heliozentrische Lehre zu verteidigen.

1619 – Kepler veröffentlicht *Harmonice mundi (Harmonie der Welt)*, worin er sein drittes Bewegungsgesetz aufstellt.

1632 – Der Papst ist verärgert über Galileis *Dialog über die zwei hauptsächlichen Weltsysteme*. Galilei wird vor die Inquisition zitiert.

1633 – Galilei wird in Rom der Prozeß gemacht; er wird bis zu seinem Lebensende unter Hausarrest gestellt.

1635 – Arktur wird als erster Stern am hellen Tag mit dem Fernrohr beobachtet.

Am 8. Januar 1642 – Galileo Galilei stirbt.

Am 25. Dezember 1642 (Gregorianisch: 4. Januar 1643) – Nach dem in England damals noch gültigen Julianischen Kalender Geburt von Isaac Newton.

1643 – Keplers unvollendetes Manuskript *Somnium*, die Beschreibung einer Reise zum Mond mit Hilfe himmlischer Geister und Opiaten, wird posthum veröffentlicht.

1656 – Christiaan Huygens erkennt, daß das merkwürdige Gebilde auf beiden Seiten des Saturns ein Ring ist, der den Planeten umgibt.

1664 – Robert Hooke sieht den Großen Roten Fleck des Jupiter.

1665 – In London bricht die Pest aus. Da die Universität Cambridge geschlossen wird, ist Isaac Newton zur Rückkehr in sein Elternhaus nach Lincolnshire gezwungen. Dort erkennt er, daß die Kraft, die den Apfel vom Baum fallen läßt, und die Kraft, die den Mond auf der Bahn um die Erde hält, beide demselben Gesetz gehorchen. »All dies war in den beiden Pestjahren 1665–1666«, schreibt Newton später. »Denn in diesen Tagen war ich auf dem Höhepunkt meiner Erfindungskraft und dachte mehr über Mathema-

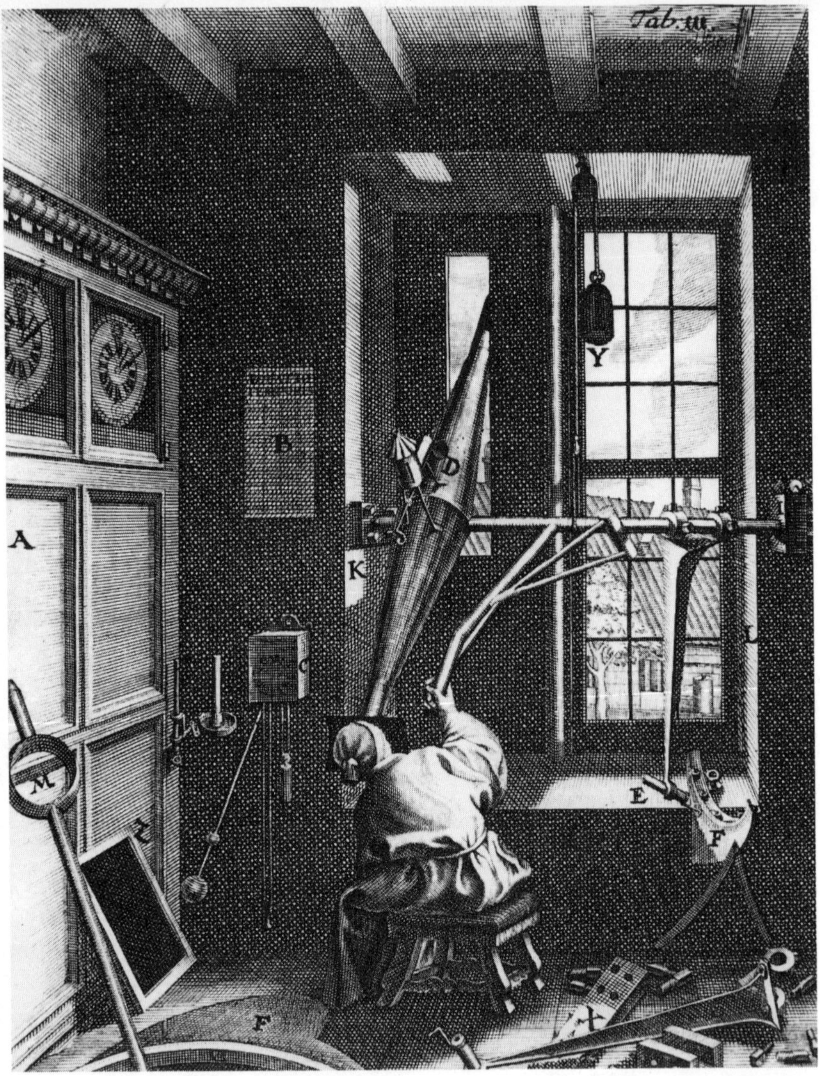

Das Teleskop des dänischen Astronomen Ole Rømer. Rømer (1644–1710) schloß 1675 aus der Verspätung der Verfinsterungszeiten der Jupitermonde bei großer Entfernung des Jupiter, daß die Lichtgeschwindigkeit endlich ist, und berechnete sie.

Deutsches Museum, München

tik und Philosophie nach als zu jeder anderen Zeit.«

1672 – Giovanni Domenico Cassini beobachtet Mars in Opposition und Konjunktion und bestimmt daraus auf neunzig Prozent genau seine Entfernung von der Erde.

1675 – Ole Rømer erkennt, daß die Lichtgeschwindigkeit endlich ist. Seine Schätzung von 225 000 Kilometern pro Sekunde entspricht etwa 75 Prozent des tatsächlichen Betrags.

Am 22. November 1682 – Edmond Halley sieht den Kometen, der später seinen Namen erhält.

1684 – Halley überredet Newton, seine Herleitung des Gravitationsgesetzes zu veröffentlichen. Auf sein Drängen schreibt Newton die *Philosophiae Naturalis Principia Mathematica,* das von vielen für das einflußreichste naturwissenschaftliche Buch gehalten wird, das je geschrieben wurde. Die *Principia* werden 1687 veröffentlicht.

1718 – Halley entdeckt, daß Sirius, Aldebaran und Arktur nicht mehr dort sind, wo Ptolemäus und Hipparch sie gesehen hatten, und beweist so, daß sie sich bewegen.

1755 – Immanuel Kant behauptet, das Milchstraßensystem sei eine unter vielen anderen »Welteninseln«.

Am 12. September 1758 – Charles Messier sieht einen Lichtfleck – den Krebsnebel – im Sternbild Stier. Er wird das erste Objekt des Messier-Katalogs, dem ersten Katalog von Sternhaufen und Nebelflecken.

Am 24. Dezember 1758 – Der Amateurastronom Johann Georg Palitzsch sieht einen Kometen. Einen Monat später wird er als der Komet erkannt, dessen Erscheinen Edmond Halley vorhergesagt hatte.

1761 – Durch die Beobachtung eines Vorübergangs der Venus vor der Sonne, eines Phänomens, das in acht Jahren zweimal vorkommt und dann über ein Jahrhundert lang nicht, entdeckt der russische Chemiker und Dichter Michail

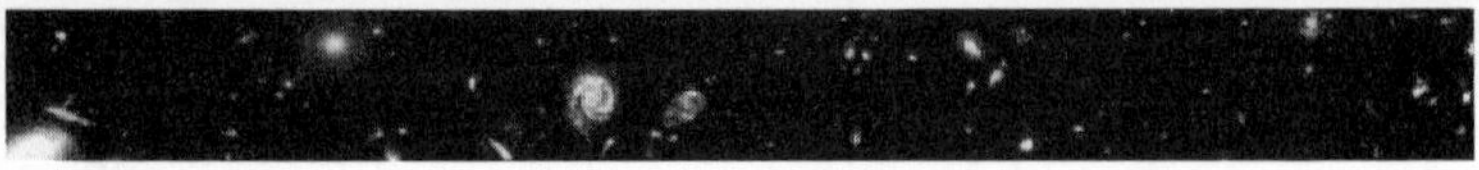

Wassiljewitsch Lomonossow die Atmosphäre der Venus.

1766 – Henry Cavendish entdeckt den Wasserstoff.

1772 – Johann Elert Bode veröffentlicht die Titius-Bodesche Regel, die die Positionen der Planeten vorhersagt und 1766 von Johann Daniel Titius aufgestellt worden war.

Am 13. März 1781 – Wilhelm Herschel entdeckt Uranus, den er zunächst für einen Kometen hält.

Am 12. November 1782 – Der taubstumme Astronom John Goodricke bemerkt, daß der Stern Algol im Sternbild Perseus schwächer leuchtet als gewöhnlich. Später stellt er die richtige Hypothese auf, daß er regelmäßig von einem nicht sichtbaren Begleiter verdunkelt wird.

1783 – Der englische Geologe John Michell, der für seine Untersuchungen von Erdbeben bekannt ist, behauptet, die Schwerkraft eines hinreichend großen Sterns könne so stark sein, daß ihm kein Licht entkomme. Damit ist die Vorstellung des Schwarzen Lochs geboren, das diesen Namen aber erst 1969 von John A. Wheeler von der Princeton University erhält.

1800 – Wilhelm Herschel weist nach, daß der Teil des Sonnenspektrums, der ein Thermometer am stärksten erwärmt, jenseits des roten Lichts liegt, also außerhalb der Regenbogenfarben. So entdeckt er die Infrarotstrahlung.

Am 1. Januar 1801 – Giuseppi Piazzi entdeckt Ceres, den ersten bekannten Asteroiden.

1814 – Joseph Fraunhofer bestimmt die Lage von 567 dunklen Linien im Sonnenspektrum.

1835 – Ein französisches Kanonenboot erhält den Befehl, einen feindlichen Heißluftballon abzuschießen. Dieser erweist sich als der Planet Venus.

1838 – Friedrich Wilhelm Bessel berechnet mit Hilfe der Parallaxenmethode die Entfernung zu 61 Cygni im Sternbild Schwan. Noch im selben Jahr berechnet

Friedrich Georg Wilhelm Struve in Dorpat die Entfernung zur Wega, und in der nächsten Zeit werden weitere Entfernungen zu Fixsternen berechnet.

Am 8. Januar 1839 – Henderson berechnet die Entfernung zu Alpha Centauri, dem nächsten Sternensystem.

1842 – Christian Doppler erklärt die durch die Geschwindigkeit verursachte scheinbare Verschiebung von Wellenlängen und Frequenzen, die seinen Namen trägt. Der holländische Meteorologe Christoph Buys Ballot weist sie in einem Experiment nach, bei dem Musiker neben Eisenbahngeleisen sitzen und die von ihnen gehörten Tonhöhen verzeichnen, während ein Wagen mit Trompetern an ihnen vorbeifährt. Die Musik klingt höher, wenn sie sich nähern, und tiefer, wenn sie sich entfernen.

Im April 1843 – Eta Carinae, 1677 von Edmond Halley als Stern

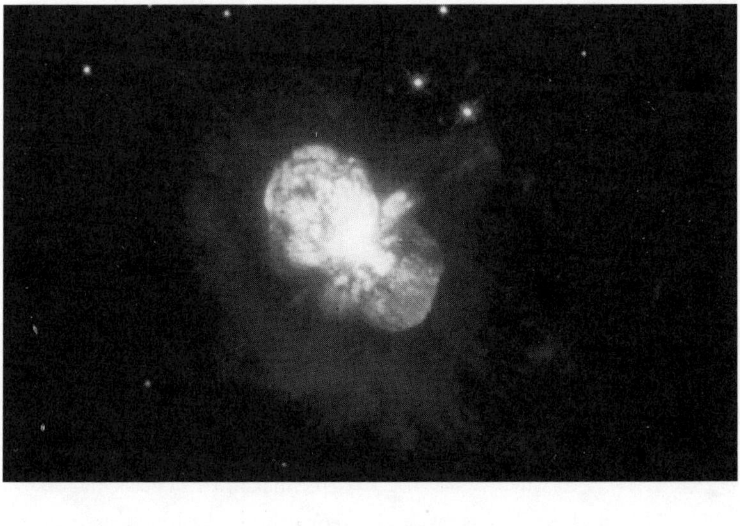

Eta Carinae mit dem 1843 ausgestoßenen Nebel. Die Aufnahme wurde mit dem Hubble-Weltraumteleskop gemacht.
NASA

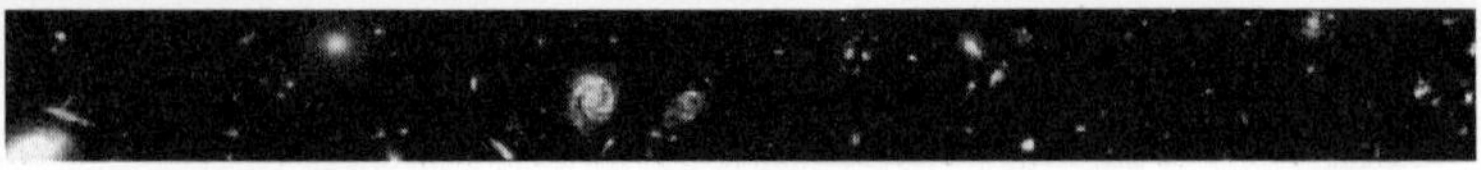

vierter Größe verzeichnet, wird der zweithellste Stern am Himmel. Er ist der Prototyp der novaähnlichen, leuchtstarken blauen Veränderlichen. 1868 ist er mit dem bloßen Auge nicht mehr sichtbar.

1845 – John Couch Adams berechnet die Lage eines unentdeckten Planeten jenseits von Uranus. In Frankreich macht Urbain Jean Joseph Leverrier eine ähnliche Vorhersage.

Am 23. September 1846 – Johann Gottfried Galle, Assistent an der Berliner Sternwarte, und der Student Heinrich d'Arrest beobachten Neptun an dem von Leverrier bestimmten Ort.

Am 1. Oktober 1847 – In Nantukket beobachtet Maria Mitchell als erster Mensch einen neuen Kometen, der mit dem bloßen Auge nicht zu sehen ist; dafür erhält sie vom dänischen König eine Medaille.

Am 16. Juli 1850 – Die erste photographische Aufnahme eines Sterns entsteht, als am Harvard Observatory eine Daguerrotypie von Wega gemacht wird.

1862 – Mit dem gerade eben von ihm fertiggestellten, damals größten Refraktorteleskop der Welt entdeckt Alvan Graham Clark Sirius B, den Begleiter des Hundssterns, einen Weißen Zwerg.

1877 – Asaph Hall entdeckt die Marsmonde Deimos und Phobos. Giovanni Schiaparelli erkennt »Kanäle« auf dem Mars.

Am 14. März 1879 – Albert Einstein wird in Ulm geboren.

Am 31. August 1885 – Ernst Hartwig entdeckt einen hellen neuen Stern im Andromedanebel, der sich später als eine Supernova erweist.

Am 9. September 1892 – Edward Emerson Barnard entdeckt einen fünften Jupitermond, der Amalthea genannt wird.

Im November 1895 – Wilhelm Konrad Röntgen entdeckt eine geheimnisvolle, durchdringende Form von Strahlung, die er X-Strahlung nennt.

1897 – Joseph John Thomson entdeckt das Elektron, ein Teilchen, das Sir Arthur Eddington später so beschreiben wird: »Etwas Unbekanntes tut etwas, von dem wir nicht wissen, was es ist.« Admiral Robert Peary entdeckt in Grönland einen Meteoriten mit einem Gewicht von 31 Tonnen, der in das American Museum of Natural History in New York gebracht wird. Es ist der größte Meteorit, der je in einem Museum gezeigt wurde.

1899 – Die Amerikanerin Dorothea Roberts-Klumpke, Direktorin der Abteilung Himmelsphotographie der Pariser Sternwarte, verbringt eine Nacht in einem Heißluftballon, und beobachtet dabei die Leoniden, einen Meteoritenschauer. Damit ist sie der erste Mensch, der eine astronomische Beobachtung von oberhalb der Erdoberfläche macht.

1900 – Max Planck stellt die Hypothese auf, daß Energie kein Wellenphänomen ist, sondern in winzigen Bündeln vorkommt, die er Quanten nennt.

1902 – William Thomson, Lord Kelvin, ist davon überzeugt, daß Marsianer mit Hilfe von Radiowellen versuchen, Kontakt mit der Stadt New York aufzunehmen.

1904 – Johannes Hartmann entdeckt interstellares Gas.

1905 – Percival Lowell beginnt seine Suche nach einem Planeten jenseits des Neptun.

Ejnar Hertzsprung klassifiziert Sterne nach ihrer Farbe und Leuchtkraft.

Der 26jährige Albert Einstein veröffentlicht seine spezielle Relativitätstheorie, in der er die Formel $E = mc^2$ herleitet.

Am 30. Juni 1908 – Ein riesiger Feuerball taucht über Sibirien in der Nähe des Flusses Tunguska in die Atmosphäre ein und explodiert mitten in der Luft, wobei er in einem Umkreis von vielen Kilometern Bäume in Brand setzt und 1500 Rentiere tötet.

Am 20. April 1910 – Halleys Komet erreicht sein Perihel, den sonnennächsten Punkt seiner Bahn.

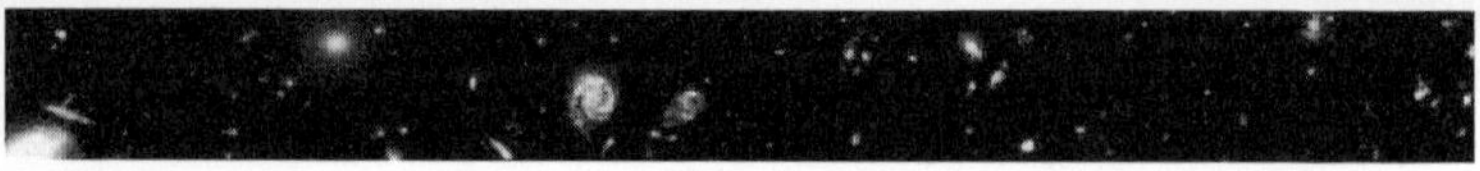

1911 – Ein Meteorit vom Mars tötet in Ägypten einen Hund.

1912 – Henrietta Swan Leavitt entdeckt, daß die Periode, mit der ein veränderlicher Stern eines bestimmten Typs seine Leuchtkraft verändert, nur von seiner absoluten Helligkeit abhängt. Damit können Entfernungen bis weit jenseits der Milchstraße bestimmt werden.

1915 – Einstein veröffentlicht seine allgemeine Relativitätstheorie, wonach Schwerkraft und Beschleunigung äquivalent sind und Licht von der Schwerkraft abgelenkt wird.

Der australische Astronom Robert T. Innes entdeckt einen winzigen Begleiter von Alpha Centauri. Dieser als Proxima Centauri bekannte Rote Zwergstern ist der erdnächste Stern.

1916 – Barnard entdeckt einen nahen Roten Zwergstern, dessen Eigenbewegung größer ist als die aller anderen Sterne. In jeweils 180 Jahren legt dieser »Pfeilstern« am Himmel eine Entfernung zurück, die der Breite des Vollmonds entspricht.

1917 – Willem de Sitter und später andere zeigen, daß es Lösungen der Einsteinschen Feldgleichungen gibt, die die Expansion des Weltalls bedingen. Einstein dagegen ist noch fest davon überzeugt, daß die Welt statisch sein müsse. Die von ihm eingeführte »kosmologische Konstante« solle die Ausdehnung verhindern.

1918 – Harlow Shapley schätzt die Größe des Milchstraßensystems und stellt fest, daß wir nicht in seiner Mitte sind.

Am 8. Juni 1918 – Im Sternbild Adler wird die hellste Nova seit dreihundert Jahren beobachtet.

Am 29. März 1919 – Die Beobachtung von Sternen während einer Sonnenfinsternis zeigt, daß ihr Licht in Übereinstimmung mit Einsteins Berechnungen von der Schwerkraft der Sonne abgelenkt wird; das wird als Beweis seiner Theorie angesehen. Einstein antwortet auf die Frage, was er gesagt hätte, wenn die Beobachtungsergebnisse anders gewesen wären: »Da könnt mir halt der liebe Gott leid tun. Die Theorie stimmt doch.«

Am 26. April 1920 – »Die Große Debatte« über die Größe des Weltalls ist eine Auseinandersetzung zwischen Heber D. Curtis und Harlow Shapley darüber, ob sogenannte Spiralnebel zum Milchstraßensystem gehören, wie Shapley es behauptet, oder ob sie ferne Galaxien sind, wie Curtis annimmt.

Albert A. Michelson bestimmt den Durchmesser von Beteigeuze, dem ersten auf diese Weise vermessenen Fixstern.

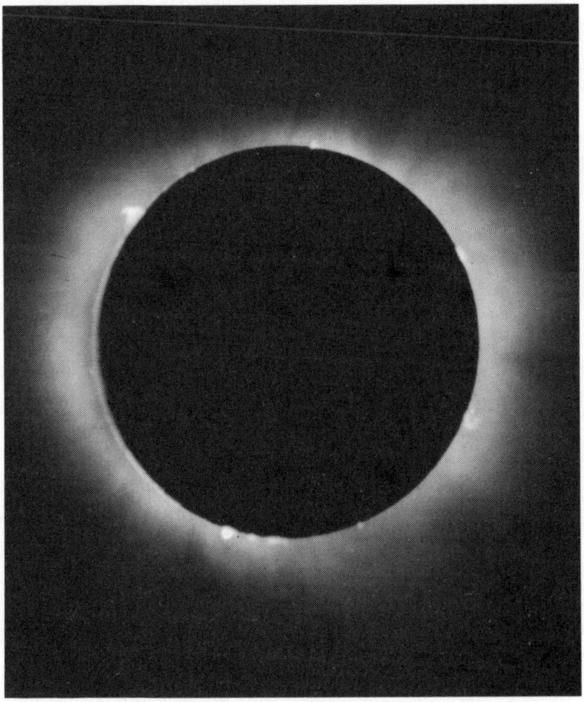

Eine totale Sonnenfinsternis, 8. Juni 1918.
Yerkes Observatory, University of Chicago

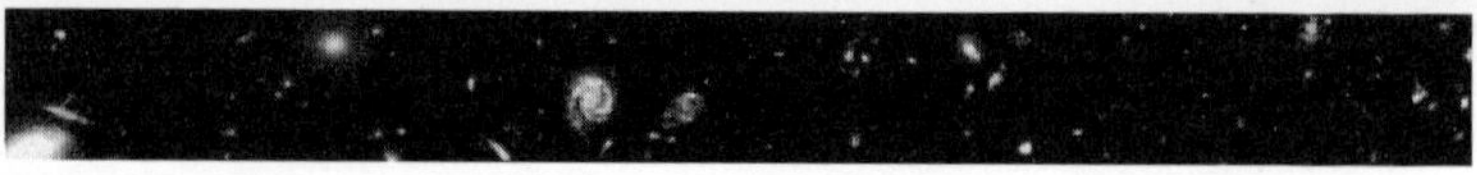

1922 – Alexander A. Friedmann zeigt mit Hilfe der Einsteinschen Theorien, daß sich das Universum ausgedehnt hat und seine Dichte abnimmt.

Am 6. Oktober 1923 – Edwin P. Hubble entdeckt in M31, dem sogenannten Andromedanebel, Cepheiden, Veränderliche. Aufgrund dieser Entdeckung kann er zeigen, daß M31 kein Nebel ist, sondern eine Galaxie, die außerhalb des Milchstraßensystems liegt.

1925 – Die Sowjet-Enzyklopädie erklärt, daß die Relativitätstheorie nach dem dialektischen Materialismus unannehmbar sei.

1927 – George Lemaître führt theoretische Gründe dafür an, daß das Universum einst eine dichte Konzentration von Materie und Energie darstellte – ein kosmisches Ei, das explodierte und sich seitdem ständig ausdehnt.

Werner Heisenberg stellt das Unschärfeprinzip auf, wonach man entweder den Ort oder den Impuls eines Teilchens genau bestimmen kann, aber nicht beides zugleich. Je genauer eine Größe gemessen wird, um so unschärfer ist die andere.

1929 – Edwin Hubble zeigt, daß sich eine Galaxie um so rascher von uns entfernt, je ferner sie ist. Hubbles Gesetz gibt die Expansion des Universums zu erkennen.

Im Februar 1930 – Der 24jährige Clyde W. Tombaugh entdeckt Pluto.

1931 – Paul A.M. Dirac sagt die Entdeckung der Antimaterie voraus.

1932 – Carl Anderson entdeckt Antimaterie.

Karl Jansky, der an den Bell Telephone Laboratories Radiointerferenzen untersucht, entdeckt Radiowellen, die vom Zentrum der Milchstraße im Sternbild Schütze herkommen.

1933 – Einstein kehrt unter dem Eindruck der nationalsozialistischen Machtergreifung von einer Auslandsreise nicht nach Deutschland zurück und folgt einem Ruf an das Institute for Advanced Studies in Princeton.

1935 – Einstein wendet sich öffentlich gegen die Quantentheorie. Er kann sich sein Leben lang nicht mit dieser Theorie anfreunden.

Am 10. April 1936 – Nach einer zweiwöchigen Eisenbahnfahrt quer durch die USA, an der die Bevölkerung lebhaften Anteil nimmt, kommt der große Spiegel des Hale Telescope mit einem Durchmesser von fünf Metern im kalifornischen Pasadena an.

1938 – Hans Bethe und Carl Friedrich von Weizsäcker kommen unabhängig voneinander zu dem

The Observatory Pinafore, *ein Stück aus dem neunzehnten Jahrhundert, wurde am 31. Dezember 1929 von den Mitgliedern des Harvard College Observatory uraufgeführt. Cecilia Payne-Gaposchkin, die erste Frau, die einen Lehrstuhl an der Harvard University erhielt, ist die zweite von links. Vierte von links ist Mildred Shapley, die eine Gürtelschnalle in Form eines Sterns trägt; nach ihr ist der Asteroid 878 Mildred benannt, den ihr Vater, Harlow Shapley, 1916 entdeckte.* The Harvard College Observatory

Ergebnis, daß die Energie der Sterne durch Kernverschmelzung entsteht.

1939 – Der Funkamateur Grote Reber baut in seinem Garten in Wheaton, Illinois, das erste Radioteleskop und erstellt die erste Radiokarte der Milchstraße.

Am 2. August 1939 – Ein Brief von Albert Einstein trägt dazu bei, daß Franklin D. Roosevelt den Bau der amerikanischen Atombombe genehmigt.

1943 – Carl Seyfert entdeckt äußert leuchtstarke aktive Galaxien mit hellen sternähnlichen Kernen.

1944 – Während des Zweiten Weltkrieges arbeitet Walter Baade, der wegen seiner deutschen Abstammung keine kriegswichtigen Arbeiten verrichten darf, am Zweieinhalb-Meter-Spiegel des Mount Wilson Telescope, wo er Unterschiede zwischen den jungen blauen Sternen der Population I in den Spiralarmen der Andromedagalaxie und den älteren röteren Sternen der Population II in ihrem Kern findet.

Am 16. Juli 1945 – Die erste Atombombe explodiert in der Nähe von Alamogordo, New Mexico. J. Robert Oppenheimer zitiert die »Bhagavadgita«: »Ich bin der Tod, der alles raubt, Erschütterer der Welten.«

1946 – Die starke Radioquelle Cygnus A wird entdeckt.

Am 12. Februar 1947 – Ein Eisenmeteorit schlägt in der Nähe von Wladiwostok in Sibirien ein und erzeugt 106 Krater und 23 Tonnen Bruchstücke.

Am 24. Juni 1947 – Kenneth Arnold erklärt, von einem Flugzeug aus über dem Nordwesten der USA neun Körper durch die Luft fliegen gesehen zu haben. Er nennt sie »Untertassen«.

Im Dezember 1947 – Das Hale-Teleskop auf dem Mount Palomar mit seinem Fünf-Meter-Spiegel wird zum ersten Mal benutzt. »Niemals in meinem Leben habe ich so viele Sterne gesehen«, erinnert sich ein Beobachter. »Sie waren wie Blütenstaub auf einem Fischteich.«

1948–1949 – Hermann Bondi, Thomas Gold und Fred Hoyle stellen die Steady-State-Theorie auf, wonach das Universum weder einen Anfang noch ein Ende hat, und Materie fortwährend geschaffen wird.

1948 – George Gamow und Ralph Alpher erklären, daß das Universum mit kosmischer Hintergrundstrahlung angefüllt sei, einem Überrest des Urknalls.

1949 – Fred L. Whipple vergleicht Kometen mit schmutzigen Schneebällen aus Eis und Staub.

1950 – Der holländische Astronom Jan Hendrik Oort beschreibt eine kugelförmige Wolke aus Kometen, die das Sonnensystem umgibt.

1951 – Die römisch-katholische Kirche gibt der Urknalltheorie ihren Segen.

Ludwig Biermann sagt den Sonnenwind voraus, der die Richtung der geraden Kometenschweife bestimmt.

1952 – Walter Baade entdeckt zwei Arten von Cepheiden. Neue Berechnungen, die auf dieser Entdeckung beruhen, zeigen, daß die Galaxien weiter entfernt sind als gedacht.

Stanley Miller und Harold Urey zeigen in ihrem berühmten Experiment, daß Elektrizität, also Blitze, in einem organischen Gemenge mit ähnlicher Zusammensetzung wie die frühe Erdatmosphäre organische Moleküle schaffen kann.

1956 – Das Neutrino wird entdeckt.

Am 4. Oktober 1957 – Die Sowjetunion schießt eine kleine Metallkugel, Sputnik 1, auf eine Umlaufbahn um die Erde. Das Zeitalter der Raumfahrt beginnt.

Im November 1957 – Der Hund Laika umkreist in einer sowjetischen Raumkapsel die Erde und wird nach zehn Tagen eingeschläfert. Laika ist das erste – aber nicht das letzte – Tier, das im Weltraum stirbt.

Am 17. März 1958 – Die USA bringen Vanguard 1 auf eine Umlaufbahn.

1959 – Das sowjetische Raumschiff Luna 1 verfehlt sein Ziel und gerät auf eine Umlaufbahn um die Sonne, kann also als erster künstlicher Planet bezeichnet werden. Luna 2 stürzt ab, aber Luna 3 erfüllt einen Traum der Menschheit und photographiert die Rückseite des Mondes.

1960 – Frank D. Drake beginnt mit dem Projekt Ozma, das nach der Prinzessin des Landes Oz benannt ist, von der L. Frank Baum in *Der Zauberer von Oz* erzählt. Ozma sucht zwei nahe Sterne nach Radiosignalen ab, die auf bewußte Intelligenz schließen lassen würden. Die Suche bleibt vergeblich.

Am 12. April 1961 – Der 27jährige russische Pilot Yuri Gagarin umrundet einmal die Erde. Er ist nicht nur der erste Mensch im Weltraum, sondern auch der erste, der die Sonne innerhalb zweier Stunden zweimal aufgehen sieht.

Im November 1961 – Der Schimpanse Enos umrundet zweimal die Erde.

Im Juni 1963 – Die ehemalige Textilarbeiterin Valentina Tereschkova wird die erste Astronautin. »Unser Mädchen ist die erste im Weltraum«, sagt der sowjetische Premierminister Nikita Chruschtschow. Sie wird 1967 in den Obersten Sowjet gewählt.

Im Dezember 1963 – Maarten Schmidt erkennt, daß die Rotverschiebung der Spektrallinien von Quasaren außerordentlich groß ist, was darauf hinweist, daß Quasare sich rasch entfernen und deshalb weit entfernt sein müssen. Quasare erweisen sich als die fernsten Objekte des Universums – Leuchtzeichen vom Rand der Zeit.

1964 – Im Krebsnebel wird Röntgenstrahlung entdeckt.

Murray Gell-Mann und George Zweig behaupten unabhängig voneinander, daß Protonen und Neutronen aus noch kleineren Komponenten bestünden. Zweig möchte diese winzigen Teilchen »Asse« nennen, Gell-Mann nennt sie »Quarks«. Sie erhalten ihren Namen nach einer Stelle aus *Finnegans Wake* von James Joyce: »Three Quarks for Muster Mark!«

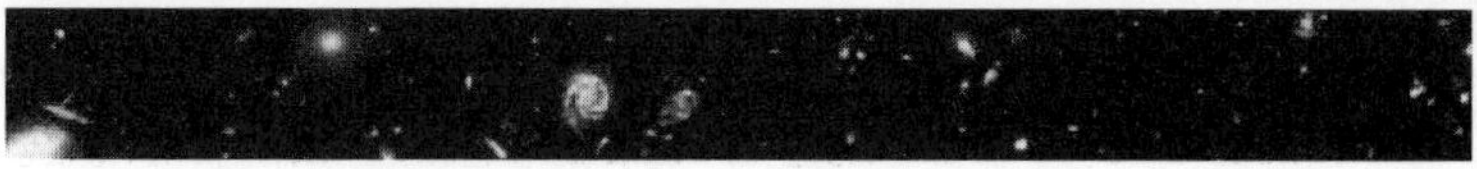

1965 – Astronomen am Arecibo-Observatorium in Puerto Rico entdecken, daß Venus rückwärts rotiert und die Sonne auf ihr im Westen aufgeht.

Arno Penzias und Robert Woodrow Wilson, Radioastronomen an den Bell Telephone Laboratories, entdecken ein schwaches Rauschen, das aus allen Himmelsrichtungen kommt. Es ist die von George Gamow und später von Robert Dicke vorhergesagte Hintergrundstrahlung und gilt als eine der wichtigsten Bestätigungen der Urknalltheorie.

Am 17. November 1966 – Im Westen der USA überfluten die Leonid-Meteore den Himmel; innerhalb einer Stunde sind nahezu 150 000 Sternschnuppen zu sehen.

Am 27. Januar 1967 – Die Astronauten Virgil I. »Gus« Grissom, Edward H. White und Roger B. Chaffee sterben an Bord der Apollo-Raumkapsel, als auf der Startrampe auf Cape Canaveral ein Feuer ausbricht.

Die Doktorandin Jocelyn Bell entdeckt Pulsare.

In einem Bergwerk in South Dakota wird ein unterirdischer Behälter mit 400 000 Litern Reinigungsflüssigkeit aufgestellt, der Sonnenneutrinos aufspüren soll.

Am 20. Juli 1969 – Neil Armstrong betritt als erster Mensch den Mond. Armstrong und Edwin »Buzz« Aldrin machen Aufnahmen, sammeln Mondgestein, essen Kekse und hinterlassen eine von Präsident Richard M. Nixon unterzeichnete Plakette.

1969 – Vela 1, ein Satellit, der eigentlich unautorisierte sowjetische Atomexplosionen aufspüren soll, die im Weltraum durchgeführt werden, entdeckt die ersten Hinweise auf Ausbrüche von Gammastrahlen – geheimnisvolle, heftige Explosionen unbekannten Ursprungs, die willkürlich über den Kosmos verteilt auftreten.

1970 – Bennetts Komet, der im April und Mai sichtbar ist, wird von arabischen Beobachtern für eine israelische Waffe gehalten.

Am 12. Dezember 1970 – Am siebten Jahrestag der Unabhängigkeit Kenias startet die NASA von dort

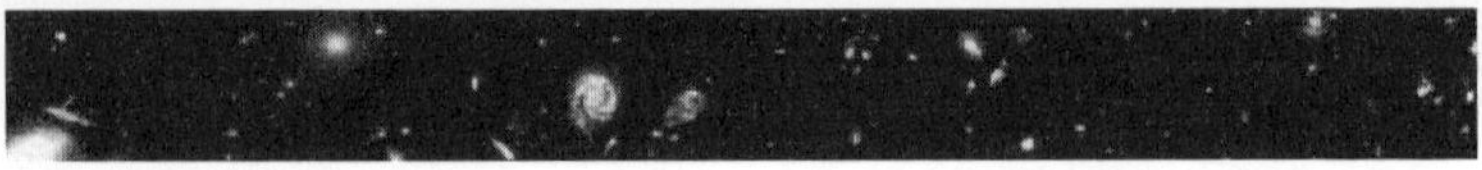

aus den Röntgensatelliten Uhuru (aus dem Suaheli: »Freiheit«).

Am 6. Juni 1971 – »Du siehst hinunter und bekommst Heimweh«, sagt der sowjetische Kosmonaut Vladislav Volkov nach 23 Tagen im Weltraum. »Man sehnt sich nach etwas Sonnenschein, nach frischer Luft und möchte im

Neil Armstrong machte diese Aufnahme von Buzz Aldrin auf dem Mond. NASA

Wald spazierengehen.« Volkov und zwei andere Kosmonauten sterben, als beim Wiedereintritt in die Erdatmosphäre Luft aus der Kapsel entweicht.

Im Dezember 1972 – Eugene Cernan ist der bisher letzte Mensch, der den Mond betritt.

Im November 1973 – Die von Pioneer 10 aufgenommenen Bilder von Jupiter erscheinen auf den Fernsehschirmen des Ames-Forschungszentrums in Kalifornien.

Am 28. Dezember 1973 – Der Komet Kohoutek erreicht sein Perihel. Trotz der Vorhersage eines aufregenden Ereignisses und eines großen Echos in der Öffentlichkeit ist der Komet kaum zu sehen.

1974 – Pioneer 11 fliegt an Jupiter vorbei, dessen Schwerkraft ihm einen Schub in Richtung Saturn versetzt.

Am 16. November 1974 – Vom Radioteleskop in Arecibo, Puerto Rico, wird eine Botschaft von drei Minuten Dauer auf ihren Weg zu einem Kugelhaufen im Sternbild Herkules geschickt, wo sie in 24 000 Jahren ankommen soll.

Im Juni 1975 – Ein Meteoritenschauer prasselt auf den Mond nieder.

Am 17. Juli 1975 – Etwa zweihundert Kilometer über der Erde überreichen amerikanische Astronauten sowjetischen Kosmonauten die Aufnahme eines Conway Twitty Songs in Russisch.

1975 – Russische Raumsonden funken zwei Bilder von der Venus zur Erde.

Im März 1976 – Der Komet West bietet ein spektakuläres Schauspiel, als sich sein Schweif spaltet, wird aber nur wenig beachtet, weil die von Kohoutek enttäuschten Medien nicht auf ihn reagierten.

Am 10. März 1977 – James Elliot und seine Kollegen, die Uranus von der fliegenden Sternwarte der NASA aus beobachten, entdecken Ringe um den Planeten.

Am 20. August 1977 – Voyager 2 wird auf eine große Reise durch das Sonnensystem zu Jupiter, Saturn, Uranus und Neptun geschickt. Voyager 1, die Saturn und Jupiter besuchen soll, folgt im September.

Am 22. Juni 1978 – James W. Christy entdeckt den Plutomond Charon.

1978 – Eine Explosion über dem südlichen Atlantischen Ozean wird für einen Atomtest gehalten, der Südafrika oder Israel zugeschrieben wird. Vierzehn Jahre später finden Wissenschaftler heraus, daß sie vermutlich von einem kleinen Asteroiden verursacht wurde.

Am 21. Januar 1979 – Pluto kreuzt die Bahn des Neptun. Damit ist zwanzig Jahre lang Neptun, nicht Pluto, der äußerste Planet.

Als diese Aufnahme am 1. Februar 1979 gemacht wurde, war Voyager 1 dreißig Millionen Kilometer vom Jupiter entfernt. NASA

Am 5. März 1979 – Voyager 1 entdeckt die Ringe des Jupiter. »Unser Gefühl, etwas völlig Neues zu sehen, wäre nicht größer gewesen, wenn wir ein anderes Sonnensystem erkundet hätten«, sagt später einer der beteiligten Wissenschaftler.

Am 1. September 1979 – Pioneer 11 erreicht als erste Raumsonde den Saturn.

Vom 6. auf den 7. Dezember 1979 – In dieser Nacht berechnet Alan Guth die Evolution des Universums und schließt, daß sich das Universum in den ersten Augenblicken nach dem Urknall mit einer Geschwindigkeit ausdehnte, die die des Urknalls noch übertraf.

Am 12. April 1981 – Start der ersten Raumfähre.

1981 – Robert Kirshner und seine Kollegen entdecken im Sternbild Bootes oder Bärenhüter eine große Leere, die ein Ausmaß von 250 Millionen Lichtjahren hat.

Am 1. Oktober 1982 – Der amerikanische Kongress genehmigt die Finanzierung eines Versuchs der NASA, Radiosignale von anderen Welten aufzuspüren.

Am 16. Oktober 1982 – Fast vier Jahre vor seinem Wiedererscheinen wird der Halleysche Komet photographiert. Er ist über eine Milliarde Kilometer von der Sonne entfernt.

1983 – IRAS, ein Satellit, der Infrarotstrahlung aufnehmen soll, entdeckt in Perseus einen Protostern, der so jung ist, daß er noch kein sichtbares Licht aussendet.

1984 – Ein System von Ringen, genauer Ringteilen, das Neptun umgibt, wird entdeckt.

Eine Gas- und Staubscheibe um den Stern Beta Pictoris wird entdeckt, vermutlich ein im Entstehen begriffenes Sonnensystem.

Am 24. Januar 1986 – Voyager 2 erreicht Uranus und fliegt weiter in Richtung des Neptun.

Am 28. Januar 1986 – Die Raumfähre Challenger mit sieben Astronauten an Bord explodiert 73 Sekunden nach dem Start.

Am 13. März 1986 – Giotto Sonde photographiert den Kern des Kometen Halley (siehe Abb. S. 245).

Am 23. Februar 1987 – Sanduleak -69°202, ein blauer Überriese in der großen Magellanschen Wolke, explodiert und ist seit 1604 die erste mit bloßem Auge sichtbare Supernova.

1988 – In einer geschätzten Entfernung von etwa siebzehn Milliarden Lichtjahren werden Quasare entdeckt.

Am 4. Mai 1989 – Das Raumschiff Magellan macht sich auf seine Reise zur Venus, wo es mit Hilfe von Radarsignalen die Oberfläche vermißt.

Am 24. August 1989 – Voyager 2 fliegt am Neptun vorbei.

Am 12. September 1989 – Pluto erreicht seine größte Sonnennähe.

Am 17. November 1989 – Margaret Geller und John P. Huchra geben die Entdeckung einer großen Konzentration von Galaxien bekannt, die Great Wall genannt wird.

Am 18. November 1989 – NASA startet COBE, einen Satelliten, der die kosmische Hintergrundstrahlung, ausgelöst vom Urknall, erforschen soll.

Am 24. April 1990 – Das zwölf Tonnen schwere Hubble-Weltraumteleskop mit seinem 2,4-Meter-Spiegel wird von der Raumfähre Discovery in den Weltraum gebracht. Innerhalb von zwei Monaten wird ein Fehler im Spiegel offensichtlich.

Am 1. Juni 1990 – Das bisher leistungsstärkste Röntgenteleskop ROSAT wird in eine Erdumlaufbahn gebracht.

Im September 1990 – »Machen wir uns nichts vor: Hubble ist wirklich verkrüppelt, und Jahre der Planung für den Betrieb des Hubble-Weltraumteleskop waren umsonst«, schreibt der Planetenwissenschaftler Clark R. Chapman.

Am 5. Dezember 1990 – Die *Los Angeles Times* veröffentlicht die erste Aufnahme des Keck-Teleskops in Hawaii. Es wird zeitweise das größte Teleskop der Welt sein, wenn alle 36 hexagonalen Spiegel in Betrieb sind. Die Aufnahme zeigt die 65 Millionen Lichtjahre von uns entfernte Spiralgalaxie NGC 1232 im Sternbild Eridanus.

Am 7. Dezember 1990 – Galileo wird zum ersten interplanetaren Raumschiff, das nach der Rückkehr von der Venus die Erde besucht. Über dem Bermudadreieck versetzt ihm die Schwerkraft der Erde einen Schub, der es zum Jupiter hin lenkt.

Am 7. Februar 1991 – Überreste von Soljut 7 stürzen 2200 Kilometer südlich von Buenos Aires durch die Atmosphäre. Ein Teil davon landet auf einem Müllplatz, ein anderer einem Bericht zweier Landstreicher zufolge im Atlantischen Ozean.

Am 5. April 1991 – Start des Satelliten mit dem Compton-Gammastrahlen-Observatorium (GRO).

Am 11. Juni 1991 – Eine totale Sonnenfinsternis in Hawaii und Mexiko wird durch den Tourismus von mehr Menschen beobachtet als jede andere in der Geschichte.

Im Oktober 1991 – Das durch eine irreparable Antenne behinderte Raumschiff Galileo fliegt am Asteroiden Gaspra vorbei, dessen Krater, Rillen, Hügelketten und Einkerbungen deutliche Hinweise darauf geben, daß Gaspra einmal zu einem größeren Himmelskörper gehörte.

Im Dezember 1991 – Die Entdeckung einer enormen Ansammlung von Wasserstoff am Rand des beobachtbaren Universums bestätigt die Vorstellung, daß sich Galaxien aus Wolken von Staub und Gas bilden, die zunächst zu riesigen Pfannkuchen kollabieren.

Im Januar 1992 – In Anbetracht der Tatsache, daß die Erde alle paar hunderttausend Jahre von einem Asteroiden getroffen wird, der die Menschheit ausrotten könnte, stellen Edward Teller und andere Wissenschaftler vom Los Alamos National Laboratory Überlegungen an, wie eine Flotte von Raketen mit Kernwaffen ausgerüstet werden könnte, um den

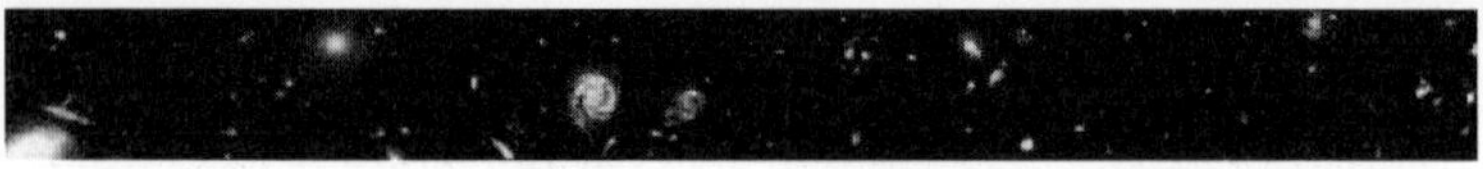

Asteroiden zu vernichten, bevor er uns vernichtet.

Im April 1992 – Das Hubble-Weltraumteleskop photographiert einen Stern in der Großen Magellanschen Wolke, der mit 200 000 Grad Celsius der heißeste bekannte Stern ist.

Am 24. April 1992 – Die Urknalltheorie erhält eine wesentliche Bestätigung, als George Smoot bekanntgibt, daß COBE, der Satellit, der den kosmischen Hintergrund erforscht, winzige Temperaturunterschiede in der Hintergrundstrahlung gemessen habe. Diese Entdeckung läßt darauf schließen, daß die Dichteschwankungen im frühen Universum groß genug waren, um zu Strukturen zu führen. Damit wird eine wesentliche Kritik an der Urknalltheorie hinfällig, die ein fehlendes Glied zwischen der angeblich glatten Hintergrundstrahlung des frühen Universums und dem heute klumpigen Universum angemahnt hatte. Die Entdeckung wird von Michael Turner als »Heiliger Gral der Kosmologie« gefeiert.

Im Mai 1992 – Beim hundertsten Weltraumspaziergang des Raumfahrtzeitalters bergen Astronauten an Bord der Raumfähre Endeavour einen Kommunikationssatelliten, dessen Umlaufbahn zu niedrig geraten ist. Da die für diesen Zweck konstruierte Maschine ihre Aufgabe nicht erfüllt, fangen die Astronauten den 4,5 Tonnen schweren Satelliten mit den Händen ein, die nur durch dünne Handschuhe geschützt sind, und bringen ihn in die richtige Lage.

Am 16. September 1992 – Die Internationale Astronomische Union gibt die Entdeckung eines rötlichen Objekts mit einem Durchmesser von zweihundert Kilometern bekannt, das jenseits von Pluto die Sonne umläuft. Das ist der erste Hinweis auf die Existenz des Kuiper-Gürtels, einem Gürtel von Kometen, der heute für die Quelle von Kometen mit kurzen Umlaufperioden gehalten wird.

Am 25. September 1992 – Start der Marssonde der NASA. Das Ziel ist eine genaue Untersuchung der

Atmosphäre und Oberfläche des roten Planeten.

Am 31. Oktober 1992 – Papst Johannes Paul II. gibt bekannt, daß sich die römisch-katholische Kirche geirrt habe, als sie Galilei für seine Überzeugung verurteilte, daß sich die Erde um die Sonne bewege.

Am 31. Januar 1993 – Das Gammastrahlen-Observatorium GRO registriert den hellsten je beobachteten Ausbruch von Gammastrahlen.

Am 28. März 1993 – In der Galaxie M81 im Großen Bären explodiert ein Stern, der zwar mit dem bloßen Auge nicht beobachtet werden kann, aber die hellste Supernova des Nordhimmels seit 1937 ist.

Am 26. Mai 1993 – Wissenschaftler geben bekannt, daß Voyager 1 und Voyager 2 in etwa sechs bis acht Milliarden Kilometern Entfernung von der Erde starke niedrigfrequente Radiostrahlung gemessen hätten, die vermutlich vom Rand des Sonnensystems herkommt, wo der heiße Sonnenwind auf den kalten interstellaren Wind des äußeren Raums stößt. Diese Grenze, die sogenannte Heliopause, ist schätzungsweise zwischen zwölf und zwanzig Milliarden Kilometern von der Sonne entfernt.

Am 21. August 1993 – Drei Tage vor ihrem geplanten Eintritt in die Marsumlaufbahn verstummt der Mars Observer aus ungeklärten Gründen; wie oft beim Versagen von Weltraummissionen wird GGG – Great Galactic Ghost – verantwortlich gemacht.

Im Dezember 1993 – Astronauten an Bord der Raumfähre Endeavour gelingt es, die fehlerhafte Sicht des Hubble-Weltraumteleskop zu beheben.

Vom 16. bis 22. Juli 1994 – Der Komet Shoemaker-Levy 9, ein zerbrochener Komet mit so vielen Kernen, daß er mit einer Perlenkette verglichen wurde, fällt auf den Jupiter.

Am 7. Dezember 1995 – Die Sonde Galileo erreicht Jupiter.

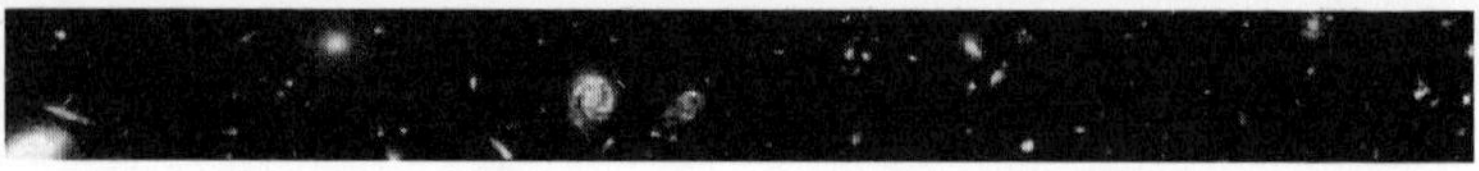

Am 27. März 1996 – ROSAT empfängt die Röntgenstrahlung des Kometen Hyakutake.

Am 14. März 1999 – Pluto kreuzt die Bahn des Neptun und ist die nächsten 228 Jahre wieder der fernste Planet des Sonnensystems.

Am 11. August 1999 – Eine totale Sonnenfinsternis verläuft über Süddeutschland.

Am 15. November 1999 – Merkurs seltener Vorübergang vor der Sonnenscheibe ist von der Westküste Nord- und Südamerikas aus sichtbar.

Am 8. Juni 2004 – Die Venus zieht zum ersten Mal seit 1882 vor der Sonne vorüber.

Am 5. Juni 2012 – Venus geht das zweite Mal vor der Sonne vorüber.

Am 12. August 2045 – Eine totale Sonnenfinsternis verläuft in den USA von Küste zu Küste.

2061 – Der Halleysche Komet kommt zurück und sieht viel aufregender aus als 1986.

Am 14. August 2126 – Der Komet Swift-Tuttle, der zuerst 1862 während des Bürgerkriegs beobachtet wurde, hat eine Chance von eins zu zehntausend, die Erde zu treffen und die Menschheit auszulöschen.

2137 – Der Halleysche Komet ist so großartig wie seit vielen tausend Jahren nicht. Mit etwas Glück ist jemand da, der ihn sieht.

Ungefähr 2500 – Durch die Kreiselbewegung der Erde ist ihre Achse so ausgerichtet, daß die Sonne zur Tag- und Nachtgleiche im Herbst, wenn sie den Himmelsäquator überquert, im Sternbild Wassermann steht. Damit beginnt sein Zeitalter.

In 1,5 bis zwei Milliarden Jahren – Die Sonne hat sich erwärmt und ist fünfzehn Prozent leuchtkräftiger. Das Klima auf Island wird mild.

In vier bis fünf Milliarden Jahren – Die Sonne hat ihren Wasserstoffvorrat erschöpft und bläst sich zu einem roten Riesen auf. Die Erdatmosphäre verdampft, die Meere verkochen, und unser Planet trudelt in die Sonne hinein.

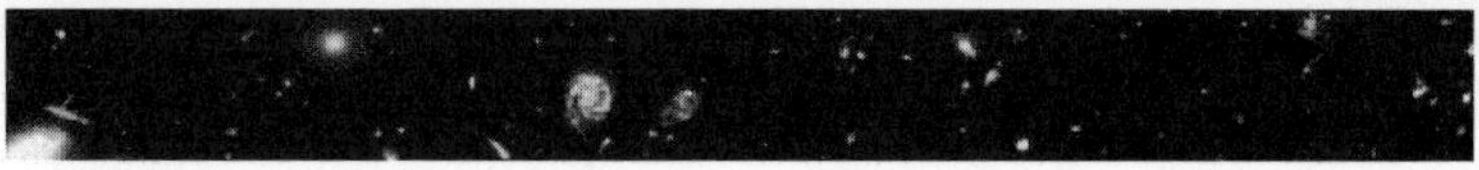

Eine Billion (10^{12}) Jahre nach dem Urknall – Wasserstoff und Helium sind verbraucht. Sterne und Galaxien erlöschen, auch die Neutronensterne und Weißen Zwerge. Nur Schwarze Löcher bleiben übrig.

10^{27} Jahre nach dem Urknall – Die Milchstraße ist ein Schwarzes Loch.

10^{31} Jahre nach dem Urknall – Es bilden sich supergalaktische Schwarze Löcher.

10^{36} Jahre nach dem Urknall – Sir Arthur Eddington (1882–1944) sagte einmal: »Ich glaube, daß es im Universum 15 747 724 136 275 002 577 605 653 961 181 555 468 044 717 914 527 116 709 366 231 425 076 185 631 031 296 Protonen gibt und genauso viele Elektronen.« Zu dieser Zeit sind sie alle zerfallen.

10^{67} Jahre nach dem Urknall – Gewöhnliche Schwarze Löcher zerfallen.

10^{97} Jahre nach dem Urknall – Galaktische Schwarze Löcher verschwinden.

10^{106} Jahre nach dem Urknall – Supergalaktische Schwarze Löcher verdampfen. Es bleibt nichts außer einem Hauch von Strahlung und einem gelegentlichen einsamen Teilchen.

Der Weltraum ist endlich und hat ein bestimmtes Alter. Im Mittelalter glaubte man noch an die aristotelische Kosmologie. Ein Mann blickt aus dem Weltraum hinaus in das Empyreum Gottes. Unbekannter Holzschnitt, vermutlich aus dem sechzehnten Jahrhundert.

Cosmology, Scientific American, 1977

Der große Zusammenbruch

Was wäre, wenn es viel mehr Materie gäbe, als Wissenschaftler annehmen? Dann zieht sich das Universum schließlich wieder zusammen. Galaxien vereinigen sich. Die Rotverschiebungen im Licht einer Galaxie oder eines Quasars, die anzeigen, daß diese sich von uns entfernen, verschieben sich zu Blau hin, da sie wieder näher kommen. Die Temperatur der Hintergrundstrahlung steigt.

- *Eine Milliarde Jahre vor dem großen Zusammenbruch:*
  Galaxienhaufen verschmelzen.
- *Hundert Millionen Jahre vor dem großen Zusammenbruch:*
  Galaxien verschmelzen.
- *Siebzig Millionen Jahre vor dem großen Zusammenbruch:*
  Die Sterne sind so nah beieinander, daß der Erdhimmel niemals dunkel wird.
- *Eine Million Jahre vor dem großen Zusammenbruch:*
  Die Temperatur der Hintergrundstrahlung steigt auf Tausende Grad.
- *Drei Wochen vor dem großen Zusammenbruch:*
  Die Temperatur steigt auf Millionen Grad. Die Materie löst sich auf.
- *Drei Minuten vor dem großen Zusammenbruch:*
  Die Temperatur steigt auf Milliarden Grad. Atomkerne zerbrechen.
- *Der große Zusammenbruch:*
  Materie und Strahlung werden auf einen Punkt unendlicher Dichte reduziert. Raum und Zeit existieren nicht mehr, und die Naturgesetze gelten nicht mehr. Vielleicht fängt alles mit einem großen Knall von vorn an.

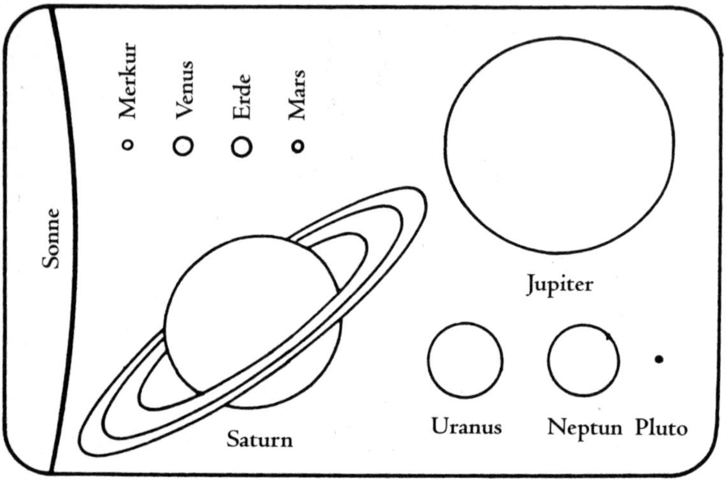
Sonne
Merkur
Venus
Erde
Mars
Jupiter
Saturn
Uranus
Neptun
Pluto

II

Das Sonnensystem

Gasbälle, die sich umeinander drehen, einander kreuzen, aneinander vorbeiwirbeln. Immer dieselbe alte Leier. Gas erst, dann fest, dann Welt, dann kalt, dann tote Schale, die herumtreibt, gefrorenes Klümpchen wie jener Ananasbonbon. Der Mond. Muß grad Neumond gewesen sein, hat sie gesagt. Glaub ich auch. James Joyce, *Ulysses*

Die Kosmologie der alten Griechen

Der Philosoph Thales (624–546 vor Chr.), der als der erste griechische Wissenschaftler gilt, meinte, die Erde sei im wesentlichen flach, eine Insel in einem unendlichen Meer. Sein Schüler Anaximander (610–547 vor Chr.) dagegen hielt die Erde für eine von einer hohlen Sternenkugel umgebene zylindrische Säule. Das Zylinderbild der Welt fand niemals viele Anhänger. Doch die Vorstellung von Kugeln bestimmte die Kosmologie fast zweitausend Jahre lang.

Die Kugeln, manchmal als Gleichnis, manchmal als feste Kristallkörper gedacht, sollten die Himmelskörper an ihrem Ort halten und die komplizierten Himmelsbewegungen beschreiben helfen. Weil aber die Planeten über den Himmel mäandern und gelegentlich anzuhalten und rückwärts zu gehen scheinen, war eine einzige Himmelssphäre nicht genug.

Aus der einen Kugel des Anaximander wurden deshalb bald mehrere. Der Mathematiker Pythagoras (um 570–497 oder 496 vor Chr.), der als erster die Erde für rund gehalten haben soll, fügte Sphären für die Sonne, den Mond und die Planeten hinzu. Im vierten Jahrhundert vor Chr. vergrößerte Platons Schüler Eudoxos von Knidos die Anzahl der ineinander geschachtelten rotierenden Kugelschalen auf 26, sein Schüler Kallippos erhöhte sie auf 34, und Platons berühmtester Schüler, Aristoteles (384–322 vor Chr.), der meinte, die Erde sei unvollkommen und in fortwährendem

Wandel, die Himmelskörper dagegen ewig und makellos, erweiterte das Modell auf 54 Kristallsphären, die er offensichtlich für wirklich hielt und nicht nur für ein Bild.

Das auf zwei irrtümlichen Annahmen beruhende System – daß die Planeten sich um die Erde drehen und daß ihre Bahnen Kreise sind und keine Ellipsen – war mittlerweile völlig unbrauchbar. Deshalb reduzierte Hipparch (um 190–120 vor Chr.) die vielen großen Kreisbahnen auf sieben (je eine für Sonne, Mond, Merkur,

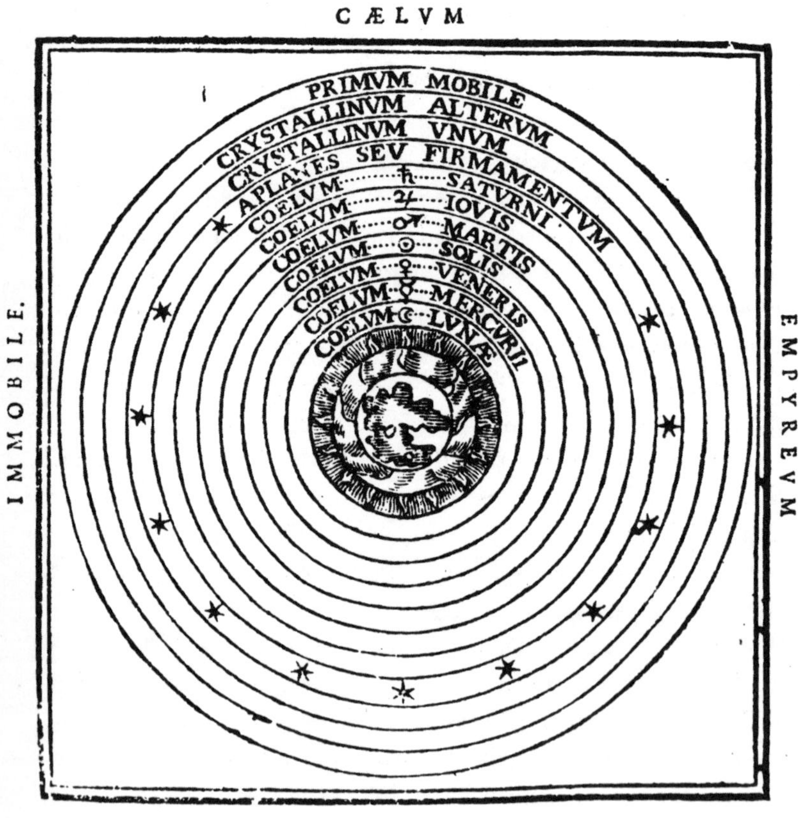

Das Ptolemäische System. In dieser Abbildung aus einem Buch des französischen Wissenschaftlers Pierre Gassendi (1592–1655) ist die Erde von einer Reihe konzentrischer Sphären umgeben. Die erdnächsten Sphären werden den Elementen Luft und Feuer zugeordnet, die letzte Sphäre aber dem ersten Beweger. Yerkes Observatory, University of Chicago

Venus, Mars, Jupiter und Saturn) und fügte kleinere hinzu, sogenannte Epizyklen, die auf dem Trägerkreis Schleifen zogen. Die großen Kreise, die sogenannten Deferenten, drehten sich um einen imaginären Punkt außerhalb der Erde, und die kleinen, die Epizyklen, dienten dazu, die störende Rückwärtsbewegung der Planeten zu erklären.

Alles in allem war der von Hipparch geschaffene erdzentrierte Mechanismus eine umständliche Maschinerie zum Zweck, die »Erscheinungen zu retten«, also Theorie und Wirklichkeit in Übereinstimmung zu bringen. Das gelang auch teilweise. Astronomen konnten mit Hilfe dieses unerträglich komplizierten und im Grunde falschen Modells vernünftige Vorhersagen über die Positionen der Planeten machen. Weil es aber wirklich den Anschein hat, daß sich die Sterne um die Erde drehen, blieb das System des Hipparch jahrhundertelang maßgeblich.

Von Zeit zu Zeit wurden dennoch andere Vorschläge gemacht. Philolaus (um 480 vor Chr. – unbekannt) behauptete, die Erde bewege sich. Aber seine Einsicht wurde nicht ernstgenommen, weil er zu der verfolgten Sekte der Pythagoräer gehörte, die an den mystischen Vorrang der Zahlen glaubte. In seinem nahezu heliozentrischen System drehten sich die neun bekannten Himmelskörper – die sechs Planeten, die Sonne, der Mond und die Fixsternsphäre – in Kreisbahnen um ein unsichtbares zentrales Feuer, von dem die Sonne lediglich ein Abglanz war. Außerdem fügte Philolaus, der die Zahl Zehn für eine magische Zahl der Ganzheit hielt, einen zehnten Körper hinzu – eine Gegenwelt, der Erde gegenüber und also für uns unsichtbar.

Zwei Jahrhunderte später berechnete Aristarch von Samos, daß die Sonne größer ist als die Erde, und behauptete, die Erde, als der kleinere Körper, drehe sich vermutlich um die Sonne. Die Astronomen schlugen sich ein Jahrhundert lang mit dieser Vorstellung herum, bevor sie sie schließlich wieder verwarfen.

Im zweiten Jahrhundert nach Chr. war das erdzentrierte Universum zum Dogma geworden. Den Katechismus dazu schrieb zwischen 140 und 149 Claudius Ptolemäus, über den so wenig bekannt ist, daß nicht einmal sicher ist, ob er Grieche oder Ägypter war. Sein Modell des Universums – dem von Hipparch so ähnlich, daß Ptolemäus des Plagiats bezichtigt wurde – war ein schwankendes, exzentrisches, verrücktes Gebilde. Sein dreizehnbändiges Werk, zu dem ein Sternkatalog und eine Abhandlung über die Trigonometrie gehörten, wurde als *Megale mathematike syntaxis* (Großes mathematisches Handbuch) oder kurz als *Megiste* (das Größte) bekannt. Seine Bedeutung läßt sich kaum überschätzen, denn es lähmte die Kosmologie fast 1400 Jahre lang. In die ersten sieben Jahrhunderte nach seiner Zusammenstellung fiel die Zerstörung der Bibliothek von Alexandria, der Untergang des Römischen Reichs, die Schließung von Platons Akademie nach neunhundert Jahren ihres Bestehens, die Flucht Mohammeds von Mekka nach Medina, die Kaiserkrönung Karls des Großen durch den Papst, und immer noch meinte man, die Sonne drehe sich um die Erde. Die Bücher des Ptolemäus wurden 827 ins Arabische übersetzt und als *Almagest* bekannt. Noch weitere siebenhundert Jahre blieb die Autorität ihres Verfassers im wesentlichen unangezweifelt.

Dann wurde 1543 ein anderes Buch veröffentlicht. Sein Verfasser war Nikolaus Kopernikus.

Kopernikus und der Mittelpunkt der Welt

Ein Narr, der gegen die Heilige Schrift auszog.
Martin Luther

Im Augenblick seines Todes löste Nikolaus Kopernikus (1473 bis 1543) die Revolution der Astronomie aus. In seinem Werk *De revolutionibus orbium coelestium libri VI. (Sechs Bücher über die Umläufe der Himmelskörper)* hatte er die Behauptung aufgestellt, die Sonne und nicht die Erde sei der Mittelpunkt des Weltalls. Kopernikus war jedoch ein Prophet wider Willen, ein introvertierter und verschwiegener, eigentlich konservativer Mensch, der fast sein ganzes Leben lang im Dienst der Kirche stand.

Kopernikus war der Sohn des wohlhabenden Kaufmanns Niklas Koppernigk, der starb, als sein Sohn zehn Jahre alt war. Sein Onkel Lukas Watzelrode übernahm die Vormundschaft und sorgte dafür, daß der scheue Nikolaus und sein draufgängerischer älterer Bruder eine gute Erziehung erhielten. Coppernicus – nach damaliger Mode latinisierte er seinen deutschen Namen – studierte Mathematik und Astronomie an der Universität Krakau, weltliches und geistliches Recht in Bologna, später Padua und Ferrara, wo er sich schließlich auch noch der Medizin zuwandte. Als er seine Ausbildung 1506 abgeschlossen hatte, war sein Onkel – ein Mann, der nie gelacht haben soll – Bischof von Ermland. Kopernikus, schon früh zum Kanonikus ernannt, wurde nicht nur Sekretär, sondern auch Leibarzt seines Onkels. Er beschäftigte sich mit Fragen der Münzreform und setzte sich für die Erhaltung von Ermlands Unabhängigkeit ein, die von seinen mächtigen Nachbarn Polen und den Deutschen Ritterorden bedroht war. Er hatte nur wenige Freunde und heiratete nie. Als spät in seinem Leben bekannt wurde, daß er ein Verhältnis mit seiner Haushälterin Anna hatte, beendete er dies auf Aufforderung der Kirchenbehörden.

Während Kopernikus in seinem persönlichen und öffentlichen Leben wenig veränderte, war sein geistiges Leben dem Umsturz gewidmet. Als junger Kanonikus dachte er viele Stunden über das geozentrische ptolemäische System nach. Es erschien ihm unangemessen, weil es so gewöhnliche Phänomene wie die Rückwärtsbewegung oder die stete Sonnennähe von Merkur und Venus nur höchst kompliziert erklären konnte. Nach Kopernikus dürfte kein Planet je rückwärts laufen, wenn die Erde tatsächlich der Mittelpunkt des Systems wäre; Venus und Merkur müßten sich gelegentlich von der Sonne entfernen, wenn sie die Erde umliefen – was sie niemals tun.

In einem sonnenzentrierten System dagegen, wie es Aristarch von Samos aufgestellt hatte, ließen sich diese Schwierigkeiten leicht beheben. In diesem System stünden Venus und Merkur deswegen in der Nähe der Sonne, weil sie der Sonne wirklich nahe

Nikolaus Kopernikus (1473–1543).
Astronomical Society of the Pacific

sind. Die Planeten schienen gelegentlich zurückzuschwimmen, weil sie die Erde in ihrem endlosen Kreisen um die Sonne manchmal überholen. All dies leuchtete Kopernikus ein, aber er behielt es für sich.

Auf der Rückreise von Krakau, wo Watzelrode und Kopernikus 1512 an den Hochzeitsfeierlichkeiten von König Sigismund teilgenommen hatten, erkrankte Watzelrode an einer Lebensmittelvergiftung und starb. (Sein überraschender Tod legte den Verdacht auf Mord nahe.) Daraufhin zog Kopernikus nach Frauenburg, wo er sich als Kanzler des Domkapitels für den Rest seines Lebens in einem mit Zinnen bewehrten Turm einquartierte, von dem aus er über das Frische Haff auf die Danziger Bucht blicken konnte. Dort schrieb er eine Zusammenfassung seiner Vorstellungen auf. Er behauptete, die Sonne sei der Mittelpunkt des Universums, die Erde drehe sich um ihre Achse und umlaufe die Sonne, und diese Bewegungsabläufe würden die rückläufige Bewegung der Planeten erklären.

Obwohl diese revolutionäre Abhandlung nur als Privatdruck zirkulierte, verbreiteten sich die Neuigkeiten rasch. Kopernikus hat nach Aufstellung seiner Theorie drei Jahrzehnte weder veröffentlicht noch gelehrt, und doch sprachen Astronomen überall, wo sie zusammenkamen, über sein System.

Kopernikus nahm an diesen Diskussionen nicht teil, arbeitete jedoch weiter an seiner Theorie. Oft versah er die Ränder seiner Bücher mit astronomischen Skizzen; er machte aber auch Notizen über Mittel gegen Zahnschmerzen, Nierensteine, Hühneraugen und Röteln – Krankheiten, zu deren Arzneien Zutaten wie Zimt, Sandelholz, Elfenbeinspäne, zermahlene Perlen, Knochenkohle, Rosensamen, Zitrusschalen und Einhornspäne gehörten. Er erstellte neue Tabellen der Planetenbewegungen und schrieb viel. Aber wie viele andere ließ er das Manuskript in der Schublade. Er hätte wohl am liebsten niemals etwas veröffentlicht; das könnte auf sein zurückhaltendes Wesen zurückzuführen sein, auf die Gewißheit, daß seine Theorie eine Kontroverse mit der Kirche herbeiführen würde, und vielleicht auch auf seine Sympathie für den pythagoräischen Kult der Geheimhaltung.

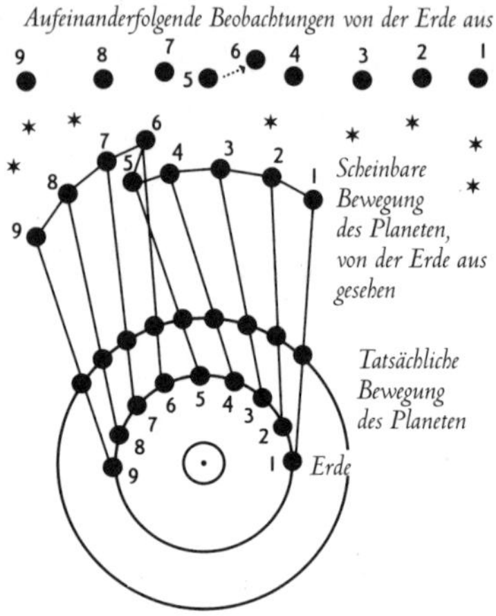

Das Rätsel der rückläufigen Bewegung

Die rätselhafteste und verwirrendste aller astronomischen Anomalitäten war für die vorkopernikanischen Beobachter, daß die Planeten, die gewöhnlich von Westen nach Osten über den Himmel wandern, gelegentlich die Richtung umzukehren scheinen. Frühe Astronomen hielten diese scheinbar rückläufige Bewegung für wirklich und erfanden zu ihrer Erklärung komplizierte Systeme.

Wie Kopernikus zeigte, ist die Rückwärtsbewegung der Planeten eine Illusion, die darauf beruht, daß die Planeten die Sonne in unterschiedlichen Entfernungen umlaufen. Dadurch »überholt« die Erde immer mal wieder einen ferneren Planeten, der dann rückwärts zu laufen scheint, genau wie ein langsamerer Zug auf dem Nebengleis den Reisenden in dem schnelleren Zug zurückzugleiten scheint.

Ähnlich läuft auch ein innerer, schnellerer Planet wie Merkur, dessen Bahn kürzer ist, scheinbar rückwärts, weil er in einem einzigen Erdenjahr die Sonne mehrmals umrundet. Deshalb scheint sich seine Richtung wiederholt zu ändern, wenn er die Erde überholt und sich von uns entfernt. Tatsächlich läuft er immer in die gleiche Richtung.

Er hätte wohl auch tatsächlich niemals etwas veröffentlicht, wenn er nicht gegen Ende seines Lebens zufällig und unerwartet einen Schüler bekommen hätte, einen jungen Professor der Mathematik und Astronomie, der nach Frauenburg kam, um von dem großen Mann zu lernen. Georg Joachim von Lauchen, der als Rheticus bekannt wurde (er nahm den lateinischen Namen an, um nicht mit seinem Vater, einem Arzt, in Verbindung gebracht zu werden, der enthauptet worden war, weil er mit dem Teufel im Bunde gewesen sein soll), drängte sofort auf Veröffentlichung. Das versetzte Kopernikus in einen Taumel der Unentschlossenheit. Er hatte Angst davor, weil seine Theorie dem anerkannten Wissen seiner Zeit widersprach. Er wollte seine Tabellen der Planetenbewegung bekanntmachen, ohne jedoch die zugrundeliegende Vorstellung zu erörtern. Als er zusammen mit Rheticus, einem Lutheraner, seinen einzigen wahren Freund, Tiedemann Giese, Bischof einer Nachbardiözese, besuchte, versuchten Freund und Schüler ihn davon zu überzeugen, wie wichtig die Veröffentlichung von beidem zusammen war, der Tabellen *und* seiner Ansichten. Schließlich fand man einen Kompromiß: Rheticus sollte ein Buch schreiben, in dem er die Gedanken des Kopernikus erläuterte, aber nur Vornamen und Geburtsort ihres Urhebers verriet.

Rheticus schrieb daraufhin einen Brief an einen seiner Lehrer, in dem er die Theorie des »ehrwürdigen Herrn Dr. Nikolaus von Thorn, Kanonikus von Ermland« darstellte. Er ließ den Brief, in dem er auch einige eigene Kommentare zur Astrologie und zur Bibel machte, drucken und einige Male verschicken. Das Werk fand reißenden Absatz, und Kopernikus wurde immer mehr zur Veröffentlichung des Gesamtwerks gedrängt. Schließlich ließ er sich dazu überreden.

Rheticus schrieb das dicke Manuskript peinlich genau ab (und brachte ein paar kleine Korrekturen an). Bevor er mit der Drucklegung beginnen konnte, mußte er jedoch nach zwei Jahren Abwesenheit seinen Vorlesungsverpflichtungen in Wittenberg nachkommen, wo die Universität ihn sofort zum Dekan wählte. Nach Semesterschluß im Mai 1542 reiste er dann mit dem Manuskript nach Nürnberg, um es dort zu drucken.

Bald darauf erhielt er einen Ruf an die Universität Leipzig und gab das Vorhaben auf. Vielleicht hatte er sich mit Kopernikus überworfen, denn in den Danksagungen zu dem Buch, die Rheticus sicher gesehen hat, vermied Kopernikus jeden Hinweis auf den Mann, der ihm am meisten geholfen hatte. Rheticus jedenfalls gab die Betreuung der Drucklegung weiter.

Nun taucht Andreas Osiander auf. Der lutherische Nürnberger Pfarrer hatte zwei Jahre zuvor geäußert, Kopernikus täte gut daran, bei der Veröffentlichung des Buchs zu erklären, die darin aufgestellten Hypothesen seien keine »Glaubensartikel«, sondern lediglich Rechenhilfen. Osiander meinte, Kopernikus könne durch dieses Dementi die Kritik »der Aristoteliker und Theologen, deren Widersprüche gefürchtet waren«, entkräften. Er übernahm die Aufgabe, Kopernikus zu schützen, und schrieb ein zweideutiges, in der Geschichte der Astronomie berühmtes Vorwort, das die Bedeutung des Buchs herunterspielte. Darin steht zu lesen: »Es ist nämlich nicht erforderlich, daß diese Hypothesen wahr sind, ja nicht einmal, daß sie wahrscheinlich sind, sondern es reicht schon allein aus, wenn sie eine mit den Beobachtungen übereinstimmende Rechnung ergeben.« Und am Ende heißt es: »Allein, soweit es sich um Hypothesen handelt, würde niemand erwarten, von der Astronomie irgendwelche Gewißheit zu erhalten, die diese nicht liefern kann; sofern er nicht Begriffe, die für einen anderen Zweck ersonnen wurden, für Wahrheit nehmen und am Ende seiner Studien ein größerer Narr sein will als am Anfang. Lebe wohl!« Das unsignierte Vorwort, von dem jeder denken mußte, es sei von Kopernikus geschrieben, warf Schatten des Zweifels auf den Inhalt des Buchs, indem es nahelegte, daß selbst sein Verfasser nicht an die Richtigkeit der Thesen glaube.

Der Druck des Buches nahm ein ganzes Jahr in Anspruch. In der Zwischenzeit hatte Kopernikus einen Schlaganfall erlitten und war teilweise gelähmt. Die erste gedruckte Ausgabe seines dem Papst gewidmeten Werkes kam am 24. Mai 1543 in Frauenburg an.

Kopernikus starb noch am selben Tag.

Sein System hatte Bestand. Es war kein elegantes Modell, weil Kopernikus wie Aristoteles an dem Gedanken der vollkommenen

Kreisbahn festhielt. (Erst als Johannes Kepler zeigte, daß die Bahnen Ellipsen sind, wurde ein genaues System möglich.) Deshalb mußten einige Details adjustiert werden. Kopernikus tat, was jeder vor ihm getan hatte: Er fügte Epizyklen hinzu, Räder auf Rädern, auf denen Körper rotierten. Beispielsweise erklärten neun verschiedene Räder die unterschiedlichen Bewegungen der Erde. Außerdem umliefen die Planeten wie bei Philolaus nicht die Sonne, sondern einen Punkt in Sonnennähe. Und nach Kepler, der aufdeckte, daß Osiander das berüchtigte Vorwort geschrieben hatte, verwarf Kopernikus nicht einmal die Vorstellung, daß die Himmelskörper in Kristallkugeln eingebettet seien. Kurz, das kopernikanische System war das reinste Durcheinander.

Das war letztlich nicht entscheidend, genauso wenig wie die Tatsache, daß die gesamte Christenheit das System offiziell verwarf Martin Luther nannte Kopernikus einen »neuen Astrologen« und klagte, dieser wolle »die ganze Astronomie umkehren«. Luther hatte recht. Zu Galileis Lebzeiten setzte der Papst das Buch auf den Index der verbotenen Bücher, auf dem es bis 1835 blieb. Dennoch, das kopernikanische System, anders als das ptolemäische, beruhte auf wirklichen Messungen. Die Vorrangstellung der Erde war auf ewig erschüttert. Die Sonne war Königin.

Immanuel Kant und die Entstehung des Sonnensystems

Zwei Dinge erfüllen das Gemüt mit immer neuer und zunehmender Bewunderung und Ehrfurcht, je öfter und anhaltender sich das Nachdenken damit beschäftigt: Der bestirnte Himmel über mir, und das moralische Gesetz in mir. Immanuel Kant

Immanuel Kant (1724–1804), der Philosoph der Aufklärung, war sein Leben lang Junggeselle und für seine Prinzipientreue bekannt. Wie oft erzählt, machte er seinen Nachmittagsspaziergang so pünktlich, daß seine Nachbarn im ostpreußischen Königsberg, wo er sein ganzes Leben verbrachte, die Uhr nach ihm stellten. Er soll seinen Verdauungsspaziergang nur ein einziges Mal unterlassen haben, als er sich in die Lektüre von Jean-Jacques Rousseaus *Emile* vertieft hatte.

Kants philosophische Überlegungen zu solchen Abstraktionen wie Freiheit, Frieden, Erfahrung, Wissen und den Grenzen der Vernunft paarten sich mit einem lebhaften Interesse an der Natur. Als junger Mann schrieb er eine Arbeit über Erdbeben, und eine seiner letzten Arbeiten beschäftigte sich mit dem Einfluß des Mondes auf das Wetter. Aber sein zweifellos wichtigster naturwissenschaftlicher Beitrag war ein Büchlein mit dem Titel *Allgemeine Naturgeschichte und Theorie des Himmels*, das 26 Jahre vor der 1781 erschienenen *Kritik der reinen Vernunft* veröffentlicht wurde.

Zu den Gedanken dieser Arbeit war Kant durch die Thesen Thomas Wrights (1711–1786) angeregt worden, eines Uhrmachers, der behauptet hatte, daß Gott in der Mitte des Weltalls zu finden sei, während die Sonne und die Sterne der Milchstraße sich alle um diese Mitte drehten. Wright hielt die Milchstraße für eine hohle Sternenkugel und die verschiedenen Nebel für die »Heimat der Seligen«. Kant hatte die Veröffentlichung von Wright nicht selbst gelesen, sondern nur eine in der Hamburger Zeitschrift *Freye Urtheile und Nachrichten zum Aufnehmen der Wissenschaft und Historie überhaupt* erschienene Zusammenfassung. Aus ihr zog er den (falschen) Schluß, daß Wright die Milchstraße für eine Scheibe mit Sternen hielt.

Die Theorie, die Kant hierzu entwickelte, bildet in der vier Jahrzehnte später von Pierre Simon Marquis de Laplace ergänzten Form den Kern unserer heutigen Vorstellung von der Entstehung des Sonnensystems. Nach Kant begann es als eine rotierende Staub- und Gaswolke, ein Urnebel. Diese Wolke schwebte Milliarden Jahre im Raum, bis sie schließlich unter dem Druck ihrer eigenen Schwerkraft zusammenfiel.

Warum das passierte, ist unklar. Nach einer heute gängigen Auffassung explodierte ein naher Stern und sandte Stoßwellen durch die Wolke. Die Mitte wölbte sich nach außen, die Ränder wurden flacher, die Wolke zog sich zusammen und begann zu wirbeln. Je mehr sie sich zusammenzog, um so schneller drehte sie sich. Schließlich stießen die Atome und Moleküle im Inneren der zentralen Gaskugel so oft zusammen, daß ein Druck entstand, der den Vorgang der Kontraktion verlangsamte, aber die Hitze vergrößerte. Als im Zentrum die Temperatur etwa zehn Millionen Grad erreicht hatte, begannen dort Kernreaktionen, und der Gasball wurde zu einem Stern.

Draußen, an den abgeflachten Rändern der Wolke, umliefen inzwischen Gas- und Staubringe den neugeborenen Stern. Die Atome verbanden sich und kondensierten zu mikroskopisch kleinen Körnern etwa aus Aluminium, Titan, Eisen und vielerlei Feststoffen, die immer wieder aufeinanderprallten. Wenn ihre Geschwindigkeit hoch war, wurden sie durch die Wucht des Aufpralls verdampft, bei relativ langsamen Zusammenstößen aber hafteten sie wie Klumpen aus klebrigem Reis aneinander und bildeten allmählich seltsame Brocken aus Stein, Metall und Eis, die wir Planetesimale nennen – die Bausteine des Sonnensystems. Indem kleinere Planetesimale auf größere prallten, gewannen die größeren an Masse und wuchsen allmählich zu Planeten heran. Die unabläs-

[Bloom hatte,] als er sich dieses Problem zur Lösung vornahm, die nicht widerlegbare Arbeitshypothese aufgestellt, daß eine anpassungsfähigere und anatomisch anders konstruierte Rasse von Lebewesen unter sonst hinreichenden und äquivalenten martischen, merkurialen, veneralen, jovitischen, saturnischen, neptunischen oder uranischen Bedingungen durchaus existieren könne, obwohl eine apogäische, in variierenden, begrenzt nur voneinander abweichenden, dem Ganzen und einander aber ähnlichen Formen erschaffene Menschheit von Wesen vermutlich dort wie hier unabänderlich und unveräußerlich den Eitelkeiten, den Eitelkeiten aller Eitelkeiten und allem, was ganz eitel ist, anhangen würde.
James Joyce, *Ulysses*

sigen Zusammenstöße erzeugten Wärme, deshalb schmolzen schwere Elemente wie etwa Eisen im Inneren der Planeten und sanken zur Mitte hin, während die leichteren Elemente an die Oberfläche stiegen.

Es gibt mehrere Theorien darüber, wie sich die unterschiedliche Zusammensetzung der Planeten in unserem Sonnensystem erklären läßt. Eine Theorie besagt, daß die Planeten sich zwar mehr oder weniger gleichzeitig bildeten, die Elemente jedoch in unterschiedlichen Entfernungen von der Sonne kondensierten. Folglich hängen die Unterschiede zwischen den Planeten von der Entfernung des Planeten von der Sonne ab. Eine andere Theorie besagt, alle Planeten seien ursprünglich Gasbälle gewesen. Während der überaus starke Wind, der von der Sonne ausging, den sonnennahen Planeten das Gas entriß, konnten die äußeren Planeten die Struktur ihres Aufbaus bewahren. Vielleicht aber brachte auch die Sonnenwärme die Eisteilchen auf den inneren Planeten zum Verdampfen, während das Eis – aus Methan, Ammoniak und Wasser – im kälteren äußeren Sonnensystem gefroren blieb, was auch die größere Masse der äußeren Planeten erklärt. Ihre Masse gab ihnen die Schwerkraft, die sie brauchen, um die dicken Gashüllen festzuhalten, die sie umgeben.

Die Monde, die das Sonnensystem bevölkern, könnten Planetesimale, kleine Planeten oder Vorformen von Planeten, gewesen sein, die vom Schwerefeld eines massereicheren Planeten eingefangen wurden. Sie könnten aber auch am Ort entstanden sein, sich also langsam aus dem Staub und den Materiebrocken gebildet haben, die die Planeten umliefen, als das Sonnensystem noch jung war.

Die Wissenschaftler glauben, daß sich auch heute noch Planeten auf diese Weise bilden, so möglicherweise um den hellen Stern Formalhaut im Sternbild Südliche Fische oder um Beta pictoris, dem zweithellsten Stern des eher öden südlichen Sternbilds Maler. Infrarotuntersuchungen einer Scheibe aus Gas und Staub, die diesen Stern umgibt, zeigen, daß sie in ihrem Inneren voller Gestein und Kometenstaub ist.

Das hätte Kant nicht überrascht. Er meinte, daß Sterne und Planeten fortwährend gebildet werden. »Wenn nun also die Schöpfung ... unendlich ist«, schrieb er, »so wird der Weltraum mit Welten ohne Zahl und ohne Ende belebt werden.«

Kant war davon überzeugt, daß es in diesen neuen Welten Leben gibt. Ihm wird die Erkenntnis zugeschrieben, daß das Universum voller Galaxien ist, die er »Welteninseln« nannte, (ein Gedanke, der erst im zwanzigsten Jahrhundert bestätigt wurde). Er hielt es jedoch nicht für nötig, außerhalb unseres kleinen Sonnensystems nach anderem Leben zu suchen. Er war davon überzeugt, daß die meisten der Planeten bewohnt sind und daß die noch unbewohnten eines Tages bewohnt sein werden. Er dachte auch über die Geschöpfe auf diesen unbekannten Welten nach und befand, daß die Marsbewohner zweifellos weniger hoch entwickelt seien als wir, die Bewohner des Jupiter uns jedoch moralisch überlegen sein müßten.

Die klassische Mythologie und die Planeten

Und doch braucht das Herz eine Sprache,
Bringt der alte Instinkt die alten Namen zurück.
Samuel Taylor Coleridge

Am Anfang, schrieb der römische Dichter Ovid, herrschten Chaos und Nyx, die Göttin der Nacht, in einem Reich, der »Keime der Dinge, zusammengehäuft in wirrem Gemenge«. Sie beherrschten dieses unheimliche Königreich viele Jahre lang, bis sie des Herrschens müde wurden und ihren Sohn Erebos, die Finsternis, baten, mit ihnen zusammen Ordnung zu schaffen. Das tat er nach Art des Ödipus, indem er seinen Vater erschlug und seine Mutter heiratete. Nacht und Finsternis zeugten Aether (Luft) und Hemera (Tag), die ihrerseits ihre Eltern stürzten und Eros zeugten. Sie erschufen auch das Meer und die Erde, die Gaia genannt wurde.

Gaia war zunächst nicht schön. Dann aber schoß Eros, die im All wirkende Liebe, seine berühmten Pfeile, woraufhin Bäume wuchsen und Blumen blühten. Gaia schuf aus sich heraus Uranus, den Himmel, mit dem sie sich vermählte, und Pontos, das Meer. Uranus und Gaia setzten Aether und Hemera ab, übernahmen an ihrer Statt die Herrschaft und hatten viele Kinder, darunter die zwölf Titanen.

Aber das häusliche Glück war nicht ungetrübt. Uranus, der wußte, daß die Vergangenheit der beste Prophet der Zukunft ist, befürchtete, seine Kinder könnten ihn stürzen. Um das zu verhindern, nahm er sie gefangen – und sperrte sie zusammen mit seinen späteren Nachkommen, den Zyklopen, in den Tartarus, einen dunklen, höhlenreichen Abgrund.

Gaia bat Uranus, ihre Kinder freizugeben, aber er hörte nicht auf sie. Deshalb befreite sie eines Tages ihren Titanensohn Chronos, den die Römer Saturn nannten. Saturn haßte seinen Vater. Als Uranus und Gaia das nächste Mal beieinanderlagen, nahm Saturn eine Sichel, entmannte seinen Vater und warf seine Genitalien ins Meer. Uranus verfluchte seinen Sohn; eines Tages würden seine Kinder ihn absetzen. Saturn bestieg den Thron, befreite die anderen Titanen, gab jedem von ihnen einen Herrschaftsbereich und heiratete seine Schwester Rhea (deren Namen heute einer der Saturnmonde trägt).

Bei der Geburt seines ersten Kindes erinnerte sich Saturn an den Fluch seines Vaters. Er wollte das Kind nicht einsperren, aber er wollte es auch nicht um sich haben, deshalb verschlang er es. Das wiederholte sich jedesmal, wenn Rhea ein Kind gebar, und sie hatte viele Kinder. Wie sein Vater erhörte auch Saturn nicht die flehendlichen Bitten seiner Frau. Schließlich ersann Rhea eine List. Nach der nächsten Geburt übergab sie das Kind den Nymphen. Sie wickelte einen großen Stein in Windeln und trug ihn zu ihrem unaufmerksamen Gatten. Sie weinte und bat ihn, dieses Kind behalten zu dürfen. Dann schaute sie zu, wie er den Stein verschlang. So rettete sie dieses Kind, das Zeus oder Jupiter genannt wurde.

Als Saturn erfuhr, daß sein Sohn lebte, bekam er Angst. Jupiter griff seinen Vater an und zwang ihn, seine Kinder wieder auszuspeien. Heraus kamen Neptun und Pluto und die drei Göttinnen, deren römische Namen im neunzehnten Jahrhundert Asteroiden verliehen wurden, nämlich Vesta, Ceres und Juno, die spätere Ehefrau Jupiters.

Jupiter erhob Ansprüche auf den Thron, aber damit waren die Titanen nicht einverstanden. Es kam zum Krieg. Jupiter suchte Hilfe und befreite die Kyklopen, die ihm dafür den Blitz schmiedeten, ihn zum Donnergott machten. Nach zehnjährigem Krieg hatte Jupiter Saturn besiegt, und dieser zog sich nach Italien zurück. Jupiter übergab Neptun die Herrschaft über das Meer und Pluto die Macht über die Unterwelt und zog selbst aus auf eine lange Reihe von Abenteuern, darunter viele außereheliche. Der Himmel ist voller Sterne, Planeten und Monde, die Zeugnis von

Jupiters Untreue ablegen. Zu seinen unehelichen Kindern zählen Phöbus Apollon, der Sonnengott, und Diana, die Göttin des Mondes und der Jagd, deren Mutter Latona war, Merkur, der Sohn von Maia, und nach einigen Darstellungen auch Venus, die die Griechen Aphrodite nannten. Nach einer Fassung soll Venus aus dem blutigen Schaum erstanden sein, der sich bildete, als Saturn die Genitalien des Uranus ins Meer warf – diese Geschichte wird in dem berühmten Gemälde von Botticelli dargestellt. Nach einer anderen Version ist Venus die Tochter von Jupiter und Dione, der Göttin des Mißgeschicks. Nach der griechischen Sage war nur Mars ein legitimer Sohn Jupiters. Aber auch das ist umstritten, denn nach der römischen Sage ist Mars nur indirekt mit Jupiter verwandt: Juno war sehr zornig, als Jupiter Minerva aus seiner Stirn entspringen ließ, und bat die Göttin Flora um Hilfe, die ihr eine Handvoll Kräuter gab. Im Augenblick, als sie diese berührte, war Juno schwanger und gebar Mars, den Kriegsgott, das Kind des Zorns.

Wie groß ist das Weltall?

Wäre der Himmel nur ein blaues Gewölbe, woran die Sterne wie Nägel angeheftet wären, so würde mir das Weltall klein und eng vorkommen; ich würde meine Brust ganz zusammengeengt fühlen; allein jetzt, da man diesem Gewölbe eine unendlich größre Ausdehnung und Tiefe gegeben, und selbiges in tausend und wieder tausend Sonnensysteme eintheilt, däucht mir's, ungehinderter athmen zu können und in freyerer Luft zu seyn, und sicherlich! gewint dadurch das Weltall ein weit anderes, prächtigeres Ansehen.

Bernard de Fontenelle

Es gibt keine Adjektive, die die Weite des Raums beschreiben könnten. Alles Astronomische ist größer – dichter, heißer, weiter oder erstaunlicher –, als man es sich vorstellen kann. Selbst das Sonnensystem, unser eigener winziger Bereich des Universums, ist so gewaltig groß, daß Wissenschaftler, die versuchen, unseren Ort im himmlischen System zu beschreiben, gezwungen sind, die Dinge schrumpfen zu lassen und alltägliche Analogien zu verwenden.

Betrachten wir folgende Vergleiche: Wenn die Sonne ein großer Apfel wäre, entspräche die Erde einem Sandkorn in zehn Metern Entfernung; ein Kirschkern stellte ein Haus weiter den Jupiter dar und ein anderer Kirschkern noch ein Haus weiter den Saturn. Pluto wäre ein Sandkorn nach einem weiteren Häuserblock. Dreitausend Kilometer weiter fände man wieder einen Apfel, vielleicht mit einigen wenigen Fleckchen planetarer Materie, die diesen Apfel umgeben. So leer ist die Milchstraße. Das Sonnensystem ist so klein, daß es auf einer Karte des Universums von der Größe eines Häuserblocks überhaupt nicht zu sehen wäre.

Selbst auf einer Karte unserer Milchstraße wären die Planeten nicht zu sehen. »Ich mache oft ein Modell vom Milchstraßensystem, indem ich im Hörsaal eine Schachtel Salz in Spiralmuster ausstreue. Die Vorführung ist wirkungsvoll, aber der Maßstab stimmt nicht«, schreibt Chet Raymo in *The Soul of the Night.* »Wenn ein Salzkorn die Größe eines durchschnittlichen Sterns darstellen

Das Sonnensystem

	Entfernung von der Sonne (Kilometer)	Durchmesser (Kilometer)	Durchmesser in Erddurchmessern
Sonne		1 392 000	109,13
Merkur	57 900 000	4892	0,38
Venus	108 200 000	12 103	0,95
Erde	149 600 000	12 756	1,00
Mars	227 900 000	794	0,53
Jupiter	778 300 000	142 796	11,19
Saturn	1 432 000 000	120 000	9,41
Uranus	2 884 000 000	50 800	4,01
Neptun	4 509 000 000	48 600	3,89
Pluto	5 966 000 000	3 500	0,18

soll, müßten die einzelnen Körner Hunderte von Metern voneinander entfernt sein. Ein Modell der Milchstraße in den richtigen Verhältnissen und Mengen erforderte, daß man zehntausend Pakkungen Salz auf eine Kreisscheibe streute, die größer wäre als ein Querschnitt durch die Erde.«

Und in welchem Verhältnis steht unsere Galaxie zum Universum? Wenn unsere Galaxie so groß wäre wie ein Fingernagel, hätte das Universum einen Durchmesser von sechs Kilometern.

Wie klein ist das Weltall? Hier sind einige Zahlen. In unserem Sonnensystem werden Entfernungen üblicherweise in Astronomischen Einheiten (AE) angegeben, der mittleren Entfernung zwischen Sonne und Erde, die etwa 150 Millionen Kilometer (genau 149 597 870 Kilometer) beträgt. Sonne und Jupiter, die größten Planeten des Sonnensystems, sind 5,2 AE voneinander entfernt, und die mittlere Entfernung zwischen Sonne und Pluto, dem (unseres Wissens) fernsten Planeten im Sonnensystem, beträgt 39,75 AE, knapp sechs Milliarden Kilometer.

Ein Planetenweg

Ein Schritt sind eine Million Kilometer …
Die Größenverhältnisse im Kosmos übersteigen unser Vorstellungsvermögen so sehr, daß alle Versuche der Veranschaulichung hilflos erscheinen. Man erhält jedoch eine »gangbare« Vorstellung der Verhältnisse im Sonnensystem, wenn man einen Planetenweg abschreitet, wie es sie mittlerweile in vielen Städten gibt. In München beginnt er im Innenhof des Deutschen Museums, wo die Sonne durch eine Kugel mit einem Meter Durchmesser symbolisiert ist. Von dort aus führt der Weg im Maßstab eins zu 1,29 Milliarden viereinhalb Kilometer entlang der Isar bis zum Tierpark Hellabrunn, wo er mit Pluto endet. Der nächste Fixstern würde übrigens in dreißigtausend Kilometer Entfernung liegen. Zu ihm müßte man dreiviertelmal um die Erde herumwandern; bei einem Polflug würde man nach dreißigtausend Kilometern im Süden Afrikas landen.

Abmessungen des Planetensystemmodells

	Durchmesser	Entfernung von der Sonne
Sonne	1,08 Meter	
Merkur	3,8 Millimeter	45 Meter
Venus	9,4 Millimeter	84 Meter
Erde	9,9 Millimeter	116 Meter
Mars	5,3 Millimeter	177 Meter
Jupiter	11,1 Zentimeter	603 Meter
Saturn	9,3 Zentimeter	
	(Ring 21,1 Zentimeter)	1105 Meter
Uranus	4,0 Zentimeter	2223 Meter
Neptun	3,8 Zentimeter	3483 Meter
Pluto	1,8 Millimeter	4570 Meter

Außerhalb des Sonnensystems ist die Astronomische Einheit eine winzige Größe. Das nächste brauchbare Maß ist das Lichtjahr, die Entfernung, die Licht, das in einer Sekunde etwa 300 000 Kilometer zurücklegt, in einem Jahr zurücklegt: 9,46 Billionen Kilometer. Weil das Licht Zeit braucht, bis es unsere Augen erreicht, ist alles, was wir sehen, ein Bild aus der Vergangenheit. Wir sehen die Sonne, wie sie vor acht Minuten war, denn die Erde ist acht Lichtminuten von der Sonne entfernt. (Oder, anders gesagt, eine Astronomische Einheit entspricht acht Lichtminuten.) Der nächste Stern in unserer Galaxie ist 4,1 Lichtjahre von uns entfernt. Einer der hellsten Sterne, Rigel im Orion, ist 910 Lichtjahre entfernt. Wenn wir Rigel ansehen, sehen wir ihn also so, wie er war, als Heinrich der IV. nach Canossa ging.

Aber im Vergleich mit dem Universum ist ein Lichtjahr eine kleine Maßeinheit. Unsere Galaxie, eine von zig Milliarden Galaxien, hat einen Durchmesser von etwa hunderttausend Lichtjahren. Andromeda, die nächste Nachbargalaxie, ist 2,2 Millionen Lichtjahre entfernt. Weiter draußen wachsen die Zahlen so rasch, daß Astronomen sie gewöhnlich in Parsec messen, einer Entfernung, die 3,26 Lichtjahren entspricht, oder in Kiloparsec, was tausend Parsec entspricht, oder in Megaparsec, was einer Million Parsec entspricht. Am entferntesten Rand des beobachtbaren Weltalls werden selbst diese Maßeinheiten sinnlos. Einer der entferntesten Himmelskörper, die wir zur Zeit kennen, ist ein Quasar, der etwa vierzehn Milliarden Lichtjahre von uns entfernt ist. Das ist für gewöhnliche Sterbliche, vielleicht auch für Astronomen, unvorstellbar weit weg.

Sonnenflecken

Die Sonne, mit allen Planeten, die sich um sie drehen und von ihr abhängen, kann doch eine Weintraube reifen lassen, als ob sie überhaupt nichts anderes zu tun hätte.

Galileo Galilei

Seele der Welt, unermüdete Sonne!
Mutter der Liebe, der Freuden, des Weins!

Jakob Michael Reinhold Lenz,
»An die Sonne«

Im Jahr 1611 überzeugte sich der Jesuit Christoph Scheiner, Mathematikprofessor in Ingolstadt, mit Hilfe seines Fernrohrs davon, daß die Sonnenflecken auf der Sonne sind und nicht nur in ihrer Nähe. Als er seinen Ordensoberen davon berichtete, ermahnten sie ihn, daß Aristoteles gesagt habe, mit Ausnahme der Erde sei in der Welt alles vollkommen und makellos, und deshalb könne die Oberfläche der Sonne unmöglich mit Flecken verunziert sein. Scheiner meinte daraufhin, die Sonnenflecken könnten sich möglicherweise um die Sonne drehen, ihr also sehr nahe sein, aber doch nicht auf ihrer Oberfläche.

Galileo Galilei dagegen traute seinen Augen. Nachdem er die unter einem Pseudonym veröffentlichten Briefe Scheiners über Sonnenflecken gelesen hatte, behauptete er, er habe sie zuerst gesehen. Das stimmte nicht, aber er beschrieb ihre Dauer und ihre unregelmäßige, sich stetig verändernde Form, und er erkannte, daß sie ein Teil der Sonne sind. Folglich wird ihm oft die Entdeckung der Sonnenflecken zugeschrieben.

Das Wesen der Sonnenflecken blieb ein Geheimnis. Giovanni Domenico Cassini, der die nach ihm benannte eigenartige Teilung des Saturnrings entdeckte, hielt die Sonnenflecken für Berge, deren Gipfel nur gelegentlich aus dem Auf und Ab der Photosphäre ragen, der sichtbaren Oberfläche der Sonne.

Der schottische Astronom Alexander Wilson behauptete 1769,

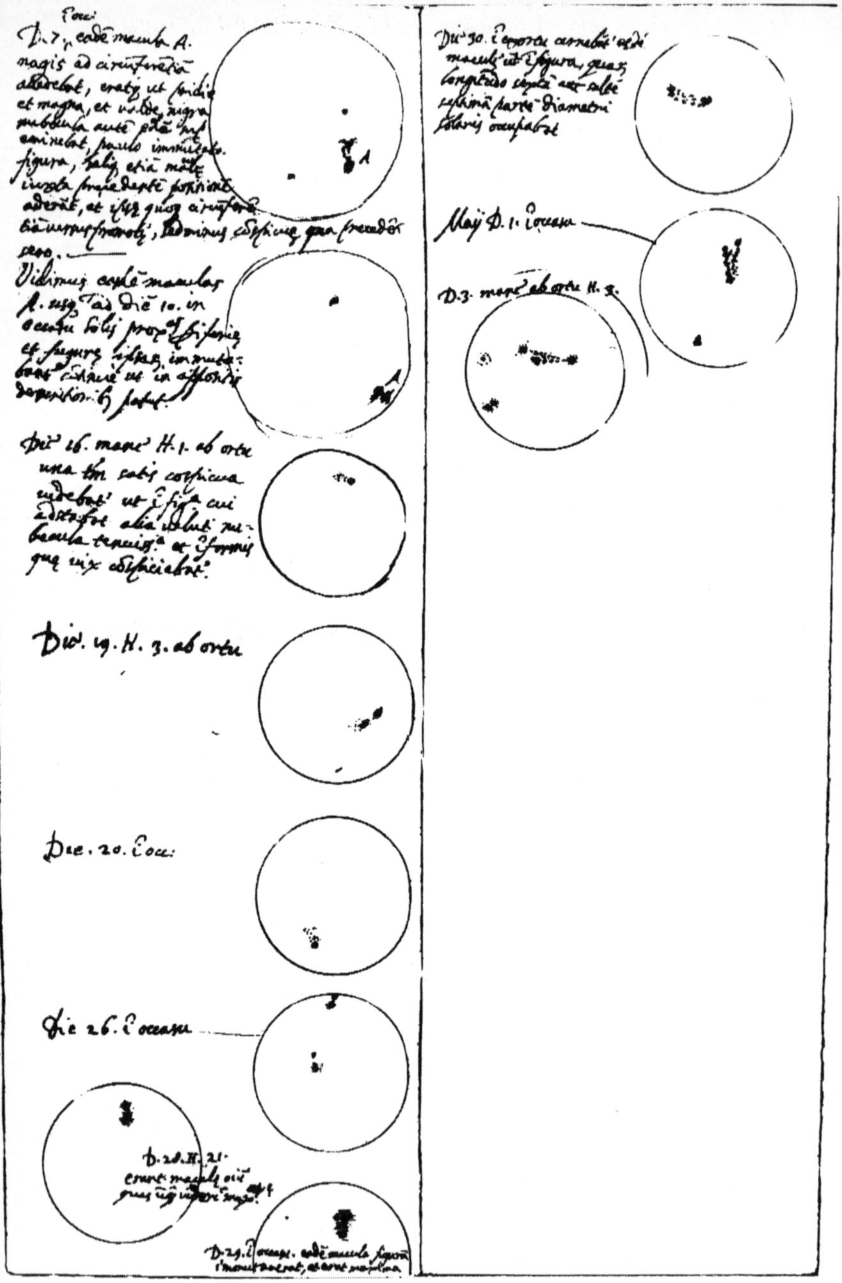

Galileis Zeichnungen und Bemerkungen zu Sonnenflecken.
Yerkes Observatory, University of Chicago

Sonnenflecken seien Löcher in der Photosphäre. Der Gedanke ist unzutreffend, aber einleuchtend. Sonnenflecken sind dunkel, und wenn sie am Rand liegen, erscheinen sie wie Dellen.

Wilhelm Herschel schrieb 1795, falls Sonnenflecken durch Risse in der Photosphäre flüchtige Einblicke auf die dunklere Oberfläche gewährten, sei zu vermuten, daß die Sonne vielleicht nichts anderes sei als ein riesengroßer, leuchtender Planet. »Es ist höchst wahrscheinlich, daß sie wie die übrigen Planeten von Lebewesen bewohnt wird, deren Organe den besonderen, auf diesem Riesenkörper herrschenden Lebensbedingungen angepaßt sind.«

Die Sonne

- *Mittlere Entfernung von der Erde*
  149 600 000 Kilometer = 1 AE
- *Durchmesser am Äquator*
  1 392 000 Kilometer
- *Durchmesser in Erddurchmessern*
  109,13
- *Masse in Erdmassen*
  332 946
- *Schwerkraft an der Oberfläche im Verhältnis zur Schwerkraft auf der Erde*
  27,9

Den wichtigsten Beitrag dieser Zeit zur Untersuchung der Sonnenflecken verdanken wir jedoch dem Dessauer Apotheker Heinrich Samuel Schwabe (1789–1875), der seinen Beruf aufgab, um sein Leben als Naturforscher der Suche nach einem neuen Planeten widmen zu können. Er vermutete ihn innerhalb der Bahn des Merkurs und hoffte, ihn als dunklen Fleck vor der Sonne zu finden. Bei seiner vergeblichen Suche nach dem nichtexistenten Planeten, der Vulkan genannt wurde, beobachtete er sorgfältig und unverdrossen von 1826 bis 1850 Gruppen von Sonnenflecken und erkannte dabei als erster, daß sie in Zyklen auftreten. Da die Naturwissenschaftler die Aktivität der Sonnenflecken zuvor für zufällig und unvorhersehbar gehalten hatten, war dies eine wichtige Neuigkeit. Trotzdem fanden seine Befunde kaum Beachtung.

Alexander von Humboldt aber, der Naturforscher und Geograph, der die Welt bereiste, Vulkane erstieg, der die Pflanzengeographie und die moderne Landeskunde begründete, las Schwabes Beschreibung des Sonnenfleckenzyklus und erwähnte sie in seinem fünfbändigen Werk *Kosmos,* das er als über Siebzigjähriger (1845–1862) schrieb. Dadurch kam Schwabe endlich zu Ruhm und Anerkennung.

Heute wissen wir, daß Sonnenflecken gewaltige Magnetfeldkonzentrationen auf der bewegten Sonnenoberfläche sind. Obwohl sie dunkel aussehen, liegt das, wie schon Galilei erkannte, lediglich daran, daß sie weniger hell sind als die Sonnenoberfläche. Sie sind mit einer Temperatur von 4000 bis 4500 Grad Kelvin (null Grad Kelvin sind minus 273,1 Grad Celsius) kühler als die übrige Oberfläche, strahlen weniger und sehen deshalb dunkler aus. Sie bilden sich aufgrund der Rotation der Sonne, einem Vorgang, der am Äquator 25 Tage dauert und am Pol zehn Tage länger. Diese unterschiedlichen Geschwindigkeiten führen dazu, daß die magnetischen Kraftlinien in der Sonne verdreht werden, bis sie schließlich die Photosphäre durchbrechen und sich erst außerhalb wieder schließen. Sonnenflecken sind die Ein- und Austrittsstellen gewaltiger Bündel magnetischer Feldlinien. Die magnetische Polarität des östlichen Flecks ist der des westlichen entgegengesetzt.

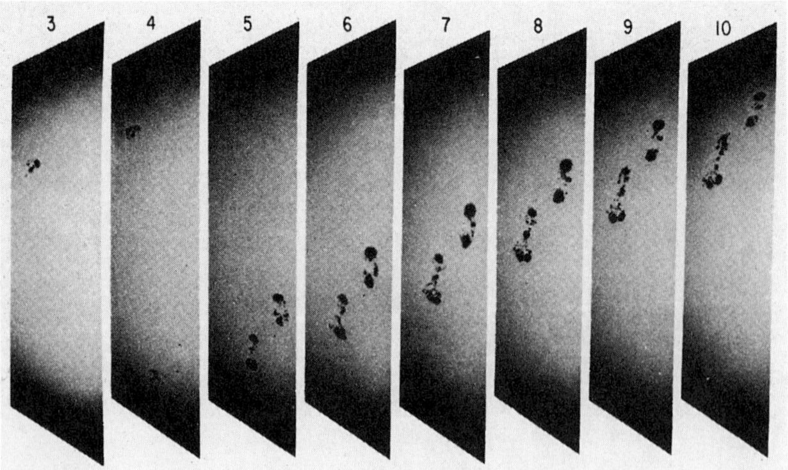

Aufnahmen vom 3. bis 10. April 1980. An der veränderten Lage der Sonnenflecken kann man sehen, daß die Sonne sich dreht. Solar Maximum Mission, ESA

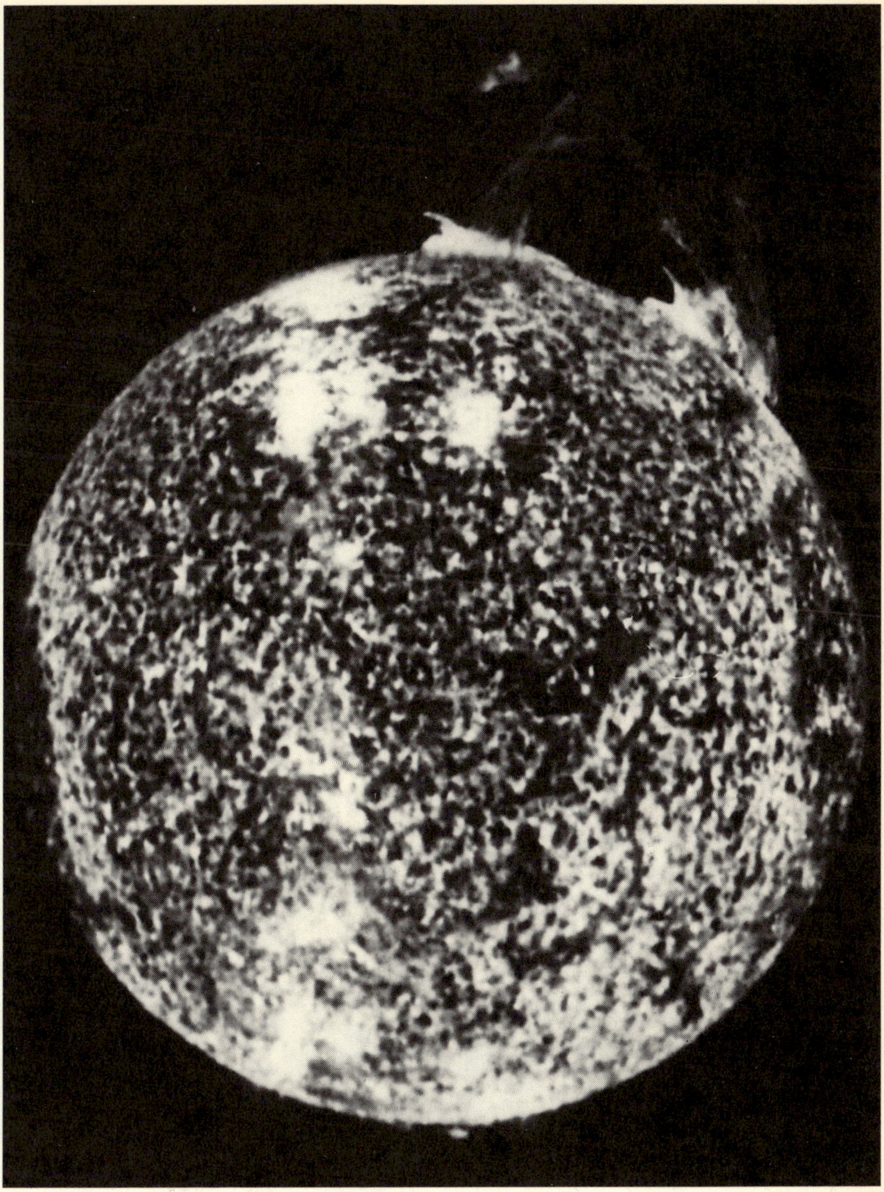

Aufsteigende Protuberanz im Heliumlicht am Sonnenrand.
Naval Research Laboratory

Sonnenflecken folgen einem Zyklus von zweiundzwanzig Jahren, der aus zwei elfjährigen Perioden besteht. Zu Beginn der ersten Periode sammeln sich einige Sonnenflecken in den höheren Breiten, dreißig bis fünfunddreißig Grad nördlich und südlich des Äquators, während die Korona, dünne, nur bei totaler Sonnenfinsternis sichtbare Gase in der äußeren Atmosphäre der Sonne, als ein Halo, ein Hof, erscheint. Die Sonnenflecken nehmen zu, und ihre Auftrittsorte rücken immer näher zum Äquator, wo ihre Anzahl beim sogenannten Sonnenfleckenmaximum am größten ist. An diesem Punkt schlägt die Korona in alle Richtungen wilde Bögen von der Sonne weg, die sie mit feurigen Federn aus Gas krönt, die so riesig und heiß sind, daß die Sonne im Vergleich zu ihnen kleiner und kühler ist. Wenige Jahre später beginnt ein neuer Elfjahreszyklus. Das Magnetfeld der Sonne kippt gemeinsam mit der Polarität der Sonnenflecken um – positiv wird negativ, Nord zu Süd. Und der Vorgang beginnt aufs neue.

Wir wissen seit 1980, daß die Sonne insgesamt tatsächlich um so weniger Energie ausstrahlt, je mehr Sonnenflecken sie hat, weil die Sonnenflecken dunkel sind. Das ist so, obwohl Sonnenflecken gewöhnlich von hellen Flecken, sogenannten Fackeln, begleitet werden, die im Zyklus zunächst in etwa siebzig bis achtzig Grad Breite nördlich und südlich des Sonnenäquators auftreten und ihm schließlich bis auf drei Grad nahe kommen. Diese zuerst von Christoph Scheiner beobachteten Erscheinungen sind aber nicht so hell, daß sie die Dunkelheit der Sonnenflecken kompensieren können.

Aus allen Richtungen gelangen äußerst energiereiche Teilchen zur Erde. Ihre Intensität ist erstaunlicherweise umgekehrt proportional zur Anzahl der Sonnenflecken. Wir wissen nicht, warum das so ist, denn diese schnellen Teilchen, die sogenannte kosmische Strahlung, kommen zum größten Teil gar nicht von der Sonne. Vielleicht werden sie durch Variationen im Magnetfeld des Sonnenwinds beeinflußt.

Da Sonnenflecken mit so viel Sonnenaktivität verknüpft sind, überrascht es nicht, daß Wissenschaftler (und andere) versucht haben herauszufinden, wie Sonnenflecken unseren Planeten und

Das grüne Leuchten

Grün ist die Nacht,
grün erleuchtet und bekleidet.
So wandert sie
unter den Astronomen umher.

Wallace Stevens

Bei sorgfältiger Planung kann man, falls der Himmel klar ist, eine Sonnenfinsternis sehen; man muß nur rechtzeitig eine entsprechende Reise buchen. Das flüchtige grüne Leuchten aber kann man nicht buchen, sondern man muß es suchen. Es taucht nur selten auf, entweder zur Abenddämmerung, wenn die alleroberste Rundung der Sonne unter den Horizont taucht, oder zur Morgendämmerung, gerade vor Sonnenaufgang. Bei solchen Gelegenheiten schimmert am Sonnenrand einen Augenblick lang ein Hauch von Grün, bevor es verschwindet.

Das passiert, weil die Atmosphäre bei streifendem Einfall wie ein Prisma das Sonnenlicht in seine Komponenten zerlegt und diese nur teilweise überlappen läßt. Wenn die Sonne unter den Horizont sinkt, gleiten das Rot, Orange und Gelb der Sonne, die üblichen Farben des Sonnenuntergangs, eine nach der anderen weg und hinterlassen für einen Augenblick Grün. (Blau und Violett werden von der Atmosphäre so stark gestreut, daß sie in der Sonne nur sehr schlecht zu sehen sind.) Manchmal aber kann sich das Grün am Ende des Sonnenuntergangs einige Sekunden halten.

Anscheinend haben die Ägypter und auch die Kelten dieses Phänomen beobachtet. Jules Verne schrieb einen Roman (Le rayon vert) darüber, Admiral Richard E. Byrd beobachtete es in der Antarktis, und die Autorin sah es von einem Hafen auf der Feuerinsel aus. Am ehesten läßt sich das grüne Leuchten auf hoher See oder in tropischen Breiten beobachten, aber auch dort kann man sich nicht darauf verlassen. Es lohnt sich jedoch, jeden Abend seines restlichen Lebens Ausschau danach zu halten, besonders auf Meereshöhe, wenn der Horizont tief und flach ist.

unser Leben beeinflussen. Das berühmteste Beispiel ist das Maunder-Minimum der Jahre 1645 bis 1715 (es wurde nach E. Walter Maunder benannt, der es 1890 bemerkte), während der nur wenige Sonnenflecken verzeichnet wurden. Man könnte sich darüber streiten, was hier Ursache und was Wirkung ist, Tatsache ist jedoch, daß bei Sonnenfinsternissen während dieser Zeit kaum die übliche Koronastruktur beobachtet wurde, daß Polarlichter – ein Phänomen, das unmittelbar mit Sonnenflecken verknüpft ist – selten waren und daß die Temperaturen in Europa sanken, weshalb diese Jahre als kleine Eiszeit bezeichnet werden. In den Jahren zwischen 1100 und 1387 waren Sonnenflecken wiederum besonders zahlreich – das sogenannte Mittelaltermaximum.

Man hat auch andere Zusammenhänge vermutet: Jonathan Swift meinte, die Sonnenflecken hätten Einfluß auf das Wetter, Wilhelm Herschel versuchte sie mit dem Preis von Weizen zu verknüpfen, Fred Hoyle fragte sich, ob sie irgendwie mit Grippeepidemien zu tun hätten. Sonnenfleckenzyklen wurden mit Dürrezeiten, Gesteinsbildung, Sedimentablagerungen in Gletscherseen und der Menge von Kohlenstoff 14 in Baumringen in Verbindung gebracht. Zwar korrelieren Sonnenflecken durchaus mit aufgeregten Pressemitteilungen, aber den Einfluß der Sonnenflecken auf die Rocklänge und den Aktienkurs kann man getrost vergessen.

Der Mond

Ja, dort werd ich genesen;
Dort werden in der Geister selgen Reigen
Mir Sokrates und Galilei nahn
Und als bescheidnen Schüler mich empfehlen.
Edmond Rostand, *Cyrano de Bergerac*

Der Mond, der einzige Himmelskörper, dem Erdenbürger je einen Besuch abgestattet haben, ist in jeder Hinsicht eine tote Welt. Er hat kein oder nur ein schwaches Magnetfeld, und in seiner kohlenfarbigen Kruste wurden keine Lebenszeichen gefunden – weder der Fluß, den Giovanni Cassini entdeckt zu haben glaubte, noch die Geschöpfe, die nach Meinung von Herschel dort zu Hause waren, noch auch die versteinerten Schalen organischer Moleküle, nach denen die Wissenschaftler im Mondgestein suchten. Obwohl in uralter Vorzeit Vulkanausbrüche die Mondoberfläche mitgestalteten, hat sie sich im Lauf der Menschheitsgeschichte anscheinend nicht mehr verändert. Frühe Karten zeigen, auch wenn sie noch so grob sind, dieselbe Mondlandschaft wie die modernen, überaus detaillierten Karten.

Aber von Zeit zu Zeit passiert doch etwas. So behauptete Wilhelm Herschel 1783, er habe auf dem unbeleuchteten Teil des Mondes einen Fleck gesehen, der wie glühende Kohle ausgesehen habe. Mondbeobachter am Lowell Observatorium berichteten 1963 von einer Rotglut, die womöglich von Gas herrührte, das in der Nähe von Aristarch, dem hellsten Mondkrater, ausströmte. Sechs Jahre später berichteten Astronauten von Apollo 11 und andere Beobachter, daß dieser Bereich heller geworden sei.

Das wohl aufregendste lunare Ereignis haben Geistliche der Kathedrale von Canterbury beobachtet. Es war in einer Sommer-

Galileis Zeichnungen des Mondes.
Yerkes Observatory, University of Chicago

nacht des Jahres 1178 kurz nach Sonnenuntergang: »Der Neumond schien hell und plötzlich teilte sich sein oberes Horn ... und es sprang eine flammende Fakkel empor, die über eine beträchtliche Entfernung Feuer und Funken ausspie.« Astronomen vermuten, daß ein Meteorit auf den Mond prallte, den die Geistlichen nicht sehen konnten, weil er auf der der Erde abgewandten Seite des Mondes einschlug. Sie sahen vielmehr die Staubwolke, Funken und geschmolzenes Gestein, das durch den Aufprall in den Raum geschleudert wurde. Möglicherweise konnte sich Gestein von der Schwerkraft des Mondes befreien und landete sogar auf der Erde. Wissenschaftler meinen, ein in der Arktis gefundener Meteorit, der nach seinem Fundort Allen Hills 81005 heißt, könnte aus dem Krater stammen, der bei diesem Aufprall entstand. Der Krater wurde später nach Giordano Bruno benannt, der 1600 auf Betreiben der Inquisition nach siebenjähriger Gefangenschaft auf dem Scheiterhaufen sterben mußte, weil er unter anderem die Auffassung vertrat, daß das Universum voller Sonnen und anderer Welten sei.

Der Mond

- *Mittlere Entfernung von der Erde*
  384 397 Kilometer
- *Durchmesser am Äquator*
  3476 Kilometer
- *Durchmesser im Verhältnis zum Erddurchmesser*
  0,27
- *Masse im Verhältnis zur Erdmasse*
  0,012
- *Schwerkraft an der Oberfläche im Verhältnis zur Schwerkraft auf der Erde*
  0,17

Ein Aufprall wie der von 1178 läßt den Mond wie eine Glocke in sich schwingen. Wir verdanken dieses Wissen dem Instrument ALSEP (Apollo Lunar Surface Experiment Package), das mit Solarenergie betrieben wird und von Neil Armstrong und Buzz Aldrin 1969 auf den Mond gesetzt wurde. Mit seiner Hilfe konnten seitdem Tausende kleiner Mondbeben und auch der Aufprall von Meteoriten und Raumschiffen registriert werden (einige von ihnen ließ man auf den Mond prallen, weil man die Schwingungen beobachten wollte). Wenn ein solcher Körper auf die Mondoberfläche fällt, schleudert er Wolken von Staub und Gestein auf und hinterläßt einen Krater. Solche Kollisionen sind Ereignisse, die im Kleinen nachempfinden lassen, wie der Mond seine jetzige Form erhielt. Der Aufprall erschüttert den Mond, dabei verdampfen durch die entstandene Hitze Teile der Mondoberfläche und lösen eine Gaswolke aus, die in die hauchdünne Mondatmosphäre steigt und wie der Schweif eines Kometen vom Sonnenwind verweht wird. Die Wolke ist auf der der Sonne abgewandten Seite des Mondes fünfmal länger als auf der ihr zugewandten. Sie erhält durch Meteoriteneinschläge neue Nahrung. Der Mond mag leblos sein, statisch ist er nicht.

Der Geologe Harrison Schmitt steht nach der Landung von Apollo 17, dem letzten bemannten Flug zum Mond, neben einem Mondfelsen.
NASA

Die Entstehung des Mondes

Zwar haben die meisten Planeten Satelliten, aber die Beziehung zwischen Erde und Mond ist einzigartig. Nur ein anderer Planet, Pluto – der Planet, über den wir am wenigsten wissen –, hat einen Mond mit einer relativ vergleichbaren Größe. Während die meisten Planeten viel größer sind als ihre Monde, ist der Durchmesser der Erde nur 3,6mal so groß ist wie der des Mondes. Deshalb werden Mond und Erde manchmal auch als ein Doppelplanetensystem bezeichnet. Wie sie vor 4,5 Milliarden Jahren dazu wurden, ist ein Geheimnis. Hier sind einige Möglichkeiten:

- *Gleichzeitige Entstehung:*
  Vielleicht bildeten sich Mond und Erde gleichzeitig, indem sie aus derselben vorplanetaren Anhäufung entstanden, anfingen sich zu umkreisen und Form und Drehung des anderen beeinflußten. Das ist eine schöne Theorie, die daran scheitert, daß Erde und Mond verschieden zusammengesetzt sind. Beispielsweise enthält die Erde dreimal soviel Eisen wie der Mond, der möglicherweise nicht einmal einen Metallkern hat.

- *Abspaltung:*
  George Darwin, der Sohn Charles Darwins, vermutete, Mond und Erde seien ursprünglich ein einziger Körper gewesen, der sich allmählich abkühlte, schrumpfte und immer rascher rotierte. Schließlich brauchte er nur zwei oder drei Stunden für eine Umdrehung, und die Abflachung an den Polen und die Wölbung am Äquator wurde so stark, daß sich eine riesige Blase noch geschmolzener Materie abtrennen konnte. Sie blieb in der Umlaufbahn der Erde gefangen und wurde zum Mond.
  Man könnte meinen, die unterschiedliche Zusammensetzung von Erde und Mond widerlege diesen Gedanken. Das Gegenteil ist der Fall, die Theorie der Abspaltung besagt, daß der Mond aus dem Erdmantel gerissen wurde und nicht aus seinem an Schwermetallen reichen Inneren. Er müßte also – und ist es auch – weniger dicht sein als die Erde.

Eine Variante dieser Theorie behauptet, der Mond sei nicht auf einmal aus der Erde gerissen worden, sondern Materieklümpchen hätten sich von der Erde abgelöst und ähnlich wie beim Saturn einen Ring gebildet, der sich dann allmählich zum Mond zusammenzog.

- *Eingefangen*:
  Vielleicht wurde der Mond nach seiner Entstehung irgendwo im Sonnensystem aus seiner Bahn herausgezogen und vom Schwerefeld der Erde eingefangen. Das geschah nach Meinung der Astronomen mit dem Neptun-Mond Triton. Aber der Vergleich hinkt, weil Neptun ein gigantischer Planet ist, siebzehnmal mehr Masse hat als die Erde, und Triton kleiner als unser Mond. Erde und Mond sind sich in der Größe viel ähnlicher, und das erschwert das Einfangen wesentlich. Die Einfangtheorie könnte zutreffen – aber nur unter ganz besonderen Bedingungen.

- *Zusammenprall*:
  Vielleicht drehte sich die junge Erde um die Sonne, als ein herumirrender Asteroid oder ein vorbeiwandernder Komet von der Größe des Mars aufprallte, einen gewaltigen Krater aufriß und einen riesigen Ring von Materie in den Raum schleuderte, der schließlich zum Mond wurde. Das würde auch die Unterschiede in der Zusammensetzung erklären, weil selbst ein enormer Aufprall nicht den Erdkern zermalmen würde, der viel mehr Eisen enthält als der Mond.
  Diese Theorie wird zur Zeit favorisiert, obwohl, wie die Geschichte der Astronomie deutlich zeigt, eine anerkannte Antwort nicht immer die richtige ist und beunruhigende Vorstellungen nicht unbedingt falsch sein müssen.

Die Oberfläche des Mondes

»Schön – großartige Trostlosigkeit!«
Buzz Aldrin, 20. Juli 1969

Wie der Mond entstanden ist, wissen wir noch nicht, aber wie er zu seinem pockennarbigen Aussehen kam, das ist geklärt. Er wurde nach seiner Entstehung fast siebenhundert Millionen Jahre lang heftig mit Meteoriten bombardiert. Große Meteore führten zu eindrucksvollen Einschlagkratern wie »Kopernikus« mit einer zentralen Spitze, terrassenförmigen Kliffs am Rand und langen Fingern aus Trümmern, die von der Mitte wegweisen, und auch

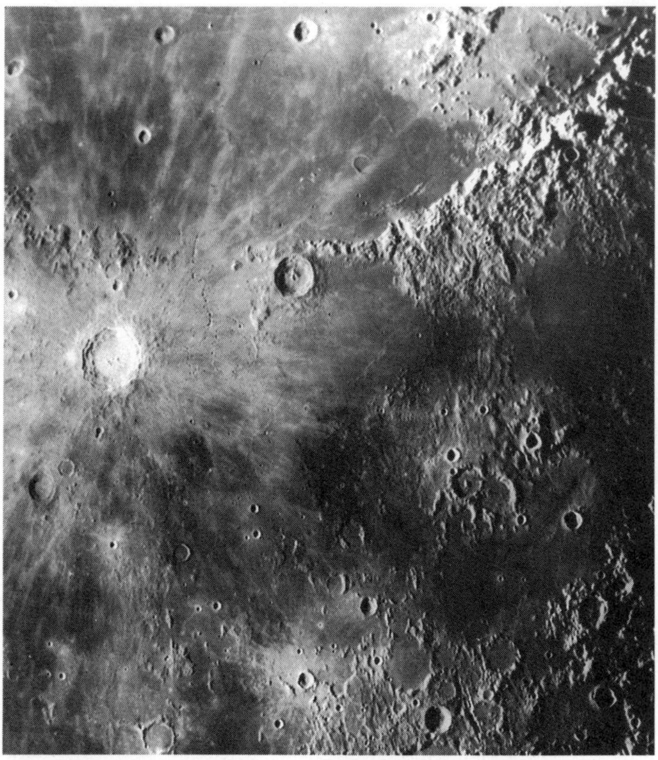

Mondkrater. Der große Krater links ist »Kopernikus«, etwas oberhalb rechts von ihm liegt »Eratosthenes«. Hale Observatories

Kosmisches Zusammenspiel

Wie andere Satelliten wird auch unser Mond durch seinen Planeten verformt. Die Schwerkraft der Erde macht den Mond zu einem etwas abgeflachten Ei, dessen Längsachse auf uns zeigt. Die Schwerkraft des Mondes wiederum verursacht auf der Erde die Gezeiten, was Reibung erzeugt. Der Mond bremst die tägliche Drehung der Erde, und damit beschleunigt die Erde die Bahnbewegung des Mondes. Dadurch entfernt sich der Mond mit einer Geschwindigkeit von vier Zentimetern pro Jahr. Vor vierhundert Millionen Jahren, im Devon, lange bevor ein Dinosaurier einem Thekodontier ins Auge schauen konnte, erschien der Mond (jedem einfachen Wirbellosen, der ihn damals hätte sehen können) am Himmel größer, die Flut stieg höher, der Tag war nur 21,9 Stunden lang und ein Jahr hatte näherungsweise vierhundert Tage. In etwa 4,5 Milliarden Jahren wird der Mond viel kleiner aussehen. Dann gibt es keine totalen Sonnenfinsternisse mehr, und der Tag wird fast doppelt so lang sein wie heute. Obwohl das System im Gleichgewicht zu sein scheint, verändert es sich doch unablässig.

zu kleineren Sekundärkratern, die sich bildeten, als die lunare Kruste, die beim Aufprall weggesprengt wurde, in einiger Entfernung wieder einschlug. Kleine Meteoriten gruben so kreisrunde Becken wie den winzigen Krater, dem Giovanni Battista Riccioli (1598–1671) den Namen »Galilei« gab. Der Jesuit und Astronom, mit dessen Mondkarte die heute noch gebräuchliche Nomenklatur eingeführt wurde, erklärte, daß der Ketzer Galilei keinen größeren Krater verdient habe.

Der blitzartige Einschlag der Meteoriten und der radioaktive Zerfall der Elemente im Inneren brachte die Mondkruste zum Schmelzen. Schwere Elemente sackten nach unten, während leichtere Feldspate wie Schaum in einem Bierglas nach oben stiegen. Ein bestimmtes Gemisch aus Kalium, seltenen Erden und Phosphor kennzeichnet das Mondgestein, das so aufstieg.

Schließlich kühlte die Kruste ab, und Lava aus dem Inneren strömte in die Spalten und Risse. Basalt überflutete die Ebenen und füllte die Becken vieler Krater, wobei die dunklen Muster entstanden, die für den Mond so charakteristisch sind. Aristoteles, der den Mond als vollkommene Kugel sehen wollte, ohne alle Unebenheiten, hielt diese dunklen Flecke für Spiegelungen der Erde (eine Vorstellung, die leicht entsteht). Aber Galilei wies nach, daß Aristoteles unrecht hatte; er sah durch sein Fernrohr, daß die Berge auf dem Mond Schatten werfen, was ja anzeigt, daß sie wirklich sind. Der Mond ist nicht makellos, und die dunklen Gebiete sind keine Spiegelungen. Galilei nannte die dunklen Ebenen »maria« (Meere), obwohl sie, wie ihm sicherlich klar war, mit Wasser nichts zu tun haben. Selbst die bogenförmigen sogenannten Mondfurchen, die ausgetrockneten Flußbetten ähneln, sind die abgekühlten Überreste von Lavaströmen. Es besteht jedoch die Möglichkeit, daß am südlichen Mondpol unter der Oberfläche gefrorenes Wasser liegt, das von alten Kometeneinschlägen herrühren könnte.

Die Maria, wie sie auch heute noch genannt werden, liegen vor allem auf der der Erde zugewandten Seite. Die Formen, in denen Menschen den Mann im Mond, die Mondgöttin Luna, einen Coyoten oder, wie es in vielen Kulturen belegt ist, einen Hasen sehen, sind das Meer der Ruhe und der Ozean der Stürme, der Sumpf der Krankheiten und die Bucht des Taus. Auch diese im Vergleich mit den helleren zerklüfteteren Bereichen glatten Flächen sind mit Tausenden kleinerer Krater übersät, was beweist, daß das Bombardement durch die Meteoriten auch nach der Basaltüberflutung nicht aufhörte. Es geht sogar bis auf den heutigen Tag weiter, wenn auch langsam: In jeweils fünfzig Millionen Jahren wächst die Staubschicht auf der Mondoberfläche um etwa zehn Zentimeter. Weil der Mond keine Atmosphäre hat und es deswegen auf ihm auch kein Wetter gibt, macht diese Staubschicht dem Mond wenig aus. In Millionen von Jahren wird der Mond wahrscheinlich immer noch so aussehen wie auf der Mondkarte von Riccioli, nach dem ein unscheinbarer Krater benannt wurde.

Finsternisse

Wenn die Erde, der Mond und die Sonne genau auf einer Geraden sind, gibt es eine Sonnenfinsternis. Sonnenfinsternisse treten bei Neumond ein, wenn der Mond zwischen den beiden größeren

Himmelskörpern steht, die Sonne verdeckt und einen Schatten auf die Erde wirft.

Es gibt drei Arten von Sonnenfinsternissen. Bei einer partiellen Sonnenfinsternis knabbert der Mond an der Sonne, aber er verdeckt sie nicht. Das Tageslicht wird etwas schwächer, und die Sonne erinnert, durch ein gerußtes Glas oder einen anderen schützenden Filter betrachtet, an einen angebissenen Keks. Bei einer totalen Sonnenfinsternis verschwindet die Sonne hinter dem Mond, die normalerweise unsichtbare Korona erscheint, und es wird mitten am Tag nachtdunkel. Die dritte Art der Finsternis wird ringförmig genannt und tritt ein, wenn der Mond sich an seinem von der Erde fernsten Punkt vor die Sonne schiebt; er ist für uns dann zu klein, um die Sonne ganz zu verdecken. Rund um den Mond herum ist der Sonnenrand sichtbar, und es bleibt hell.

Mondfinsternisse stellen sich bei Vollmond ein, wenn die Erde

Die Sonnenkorona bei der totalen Sonnenfinsternis vom 7. März 1970 in Mexiko.
High Altitude Observatory, Boulder, Colorado

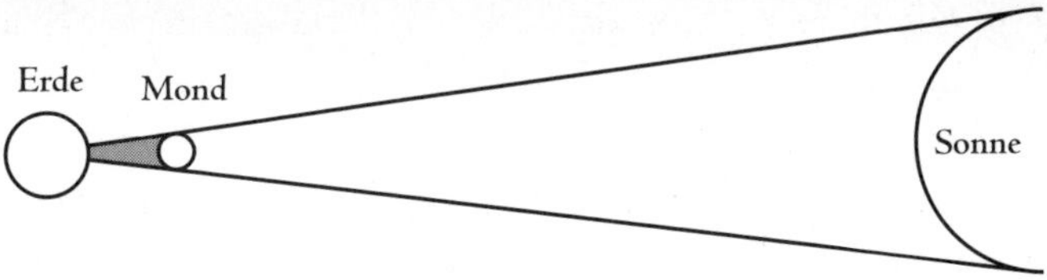

Bei einer *Sonnenfinsternis* liegt nur ein Teil der Erde im Mondschatten.

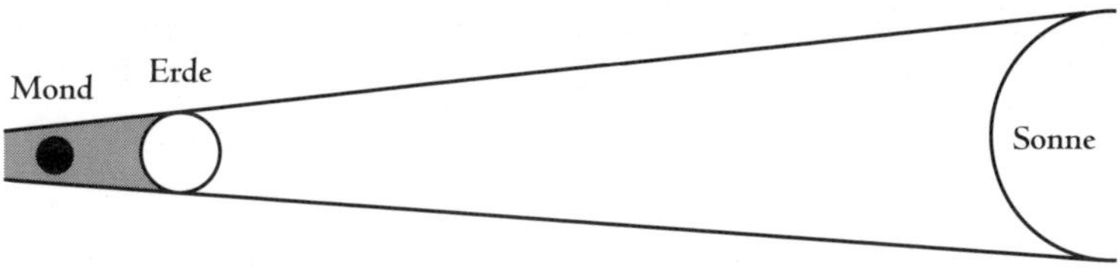

Bei einer *Mondfinsternis* ist der gesamte Mond im Schatten der Erde.

zwischen den leuchtenden Körpern steht und ihr Schatten auf den Mond fällt. Es gibt nicht in jedem Monat eine Sonnen- oder Mondfinsternis, sondern nur, wenn die drei Körper genau auf einer Linie liegen. Das passiert nicht oft, weil die Mondbahnebene um einen Winkel von fünf Grad zur Umlaufbahn der Erde um die Sonne geneigt ist und selbst einer Präzession unterliegt.

Wirkliche Liebhaber von Finsternissen lassen sich keine entgehen. So beobachteten am 3. Oktober 1986 Glenn Schneider aus Baltimore und acht weitere Insassen von einem kleinen Flugzeug aus eine Sonnenfinsternis über Island. Schneider beschreibt den Anblick, als sich der Mond vor die Sonne schob und das Sonnenlicht durch die Täler und Berggipfel am Mondrand gefiltert wurde, wobei es das sogenannte Perlschnur-Phänomen erzeugte: »Volle sechs Sekunden lang funkelten und tanzten Perlen auf dem Sonnenrand ... eine Minuten nach der ›Totalität‹ schauten wir links zum Fenster hinaus, um zu sehen, wie der Himmel wieder heller wurde. Der Schatten des Mondes lag wie ein Tintenklecks auf den Wolken! Wir beobachteten diesen dunklen Fleck eine volle Minute lang; er hatte die Form einer zerquetschten Zigarre und flog von uns weg auf den Horizont zu.«

Finsternisse gibt es jedes Jahr – höchstens sieben, mindestens zwei. Warum sehen wir sie nicht öfter? Mondfinsternisse sind nur nachts sichtbar. Die Hälfte von ihnen aber geschieht für uns tagsüber, und dann können sie nur auf der anderen Seite der Erde beobachtet werden. Totale Sonnenfinsternisse sind noch seltener, weil sie für den einzelnen Beobachter nur wenige Minuten dauern und der Schatten des Mondes einen schmalen Streifen über die Erde zieht. An einem bestimmten Ort auf der Erde findet eine totale Sonnenfinsternis einmal in etwa 360 Jahren statt.

Finsternisse sind also nicht leicht zu sehen. Betrachten wir beispielsweise 1999, ein Jahr mit drei Finsternissen: Am 16. Februar gibt es eine ringförmige Sonnenfinsternis, am 28. Juli eine partielle Mondfinsternis und am 11. August eine totale Sonnenfinsternis. Der Kernschatten des Mondes beschreibt auf der Erde einen Kreisbogen, der im Atlantik östlich der USA beginnt, über Mitteleuropa, Südosteuropa und Südasien wandert und hinter Indien endet. Die Totalitätszone verläuft am späten Vormittag quer durch Süddeutschland von Saarbrücken über Karlsruhe, Stuttgart und München, anschließend zwischen Linz und Graz durch Österreich Richtung Ungarn. In Mitteleuropa war die letzte totale Sonnenfinsternis am 15. Februar 1961 zu sehen, die nächste wird am 7. Oktober 2135 stattfinden.

So also erklärt sich die Jagd nach Finsternissen. Die Idee, ein Flugzeug zu mieten, wenn man eine sehen möchte, scheint gar nicht mehr so abwegig zu sein.

Sechs bemerkenswerte Sonnenfinsternisse

> *... die begleitenden Phänomene der Sonnen- wie auch der Mondfinsternisse, von Immersion zu Emersion, das Nachlassen des Windes, der Durchgang des Schattens, das Schweigen der beschwingten Kreatur, das Auftauchen des Getiers der Nacht oder der Dämmerung, die Persistenz des Höllenlichts, die Dunkelheit der terrestrischen Wasser, die Blässe der Menschenwesen.* James Joyce, *Ulysses*

In der Mythologie der Dahomey liebten sich während einer Finsternis der Mond, der dort Mawu heißt und weiblich ist, und ihr Zwillingsbruder, Liso. Aus dieser Verbindung gingen sieben Zwillingspaare hervor, die zu den Sternen und Planeten wurden.

In den meisten Mythen verbinden sich mit Finsternissen jedoch eher erschreckende Assoziationen. Die alten Chinesen und die Bolivier stellten sich vor, daß während einer Finsternis verrücktgewordene Hunde mit ihren Zähnen an der Sonne oder am Mond zerren. Die Ägypter glaubten, daß eine Sonnenfinsternis eintrat, wenn die Schlange Apep, Herrscher der Unterwelt und Herr der Toten, auftauchte und das Boot verschluckte, mit dem der Sonnengott Ra über den Himmel fuhr.

Auch historische Berichte sind oft mythisch durchsetzt oder erzählen von einem Mächtigen, einem Eroberer oder einem Forscher, der eine Finsternis vorhersagen konnte und dadurch Unglück abwendete; zugleich zeigen diese Geschichten, daß Wissen Macht ist. Zwei Beispiele:

- Am 28. Mai 585 vor Chr. Thales von Milet gilt als der erste griechische Wissenschaftler, obwohl er der Ansicht war, daß die Erde flach sei. Er verband Mathematik und Logik und definierte einige der mathematischen Wahrheiten, die wir heute in der Schule lernen. Die Alten verehrten ihn, weil es ihm gelang, mit Hilfe der babylonischen Tafeln einen Kampf zu beenden. Nach Herodot waren die Meder und die Lyder mitten in einer Schlacht, als der Tag zur Nacht wurde, was Thales den Ioniern auf das Jahr genau prophezeit hatte. Obwohl Thales nicht den Tag angegeben hatte, beeindruckte seine Vorhersage so sehr, daß sofort Frieden geschlossen wurde.

- Am 29. Februar 1504. Christoph Kolumbus war an der Küste von Jamaika gestrandet und saß dort fest. Die Mannschaft war unzufrieden, die Schiffe waren von Würmern zerfressen und seeuntauglich. Die Bevölkerung war abweisend, weil die Ankömmlinge enorme Ansprüche stellten und die Dörfer plünderten. Kolumbus wußte, daß die Tabellen des Astronomen Johannes Müller, der besser unter seinem lateinischen Namen Regiomontanus bekannt ist, zu dieser Zeit eine totale Mondfinsternis vorhersagten. In seiner Verzweiflung rief er die Eingeborenen zusammen und warnte sie, sein Gott werde den Mond vom Himmel nehmen, wenn sie ihre Unterstützung verweigerten. Erstaunlicherweise begann bald darauf die Finsternis, die Eingeborenen baten Kolumbus, seinen Gott gnädig zu stimmen, und versprachen ihm Unterstützung.

Einige Sonnenfinsternisse sind wissenschaftlich interessant:

- Am 21. Juni 1629. Die Chinesen konnten Finsternisse vage vorhersagen. Sehr zu ihrem Nachteil hatten es kaiserliche Astronomen 1610 versäumt, eine Sonnenfinsternis anzukündigen. Nun hatten sie für den 21. Juni 1629 eine prophezeit. Jesuitische Missionare bestanden jedoch darauf, die Zeitvorhersage sei um eine Stunde falsch und die Finsternis dauere nicht zwei Stunden, sondern nur zwanzig Minuten. Die Jesuiten behielten recht, und der Kaiser befahl eine Kalenderreform, unterstützte die Jesuiten beim Bau von Fernrohren und förderte die Übersetzung von Büchern über Optik, Musik und Mathematik ins Chinesische.

- Am 8. Juli 1842. Bei dieser Sonnenfinsternis konnten europäische Wissenschaftler zeigen, daß die rötlichen Protuberanzen und opalisierenden Lichtströme, die den Mond bei einer Sonnenfinsternis umgeben, weder aus der Mondatmosphäre stammen noch eine optische Täuschung sind, sondern von der Sonne herrühren.

- Am 18. August 1868. Pierre Jules César Janssen, ein französischer Bankier, der Astronom und später Direktor der Sternwarte von Meudon bei Paris wurde, bestimmte während dieser Finsternis das Spektrum der Sonnenkorona und ermöglichte damit die Analyse der Sonnenatmosphäre. Die Korona war so eindrucksvoll, daß Janssen überzeugt war, sie müsse sich auch unter gewöhnlichen Bedingungen aufspüren lassen. Am nächsten Tag fand er tatsächlich einige Protuberanzen wieder, und so gelang es ihm, deren Spektrum unabhängig von Finsternissen zu bestimmen. Der englische Sonnenphysiker J. Norman Lockyer hatte ähnliche Messungen durchgeführt und die Ergebnisse fünf

Monate früher veröffentlicht. Die Sonnenkorona war zwar nur während einer Sonnenfinsternis sichtbar, aber immer da. Beiden kommt der Verdienst zu, gezeigt zu haben, daß die Korona trotz ihrer etwas anderen Zusammensetzung Teil der Sonne ist. Auch bestimmten sie im gelben Teil des Spektrums ein Element, das nach dem griechischen Wort für Sonne benannt wurde und erst ein Vierteljahrhundert später auf der Erde nachgewiesen wurde: Helium.

- Am 29. März 1919. Albert Einstein hatte vorhergesagt, daß Licht beim Vorbeigehen an einem schweren Körper wie der Sonne von dessen Gravitationsfeld abgelenkt wird. Der Beweis dafür stand noch aus, als die Sonnenfinsternis im März 1919, bei der die Sonne vor den Sternen des Hyadenhaufens stand, eine ausgezeichnete Gelegenheit bot, die übliche Position dieser wohlbekannten Sterne mit der Position während der Finsternis zu vergleichen. Dazu reiste Sir Arthur Eddington auf eine Insel vor der Westküste Afrikas, während eine Gruppe britischer Wissenschaftler sich nach Brasilien begab. Während der Finsternis vermaßen die Beobachter die Positionen mehrerer Sterne in den Hyaden und stellten fest, daß das Licht dieser Sterne durch die Schwerkraft der Sonne abgelenkt wurde und deshalb ihre Position verschoben schien. Die Verschiebung entsprach genau der Berechnung Einsteins, seine Theorie war bestätigt. Die Schlagzeile der *New York Times* lautete: »Lichter am Himmel alle schief«, und danach war Einstein weltberühmt.

Edgar Allan Poe und der Mann im Mond

Edgar Allan Poe, ein kenntnisreicher Amateur, ließ sich durch die Lektüre von Herschels Buch *Treatise on Astronomy* inspirieren. Er beschloß, eine Reise von der Erde zum Mond so plausibel und interessant wie möglich zu schildern und die Mondlandschaft so zu beschreiben, als ob sie von dem Erzähler persönlich besucht und erkundet worden wäre. So entstand seine Geschichte »Hans Pfaall«.

Drei Wochen nach der Veröffentlichung dieser Geschichte im *Southern Literary Manager* las Poe in einer Artikelreihe der *New York Sun* einen Bericht über einige erstaunliche Entdeckungen. Die Artikel berichteten, daß John Herschel mit Hilfe eines Teleskops »von ungeheuren Ausmaßen und mit einem völlig neuen Prinzip« Mondbäume gesehen habe, die Ähnlichkeit hatten mit »der größten Sorte von Eiben auf englischen Friedhöfen«, einen blauen Ozean oder ein Binnenmeer, dunkelrote Mohnblumen, »monströse Amethyste« und eine Kette fliederfarbener Pyramiden. Durch diese bemerkenswerte Mondlandschaft zogen Herden von Miniaturbüffeln und ein »graublaues, etwa ziegengroßes Tier mit Ziegenkopf und -bart und einem einzigen Horn.«

Es kam noch besser. Die nächste Folge der Reihe beschrieb Schwärme »geflügelter Geschöpfe«, die fliegen und gehen konnten. »Wann immer wir sie sahen, waren diese Geschöpfe anscheinend in Gespräche vertieft; ihre Gebärden, besonders die ihrer Hände und Arme schienen leidenschaftlich und emphatisch. Wir folgerten daraus, daß sie vernünftige Wesen sind, die Kunstwerke und Geräte herzustellen vermögen.«

Poe war überzeugt davon, daß diese Phantasien durch sein eigenes Gedankenspiel angeregt worden waren. Der Verfasser hieß Richard Adams Locke, und die Artikel wurden als Nachdruck aus dem *Edinburgh Journal of Science* deklariert. Sie wurden enorm populär. Die *New York Times* nannte den Inhalt »wahrscheinlich und plausibel«. Die meisten Menschen glaubten offensichtlich, daß es auf dem Mond wirklich riesige purpurne Kristalle, Einhörner und fliegende Menschen gab. Die Auflage der *Sun* stieg sprunghaft an, und Sonderdrucke der Artikel fanden in den USA und in Europa reißenden Absatz.

Poe schrieb eine Gegendarstellung, in der er auf lauter Fehler hinwies; beispielsweise sei die Temperatur auf dem Mond eher die von kochendem Wasser, und Mr. Locke habe etwas Wesentliches übersehen, wenn er seine menschlichen Fledermäuse, Bisons und ähnliches – von seinem Gemüse gar nicht zu reden – nicht alle als übergar darstelle. Die Reaktion auf diese Widerlegung war nicht die von Poe erwartete. Er »war erstaunt, nur wenige Zuhörer zu finden, so begierig waren alle darauf, getäuscht zu werden. Nicht einer von zehn bezweifelte die Geschichte, und das Seltsamste war, die Zweifler waren vor allem jene, die zweifelten, ohne sagen zu können, warum – die Unwissenden, die Laien ohne Astronomiekenntnisse, Menschen, die es nicht glauben konnten, weil das alles so neu war, so völlig ungewöhnlich. Ein Mathematikprofessor an einer Universität in Virginia sagte mir ganz ernsthaft, er hege in bezug auf die Wahrheit des Ganzen nicht den geringsten Zweifel!«

Schließlich wurde bekannt, daß es das *Edinburgh Journal of Science* überhaupt nicht gab. In New York erklärte das *Journal of Commerce* die Geschichte zu einer Zeitungsente. In Kapstadt erfuhr schließlich auch Sir John Herschel von seinen sogenannten Entdeckungen und amüsierte sich königlich.

Poe wiederum entschloß sich, die Abenteuer des Hans Pfaall nicht weiterzuerzählen. »Ich wollte meinen Helden vor allem deshalb zum Mond bringen, um ihn die Mondlandschaft beschreiben zu lassen, aber ich fand, daß er dem genauen und authentischen Bericht von Sir John Herschel nur wenig hinzufügen konnte«, schrieb er. »Ich hielt es nicht einmal für ratsam, meinen Reisenden auf seine heimatliche Erde zurückzubringen. Er bleibt, wo ich ihn ließ, und er ist, glaube ich, noch immer ›der Mann im Mond‹.«

Wie der Mond zu seinen Flecken kam

Gelegentlich werden in den dunklen Flecken auf dem Mond Tiere erkannt. Claude Lévi-Strauss erzählt in seinem *Der Ursprung der Tischsitten* eine Geschichte von den Arapaho, die ähnlich auch von anderen Prärieindianerstämmen bekannt ist. Demnach waren Sonne und Mond Brüder, die sich beide eine Frau wünschten. Der Mond sagte, er hoffe, eine menschliche Frau zu finden, weil die Menschen so schön sind. Die Sonne jedoch mochte Menschenfrauen nicht, weil sie die Augen zukneifen und ihre Gesichter voller Falten sind, wenn sie die Sonne anschauen. Der Sonnenbruder wollte also lieber eine Wasserfrau. So stiegen sie beide zur Erde nieder. Der Mond fand sofort eine Menschenfrau, indem er sich in einen Baum setzte und in ein Stachelschwein verwandelte. Dort sahen ihn zwei Frauen, und eine kletterte ihm nach. Der Baum wuchs höher, und die Frau kletterte weiter. Als der Mond sich wieder zurückverwandelte, versprach die Frau, ihn zu heiraten.

In der Zwischenzeit hatte auch die Sonne eine Frau gefunden. Sie war ein Frosch.

Daheim bemerkten die Eltern der himmlischen Brüder, daß die menschliche Frau ihre Nahrung graziös und geräuschvoll aß, wie sie es gewohnt waren, während die Fröschin sich ein Stück Holzkohle in den Mund steckte, aber es rann ihr nur schwärzlicher Speichel aus dem Mund. Ihre Tischsitten und auch ihre Gewohnheit, bei jedem Sprung zu urinieren, machten einen schlechten Eindruck. Als der Mond sie auslachte, sprang ihm die Froschfrau auf die Brust, wo man sie heute noch sehen kann.

Ein verbreitetes Mondbild ist das des Kaninchens, von dem in Indien, Europa, Afrika, Japan und Südamerika erzählt wird. Sein Kopf ist das Meer der Ruhe (Mare Tranquillitatis), in dem die Astronauten im Juli 1969 landeten, seine langen Ohren sind das Meer der Fruchtbarkeit (Mare Foecunditatis) und das Nektarmeer (Mare Nectaris), und sein Körper biegt sich um den Rand des Vollmonds wie ein friedlich schlafendes Schoßtier. Es ist gut zu erkennen.

Abfall im All

Wenn Besucher aus einer anderen Galaxie je auf dem Mond landen, werden sie schnell merken, daß vor ihnen schon jemand da war. Noch in Millionen Jahren werden die Fußstapfen der Astronauten auf dem staubigen Mondboden zu sehen sein. Und über zwanzig Tonnen extrem kostspieliger, hochtechnologischer Abfall, den die amerikanischen und sowjetischen Raumfahrtprogramme hinterlassen haben, werden die Mondlandschaft verschandeln. Besucher aus fernen Welten werden das Strandgut der Raumfahrtprogramme vorfinden: aufgeprallte Satelliten, Raketenteile, Forschungsroboter, kaum benutzte Mondfahrzeuge, Seismometer, Laserreflektoren und etliche Ausrüstungsgegenstände, die dort gelassen wurden, um die Nutzlast zu verringern. Außerdem finden sie diverse Medaillen vor, eine Statue zum Gedächtnis an Astronauten, die bei der Ausführung ihrer Aufgabe gestorben sind, eine amerikanische Flagge, drei Kameras, zwei Golfbälle, eine in Plastik gehüllte Aufnahme der Familie eines der Astronauten, eine Anstecknadel und eine Falkenfeder. Sollten sie Venus oder Mars besuchen, stoßen sie auch in diesen fernen Gegenden auf den Wegwerfmüll irdischer Technologie.

Und dann gibt es noch den Müll auf den Umlaufbahnen. Während des allerersten amerikanischen Raumspaziergangs ließ der Astronaut Ed White einen Handschuh in die Ewigkeit fallen. Mike Collins verlor 1966 auf einem Raumspaziergang eine Hasselbladkamera, und bei der Apollo-Mission 1971 wurde eine Zahnbürste in den Raum gesogen. Einmal umkreisten ein Kamm und ein Schraubenzieher die Erde. Und häufig werfen sowjetische Raumstationen ganze Säcke voller Müll ins All. Wie vieles andere, was seit dem Beginn des Zeitalters der Raumfahrt 1957 in den Raum gelangte, sind die meisten dieser Objekte wieder in die Atmosphäre gelangt und dort verbrannt. Aber buchstäblich Tausende von Satelliten und Raumschiffen, betriebstüchtige und unbrauchbare, drehen sich, unversehrt oder als Bruchstücke, noch immer um die Erde, ebenso wie Startraketen von der Größe kleiner Wohnblöcke und ein Teil des Lunar Modul von Apollo 10, das so groß ist wie ein Lastwagen. Am 30. September 1988 waren mindestens 7122 Objekte, gestartet von den USA, der Sowjetunion, der Europeen Space Agency ESA, China, Japan und Israel, im Weltraum, wo sie andere Flüge gefährden.

Dann gibt es Bruchstücke, winzige Trümmer des Raumfahrtprogramms, die keinen Zentimeter lang sind, aber doch groß genug, um Schaden anzurichten – wie der Farbsplitter, der 1983 gegen eine Challenger-Raumfähre prallte und in einem Fenster ein Loch von einem halben Zentimeter Durchmesser hinterließ. Am MIT suchen zwei Teleskope mit achtzig Zentimeter Durchmesser den Himmel nach umlaufenden Splittern ab und haben inzwischen wohl 48 000 winzige Satelliten entdeckt, die größer sind als ein Zentimeter. Mit der richtigen Geschwindigkeit könnte der

Aufprall eines solchen Körpers eine ausgebrannte Raketenstufe – oder auch einen Raumanzug – pulverisieren. »Die dabei entstehende Trümmerwolke könnte sehr wohl 40 000 Objekte mit einem Zentimeter Größe und zehn Millionen Objekte von Millimetergröße auf neue Umlaufbahnen verteilen«, schreibt der NASA-Projektwissenschaftler Donald J. Kessler. »Diese Stücke könnten mit anderen Raumfahrzeugen zusammenstoßen und mit immer größer werdender Wahrscheinlichkeit noch mehr Bruchstücke erzeugen.«

Bruchstücke, die kleiner sind als ein Millimeter, gibt es dort draußen in unvorstellbar großen Mengen. Winzige Aufprallspuren, die man auf zurückgekehrten Satelliten entdeckt hat, legen nahe, daß »wir zwischen zehn Milliarden und tausend Billiarden umlaufender Objekte in einer Größe zwischen einem und hundert Mikron erzeugt haben«, meint Kessler. Diese Teilchen, Zeugen unseres Versuchs, das Universum zu erkunden, umgeben unseren blauen Planeten wie ein Heiligenschein aus Müll.

Merkur, eine Heavy-metal-Welt

Dann endlich sah ich ihn, den kleinen Merkur, eine Stecknadelspitze Licht, ein Staubkorn im beginnenden Tag. Chet Raymo

Es wird erzählt, Nikolaus Kopernikus, der ein großer Theoretiker, aber kein guter Beobachter war, habe auf seinem Totenbett vor allem bedauert, daß er niemals den Planeten Merkur gesehen habe. In seinen wenigen Schriften klagte er, daß andere – nämlich die Alten – bessere Beobachtungsbedingungen gehabt hätten, weil der Himmel zu ihrer Zeit klarer gewesen sei, und daß Merkur uns überhaupt viele Rätsel gestellt und viel Mühe bereitet habe.

Merkur läßt sich nicht gut beobachten, weil er winzig ist und nahe an der Sonne. Ein Schriftsteller des siebzehnten Jahrhunderts beschrieb ihn als »einen eifrigen Speichellecker der Sonne, der sich in unseren Breiten nur selten zeigt, als ob er Schulden hätte«. Merkur ist nur in der Dämmerung sichtbar und steht immer tief am Himmel; sein Auftritt ist also nicht besonders aufregend. Auch in der Mythologie spielt er nur eine Nebenrolle. Die alten Griechen hatten drei Namen für ihn; im allgemeinen hieß er Stilbon, am Morgen Apollon und am Abend Hermes nach dem Gott der Zauberkunst, der Medizin, des Handels, der Diebe, der Redner und des Okkulten. Mit seinen geflügelten Sandalen und seiner geflügelten Kappe, sorgte er für die Verständigung zwischen den Göttern und den Sterblichen und geleitete die Seelen in die Unterwelt. Bei den Römern hieß Hermes Merkur. Er hatte weder die Attraktivität von Venus und Mars noch die Macht von Jupiter und Saturn; Merkur war einfach der Götterbote – eine undankbare Rolle.

Merkur

- *Mittlere Entfernung von der Sonne*
  57 900 000 Kilometer
- *Durchmesser am Äquator*
  4892 Kilometer
- *Durchmesser im Verhältnis zum Erddurchmesser*
  0,38
- *Masse im Verhältnis zur Erdmasse*
  0,055
- *Schwerkraft an der Oberfläche im Verhältnis zur Schwerkraft auf der Erde*
  0,38
- *Monde*
  keine
- *Länge eines Jahres (einer Umdrehung um die Sonne)*
  87,97 Erdentage
- *Länge eines Tages (einer Umdrehung um die eigene Achse)*
  58,65 Erdentage

Diese Verknüpfung von Gott und Himmelskörper rührt zweifellos daher, daß der Planet die Sonne in nur 88 Tagen umläuft, rascher als jeder andere Körper im Sonnensystem. Während je zweier Umläufe um die Sonne, also in zwei Merkurjahren, dreht sich Merkur genau dreimal um seine Achse. Sein Tag ist extrem lang, so lang wie 58,65 Erdentage (das wurde mit Hilfe von Radarsignalen vom Arecibo-Radioteleskop in Puerto Rico festgestellt). Der italienische Astronom Giovanni Virginio Schiaparelli (1835–1910), bekannt durch seine Entdeckung der dunklen Streifen auf dem Mars, die er Kanäle nannte, glaubte, daß der Tag und das Jahr des Merkur gleich lang seien und der Planet der Sonne immer dieselbe Seite zuwende. Das ist zwar nicht der Fall, aber die Überlegung ist nicht abwegig; zu den vielen Merkwürdigkeiten seiner Umlaufbahn gehört, daß er uns an dem Punkt, wo er von der Erde aus am besten zu sehen ist, immer dieselbe Seite zeigt.

Im Vergleich mit den Bahnen der meisten anderen Planeten ist die des Merkur extrem exzentrisch, also eine langgezogene Ellipse, und stark geneigt. Wenn Merkur der Sonne am nächsten steht, ist die Schwerkraft der Sonne so stark, daß der kleine Planet synchron mit ihr kreist und ihr etwa sechzig Tage lang dieselbe Seite zuwendet. Für einen Beobachter auf der Oberfläche des Merkur schiene die riesige Sonne diese ganze Zeit über am Himmel still zu stehen. Erst wenn Merkur sich auf seiner Bahn von der Sonne entfernt, geht die Sonne endlich unter.

Wie der Mond ist auch der Merkur mit Kratern übersät und ein ungastlicher Ort, der keinerlei Anzeichen jüngerer geologischer Aktivität zeigt. Die fünfundvierzig Prozent des Planeten, die von Mariner 10 erfaßt wurden, lassen Bruchlinien, gewellte Ebenen und Felsbänke erkennen, die die steinige Oberfläche wie riesige Runzeln durchziehen, und alte Krater, von denen der größte, das Caloris-Becken, so groß ist wie Deutschland. Diese von Bergen umgebene Fläche wurde durch einen Aufprall erzeugt, der so gewaltig war, daß er seismische Stoßwellen bis zur entgegengesetzten Seite des Planeten sandte.

Obwohl Merkur auf der innersten Bahn kreist, ist er nicht der heißeste Planet, seine dünne Atmosphäre kann keine Wärme speichern. Die entferntere Venus ist heißer, weil ihre dicke Atmosphä-

Dieses Photomosaik von Merkur wurde aus achtzehn mit Computerhilfe gewonnenen Einzelbildern zusammengesetzt. NASA

Sechzehn Krater

Man kann wirklich nicht sagen, daß es den Planetenwissenschaftlern an Kunstsinn fehlt. Zwar stimmt es, daß das Komitee für Namensgebung der Internationalen Astronomische Union die Krater des Merkur nach Vögeln benennen wollte, was Carl Sagan verhindert hat. Mit Ausnahme des gewaltigen Caloris-Becken tragen die (hier in abnehmender Größe angeführten) sechzehn größten Merkurkrater die folgenden »Künstlernamen«:

1. *Beethoven*	9. *Haydn*
2. *Tolstoj*	10. *Mozart*
3. *Raphael*	11. *Bach*
4. *Goethe*	12. *Välmiki*
5. *Homer*	13. *Renoir*
6. *Vyasa*	14. *Wren*
7. *Rodin*	15. *Vivaldi*
8. *Monet*	16. *Matisse*

re die Wärme halten kann und auf dem Planeten einen Treibhauseffekt bewirkt. Auf dem Merkur, wo die Wärme rasch entweicht, reichen die Temperaturen von etwa 430 Grad Celsius am Äquator auf der Sonnenseite und bis zu etwa minus 150 Grad Celsius an den Polen, die trotz der Sonnennähe des Planeten mit Eis bedeckt sind.

Noch erstaunlicher ist das Innere des Merkur. Man stelle sich eine große Metallkugel vor, die in Schlamm getaucht wurde. Merkur besteht überwiegend aus Metall. Der Eisen-Nickel-Kern, der dichteste im Sonnensystem, nimmt fast vier Fünftel seines Durchmessers ein.

Wir wissen noch nicht, ob der Kern vollkommen massiv ist. Diese Vermutung mußte überdacht werden, als Mariner 10 bewies, daß Merkur wie die Erde, aber im Gegensatz zu Venus, Mars und Mond, ein Magnetfeld hat. Da Magnetfelder gewöhnlich durch die Bewegung von flüssiger Materie im Kern eines Himmelskörpers erzeugt werden, könnte der äußere Rand von Merkurs Kern teilweise geschmolzen sein. Vielleicht wird das Magnetfeld auch von zwei »heißen Flecken« auf der Oberfläche des Planeten erzeugt, die genau dort sind, wo man sie erwarten würde – je einer auf jeder Seite der Kugel, dort, wo die Erwärmung in der sonnennahen Phase besonders stark ist. In jedem Fall wirkt das Magnetfeld wie ein Schirm und schützt den winzigen Planeten vor dem starken Wind, dem unaufhörlichen Sturm, der von der Sonne her weht.

Venus, höllische Schwester

O Venus, edle Jungfrau zart
Ihr seid ein Teufelinne wunderbar.
Des Knaben Wunderhorn

Weil die Venus Abendstern
und auch Morgenstern verbleibt,
Wie daß sie die ganze Nacht
ihre Wirkung dann nicht treibt?
Friedrich von Logau

Zwei Eigenschaften des Planeten Venus beeindruckten die Menschen schon immer, seine Schönheit und sein morgendliches und abendliches Erscheinen. Wegen seiner Schönheit wurde der Planet eher einer Göttin als einem Gott zugeschrieben (das gilt außer für Venus nur noch für die Erde). Die griechische Göttin der Liebe, Aphrodite, hieß bei den Römern Venus. Sie wurde aus dem Meer geboren, in das Saturn die abgeschnittenen Genitalien seines Vaters geworfen hatte. Aphrodite, ihrem Ehemann untreu, für ihre sterblichen Liebhaber gefährlich, indirekt die Ursache für den Trojanischen Krieg, war Verlockung und Bedrohung.

Ähnliche Eigenschaften werden dem Planeten in einer Erzählung der Tumupasa Südamerikas zugeschrieben. Der Sonnengott ertappte zwei Schwestern, Venus und Mond, als sie aus seinem Garten Obst stahlen. Trotzdem machte er die Mondin zu seiner Geliebten, aber sein Penis wuchs so enorm, daß er gezwungen war, ihn in einem Korb herumzutragen. Eines Tages wies er mit ihm auf die andere Schwester, Venus. Sie hielt ihn für eine Schlange und hieb ihn entzwei; der Sonnengott starb und fuhr in den Himmel auf, wo er heute noch zu sehen ist.

Besonders sorgfältig achteten die Maya auf das Erscheinen dieses Planeten. Die Venus leuchtet viele Monate lang nur kurz nach dem Sonnenuntergang am Westhimmel. Sie wird dann gewöhnlich als erster »Stern« sichtbar, im Gegensatz zu den Fixsternen leuchtet

Venus

- *Mittlere Entfernung von der Sonne*
  108 200 000 Kilometer
- *Durchmesser*
  12 103 Kilometer
- *Durchmesser im Verhältnis zum Erddurchmesser*
  0,95
- *Masse im Verhältnis zur Erdmasse*
  0,815
- *Schwerkraft an der Oberfläche im Verhältnis zur Schwerkraft auf der Erde*
  0,91
- *Monde*
  keine
- *Länge eines Jahres*
  224,70 Erdentage
- *Länge eines Tages*
  243,01 Erdentage

sie aber gleichmäßig und funkelt nicht). Schließlich kommt sie der Sonne so nahe, daß sie nicht mehr zu sehen ist, taucht aber nach einer kurzen Unterbrechung im Osten wieder auf und ist dort etwa neun Monate lang in der Morgendämmerung sichtbar, bis sie hinter der Sonne verschwindet. Sieben Wochen später erscheint sie wieder als Abendstern. Dieser Zyklus von 584 Tagen bildete die Grundlage des äußerst genauen Kalenders der Maya, der in 481 Jahren nur eine Abweichung von zwei Stunden aufweist.

Viele Völker schrieben der Venus aufgrund dieses Zyklus' zwei Identitäten zu. Die alten Ägypter, die Griechen zu Homers Zeit und die Römer gaben ihr jeweils zwei Namen. Die Pueblo-Indianer sahen in ihr zwei Kriegsgötter, Zwillingssöhne der Sonne. Einige Stämme in Westafrika sahen in ihr die beiden Frauen des Mondes.

Mythologisch werden Venus und Mond oft in Verbindung gebracht, für Astronomen aber besteht die eigentliche Analogie zwischen Venus und Erde. Der Durchmesser der Venus beträgt 95 Prozent des Erddurchmessers, ihre Schwerkraft 91 Prozent der Schwerkraft der Erde und ihre Masse 82 Prozent der Erdmasse. In anderer Hinsicht jedoch sind die Planeten sehr verschieden. So ist die Bahn der Venus beispielsweise fast ein Kreis, weniger langgezogen als die Bahnen der anderen Planeten. Sie hat kein Magnetfeld und ist der langsamste Planet des Sonnensystems: Sie rotiert so gemächlich, daß sie sich in 243 Tagen nur einmal um ihre Achse dreht, während sie für einen Umlauf um die Sonne 225 Erdentage braucht. Dennoch ist auf der Venus der Tag nicht etwa länger als das Jahr, währt aber immerhin 117 Erdentage. Denn die Venus dreht sich rückwärts. Der lange Venustag beginnt mit dem Sonnenaufgang im Westen und endet mit dem Sonnenuntergang im Osten. Nicht daß irgend jemand das sehen könnte: Venus ist von dicken Wolkenschichten mit Tröpfchen aus verdünnter Schwefel- und möglicherweise Salzsäure bedeckt – eine davon etwa zwanzig Kilometer dick –, die die Oberfläche faserig und verschwommen erscheinen lassen. Obwohl nur diese Säuren Wolken zu bilden scheinen, besteht die Atmoshäre fast ganz aus Kohlendioxyd und fünf Prozent Stickstoff. Die Wolken, die bis zu 25mal in der Sekunde von Blitzen durchbrochen werden, rasen alle vier Tage einmal um den Planeten und reflektieren dabei ungeheuer viel Sonnenlicht. Das ist der Grund dafür, daß der Planet so hell strahlt. Auf der Venus aber ist der Himmel immer bewölkt. Man sieht weder Sonne noch Sterne.

Früher meinten die Astronomen, die Venus sei ein Garten, vielleicht sogar ein besonders üppiger. Der schwedische Chemiker und Nobelpreisträger Svante Arrhenius (1859–1927) glaubte, Wolkendecke und Sonnennähe sorgten für eine warme, feuchte Umwelt, und behauptete, die Venus sei ein fruchtbarer Sumpf, etwa wie die Erde während der Mesozoikums. Zu Beginn dieses Jahrhunderts hielten Wissenschaftler sie für eine Welt voller Wasser und Leben.

Aber in ihrem schwefelgelben Wind wehen keine gigantischen Farne, und in ihren Meeren schwimmen keine urzeitlichen Organismen. Auf der Venus gibt es keine Meere. Die sowjetischen Venera-Sonden maßen in den siebziger Jahren unter der dicken Dekke saurer Wolken eine Oberflächentemperatur von etwa 480 Grad Celsius; es ist dort heiß genug, um Blei zu schmelzen und ganze Meere zu verkochen. Diese sengende Hitze wird vor allem durch die Atmosphäre bewirkt, einen dichten Dunst mit 96 Prozent Kohlendioxid, das mit nur vier Prozent Stickstoff und ein wenig Schwefelsäure vermischt ist. Das Problem liegt beim ersteren. Auf der Erde löst es sich in Wasser und ist in Gestein gebunden. Auf der Venus bleibt es in der Atmosphäre, die dann Wärme speichert und den Planeten zum heißesten Platz im Sonnensystem macht – ein höllisches Treibhaus.

Die Atmosphäre ist auch in anderer Weise bedrückend. Wegen ihrer Dicke ist der Druck an der Oberfläche hundertmal so groß wie auf der Erde. Deshalb wurden eine Reihe von Venussonden, die die Sowjets in den sechziger und siebziger Jahren starteten, vollkommen zusammengequetscht, bevor sie den Boden erreichten.

Schließlich gelang es den Sowjets, eine Reihe von Raumsonden auf der dürren Oberfläche des Planeten zu landen, und diese sandten Bilder zur Erde. Die amerikanischen Pioneer-Missionen, die 1978 starteten, ermöglichten die Vermessung von Radar- und Schwerkraftfeldern. Und die Sonde Magellan, die seit August 1990

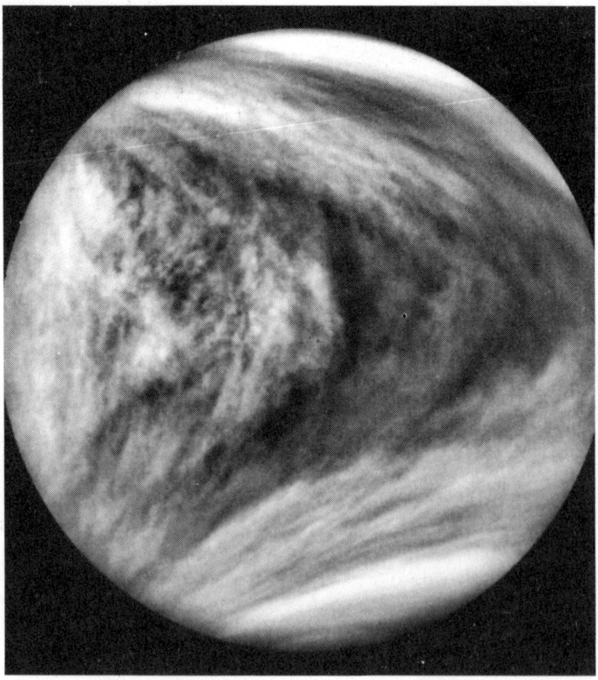

Die Wolkendecke der Venus, vom Raumschiff Pioneer-Venus photographiert.
NASA

die Venus umrundet, schickte genaue Radarbilder, die es den Astronomen ermöglichen, den größten Teil der Oberfläche zu vermessen.

Zu den Überraschungen, die wir Magellan verdanken, gehört die Entdeckung von Bereichen wie der sogenannten Kraterfarm, wo die Einschlagkrater an riesige Sonnenblumen erinnern, und von Tausenden runder, pfannkuchenflacher Hügel, von denen einige sechzig Kilometer breit und fast einen Kilometer hoch sind. Es gibt tiefe Verwerfungen, die einer menschlichen Figur ähneln, lange Gebirgsketten und eine zerbrochene Ebene von der Größe des Saarlands, die von geraden und parallelen Linien durchzogen ist, wie die Straßen einer Stadt. Soweit unsere Kenntnis reicht, gibt es keine vergleichbare Landschaft.

Ein Computerbild des Venusvulkans Maat Mons, der nach der ägyptischen Göttin der Wahrheit und Gerechtigkeit benannt ist. Er erhebt sich über fünf Kilometer hoch. (In der Abbildung ist die vertikale Skala übertrieben.) Magellan Project Office/JPL

Venus hat weniger Krater als Merkur, aber die Krater dort sind groß, weil kleine Meteore den freien Fall durch die atmosphärische Suppe nicht überstehen. Außerdem sehen sie überraschend jung aus.

Die Seltenheit der Krater und die Unberührtheit ihrer Formen haben zu dem Schluß geführt, daß die Oberfläche der Venus erst vor vierhundert Millionen Jahren durch Vulkanausbrüche verjüngt wurde. Die flachen Kuppeln könnten entstanden sein, als dicke Lava aus dem heißen Inneren strömte. Man vermutet, daß enorme kreisförmige Strukturen, sogenannte Koronen, mit Durchmessern von hundert bis tausend Kilometern entstanden, als das heiße Innere sich zunächst nach außen stülpte und wie ein Soufflé zusammenfiel; es gibt auch Hinweise, daß Lavaströme sich einst Hunderte von Kilometern über die Landschaft ergossen. Ob es heute noch Vulkanausbrüche gibt, ist noch nicht geklärt.

Fast alles, was auf der Venus einen Namen hat, wurde nach Frauen benannt. Das gilt für zwei Hochebenen, Ishtar Terra im Norden und Aphrodite Terra in der Nähe des Äquators, und für

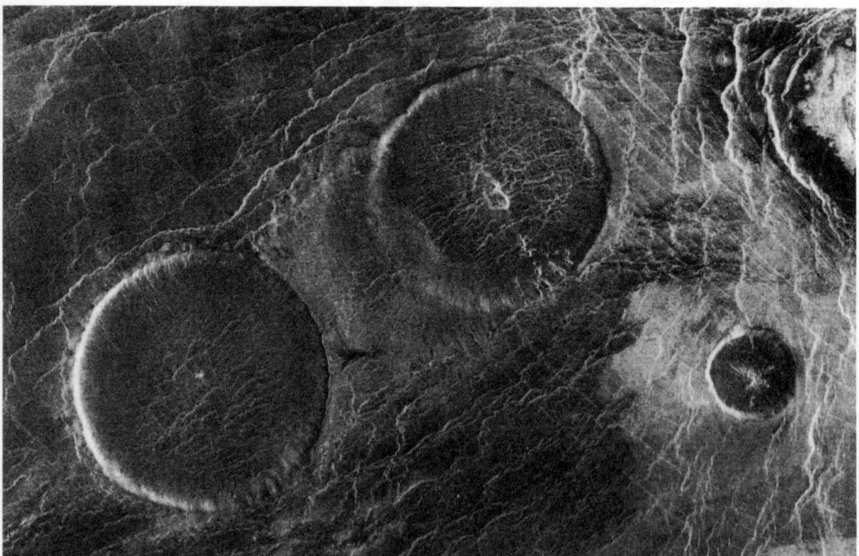

Diese vulkanischen pfannkuchenförmigen Erhebungen auf der Venus haben einen Durchmesser von etwa sechzig Kilometer und sind etwa achthundert Meter hoch. Magellan Project Office/JPL

viele Krater, die mit den Namen so bemerkenswerter Frauen wie Lise Meitner, Clara Barton, Amelia Earhart, Florence Nightingale, Anna Pawlowa, Sacajawea, Sappho und Colette, deren Name einen Krater ziert, der drei Kilometer tief ist. Nur ein Merkmal heißt nach einem Mann; der höchste Berg des Planeten wurde nach dem Physiker James Clerk Maxwell (1831–1879) benannt.

Der Herrscher der Venus

Wenn man die Venus zu verschiedenen Zeiten durch ein Fernrohr betrachtet, bemerkt man, daß sie wie der Mond Phasen hat. Als Galilei das 1610 entdeckte, gab er es seiner Zeit gemäß in einem Anagramm auf lateinisch bekannt: »Haec immatura a me iam frustra leguntur o y«, was übersetzt heißt: »Diese unreifen Dinge suche ich jetzt vergeblich.« Johannes Kepler, der einmal drei Anagramme seines Namens auf die Titelseite eines Buches setzte, erkannte Galileis Satz sogleich als Anagramm und fand acht mögliche Lösungen des Rätsels, von denen jedoch keine die richtige war.

Die Buchstaben lassen sich zu einem ähnlich kryptischen Satz umordnen: »Cynthiae figuras aemulatur mater amorum«, oder übersetzt: »Die Mutter der Liebe ahmt die Gestalten der Cynthia nach.« Das bedeutet, daß die Venus Phasen hat wie der Mond. Sie erscheint manchmal voll und rund, manchmal sichelförmig, manchmal wie ein schlanker Halbmond.

Anders als der Mond scheint die Venus jedoch, je nach ihrer Entfernung von der Erde, deutlich zu wachsen und zu schrumpfen. Als Sichel sieht sie siebenmal so groß aus, als wenn sie voll zu sehen ist; als Sichel ist sie uns nah, als Vollkreis aber fern auf der anderen Sonnenseite.

Eine andere Ähnlichkeit zwischen Venus und Mond bemerkte Giovanni Riccioli 1643. Genau wie der dunkle Teil des Mondes im Widerschein der Erde gelegentlich schwach sichtbar ist (dieser sogenannte Erdenschein wurde zuerst von Leonardo da Vinci beschrieben), scheint auch der dunkle Teil der Venus gelegentlich schwach beleuchtet zu sein.

Dieses fahle Licht faszinierte Franz von Paula Gruithuisen, einen Arzt, der 1826 Ordinarius für Astronomie an der Universität München wurde. Er war ein scharfer Beobachter, dessen Deutungen aber oft romantisch gefärbt waren. Er vermutete als einer der ersten, daß die Mondkrater Einschlagbecken von Meteoren sind, bildete sich aber auch ein, dort alte Ruinen gesehen und in den lunaren Wäldern Rodungen ausgemacht zu haben. Nach vielen Beobachtungen kam er zu dem Ergebnis, daß das fahle Licht der Venus von ihren Bewohnern erzeugt würde. Er stellte sich den Planeten »unvergleichlich viel üppiger als selbst die unberührten Urwälder Brasiliens« vor. Er meinte, die Venusbewohner hätten Brandrodung betrieben, vielleicht um bestellbares Land zu gewinnen oder um die massenhafte Zuwanderung anderer Venusbewohner zu verhindern, die einen Krieg beginnen könnten. Er erwog, ob das Licht von einem Feuerwerk herrühren könnte, das während eines Festes oder sogar anläßlich einer Krönung abgebrannt würde.

Der letzte Gedanke erschien ihm besonders einleuchtend. Er bemerkte, daß das fahle Licht 1759 und dann wieder 1806 beobachtet worden war, also in einem Abstand von 47 Erdenjahren, das heißt 76 Venusjahren. »Nehmen wir einmal an, das Leben eines Venusianers währt gewöhnlich 130 Venusjahre, dann könnte die Regierungszeit eines Herrschers der Venus gut 76 Venusjahre betragen.« Das Licht könne also die Krönung »eines Alexander oder Napoleon« feiern.

Er irrte sich. Das Licht entsteht genauso wie die Polarlichter, die wir auf der Erde sehen, durch die Wechselwirkung von Atomen oder Molekülen der Hochatmospäre mit energetischen Teilchen von der Sonne. Es ist ein atmosphärisches Phänomen, kein politisches.

Gaia – die Erde einst und in Zukunft

Geheimnisse! Denk an unser Leben in der Natur – täglich Materie sehen, mit ihr in Berührung kommen – Steine, Bäume, Wind auf unseren Wangen! Die feste Erde! Die tatsächliche Welt! Der gesunde Menschenverstand! Berührung! Berührung! Wer sind wir? Wo sind wir?
Henry David Thoreau

In der vorhellenistischen Mythologie hieß die Erde Gaia. Sie war die Schöpferin, die Mutter, die Hauptgottheit, die sich ursprünglich im Orakel von Delphi kundtat. Sie herrschte über die Lebenden und die Toten, und ihr Körper war die Erde selbst.

Doch ihre Bedeutung nahm allmählich ab, und sie wurde von patriarchalischen Mythenerzählern, wie zum Beispiel Hesiod und Homer, in eine Nebenrolle gedrängt. Sie war nur noch Gemahlin und Mutter, und ihre Söhne, darunter Saturn und Jupiter, regierten Himmel und Erde. Gaias Name geriet in Vergessenheit.

Auch die Astronomen vergaßen die Erde. Unser eigener Planet blieb in einigen Astronomiebüchern unerwähnt oder wurde in einem Nebensatz abgetan und in das Reich der Geologie verbannt.

Aber diese Einstellung verändert sich langsam. Die Erde wird als ein lebender Organismus gesehen, der als Ganzes auf die Umweltbedingungen reagiert. Wir kennen den Anblick der Erde. Die beeindruckenden Aufnahmen der Apollo-Mission zeigten uns unsere Welt als eine blaue Kugel, umgeben von Wolkenwirbeln, einsam im Weltraum schwebend. Sie zeigen in unnachahmlicher Weise, daß die Erde ein einzigartiger Ort ist mit einer einzigartigen Atmosphäre und einer einzigartigen Zukunft.

Was die Erde einzigartig macht

- *Plattentektonik:* Die Kontinente waren einmal in einer einzigen Landmasse vereinigt, die Pangaea genannt wird. Heute bestehen sie aus sechs großen, dicken Platten der Erdkruste und mehreren kleineren Platten, die auf der flüssigen Mantelschicht schwimmen und in jedem Jahr etwa fünf bis zehn Zentimeter auseinanderdriften. Diesen langsamen Tanz der Plattentektonik gibt es, soweit wir wissen, nur auf unserem Planeten. Europa und Nordamerika treiben allmählich auseinander, New York bewegt sich nach Norden, und Los Angeles und San Francisco, die beide an der Grenze zwischen den pazifischen und amerikanischen Platten liegen, kommen sich alljährlich etwas näher. Ägypten entfernt sich von Saudi-Arabien, und das Rote Meer wird breiter, so daß es in mehreren hundert Millionen Jahren so breit sein wird wie der Atlantische Ozean.

- *Flüssiges Wasser:* Nirgendwo sonst im Sonnensystem gibt es Meere, die wie unsere Ozeane etwa drei Viertel des Globus bedecken – auch wenn auf anderen, eisigen Körpern flüssiges Wasser unter der Oberfläche liegen könnte und auf dem Mars vielleicht einmal Flüsse strömten.

- *Die Lage:* Die Erde ist weder zu nahe an der Sonne, wie der dürre Merkur und die dampfende Venus, noch zu weit entfernt wie der kalte Mars.

Erde

- *Mittlere Entfernung von der Sonne*
  149 600 000 Kilometer
- *Durchmesser*
  12 756 Kilometer
- *Masse*
  5977 Trillionen Tonnen
- *Schwerebeschleunigung an der Oberfläche*
  9,81 Meter pro Sekunde hoch zwei
- *Mond*
  1
- *Länge eines Jahres*
  365,2422 Tage
- *Länge eines Tages*
  23 Stunden, 56 Minuten, 4,1 Sekunden

- *Die Atmosphäre:* Sie besteht hauptsächlich aus Stickstoff (78 Prozent) und Sauerstoff (21 Prozent) und ist das Ergebnis der Wechselwirkung von Verdampfung, Niederschlägen und Photosynthese, die sich über Äonen hin abspielte. Sie ist ein Ergebnis der größten Besonderheit, die die Erde aufzuweisen hat, und zugleich ihre Voraussetzung:

- *Das Leben auf ihr.*

In dieser Aufnahme der Erde, die von Apollo 17 gemacht wurde, erkennt man unten die Antarktis, hoch oben das Rote Meer und den Nordosten Afrikas und unter dem wolkenlosen Himmel Somalia.
NASA

Warum gibt es Jahreszeiten?

Überraschenderweise werden sie nicht in erster Linie durch die Entfernung zur Sonne bestimmt, denn wegen der leichten Ellipsenform der Erdbahn ist die Nordhalbkugel der Erde im Winter sogar fünf Millionen Kilometer näher an der Sonne als im Sommer. Vielmehr spielt die Neigung der Erdachse eine Rolle. Die Erde ist gegenüber der Bahnebene der Planeten um den recht großen Winkel von 23,27 Grad geneigt. Auf der der Sonne zugewandten Halbkugel ist Sommer, denn die Sonne steht dort höher am Himmel und ist deshalb auch länger zu sehen. Der Tag ist länger, die Erde erhält mehr Strahlung, und die Temperatur liegt höher. Sechs Monate später ist dieselbe Halbkugel von der Sonne weggeneigt. Die Sonne steht dort tiefer am Himmel, der Tag ist kürzer, die Strahlung geringer und die Temperatur niedriger.

Warum ist der Himmel blau?

Auch wenn die Sonne gelb zu sein scheint, ist das Licht, das sie auf uns strahlt, weiß – also eine Verbindung aller Farben, wie Isaak Newton entdeckte, als er einen Sonnenstrahl durch ein Prisma fallen ließ und die Farben des Regenbogens sah. Aber das Gas und der Staub in der Atmosphäre streuen Lichtwellen so, daß der Himmel nicht weiß ist, sondern (meistens) blau. Das ist so, weil die kurzen blauen Wellen mit ihren hochenergetischen Photonen in alle Richtungen gestreut werden. Diese Streuung wurde nach ihrem Entdecker, dem englischen Physiker John William Rayleigh benannt. Wenn also die Sonne hoch am Himmel steht, badet der Himmel in Blau.

Wenn sich die Sonne jedoch dem Horizont nähert, kommt die Zeit der langen, langsameren Wellenlängen am roten Ende des Spektrums, denn dann muß das Sonnenlicht einen größeren Teil der Atmosphäre und damit eine dichtere Staubschicht durchqueren, bevor sie ihre Anbeter erreicht. Das hektische blaue Licht wird nicht nur gestreut, sondern auch absorbiert, das rote Licht aber bahnt sich stur seinen Weg durch den atmosphärischen Dunst. Je mehr Staub es gibt, um so wahrscheinlicher geht die Sonne in einer roten Strahlung unter. Deshalb sind die Sonnenuntergänge am aufregendsten, wenn der Staub besonders dicht ist, etwa nach einem Vulkanausbruch; dann werden Sonnenuntergänge überall in der Welt besonders bestaunt und bewundert.

Mars – in Wirklichkeit

Hier also liegt Elysium,
genau nördlich von Atlantis,
auf der fernen Seite von Barsoom.
Diane Ackermann

Mars leuchtet wie ein in den Himmel gebettetes Stück glühende Kohle. Das ist der Grund, weshalb Aristoteles ihn im vierten vorchristlichen Jahrhundert mit der Farbe Rot und dem Kriegsgott in Verbindung brachte. Noch früher hatten die Babylonier den Planeten nach Nergal benannt, einem Kriegsgott, der Tod, Zerstörung und Unordnung verhieß. Eine französische astrologische Abhandlung aus dem fünfzehnten Jahrhundert beschreibt einen Menschen, der unter dem Einfluß des Mars geboren wird, als »rot und zornig, ein großer Wanderer und Hersteller von Schwertern und Messern, einer, der Menschenblut vergießt, ein Wüstling und Freund von Zoten, rotbärtig, mit rundem Gesicht«. Ähnliches hatten wohl auch die Melanesier im Sinn, die den Mars als Heimat eines riesigen roten Schweins ansahen.

Der Mars ist aber nicht rot. Er ist rotgelb und braun, eine herbstliche, rostfarbige Welt. Der felsige Grund hat die Farbe von Ton, weil er viele Eisenoxide enthält, und der Himmel, der mit großen Staubteilchen durchsetzt ist, ist weder blau, wie man denken möchte, noch schwarz, wie einige Wissenschaftler erwartet hatten, sondern hat die Farbe von Aprikosen und Lachs.

Die Luft dieser korallenfarbigen Welt besteht zu fünfundneunzig Prozent aus Kohlendioxid, ist also keine Atemluft. Sie ist so dünn, daß man auf dem Mars in Sonnenstrahlung baden würde. Nachts erföre man. Und ohne Raumanzug würde das Blut kochen, weil der Siedepunkt tief liegt, wenn der Atmosphärendruck so gering ist.

So war der Mars nicht immer. Nach seiner Entstehung taute zunächst radioaktive Wärme im Inneren des Planeten den Dauerfrost unter dem Boden auf, und breite Flüsse mäanderten über die Ebene; aktive Vulkane stießen Gase aus, die zunächst nahe an der Oberfläche verblieben und eine dicke Atmosphäre bildeten. In vielererlei Hinsicht ähnelte der Mars damals der jungen Erde.

Aber die Schwerkraft des Mars – nur 38 Prozent der irdischen –

Der Mars.
Space Telescope Science Institue, Lee James

reicht nicht aus, um die atmosphärischen Gase festzuhalten. Als sich der Planet abkühlte, entwichen sie oder gefroren an den Polen. Ohne eine wärmende Gasdecke kühlte sich der Planet rasch ab; die Astronomen David Morrison und Tobias Owen sprachen von einem »außer Kontrolle geratenen Kühlschrankeffekt«.

Heute könnte es zwar unter den Polkappen gefrorenes Wasser geben, nicht aber auf der Oberfläche, wo Wasser wegen des geringen Drucks wie Trockeneis sofort verdampfte.

In gewisser Weise hat der Mars jedoch Ähnlichkeit mit unserer Erde. Er ist etwa halb so groß, die Neigung seiner Achse ist annähernd dieselbe wie die der Erdachse, und er dreht sich in 24 Stunden und 37 Minuten einmal um die eigene Achse. Diese Zeiteinheit wurde aus unerfindlichen Gründen ein »Sol« genannt, wohl damit man sie von einem Erdentag unterscheiden könne. Der Mars umläuft die Sonne in 687 Tagen, deshalb dauern die Jahreszeiten fast doppelt so lange wie auf der Erde. Orkane und sehr schnelle Winde wirbeln Staub auf. Gelegentlich ist der ganze Planet in gelben Staub gehüllt. Von den beiden Polkappen ist die nördliche, die vor allem aus gefrorenem Wasser besteht, kälter und länger tiefgefroren, während die südliche kleiner und wärmer ist und aus Kohlendioxid besteht.

Auf dem Mars gibt es riesige Vulkane. Die drei großen, gleich weit voneinander entfernten Vulkane der Tharsis

Mars

- *Mittlere Entfernung von der Sonne*
  227 900 000 Kilometer
- *Durchmesser am Äquator*
  6794 Kilometer
- *Durchmesser im Verhältnis zum Erddurchmesser*
  0,53
- *Masse im Verhältnis zur Erdmasse*
  0,107
- *Schwerkraft an der Oberfläche im Verhältnis zur Schwerkraft auf der Erde*
  0,38
- *Monde*
  2
- *Dauer eines Jahres*
  686,98 Erdentage
- *Dauer eines Tages*
  24 Stunden, 37 Minuten, 22,6 Sekunden

Montes liegen auf einer Linie, die den Äquator schneidet. In ihrer Nähe ragt Olympus Mons, der größte Vulkan des Sonnensystems, dreimal so hoch auf wie der Mount Everest. An anderen Stellen durchschneiden tiefe Schluchten die Oberfläche – so etwa Valles Marineris, eine Schlucht, die 26mal so lang ist wie der Grand Canyon und fast dreimal so tief. Im Süden, wo das Land älter ist und mehr Krater aufweist, fällt besonders Hellas auf, ein großer heller Bereich, in dem Staub den Boden eines alten Einschlagkraters bedeckt, der sich vor langem mit Lava aus dem Inneren gefüllt hat.

Der Mars ist auf seine Weise schön. Im Vergleich mit der blauen und grünen Erde erscheint seine Oberfläche wie eine rauhe und lebensfeindliche Wüste, verglichen mit der heißen Hölle der Venus jedoch ist sie nicht halb so schlimm. Und was die übrigen Planeten betrifft – was kann man schon in einer Welt aus Wasserstoff anfangen? So verwundert es nicht, daß der Gedanke, es könne auf dem Mars Leben geben, die Phantasie der Menschen beflügelt hat,

Dieser Fels auf dem Mars, den Viking 1 photographierte, wurde »Big Joe« genannt. NASA

auch wenn die Mythen ihn mit Krieg und Verheerung in Verbindung bringen. Für den unerschrockenen Raumreisenden wäre sicherlich Mars der Planet der Wahl.

Furcht und Panik, die Marsmonde

Schon lange bevor Marsmonde entdeckt wurden, hat man ihre Existenz vermutet. Johannes Kepler, der die geometrische Progression für ein Naturgesetz hielt, meinte, der Mars müsse zwei Monde haben, weil die Erde einen hat und der Jupiter vier (wir wissen heute, daß er viel mehr hat) – eine seinem pythagoräischen Denken entsprechende Überlegung. Er sagte auch die Existenz von sechs oder acht Saturnmonden vorher und vielleicht je einen bei Merkur und Venus. Jonathan Swift behauptete 1726 in seinem Meisterwerk *Gullivers Reisen* die Existenz von »zwei kleineren Sternen oder Monden, die den Mars umlaufen«, und Voltaire wiederholte diese Vermutung ein Vierteljahrhundert später. Gefunden aber wurden die Marsmonde erst 1877.

Wir verdanken ihre Entdeckung Asaph Hall (1829–1907). Er wurde als Dreizehnjähriger Tischlerlehrling und später Astronomieprofessor am Observatorium der amerikanischen Marine in Washington. Als Mars im August 1877 der Erde so nahe wie nur möglich kam, begann er mit Hilfe des 75-Zentimeter-Teleskops, dem größten damals, nach den fehlenden Monden zu suchen.

Unterstützt von seiner Frau entdeckte er am 11. August einen Mond, der im Leuchten des Mars nur schwach sichtbar war. Er hatte kaum seine Position vermessen, als Nebel aufstieg und ihn zum Aufhören zwang. Daraufhin machte er dem wissenschaftlichen Direktor der Sternwarte Mitteilung von seiner Entdeckung und wandte sich der anderen, genauso dringlichen Aufgabe zu, seinen Assistenten loszuwerden. »Ich wollte natürlich allein sein, und ich hatte das große Glück, daß Dr. Henry Draper ihn gerade noch rechtzeitig nach Dobbs Ferry einlud.«

Wenige Tage später, als sich der Nebel gelichtet hatte und er nicht mehr befürchten mußte, sein Assistent könne einen Anteil an der Entdeckung beanspruchen, fand Hall einen zweiten Mond. Er nannte die beiden nach den in der *Ilias* erwähnten Söhnen des Kriegsgottes Phobos und Deimos, Furcht und Panik.

Phobos und Deimos sind seltsame Monde. Deimos, der kleinere und entferntere, schleicht in dreißig Stunden und achtzehn Minuten einmal um den Mars herum. Phobos, der größere (er hat aber nur einen Durchmesser von etwa zwanzig Kilometern) ist so nahe am Planeten, daß zwischen Auf- und Untergang nur wenig mehr als vier Stunden liegen. Außerdem geht er im Westen auf und im Osten unter. Ein Marsianer könnte beobachten, wie die beiden Monde aus entgegengesetzten Richtungen am Himmel aufsteigen und sich begegnen.

Phobos hat außerdem die sonderbare Eigenschaft, daß sein Impuls zunimmt und er schneller wird. Je schneller er kreist, um so näher kommt er dem Mars, je näher er ist, um so stärker ist der Sog der Schwerkraft. In vierzig Millionen Jahren wird er auf die Oberfläche des Mars fallen. Diese Tatsache veranlaßte den sowjetischen Radioastronomen Josif Schklovskij 1959 zur Aufstellung einer erstaunli-

Phobos. NASA

chen neuen Theorie. Er ging davon aus, daß Phobos nicht schneller würde, wenn seine Dichte ähnlich der des Mars wäre. Also müsse er leichter und weniger dicht sein. »Aber wie kann ein natürlicher Satellit eine so geringe Dichte haben?« fragte Schklovskij in seinem Buch über intelligentes Leben im Universum. Offensichtlich mußte Phobos fest sein, aber dann wäre seine Dichte zu groß. In dem Fall bliebe, wie er schrieb, nur eine Möglichkeit. Könne Phobos womöglich außen starr sein, jedoch innen hohl? Ein natürlicher Mond sei aber kein Hohlkörper. Phobos und vielleicht auch Deimos müßten also künstliche Satelliten des Mars sein.

Die Hoffnung, in den Marsianern Vettern zu finden, die künstliche Monde schaffen können, wurde jedoch zunichte gemacht, als die Marssonden Mariner 7 und 9 die Monde 1969 photographierten. Die Monde erinnern an Kartoffeln. Auf Phobos fällt besonders ein großer Krater auf, der aussieht, als ob man ihn mit einem Löffel ausgehöhlt hätte. Dieser nach Chloe Angeline Stickney, Halls Frau, benannte Krater entstand bei einem Aufprall, der so gewaltig war, daß er den Mond brechen ließ; die vom Aufprallpunkt ausgehenden Risse laufen auf der entgegengesetzten Seite des kleinen Mondes wieder zusammen.

Phobos und Deimos sind mit dunkelgrauem Staub bedeckt, nicht mit rötlichem wie der Mars. Man vermutet, daß die mißgestalteten Monde einmal Asteroide waren, die von der Schwerkraft des Planeten eingefangen wurden.

Ihrem Namen zum Trotz haben die seltsam geformten Körper zur Zusammenarbeit zwischen Russen und Amerikanern geführt. Die Sonde Phobos 1, die am 7. Juli 1988 gestartet wurde, ging für alle Ewigkeit verloren, als die Bodenkontrolle ihm einen Befehl mit einem falschen Zeichen schickte. Fünf Tage später startete Phobos 2, gelangte auf die Umlaufbahn und sandte siebenunddreißig Aufnahmen zurück. Aber als ein Computer versagte, ging der Kontakt verloren. Die Sonde konnte ihren »Hopper« nicht aussetzen, der auf dem kleinen Mond mit der geringen Schwerkraft umherhüpfen sollte, um das Schwerefeld, das Magnetfeld und die chemische Zusammensetzung zu erforschen. Dieser Fehlschlag wurde international sehr bedauert.

Leben auf dem Mars

Die Geschichte von den menschlichen Phantasien über Leben auf dem Mars ist lang und ruhmreich. Optimisten haben zwar schon überall im Sonnensystem Leben vermutet, aber nur der Mars blieb als ein einigermaßen wahrscheinlicher Ort für Leben übrig. Wie die Venus ist er der Erde relativ nah. Aber während die Venus sich in Wolken hüllt, ist die Marsoberfläche deutlich sichtbar. Schon 1659 vermutete der holländische Astronom Christiaan Huygens, als er nach der Entdeckung des dunklen dreieckigen Bereichs Syrtis major (großer Sumpf) die Länge des Marstags abschätzen konnte, es gebe dort intelligentes Leben. Man beobachtete bald die Veränderungen der eisigen Polkappen und dunkle Flecken, die im Winter schrumpfen und im Sommer wachsen. Diese Bereiche, Ansammlungen von Staub und Gestein, die sich verschieben, wenn der Wind weht, erinnerten entfernt an Vegetation. Pflanzenwuchs läßt an Landwirtschaft denken, und Landwirtschaft setzt eine Zivilisation voraus. Die Argumentation schien einwandfrei. Wilhelm Herschel war sich 1784 sicher, daß die Bewohner des Planeten wahrscheinlich unter ähnlichen Bedingungen lebten wie wir. Aber das waren nur Vermutungen.

Im Sommer 1877 fand man überraschend neue Hinweise auf Leben. Giovanni Schiaparelli, der farbenblinde Direktor des Brera-Observatoriums in Mailand bemerkte eine Reihe von geraden Linien, die er »canali« nannte und die die Oberfläche durchschnitten. Diese Kanäle mußten, das war in den Jahren kurz nach dem Bau des Suezkanals für jedermann selbstverständlich, von intelligenten Wesen gebaut worden sein. Also war der Mars bewohnt.

Das erregte wohl niemanden mehr als Percival Lowell (1855–1916). Lowell, ein Amateurastronom, war ein glänzender Mathematiker, der einen Ruf nach Harvard ablehnte, obwohl er die Mathematik für das hielt, was auf der Welt am meisten wert sei, betrieben zu werden. Er leitete statt dessen sechs Jahre lang die Baumwollfabrik seines Großvaters, bereiste Europa und den Fernen Osten, worüber er vier Bücher schrieb.

Bei seiner letzten Reise in den Orient hörte er, daß Schiaparelli seine Beobachtungen aufgeben mußte, weil sich seine Sehkraft verschlechtert hatte. Da entschloß sich Lowell, die Fackel zu übernehmen, und baute 1894 eine Sternwarte in Arizona ausschließlich zum Zweck der Marsbeobachtung. Er fand alles, was Schiaparelli gesehen hatte, und noch mehr. Nach und nach hatte er mehr als fünfhundert Kanäle vermessen. »Am meisten überrascht mich die systematische Anlage des Ganzen«, sagte er. »Jede Linie führt nicht nur wunderbar direkt von einem Punkt zum anderen, sondern sie trifft sich dort genau mit einer anderen Linie, die ebenso direkt aus einer ganz anderen Richtung kommt.« In früher Vergangenheit sei, so vermutete er, auf dem Mars Wasser geflossen, und weil das jetzt schon lange verdunstet sei, hätten die Marsianer ein Kanalsystem gebaut, um das an den Polen noch vorhandene Wasser zum Bewässern der landwirtschaftlich genutzten Gebiete in andere Bereiche des Planeten zu leiten. Seiner Meinung nach waren die Marsianer keine Menschen, denn er wußte, daß die Marsatmosphäre für Lebewesen wie uns ungeeignet ist. Aber es könnte ja auch eine andere Wesensart geben. »Wenn man behauptet, daß Leben von einer Ordnung, die so hoch ist wie die unsere oder höher, dort unmöglich sei, weil es dort weniger Luft gibt, als wir es gewöhnt sind, denkt man, wie [der französische Astronom Camille] Flammarion es so gelungen ausdrückt, nicht philosophisch, sondern wie ein Fisch.«

Aber es gibt auf dem Mars keine Kanäle und nichts, was ihnen auch nur ähnelt. Die Gewißheit, mit der Lowell und Schiaparelli die

Percival Lowell (1855–1916).
Lowell Observatories

Kanäle sahen, wird gewöhnlich auf drei Phänomene zurückgeführt, nämlich auf die Unzulänglichkeit des menschlichen Auges, das dazu neigt, unzusammenhängende Flecken durch Konturen zu verbinden, auf die Notwendigkeit, durch die Luftunruhe der flimmernden Erdatmosphäre hindurch zu beobachten, was die Auflösung in Einzelheiten erschwert (deshalb ist die Photographie im Weltraum außerhalb der Erdatmosphäre so wichtig), und auf unsere psychologische Bereitschaft, zu sehen, was wir sehen wollen. »Wenn bestimmte Phänomene nur mit großen Schwierigkeiten betrachtet werden können«, schrieb Lord Rosse, ein Teleskopkonstrukteur des neunzehnten Jahrhunderts, »kann das Auge unmerklich vom Geist beeinflußt werden.« Die Marskanäle sind eine Illusion.

Lowell schrieb 1908 ein Buch über die Möglichkeiten des Le-

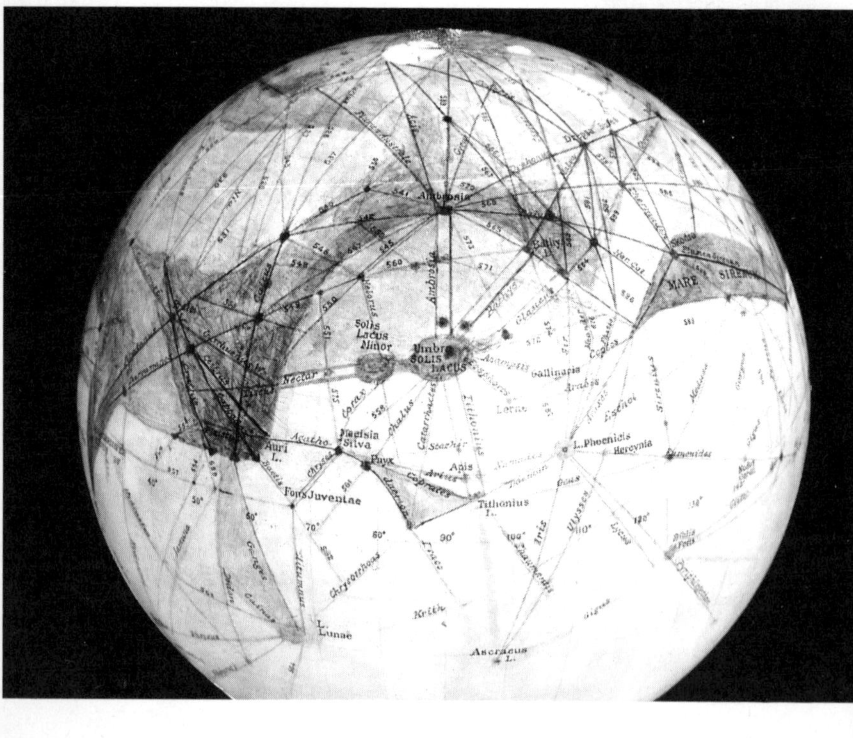

Percival Lowells 1909 erstellter Marsglobus. Die Kanäle sind deutlich gekennzeichnet.
Lowell Observatories

bens auf dem Mars. Dann heiratete er im Alter von 53 Jahren und wandte seine Aufmerksamkeit in der Folgezeit anderen Dingen zu, vor allem der Suche nach einem weiteren Planeten in unserem Sonnensystem. Auch dabei hatte er keinen Erfolg. Als aber nach seinem Tode ein neunter Planet entdeckt wurde, nannte man diesen unter anderem auch deshalb Pluto, weil die ersten beiden Buchstaben Percival Lowells Initialen sind.

Inzwischen ging die Suche nach Leben auf dem Mars weiter. In der Hoffnung, Signale vom Mars zu empfangen, strahlte die amerikanische Marine im Jahr 1924 drei Tage lang keine Radiosendungen aus. Als keine Signale ankamen, seufzte Flammarion: »Vielleicht haben es die Marsianer schon früher einmal versucht, zur Zeit des Iguanodons und anderer Dinosaurier, und haben jetzt keine Lust mehr.« Dann behauptete ein Wissenschaftler 1959, in dem Jahr, in dem Schklovskij die Marsmonde für künstliche Satelliten hielt, er habe im Marsspektrum organische Materie gefunden. Keine der Behauptungen traf zu, und so schrieb die *New York Times* 1965, nachdem Mariner 4 Aufnahmen der steinigen Marsoberfläche zurückgesandt hatte, auf der ersten Seite: »Heute erhielt die Hoffnung, daß es auf dem Mars Leben gibt oder einmal gab, einen schweren, möglicherweise tödlichen Stoß.«

Der Stoß war jedoch keineswegs tödlich. Der Mars besitzt keine Ozonschicht, die ihn schützt. Er wird durch ultraviolette Strahlung von der Sonne bombardiert und sterilisiert. Die Analyse der Bodenproben, die die Landefähre Viking 1 1976 mit ihrem Greifarm entnahm, enthielt weder Organismen, die auf Kohlenstoff basieren, noch Hinweise darauf, daß es sie früher einmal gegeben habe. Trotzdem lebt die Vorstellung weiter. Astronomen – unter ihnen Carl Sagan, der entschiedenste heutige Verfechter von Leben auf dem Mars – haben die Hoffnung noch nicht aufgegeben. Einige Wissenschaftler glauben, es könne vor dreieinhalb Milliarden Jahren, als Flüsse durch Chryse Planitia flossen, auf dem Mars primitive Lebensformen gegeben haben, aber die Atmosphäre sei allzufrüh in den Kosmos entwichen, und das Wasser sei verschwunden. Biologische Experimente, die von Viking 1 durchgeführt wurden, zeigen jedoch, daß der Marsboden nicht vollständig inaktiv ist. Es besteht eine vage Möglichkeit, daß es dort eine Lebensform gibt, die wir uns gar nicht vorstellen können und die eine andere chemische Basis hat – vielleicht im Schlamm vergraben, tief unter der Oberfläche. Vielleicht lauert sie auch an Orten, die unsere Landefähren nicht erreicht haben, wie etwa am Rand der Polkappen. Vielleicht wissen wir einfach nicht, wo wir suchen sollen oder was wir eigentlich suchen.

Aber die Aussichten, Leben auf dem Mars zu finden, sind nicht sehr verheißungsvoll. Deshalb haben Wissenschaftler ein kompliziertes, langfristiges Szenario entworfen, wie der rote Planet in ein bewohnbares Ökosystem verwandelt werden könnte. Der Plan, dessen Verwirklichung zwei Jahrhunderte erfordern würde, beginnt mit der Errichtung einer dauerhaften Raumstation mit Treibhäusern und Computern auf dem Mars. Die Pioniere von der Erde würden Fabriken bauen, die Gase in die Atmosphäre abgeben, damit sie dicker und wärmer wird, und wenn die Temperatur gestiegen und die Polkappen geschmolzen wären, könnte Sauerstoff in die Atmosphäre gepumpt werden. Zuerst würden wohl Mikroorganismen und später widerstandsfähige Pflanzen eingeführt werden, um den Sauerstoffvorrat weiter zu vermehren. Die Erschaffung dieser Umwelt à la Frankenstein würde sicherlich viel Geld, hochentwickelte Technologie und Mut voraussetzen, besonders bei jenen, die sich bereit erklärten, in einer kalten, trostlosen, luftlosen Wüste Gasfabriken zu errichten und zu betreiben. Der Plan ist so unglaublich, daß er zu methodischen und ethischen Auseinandersetzungen geführt hat. Dennoch gibt es ihn, und wie der Wissenschaftler Christopher P. McKay bemerkte, ist »ein grüner Mars besser als ein roter«. Womöglich wird es irgendwann auf die eine oder andere Art auf dem Mars Leben geben.

Phantastisches Leben auf dem Mars

Schon Swift und Voltaire schrieben über den Mars. Aber erst in den letzten Jahren des neunzehnten Jahrhunderts fand die Marslandschaft einen Platz in der allgemeinen Phantasie. Percy Gregg schrieb 1880 den Roman *Across the Zodiac*, in dem er eine Reise zum Mars schildert, und 1897 kamen zwei Abenteuergeschichten über den Mars heraus. In ihnen wurde beschrieben, wie Marsianer die Erde erobern. Der erste Roman, *Auf zwei Planeten*, stammt von dem Breslauer Gymnasialprofessor Kurd Laßwitz, einem Mathematiker und Philosophen, der im Geist Kants naturwissenschaftliche Probleme behandelte, und der zweite, *Der Krieg der Welten*, von Herbert George Wells.

Edgar Rice Burroughs, der Erfinder Tarzans, schrieb elf Bücher über den Mars, den er Barsoom nannte. Im ersten Buch, *A Princess of Mars*, das 1912 erschien, reist ein Gentleman der Südstaaten namens John Carter ohne technische Hilfsmittel zum Mars; er wünscht sich einfach dahin und verliebt sich in die Heliumprinzessin.

Oft wird der Mars als ein ungastlicher Ort dargestellt, als Heimat fremdartiger Wesen, die nicht zu besänftigen sind. Als Orson Welles 1938 ein Hörspiel produzierte, waren die Zuhörer von der Lebensechtheit der Darstellung so überzeugt, daß sie meinten, es seien wirklich Marsianer nach New Jersey gekommen, und wurden von Panik ergriffen. »Es ist … es ist … meine Damen und Herren, es ist unbeschreiblich«, sagte der Schauspieler in der Rolle des Radioreporters. »Ich kann mich kaum dazu zwingen, die Augen offenzuhalten, es ist so schrecklich. Die Augen sind schwarz und funkeln wie die einer Schlange. Der Mund ist … irgendwie V-förmig, und Speichel tropft von den randlosen Lippen, die zu beben und zu pulsieren scheinen.« Hysterische Hörer riefen die Polizei und die Zeitungen an, rannten aus ihren Häusern und starrten erschreckt in den Himmel. »Als die Marsianer nördlich von Trenton waren, bekamen wir es wirklich mit der Angst zu tun«, berichtete ein Zuhörer. Ingesamt hielten 28 Prozent der Hörer die Invasion für echt.

In den folgenden Jahrzehnten bot die literarische außerirdische Landschaft entweder ein Abbild der Gewalt der menschlichen Zivilisationen, oder sie stellte eine Zufluchtsstätte dar. Robert Heinleins 1961 erschienener Roman *Mann in einer fremden Welt* beschreibt die Abenteuer, die Valentine Michael Smith erlebte, der als

Botschaften aus dem Jenseits

Im neunzehnten Jahrhundert berichteten Beobachter von einer Markierung auf dem Mars, die sehr dem hebräischen Buchstaben ähnelte, mit dem der Namen Gottes dargestellt wird. War das eine Botschaft? Und wenn ja, was bedeutete sie? Ähnliche Fragen stellten sich in diesem Jahrhundert, als eine Anordnung von Oberflächenmerkmalen einem Sphinxgesicht glich. War es ein Monument, bewußt geplant, ähnlich wie Stonehenge oder die ägyptischen Pyramiden? War es vielleicht eine Botschaft, die eine längst ausgestorbene Bevölkerung der Erde übermitteln wollte? Waren ihre Urheber Marsianer oder Marsbesucher? Ein russischer Satellit soll 1988 ein langes, schmales »zigarrenförmiges« Objekt photographiert haben, das man entweder für einen Schatten oder für ein UFO hielt. Und eine neue Generation von Amateurbeobachtern fand auf dem Mars unverwechselbare Hinweise auf eine Intelligenz außerhalb der Erde, nämlich eine Statue von Elvis. Die Unfaßbarkeit der Marswelt steigerte sich 1991, als der Direktor des wenig bekannten Museums für Kryptophänomene in Kalifornien die Entdeckung einer Vulkanformation auf dem Mars verkündete, die erstaunliche Ähnlichkeit mit Senator Ted Kennedy aufwies. Weitere Berichte sind zu erwarten.

Mensch auf dem Mars erzogen wurde und mit außergewöhnlichen Fähigkeiten ausgestattet zur Erde zurückkehrt.

Und es gibt noch vieles andere. Marsbewohner sind uns aus Science-fiction-Romanen und Filmen bekannte Sinnbilder für die Angst vor einer Invasion aus dem All und für die idealistische Hoffnung auf Leben an einem anderen Ort. Zu den bemerkenswerten filmischen Beiträgen zur Erkundung des Lebens auf dem Mars gehören:

- *Flight to Mars* (1951), in dem eine unter der Oberfläche des Planeten lebende Bevölkerung plant, die Erde mit Hilfe amerikanischer Raumschiffe zu erobern.

- *Red Planet Mars* (1952), in dem Radiosendungen vom Mars, der sich als ein christlicher Planet erweist, zu Angst, Panik und dem Untergang der Sowjetunion führen.

- *Invasion vom Mars* (1953), in dem der kleine David die Landung eines Ufos beobachtet, das die Erdlinge charakterlich verändert.

- *Devil Girl from Mars* (1954), ein britischer Film, in dem eine nymphomane Marsianerin, die ein schwarzes Trikot trägt und geradewegs von einer feministischen Revolution zur Erde kommt, auf der Suche nach Männern, die für Zuchtzwecke geeignet sind.

- *The Angry Red Planet* (1959), in dem Astronauten auf dem Mars berghohe Quallengebirge bekämpfen.

- *Robinson Crusoe auf dem Mars* (1964), in dem ein Astronaut notlanden muß und dort seinen Freitag findet.

- *Santa Claus Conquers the Martians* (1964), in Amerika ein Kultfilm, in dem eine sehr junge Pia Zadora ihr Filmdebut hatte.

- *Mars Needs Women* (1966), in dem männliche Marsianer zur Erde kommen, um Frauen zu suchen.

Und so weiter.

Asteroiden – Geschmeiß des Himmels

Die Entdeckung der Asteroiden war kein Zufall. Ihre Existenz war schon 1781 vermutet worden, als Wilhelm Herschel in dem nach der Titius-Bodeschen Reihe vorhergesagten Abstand Uranus fand. Diese Regel für die Entfernungen von Planeten ließ auch darauf schließen, daß eine Lücke zwischen Mars und Jupiter von einem Planeten besetzt sei. Nach ihm suchte Franz Xaver von Zach, Direktor der Sternwarte auf dem Seeberg bei Gotha, fünfzehn Jahre lang eifrig, aber erfolglos. Deshalb schloß er sich 1800 mit einigen anderen gleichgesinnten Astronomen zu einer Gruppe zusammen, der sogenannten Himmelspolizei, um die Suche nach dem flüchtigen Körper zu organisieren.

Ihnen kam jedoch der sizilianische Mönch Giuseppi Piazzi zuvor, der neuernannte Direktor der Sternwarte von Palermo. In der Neujahrsnacht 1801 arbeitete er an seinem Fixsternkatalog, als er im Sternbild Stier einen sehr kleinen bewegten Körper beobachtete. Weil er schneller war als Mars, aber langsamer als Jupiter, vermutete Piazzi, er müsse zwischen den beiden liegen. Zunächst hielt er den unbekannten Himmelskörper für einen Kometen, genau wie es Herschel bei der Entdeckung des Uranus tat. Trotzdem benachrichtigte Piazzi Johann Elert Bode, den Direktor der Berliner Sternwarte, und innerhalb eines Jahres hatte Carl Friedrich Gauß die Bahn des Körpers berechnet und bestätigt. Die Bahn war nicht die langgestreckte Bahn eines Kometen, sondern die Bahn eines Planeten.

Wilhelm Herschel schlug vor, den neu entdeckten Körper wegen seiner Planetenbahn als Asteroid zu bezeichnen, was »sternähnlich« bedeutet, weil er meinte, das Objekt sei so klein, daß es selbst bei der Betrachtung durch ein Fernrohr nicht die Scheibenform eines Planeten aufweisen würde. Asteroiden sehen tatsächlich wie Lichtpunkte, wie Sterne aus. Trotzdem verhalten sich diese Körper wie Planeten und werden deshalb auch Kleinplaneten oder Planetoide genannt.

Piazzi, dem das Recht der Namensgebung zukam, nannte ihn Cerere de Ferdinando – ein Hinweis auf Ceres, die römische Göttin des Getreides und Schutzgöttin Siziliens, und zu Ehren von Piazzis Gönner, König Ferdinand von Neapel und beider Sizilien, der sich gelegentlich gern als Fischhändler kleidete und so über den Markt ging. Heute ist Piazzis Entdeckung als Ceres bekannt. Mit einem Durchmesser von 940 Kilometer ist er der größte der Kleinplaneten.

Bis 1807 wurden drei weitere Asteroiden – Juno, Pallas und Vesta – entdeckt, die beiden letzten von Heinrich Olbers, dem wohl erfolgreichsten Amateurastronom seiner Zeit, der als praktizierender Arzt in seiner Heimatstadt Bremen die Pockenimpfung einführte und ein Gründungsmitglied der »Himmelspolizei« war. Es vergingen achtunddreißig Jahre, bevor ein fünfter Asteroid, Astraia, entdeckt wurde. Seitdem wurden so viele entdeckt, daß sie inzwischen keine Namen mehr erhalten, sondern nur Zahlen. Zuerst waren die Namen mythologisch (Circe, Europa, Pandora), dann kamen gewöhnliche Frauennamen hinzu (Irene, Mildred, Marilyn, Davida) und schließlich alle möglichen (Cincinnati, Jack London, Dudu, Felix, Mr. Spock, Mozart, McCartney und NORC – der erste und einzige Himmelskörper, der von einer romantischen Seele nach einem Computer bekannt wurde). Der 1923 entdeckte Asteroid Tausend wurde zu Ehren des Mannes, mit dem alles begann, Piazzia genannt, der Asteroid 1003 heißt Olberia, und die Asteroiden 3350 bis 3356 wurden nach den sieben Astronauten benannt, die 1986 bei der Explosion der Raumfähre Challenger ihr Leben verloren.

Die verbreitetste Theorie über die Asteroiden besagt, daß sie

Planetesimale seien, alte Materiebrocken, die sich niemals zu einem Planeten zusammenfanden. Sie sind nicht die Reste eines explodierten Planeten, wie man einmal dachte, denn die Gesamtmasse aller Asteroiden zwischen Mars und Jupiter beträgt nur ein Zweitausendstel der Erdmasse; sie hätten also wohl niemals einen ansehnlichen Planeten ergeben. Aber diese mißgestalteten kleinen Planeten sind so zahlreich (und schwach), daß der Astronom Walter Baade sie einmal »das Geschmeiß des Himmels« nannte. Man hat bei etwa fünftausend von ihnen die Bahnen berechnet und ihnen offizielle Bezeichnungen und Zahlen gegeben, aber man kennt weitere dreizehntausend und schätzt die Gesamtzahl auf etwa eine Million. Sie sind dunkle Klumpen, die, wenn sie auf ähnlichen Bahnen laufen, zu Gruppen zusammengefaßt werden. Die meisten Asteroiden sind steinig, aber einige bestehen auch aus Eisen und Nickel; einige merkwürdige Exemplare enthalten offenbar noch

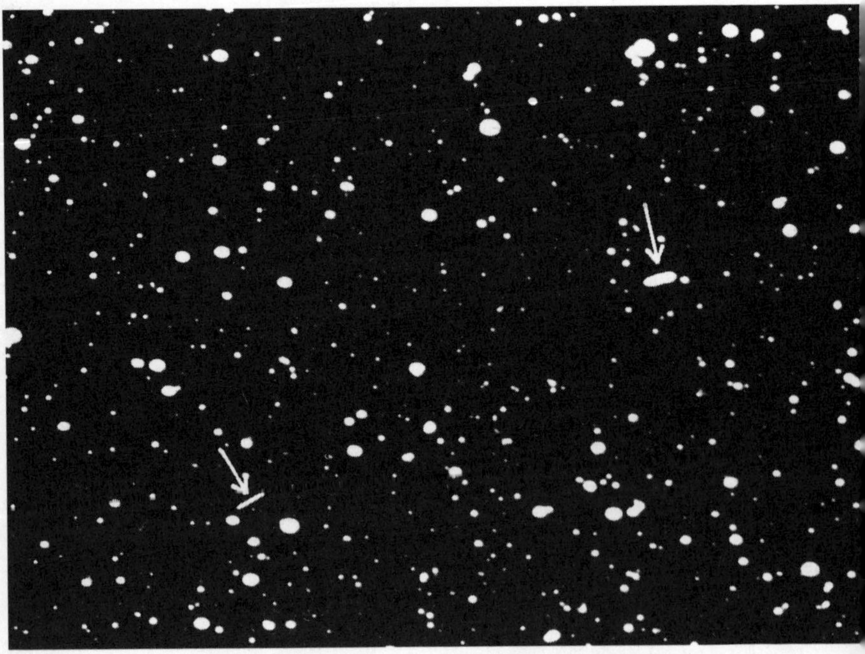

In dieser Zeitaufnahme von 1908 sind die beiden hellen Striche Asteroiden. Bellona, der Strich rechts, wurde am 1. März 1854 entdeckt. Yerkes Observatory, University of Chicago

andere Elemente. Ein paar von ihnen, darunter Metis und Herculina, haben sogar winzige Monde. Toutatis, der im Dezember 1992 in einer Entfernung von nur etwa vier Millionen Kilometern an der Erde vorüberflog, ist ein Doppelsystem, das sich wahrscheinlich bildete, als zwei urzeitliche Steinbrocken aufeinanderstießen und zusammenblieben. Pholus hat einen Überzug aus roter Materie, die womöglich organisch ist.

Die über einen breiten Bereich zwischen Jupiter und Mars verteilten Asteroiden sind zum größten Teil in Gürteln angeordnet, die wie Musikstücke auf Schallplatten durch leere Bereiche getrennt sind. Diese Bereiche, die sogenannten Kirkwood-Lücken, heißen nach Daniel Kirkwood, dem amerikanischen Astronomen des neunzehnten Jahrhunderts, der feststellte, daß ein umlaufendes Objekt, das sich in einer dieser Lücken befand, nicht lange dort blieb. Der Grund dafür ist eine Resonanz, eine bestimmte mathematische Beziehung, zwischen den Bahnen in der Kirkwood-Lücke und der Bahn des Jupiters. So kann beispielsweise ein Asteroid in dem Zeitraum eines Umlaufs des Jupiter die Sonne genau dreimal umlaufen. Jupiter zieht an dem Asteroiden, und zwar

Die ersten 25 Asteroiden

Name	Durchmesser in km	Entdeckungsdatum
Ceres	1017	1.1.1801
Pallas	585	28.3.1802
Juno	247	1.9.1804
Vesta	531	29.3.1807
Astraia	117	8.12.1845
Hebe	193	1.7.1847
Iris	208	13.8.1847
Flora	150	18.10.1847
Metis	150	25.4.1848
Hygeia	448	12.4.1849
Parthenope	149	11.5.1850
Victoria	128	13.9.1850
Egeria	222	2.11.1850
Irene	15719	19.5.1851
Eunomia	272	29.7.1851
Psyche	248	17.3.1852
Thetis	109	17.4.1852
Melpomene	148	24.6.1852
Fortuna	214	22.8.1852
Massalia	129	19.9.1852
Lukretia	115	15.11.1852
Calliope	176	16.11.1852
Thalia	110	15.12.1852
Themis	202	5.4.1853
Phocaea	68	6.4.1853

immer wieder, und immer an denselben Stellen seiner Bahn; schließlich saugt seine starke Gravitation die Planetesimale aus der Bahn heraus und macht die Kirkwood-Lücken zu verkehrsfreien Zonen.

Die Asteroiden kreisen nicht alle im Bereich zwischen Mars und Jupiter; einige wenige sind weiter draußen. So entdeckte man 1977 zwischen den Bahnen von Saturn und Uranus den Asteroiden Chiron, der später einen gasförmigen Halo entwickelte, der Ähnlichkeit hat, oder sogar identisch ist, mit der Koma eines Kometen, seiner durch die Sonne beleuchteten Staub- und Gaswolke. Die Unterschiede zwischen Asteroiden und Kometen sind also nicht sehr scharf. Man fand 1992 einen noch entfernteren Asteroiden, der offiziell 1992 AD heißt, aber auch Sohn des Chiron genannt wird. Er kreuzt die Bahnen von Saturn, Uranus und Neptun und ist einer von vielen Asteroiden – dazu gehören möglicherweise auch jene, die aus der Kirkwood-Lücke verjagt wurden –, die die Bahnen mehrerer Planeten kreuzen. Von diesen machen uns jene Asteroiden die größten Sorgen, die die Erdbahn kreuzen. Der erste wurde 1932 entdeckt und Apollo genannt. Seitdem werden alle Asteroiden, die sich der Erde nähern, als Apollo-Objekte bezeichnet. Sie rasen so häufig an Planeten vorbei, daß ihre Bahnen ziemlich unberechenbar werden; deshalb sind sie eine instabile und wenig vertrauenswürdige Gruppe. Ikarus beispielsweise kreuzt die Bahnen von Mars, Erde, Venus und Merkur und kommt wie sein Namensbruder der Sonne gefährlich nah. Einer von diesen Asteroiden könnte eines Tages mit einer Gewalt auf die Erde prallen, die so groß ist wie die Energie aller existierenden Kernwaffen zusammen.

Sind wir in Gefahr? Mit einem Wort: Ja. Die Wahrscheinlichkeit, daß die Erde von einem Asteroiden oder einem Kometen getroffen wird, ist weit größer als die, im Lotto zu gewinnen.

Ein Asteroid sauste 1972 über Montana schräg durch die Atmosphäre und kam bis auf fünfundfünfzig Kilometer dem Erdboden nahe. Zu einem tatsächlichen Einfall kam es am 30. Juni 1908, als ein Asteroid mit etwa hundertfünfzig Metern Durchmesser durch die Atmosphäre raste. Damals explodierte in der Nähe der steinigen Tunguska, eines Flusses in Zentralsibirien, ein hellblauer Feuerball. Man hörte Schallwellen, eine Pilzwolke stieg auf, und Bäume wurden über Dutzende Kilometer entwurzelt und versengt. Eine Rentierherde starb, und noch in tausend Kilometer Entfernung zersprangen Fensterscheiben. Eine Druckwelle lief zweimal um die Erde, und mehrere Nächte lang glühte der Himmel über Europa und Asien. Dieses Szenario könnte und wird sich wiederholen. Man schätzt, daß in unregelmäßigen Abständen von einigen hunderttausend Jahren Asteroiden, die zehnmal so groß sind wie der an der Tunguska, auf die Erde fallen.

Das Ergebnis eines solchen Aufpralls wäre verheerend. Er würde die gesamte Umgebung verwüsten, eine Gezeitenwelle um die Welt schicken und die Atmosphäre mit Staub füllen, was wiederum die Temperatur abrupt fallen ließe, wodurch die Photosynthese aufhören und ein nuklearer Winter seinen bedrohlichen Schatten über die Erde werfen würde. Es ist nicht sehr beruhigend, wenn Brian G. Marsden, Direktor des Zentrums für Kleinplaneten in der Internationalen Astronomischen Union, schätzt, daß es etwa zehntausend erdnahe Asteroiden gebe. Jeder von ihnen könnte uns das antun, was ein namenloser, unbezifferter Asteroid den Dinosauriern antat. Vielleicht bat der amerikanische Kongress 1991 deshalb die NASA um Vorschläge, wie dieser Bedrohung zu begegnen sei. Der aufsehenerregendste Vorschlag stammte von Edward Teller, der eine Vorliebe für Waffen hat. Teller, weithin als Vater der Wasserstoffbombe und »Hebamme der Sternenkriege« bekannt, schlug vor, man solle Atombomben bereithalten, um sich damit gegen einen Asteroiden zu schützen, der eines Tages auf die Erde prallen könnte. Dieser Vorschlag wurde allgemein verspottet. Trotzdem nutzten einige Wissenschaftler die äußerst geringe Möglichkeit, daß der Komet Swift-Tuttle überhaupt in die Nähe der Erdoberfläche kommt, um das Ende unserer Zivilisation für einen Tag im 22. Jahrhundert vorherzusagen.

Warum starben die Dinosaurier aus?

Die Dinosaurier waren, wie man sagt, 140 Millionen Jahre lang die Herrscher der Erde. Gegen Ende der Kreidezeit vor 65 Millionen Jahren starben einige Arten aus, aber andere lebten weiter. Und dann passierte etwas. Was, das weiß man nicht, aber man hat viel darüber spekuliert. Der Tod der Dinosaurier ist auf Klimaveränderungen zurückgeführt worden, auf neue, für sie unbekömmliche Pflanzenformen, auf die Konkurrenz durch Säugetiere, auf Vulkanausbrüche und auf ihre Unfähigkeit zur Anpassung, was anscheinend eine Folge der Tatsache war, daß die Dinosaurier Gehirne von Pflaumengröße hatten. Diese Auffassungen wurden größtenteils zugunsten einer Theorie aufgegeben, die 1980 Walter Alvarez und sein Vater Luis Alvarez aufstellten. Sie behaupteten, vor 65 Millionen Jahren sei ein Asteroid auf die Erde geprallt, wobei er einen gewaltigen Krater geschlagen und die Luft mit Staub, Gestein und außerirdischer Materie gefüllt habe. Der dicke Nebel, den die Sonne nicht durchdringen könne, habe zu einer weltweiten Umweltkatastrophe geführt. Es sei saurer Regen gefallen, Brände hätten das Land verwüstet, und die Mutter aller Gezeitenwellen habe gegen die Küsten getrommelt. Zu den Opfern dieses Aufpralls hätten die Dinosaurier gehört.

Ein Beweis für die Theorie war eine dünne Schicht von Iridium, einem auf der Erde seltenen Element, das in Meteoriten und Asteroiden häufig ist. An über hundert Stellen auf der Erde findet sich Iridium in Fossilien der sogenannten K-T-Grenze, der Trennschicht zwischen Kreidezeit und dem Tertiär. Die Iridiumschicht war ein interessanter Hinweis, aber die Theorie scheiterte an einem entscheidenden Punkt: man fand keinen Krater.

Das Problem wurde zehn Jahre lang erörtert. Ein Aufprall, der mächtig genug war, die Dinosaurier auszulöschen, mußte einen eindrucksvollen Krater erzeugt haben. Auf der Erde sind Krater schwer zu finden, weil sie rasch verschwinden; ihre charakteristischen runden Formen werden durch Erdbewegungen zerstört und von den Kräften der Erosion abgetragen.

Der Krater wurde 1978 gefunden, als Geologen, die für die

staatliche mexikanische Ölgesellschaft Petróleos Mexicanos arbeiteten, in der Karibik in der Nähe des Dorfes Chicxulub an der Nordküste der Yucatan-Halbinsel ungewöhnliche magnetische Störungen maßen. Der Geophysiker Glen T. Penfield, der die unter Wasser gewonnenen Daten in seinem Büro auf einer Karte eintrug, bemerkte nach einiger Zeit, daß er einen Halbkreis vor sich hatte. Als er auf dem Land den entsprechenden Halbkreis fand, »erkannte ich die Symmetrie und wußte, daß ich einen verschütteten Einfallkrater gefunden hatte«. Der Krater, der auf einen Durchmesser von etwa zweihundert Kilometern geschätzt wird, war groß genug, um die globale Verheerung erklären zu können, die seiner Entstehung folgte. Der Fund war aufregend.

Aber niemand nahm Notiz von ihm. Penfield und sein Kollege Antonio Camargo gaben ihre Entdeckung 1981 bei einem Treffen von Geophysikern bekannt, aber Petróleos Mexicanos erlaubte ihnen nicht, ihre Daten zu veröffentlichen, und so dauerte es Jahre, bis sich die Neuigkeit herumgesprochen hatte.

Ein Jahrzehnt später brachten Wissenschaftszeitschriften die Nachricht groß heraus. Die Theorie, daß die Dinosaurier durch einen Asteroiden vernichtet wurden, gilt als relativ wahrscheinlich; sie ist aber nicht allgemein akzeptiert. Noch wahrscheinlicher wurde die Vermutung 1993, als neue Messungen ergaben, daß der Krater vor Yucatan größer ist, als man ursprünglich dachte und einen Durchmesser von 275 Kilometern hat. Ein Objekt, das einen so großen Krater erzeugen kann, muß einen Durchmesser von acht bis fünfzehn Kilometer und die Sprengkraft von dreihundert Millionen Wasserstoffbomben gehabt haben – genug, die Erde jahrelang in Dunkelheit zu tauchen und die Dinosaurier zu vernichten.

Jupiter
und sein Großer Roter Fleck

Gib nur die Schiffe oder richte Segel für die Himmelsluft her, und es werden auch die Menschen da sein, die sich vor der entsetzlichen Weite nicht fürchten ... und so, als ob die wagemutigen Reisenden schon morgen vor der Tür stünden, wollen wir die Astronomie für sie begründen, ich die des Mondes, du, Galilei, die des Jupiter.

Johannes Kepler in einem öffentlichen
Brief an Galilei, *Unterredungen mit dem Sternenboten*, 1610

Johannes Kepler hat den sich unablässig verändernden Fleck, der als der Große Rote Fleck (GRF) bekannt ist und über Jupiter hinwegwirbelt, noch nicht gesehen, aber er hatte eine Vorahnung. Bei einem seiner vielen Versuche, ein Anagramm zu entschlüsseln, das Galilei über die Phasen der Venus geschrieben hatte, fand er einen Satz, den man übersetzen könnte mit: »Denn ein roter Fleck bezeugt, daß Jupiter rotiert.« Das war nicht die richtige Lösung des Anagramms, aber Kepler hatte recht mit dem roten Fleck. Jupiter dreht sich so rasch um seine Achse, daß der Große Rote Fleck, das auffallendste Merkmal des größten Planeten, in weniger als fünf Stunden von einer Seite der Kugel zur anderen tanzt.

Die ersten Menschen, die den Großen Roten Fleck sahen, waren der britische Wissenschaftler Robert Hooke, der ihn vermutlich 1664 beobachtete, und der Italiener Giovanni Domenico Cassini, der 1669 auf Bitten des Sonnenkönigs Ludwig XIV. nach Frankreich übersiedelte, sich fortan Jean Dominique nannte und eine Dynastie von fünf Generationen französischer Astronomen begründete. Obwohl Cassini, der nicht glauben wollte, daß die Planeten die Sonne umlaufen, den roten Fleck zwischen 1665 und 1691 mehrmals beobachtete, erhielt der Fleck erst 1887 seinen Namen, als seine Intensität Astronomen vermuten ließ, er sei eine Insel oder der wolkenbedeckte Gipfel eines unbekannten Olymps.

Sie irrten sich, denn Jupiter hat nichts, was auch nur entfernt an Berge, Inseln, Krater oder andere Merkmale der inneren Planeten erinnert. Er ist ein Gasriese, der vor allem aus Wasserstoff und Helium und einigen anderen Verbindungen besteht und keinerlei feste Oberflächenstruktur aufweist.

Aber es gibt auf ihm Wetter. Zischende Blitze und Polarlichter erhellen den Himmel, und ständig wehen Wirbelstürme. Sie entstehen, wenn Winde, die bis zu fünfhundert Stundenkilometern schnell sind, in parallelen Streifen in entgegengesetzter Richtung über den Planeten rasen und Wirbel bilden, die wie Kugellager zwischen ihnen rollen. Der Große Rote Fleck ist ein Zyklon, ein Wolkenwirbel. Die Astronomen sprechen von ihm als einem Antizyklon, und zwar nicht, weil er aus Antimaterie bestünde, sondern weil er in Jupiters Südhalbkugel liegt und sich entgegen dem Uhrzeigersinn dreht. Genaugenommen werden nur solche Stürme der Südhalbkugel Zyklone genannt, die sich im Uhrzeigersinn drehen. Er ist über dreizehntausend Kilometer breit und doppelt so lang – groß genug, um die Erde zweimal in sich aufzunehmen. Darunter sind drei weiße ovale Stürme zu erkennen. Sie haben sich 1938 gebildet und sind im Vergleich zum Großen Roten Fleck klein (obwohl sie etwa so groß sind wie der Mars) und werden vermutlich verschwinden. Auf dem Jupiter werden kleine Stürme rasch von größeren verschlungen, die dann stärker werden.

Unter den Stürmen und den Wolkenschichten liegt ein Meer aus Wasserstoff, das in seinen oberen Schichten flüssig ist, aber allmählich in einen metallischen Zustand übergeht. Auf den dichten Kern aus Gestein und Eis wirkt ein Druck, der achtmilliardenmal so groß ist wie der, den wir auf Meereshöhe messen. In ihm sind fünfzehn Erdmassen in eine Kugel zusammengepreßt, die etwa doppelt so groß ist wie unser kleiner Planet.

Jupiter hat mehr Masse als alle anderen Planeten zusammen und könnte im Volumen die Erde 1330mal verschlingen. Er kreist in etwas weniger als zwölf Jahren einmal um die Sonne und in knapp zehn Stunden einmal um seine Achse, hat also von allen Planeten im Sonnensystem den kürzesten Tag. Er ist – das war eine der vielen überraschenden Entdeckungen von Voyager 2 – von einem dünnen, fast masselosen Ring und von Strahlungsgürteln umgeben, die die stärksten Radiowellen im Sonnensystem aussenden. Sein Magnetfeld ist an einem durchschnittlichen Tag fünfmal stärker als das der Sonne. Und er zieht einen Schweif geladener Teilchen hinter sich her, der sich über eine Milliarde Kilometer erstreckt. Wenn der Sonnenwind gegen diesen unsichtbaren Magnetschweif fegt, werden Teilchen bis zum Merkur hin gestreut.

Man weiß, daß Jupiter so groß ist, wie ein Planet nur sein kann. Wenn ein kosmischer Baumeister ihm weitere Materie zukom-

In diesem Photomosaik, das Voyager 1 aus einer Entfernung von sieben Millionen Kilometern machte, lassen sich Jupiters komplizierte Wolkenbänder und der Große Rote Fleck gut erkennen.
NASA

men ließe, würde das den Planeten zusammenpressen, ihn also schrumpfen lassen. Und wenn das Siebzig- oder Achtzigfache der Masse des jetzigen Jupiters hinzukäme, lösten die steigende Temperatur und der innere Druck Kernreaktionen aus. Jupiter wäre dann kein Planet mehr, sondern verwandelte sich in einen Stern.

Einstweilen ist er ein Planet. In ihm laufen keine wärmeerzeugende Kernprozesse wie in einem Stern ab. Aber er hat Wärmequellen, die siebzig Prozent mehr Energie freisetzen, als er von der Sonne erhält. Diese Wärme ist im wesentlichen ein langsam nachlassendes Glühen aus der rotglühenden Jugend des Planeten. Er ist jetzt kleiner als vor seiner Zeit als Planet und schrumpft womöglich unter dem Einfluß seiner Schwerkraft in jedem Jahr um einen weiteren Zentimeter.

Jupiter bleibt geheimnisumwittert. Ist sein Kern fest oder flüssig? Besteht der Planet aus Eisen und Silikaten, wie man vermutet, oder könnte er anders zusammengesetzt sein? Wie tief ist der Große Rote Fleck? Warum gibt es auf der Nordhalbkugel keinen ähnlichen Fleck? Und was läßt den Fleck so ziegelrot erscheinen? Von Zeit zu Zeit scheint der Große Rote Fleck zu verblassen, was zum Teil daran liegt, daß die turbulenten Winde, die gezwungen sind, um ihn herumzuströmen, gelegentlich dunkler sind als gewöhnlich, und zum Teil daran, daß der Fleck seine Farbintensität verändert. Vielleicht verdankt er seine charakteristische Farbe Schwefel oder Phosphor, aber

Jupiter

- *Mittlere Entfernung von der Sonne*
  778 000 000 Kilometer
- *Durchmesser am Äquator*
  142 796 Kilometer
- *Durchmesser in Erddurchmessern*
  11,19
- *Masse in Erdmassen*
  317,83
- *Schwerkraft an der Oberfläche im Verhältnis zur Schwerkraft auf der Erde*
  2,35
- *Monde*
  16
- *Länge eines Jahres*
  11,86 Erdenjahre
- *Länge eines Tages*
  9 Stunden, 50 Minuten, 30 Sekunden

Die Suche nach Leben geht weiter

Für den oberflächlichen Beobachter scheinen auf dem Jupiter die Chancen für Leben viel schlechter zu stehen als auf dem Mars. Jupiter ist ein Planet ohne Oberfläche und hat einen steinigen Kern, der in ein weites Meer von metallischem Wasserstoff gehüllt ist, der in einen Ozean von flüssigem Wasserstoff übergeht, der wiederum zu Gas wird. Aber nach Meinung der Wissenschaftler könnte es auf ihm Leben geben, weil die Bedingungen auf dem Jupiter in vieler Hinsicht denen ähneln, die auf der noch jungen Erde herrschten. Auf Jupiter wirbeln Methan und Ammonium herum, Gase, die früher einmal die Erde einhüllten und die für die Entstehung von Leben notwendig sind. Auf der Erde bildeten diese Komponenten, durch Blitze angeregt, Aminosäuren, die sich schließlich zu DNS verbanden. Könnte nicht auch der stürmische Jupiter, auf dem es ebenfalls Wasserstoff und Wasser gibt, Zeuge einer ähnlichen Reihe von Ereignissen werden? Die Antwort lautet: Ja. Vielleicht braucht es Milliarden Jahre, wie auf der Erde, aber es ist möglich.

Wie die Bewohner des Jupiters aussehen? Wir haben keine Ahnung, aber eines ist sicher, die Evolution des Lebens auf dem Jupiter verliefe ganz anders als auf der Erde. Robert Burnham behauptet, daß »eine Form schwebender Luftwesen« die in der Tiefe warmen bunten Wolken des Jupiter bevölkern könnte, während Robert Jastrow sich vorstellt, daß Jupiterwesen »klein, untersetzt und krötenähnlich sein würden, daran angepaßt, der erdrückenden Schwerkraft des Jupiters zu widerstehen – und doch, vielleicht, ein hochentwickeltes Gehirn hätten«.

das weiß man nicht. Seltsamerweise konnten Wissenschaftler bei ihrer Analyse der Messungen mit dem Infrarotspektrometer von Voyager keine Unterschiede zwischen den weißen Ovalen und dem roten Fleck ausmachen. Offensichtlich gibt es einen Unterschied, aber das Molekül, das ihn verursacht, muß erst noch identifiziert werden.

Man hofft, einige Fragen mit Hilfe der Raumsonde Galileo beantworten zu können. Diese Sonde, die am 12. Oktober 1989 auf eine komplizierte Bahn katapultiert wurde, flog von der Erde zur

Venus, dann den ganzen Weg zurück zur Erde, von ihr aus am Mars vorbei bis zum Asteroiden Gaspra und wieder zur Erde, wo die Schwerkraft ihr einen neuen Anschub gab, der sie zu den entfernteren Asteroiden Ida und weiter zu Jupiter trug, den sie seit 1995 umrundet. Galileo beobachtet nicht nur die Wolkenmuster und die Jupitermonde, sondern hat auch eine kleine Metallsonde ausgesetzt, deren Himmelfahrtsmission darin besteht, in das Herz des Riesen einzudringen. Die Sonde hat uns so lange wie möglich Bulletins übermittelt, aber ihre Reise war kurzlebig: Nachdem sie etwa hundert Kilometer in die wirbelnden Wolken eingetaucht war, wurde sie erdrückt.

Jupiters Großer Roter Fleck. NASA

Galilei
und *Der Sternenbote*

Galileo Galilei (1564–1642) war weder besonders freundlich noch mutig. Aber er war ein genialer Beobachter, scharfsinniger Geometer und von der Macht der Vernunft überzeugt. Das verlieh ihm letztlich die Kraft, die er brauchte, um sich auf den Kampf mit einem der größten Gegner einzulassen, den die Wissenschaft je hatte, der römisch-katholischen Kirche.

Galilei stammte aus einer einst reichen Florentiner Patrizierfamilie. Er wurde zunächst von seinem Vater, Vincenzio Galilei, unterrichtet, der Tuchhändler, Komponist, Lautenspieler und Verfasser von Büchern über Musik war und freiheitlich dachte. Im Alter von zehn Jahren kam Galilei in ein Benediktinerkloster, wo er in Latein, Griechisch, Philosophie, Logik und wahrscheinlich in der Aristotelischen naturwissenschaftlichen Lehre unterrichtet wurde. Als er aber mit dem Gedanken spielte, Mönch zu werden, nahm ihn der Vater sofort wieder heraus.

Auf Drängen des Vaters begann Galilei als Siebzehnjähriger mit dem Medizinstudium, brach es aber bald wieder ab. Zum einen hatte ihn eine Geometrievorlesung des Mathematikers Ostilio Ricci, eines Freundes der Familie, so sehr fasziniert, daß er bei ihm Privatunterricht nahm. Zum anderen wurde Galilei eines Tages während der Messe auf einen schwingenden Leuchter aufmerksam. Er bestimmte mit Hilfe seines Pulsschlags die Schwingungsdauer und bemerkte, daß alle Schwingungen unabhängig von der Größe der Auslenkung gleich lang dauern. Er nutzte diese Entdeckung zur Entwicklung eines Pendels, mit dem sich umgekehrt der Puls messen ließ. Dieses Gerät hatte sofort Erfolg bei den Medizinern. Zu ihnen sollte Galilei aber nicht gehören; er hatte das Medizinstudium inzwischen aufgegeben.

Im Jahr 1589 wurde Galilei Professor für Mathematik an der Universität Pisa, wo er als Mitglied der Fakultät das akademische Gewand zu tragen hatte. In einem Spottgedicht wetterte Galilei gegen den Talar als Symbol autoritätsgläubiger Rückständigkeit und erinnerte an die paradiesische Zeit, als Menschen nackt einhergingen. In Pisa stellte er auch das seit Aristoteles gültige Diktum in Frage, wonach schwere Körper schneller fielen als leichte. Sein erster Biograph, Vincentio Viviani, berichtete, Galilei habe zwei Kanonenkugeln vom Schiefen Turm von Pisa fallen lassen. Doch das ist ein Mythos. Er maß die Beschleunigung von Kugeln auf einer schiefen Ebene und entdeckte, daß das Gewicht eines Körpers nichts mit seiner Fallgeschwindigkeit zu tun hat.

Nachdem sein dreijähriger Vertrag mit der Universität Pisa nicht verlängert worden war, ging Galilei nach Padua an die Universität in der Republik Venedig. Dort erhielt er ein wesentlich höheres Gehalt als in Pisa, und das war gut so, denn nach dem Tod seines Vaters 1591 mußte Galilei mehrere Jahre lang für den Unterhalt seiner Geschwister aufkommen, insbesondere für die Aussteuer seiner Schwestern, und sein Bruder Michelangelo, ein Tunichtgut, brauchte immer wieder Geld. In Padua lehrte Galilei das ptolemäische Weltbild, obwohl er es nicht für das richtige hielt. Er offenbarte seine Vorstellungen 1597 in einem Brief an Johannes Kepler, der ihm eine Kopie seines Buchs *Mysterium Cosmographicum* geschickt hatte. In dem Brief schreibt Galilei, er glaube seit vielen Jahren, daß die Erde die Sonne umläuft, habe aber Angst, seine Meinung öffentlich kundzutun. »Ich habe viele Beweisgründe dafür niedergeschrieben und Widerlegungen des gegenteiligen Standpunkts, die ich jedoch nicht ans Licht der Öffentlichkeit zu bringen vorzog, denn mich schreckt das Schicksal des Kopernikus, unseres Lehrers, der sich zwar bei einigen unsterblichen Ruhm erworben hat, bei unendlich vielen – denn so groß ist die Zahl der

Unverständigen – als ein Mensch gilt, den man verlachen und auszischen muß. Ich würde meine Betrachtungen gewiß sofort zu veröffentlichen wagen, wenn es Euresgleichen mehr gäbe; da dem aber nicht so ist, werde ich davon Abstand nehmen.«

Kepler, der seine Meinung öffentlich vertrat, ermutigte ihn: »Auf klug verschwiegene Art unterstreicht Ihr durch Euer Beispiel die Mahnung, der Unwissenheit der Welt zu weichen und nicht leichtfertig die Wut des unwissenden gelehrten Haufens zu reizen ... Mut gefaßt, mein Galilei, vorwärtsgeschritten!« Galilei antwortete nicht. Zwölf Jahre lang hatten Galilei und Kepler keinen Kontakt. (Der Gedanke, daß Galilei das Werk Keplers nicht anerkannt habe, habe ihm immer weh getan, bemerkte Albert Einstein einmal.)

Und dann, nachdem er nahezu siebzehn Jahre lang ein System gelehrt hatte, an das er nicht glaubte, ereignete sich in Galileis Leben ein anderes großes Ereignis. Hans Lippershey, ein holländischer Linsenschleifer, erfand 1608 das Teleskop. Als Galilei davon hörte, begann er, sich selbst eines zu bauen. Beim dritten Versuch, nachdem er weder Mühe noch Kosten gescheut hatte, erhielt er ein Instrument, das er für ausgezeichnet hielt. (Für wenige hundert Mark kann heute jeder ein Fernrohr kaufen, das dem Galileis unendlich überlegen ist. Selbst mit einem guten Feldstecher kann man fast alles sehen, was er sah.) Galilei lud 1610 eine Gruppe von Geistlichen und Professoren ein, durch das Fernrohr zu schauen, aber sie waren wenig beeindruckt; sicher waren die Linsen in Galileis Fernrohr schlecht geschliffen, und alles war mit Regenbogenringen umrandet. Andere weigerten sich, überhaupt hineinzuschauen. Warum sollte man Aristoteles in Zweifel ziehen? Aber als Galilei sein Fernrohr dem Dogen und der Signoria von Venedig vorführte, waren sie beeindruckt von den Möglichkeiten, die es für den Handel und für militärische Zwecke eröffnete – »auf den Meeren werden wir die Fahrzeuge und Segel des Feindes zwei Stunden früher entdecken, bevor er unserer ansichtig wird«. Ein Jahrhundert später hatte George Washington einen ähnlichen Gedanken und lieh sich für die Schlacht von Long Island das erste Teleskop der Columbia Universität aus. Galilei erhielt eine großzügige Gehaltserhöhung und eine Dauerstelle an der Universität Padua.

Er war gebannt von dem, was er sah, und beeilte sich, es zu veröffentlichen. *Sidereus Nuncius* (*Der Sternenbote*) führte einen neuen nüchternen und wissenschaftlichen Stil in die Literatur ein und legte einige erstaunliche Tatsachen des Universums dar. Beispielsweise war der Mond nicht, wie die Anhänger des Aristoteles behaupteten, eine vollkommene Kugel, sondern mit Bergen, Tälern und Ebenen bedeckt. Die Sterne waren zudem viel zahlreicher, als man gedacht hatte. Galilei zählte achtzig neue Sterne im Orion, über vierzig in den Plejaden und in der Milchstraße sah er eine Ansammlung von unzähligen, in Haufen gruppierten Sternen. »Auf welchen ihrer Abschnitte man nämlich das Fernrohr auch richten mag, sogleich zeigt sich dem Blick eine ungeheure Menge von Sternen, von denen mehrere ziemlich groß und sehr auffallend sind; die Anzahl der kleinen jedoch ist schlechthin unerforschlich.«

Herbert George Wells zur Erfindung des Teleskops

Mit der Entwicklung des Teleskops hebt eine neue Epoche menschlichen Denkens an, ein neues Weltbild entsteht. Es ist erstaunlich, daß die Griechen, die so lebhaften und scharfen Geistes waren, weder auf die Möglichkeit des Mikroskops noch auf die des Teleskops verfielen. Sie bedienten sich der Linse nicht. Dabei war in ihrer Welt das Glas seit langem bekannt und durch Jahrhunderte währende Bemühungen verbessert worden; sie besaßen gläserne Flaschen und Gefäße: hindurchblickend, müssen sie so manchen Gegenstand verzerrt und vergrößert gesehen haben. Aber die Pflege der Wissenschaft galt in Griechenland als Sache der Philosophen; diese oblagen ihr in aristokratischem Geiste und waren … zu stolz, um bei Handwerkern wie Edelsteinschleifern oder Metall- und Glasarbeitern in die Lehre zu gehen. Ignoranz ist die erste Strafe des Stolzes. Der Philosoph besaß keine mechanische, der Handwerker keine philosophische Schulung, und so blieb es einem späteren Zeitalter überlassen, das Glas und die Astronomen zusammenzuführen.

Aus: *Die Weltgeschichte*

Und dann war da Jupiter. Galilei sah vier Monde, die ihn umliefen, und hatte damit den Beweis, daß sich nicht alles um die

Erde dreht. Das waren für das Ptolemäische System schwere Hiebe.

Der 1610 veröffentlichte *Sternenbote* machte Galilei berühmt. Man glaubte Galilei nicht ganz, aber Kepler verteidigte ihn. In einer Reaktion, die er *Unterhaltungen mit dem Sternenboten* nannte, schrieb Kepler: »Wer dürfte einer solchen Botschaft zum Trotz schweigen? Wer fühlte sich nicht selbst überfließen von der Liebe des Göttlichen, das sich hier in so überreichem Maße zeigt?« Aber als Kepler Galilei bat, ihm ein Teleskop zu senden, weil er in Prag nicht die benötigten Linsen erhalten konnte, weigerte sich Galilei, der sie anderen bereitwillig gab.

Vier Monate später zog Galilei mit seinen beiden Töchtern, der neunjährigen Livia und der zehnjährigen Virginia, nach Florenz, während die Mutter seiner Kinder, Marina Gamba, mit dem vierjährigen Sohn in Padua blieb, wo sie bald darauf heiratete. Zwei Jahre später nahm Galilei auch seinen Sohn Vincenzio zu sich. Seine Töchter gab er als junge Mädchen in einen Konvent; Livia wurde Schwester Arcangela und Virginia Schwester Maria Celeste.

In Florenz erhielt Galilei die Erlaubnis, nach Rom zu reisen, wo er die Kurie von der Richtigkeit seiner Theorien überzeugen wollte. Er führte Papst Paul V. und dem Kardinalskolleg, zu dem auch sein späterer Freund Maffeo Barberini gehörte, seine Entdeckungen vor. Der Besuch war ein Erfolg – jedenfalls schien es zunächst so. Aber tatsächlich hatte Galilei seine Sache nicht sehr wirkungsvoll vertreten. Die Kardinäle stimmten zwar zu, daß es die Wunder, von denen Galilei erzählte, gebe, aber sie ließen sich nicht davon überzeugen, daß diese Entdeckungen wirklich Beweise für das kopernikanische System waren, denn diese Beobachtungen hätten beispielsweise auch in das kosmologische System von Tycho Brahe passen können, ein Kompromiß, bei dem Sonne und Mond die Erde umlaufen, während Merkur, Venus, Mars, Jupiter und Saturn die Sonne umrunden.

Galilei wollte sich unbedingt durchsetzen; er hatte lange genug gelehrt, woran er nicht glaubte. Als er hörte, ein Dominikanerbruder habe gefordert, Mathematiker und besonders jene, die glaubten, die Erde bewege sich, von aller Christenheit auszuschließen, schrieb er dem Mann einen Brief, in dem er dessen Argumente widerlegte. (Ein Vorsteher des Dominikanerordens entschuldigte sich später bei ihm.) Galilei setzte auf den Sieg der Vernunft.

Sie siegte nicht. Ein konservativer römischer Theologe äußerte 1615 die Meinung, die kopernikanische Sichtweise solle als eine Hypothese betrachtet werden. Galilei aber bestand darauf, daß sie eine Tatsache sei. In einem Edikt setzte das Heilige Offizium 1616 das Buch *De revolutionibus orbium coelestium* von Kopernikus auf den Index der verbotenen Bücher und teilte Galilei unter Androhung der Gefängnisstrafe mit, er dürfe Kopernikus' Thesen nicht mehr vertreten.

Galilei wußte natürlich, daß der Papst früher oder später sterben würde. Tatsächlich wurde wenige Jahre später sein alter Freund Maffeo Barberini zum Papst gewählt, der ihn oft verteidigt hatte. Aber Barberini, jetzt Papst Urban VIII., strebte nach absoluter Macht; er ließ sogar die Vögel im Vatikan vergiften, als sie ihn in seinen Gedanken störten. Er bestätigte das Edikt von 1616.

Galilei gab nicht auf. Sechs Jahre lang arbeitete er, im Vertrauen auf ihre Freundschaft, an einem Buch mit dem Titel *Dialoge über die beiden hauptsächlichen Weltsysteme*. In ihm befolgte er gutgemeinte Vorschläge und stellte seine Gedanken als Hypothesen dar, die von einem gewissen Salviati vertreten wurden. Der Vertreter des Gesichtspunkts der Kirche hieß Simplicio.

Das Buch wurde 1632 auf den Index gesetzt, und im folgenden Jahr mußte sich Galilei vor den Mitgliedern der Inquisition verteidigen. Er bestritt, vom kopernikanischen System überzeugt zu sein, und gab in jedem Punkt nach. »So habe ich mich dadurch diesem Heiligen Offizium der Häresie stark verdächtig gemacht, nämlich für wahr gehalten und geglaubt zu haben, daß die Sonne der Mittelpunkt der Welt und unbeweglich und die Erde nicht Mittelpunkt sei und beweglich.« Er kniete im Büßerhemd nieder, las das Dekret laut vor und unterzeichnete. Die Legende besagt, er habe dann gemurmelt: »Eppur si muove. Und sie bewegt sich doch.« Diese Geschichte sei nicht wahr, schreibt der Physiker George Gamow, sie »gab nur Anlaß zu einer alten Anekdote, wonach Galilei dabei das Schwanzwedeln einer freundlichen Hündin beobachtete, die sich in den Raum geschlichen hatte, in dem das Heilige Offizium tagte.« Trotzdem, wenn Galilei nicht zu seiner Überzeugung stand, so hätte er diesen Satz doch sagen sollen. Einige Legenden sind es wert, überliefert zu werden.

Galilei wurde zu einer Gefängnisstrafe und der Auflage, drei Jahre lang einmal in der Woche sieben Psalmen zu lesen, verurteilt, aber der Papst milderte die Strafe zu strengem Hausarrest und erlaubte dem Siebenundsiebzigjährigen, den Rest seines Lebens in seiner Villa bei Florenz zu verbringen (wo er auch Besucher hatte, darunter John Milton). Bis zu ihrem Tod kümmerte sich seine Tochter Maria Celeste um ihn (nach ihr ist ein Krater der Venus benannt). Galilei erblindete, vermutlich, weil er in die Sonne geschaut hatte. Aber ihm waren nicht alle Freuden versagt, denn bis zu seinem Tod 1642 spielte er die Laute, wie er es von seinem Vater gelernt hatte.

Eine Chronologie der Beobachtungstechniken

Ca. 2800 vor Chr. – Stonehenge. Zu den ersten Konstruktionen gehören ein Graben, eine Bank, der 35 Tonnen schwere Fersenstein und 56 Gruben, die sogenannten Aubrey-Löcher, die zur Vorhersage von Finsternissen gedient haben könnten. Etwa sechshundert bis tausend Jahre später kommt der berühmte Steinkreis hinzu.

Ca. 2600 vor Chr. – Die Cheopspyramide bei Giseh wird gebaut. Sie ist auf den Gürtel des Orion und Thuban im Sternbild Drachen ausgerichtet, dem Polarstern dieser Zeit.

Ca. 440 vor Chr. – Das Medizinrad am Moose Mountain in Saskatchewan, Kanada, wird gebaut und auf die Sonne nach ihrem Stand bei der Sommersonnenwende ausgerichtet.

52 vor Chr. bis 132 nach Chr. – Chinesische Astronomen konstruieren eine Armillarsphäre zur Messung der Positionen von Himmelskörpern. Zunächst stellt ein Metallring den Äquator dar, später kommen ein Ring, der die Bahn der Planeten darstellt, einer der den Meridian angibt und eine Wasseruhr dazu.

150 – Ptolemäus markiert die Position von Sternen mit Hilfe einer Plinthe, einem Steinblock, auf den ein Bogen mit einer Meßskala eingeritzt ist und mit dem die Sonnenhöhe bestimmt werden kann, und einem Triquetum, einem dreieckigen Maßstab.

927 – Ein islamischer Instrumentenbauer namens Nastulus stellt das älteste bekannte Astrolabium her, eine Metallkarte des Himmels, die die scheinbare Bewegung der Sterne um den Polarstern und relativ zum Horizont zeigt.

1000 – Die Maya bauen eine Sternwarte bei Chichén Itzá auf der Yucatán-Halbinsel. Dieses sogenannte Caracol ist bei Tagundnachtgleiche auf einer Linie mit der Sonne und auch mit den Sternen Castor, Pollux, Formalhaut und Canopus.

1391 – Geoffrey Chaucer gibt in *A Treatise on the Astrolabe* eine Anweisung zum Bau eines Astrolabiums und zeigt, wie man mit seiner Hilfe die Position eines Sterns bestimmt.

1576 – Tycho Brahe beginnt mit dem Bau von Uraniborg, seiner Sternwarte auf der Insel Hven. Zur Ausrüstung gehören ein Mauerquadrant, eine große Armillarsphäre und ein Sextant, der dreißig Grad des Himmels bedeckt und mit festen und beweglichen Armen ausgerüstet ist, um die Abstände zwischen den Sternen messen zu können.

1608 – Der holländische Linsenschleifer Hans Lippershey erfindet das Teleskop.

1609 – Galilei baut sein erstes Teleskop, einen Refraktor mit zwei Glaslinsen (einem konvexen Objektiv und einem konkaven Okular) und etwa dreißigfacher Vergrößerung.

1611 – Johannes Kepler verbessert das Teleskop, indem er das konkave Okular durch ein konvexes ersetzt, was das Bild zwar auf den Kopf stellt, aber das Gesichtsfeld vergrößert.

1636 – Der französische Mathematiker und Mönch Martin Mersenne schlägt die Verwendung von Spiegeln in einem Teleskop vor.

1668 – Isaac Newton baut ein Spiegelteleskop, wobei er die

Objektivlinse durch einen konkaven Spiegel ersetzt. Weil die unterschiedlichen Farben unterschiedlich gebrochen werden, erzeugen die damals gebräuchlichen Refraktoren Ränder in allen Regenbogenfarben. Der Reflektor vermeidet diese Farbenabweichung, weil er die Farben gleichmäßig widerspiegelt. Ein weiterer Vorteil ist, daß ein Spiegel im Gegensatz zu einer Linse von hinten gestützt werden kann und sich deshalb weniger leicht verformt.

Der französische Arzt N. Cassegrain entwirft ein Teleskop, in dem Licht von einem konvexen Sekundärspiegel durch ein Loch im Primärspiegel geworfen wird, und verbessert damit den großen Newtonschen Reflektor, in dem das Okular oben am Fernrohr war, so daß der Beobachter eine Leiter oder einen Turm ersteigen muß, um es zu erreichen. Beim Cassegrain-Teleskop bleibt der Beobachter auf der Erde. Newton kommentierte, dieses Teleskop biete keinerlei Vorteile.

1733 – Chester Moor Hall verbindet zwei unterschiedliche Glasarten zu einer Objektivlinse ohne Farbabweichung.

1758 – Mit Hilfe von Halls Entwurf für eine Linse aus Flintglas und Kronglas stellt John Dolland eine achromatische Linse her, die er der Royal Society vorstellt.

1789 – Wilhelm Herschel baut ein Teleskop mit einem 1,25-Meter-Spiegel.

1845 – William Parsons, Earl of Rosse, baut ein Spiegelteleskop mit einem 1,8-Meter-Spiegel, das bis 1917 das größte der Welt bleibt. Es ist als der Leviathan von Parsonstown bekannt.

1888 – Am Lick Observatory wird ein Neunzig-Zentimeter-Refraktor in Betrieb genommen.

1897 – Am Yerkes Observatory in Wisconsin wird der größte Refraktor der Welt gebaut. Er hat eine Öffnung von einem Meter und ein Rohr von 1,60 Meter Länge.

1908 – Der 1,52-Meter-Reflektor am Mount Wilson wird fertiggestellt.

1917 – Der 2,54-Meter-Hooker-Reflektor am Mount Wilson wird fertiggestellt.

1925 – Das Sonnenobservatorium in dem von Erich Mendelsohn nach Plänen des Astronomen Erich Freundlich gebauten Einsteinturm in Potsdam nimmt die Arbeit auf.

1930 – Der Hamburger Bernhard Schmidt erfindet einen Spiegel, den Schmidt-Spiegel, der eine korrigierende Linse einführt, die Verzerrungen am Rand ausschließt und damit genaue Weit-

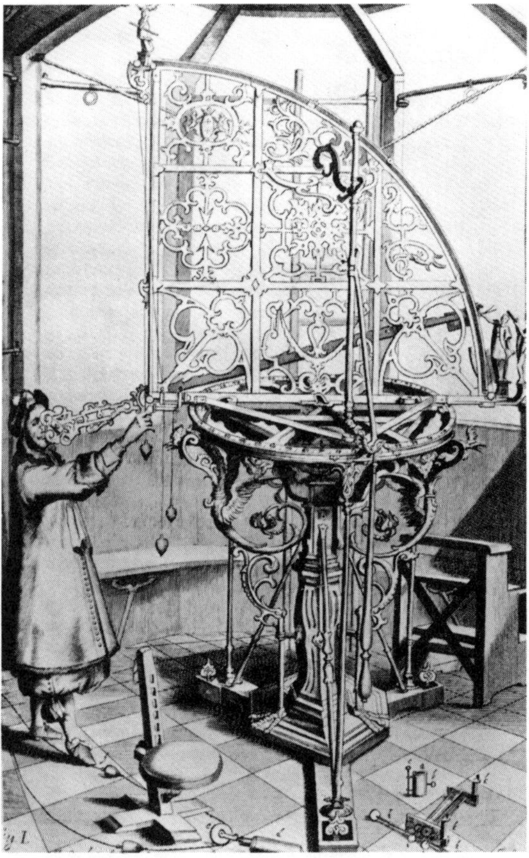

Der Danziger Astronom und Bierbrauer Johannes Hevelius (1611–1687) wurde zwei Jahre, nachdem Galilei zum ersten Mal durch ein Teleskop geschaut hatte, geboren und beobachtete noch mit Hilfe solcher Instrumente wie diesem Quadranten mit dem bloßen Auge. Er ist berühmt für die Erstellung einer Mondkarte, für die er aber ein Fernrohr benutzte.
Yerkes Observatory, University of Chicago

winkelbilder des Himmels ermöglicht.

1936 – Nachdem der Ingenieur Grote Reber in Illinois das erste Radioteleskop der Welt entworfen hat, baut er in seinem Garten eine Metallschüssel mit neun Metern Durchmesser und beginnt mit der Vermessung der Milchstraße, die er acht Jahre später abschließt.

1948 – Der Fünf-Meter-Spiegel auf dem Mount Palomar wird installiert.

1956 – Das 25-Meter-Radioteleskop auf dem Stockert in der Eifel, das erste große deutsche Radioteleskop, nimmt die Arbeit auf.

1962 – Eine kleine Rakete entdeckt Röntgenstrahlung von jenseits des Sonnensystems.

Mit diesem Teleskop, das einen Spiegel mit 1,25 Metern Durchmesser und ein Rohr von zwölf Metern Länge hatte, entdeckte Wilhelm Herschel Enceladus und Mimas, zwei der Saturnmonde.
Deutsches Museum, München

1970 – Der erste Röntgensatellit, Uhuru, wird gestartet.

1978 – Der mit Sonnenenergie betriebene International Ultraviolet Explorer (IUE) wird gestartet.

Das Einstein Observatory mit einem hoch auflösenden Röntgenteleskop wird in den Weltraum gesandt.

1980 – Das Very Large Array Telescope, eine Y-förmige Ansammlung von 27 Radioteleskopen, nimmt in New Mexiko die Arbeit auf.

Ca. 1981 – Der Charge-coupled device (CCD) beginnt die wissenschaftliche Photographie zu ersetzen. Während eine photographische Aufnahme nur einen Bruchteil der hereinfallenden

Diese von Russell W. Porter 1940 angefertigte Zeichnung zeigt einen Astronomen bei der Beobachtung am Primärfokus des Hale Telescope.
Caltech

Lichtenergie in eine chemische Veränderung der Emulsion umsetzt, verwendet der viel empfindlichere CCD fast die gesamte Lichtenergie und gibt elektrischen Strom direkt an einen Computer weiter.

1983 – Der Infrared Astronomy Satellite (IRAS) wird auf seine Umlaufbahn geschickt.

1989 – Der Cosmic Background Explorer (COBE) wird gestartet.

1990 – Das Hubble-Weltraumteleskop wird von der Raumfähre Discovery in den Weltraum gebracht.

Am 1. Juni 1990 – Das bisher leistungsstärkste Röntgenteleskop ROSAT wird in eine Erdumlaufbahn gebracht.

1938 zeichnete Russell W. Porter diesen Querschnitt durch den Fünf-Meter-Spiegel des Hale Telescope und seine Kuppel. Man beachte den Menschen oben auf der Treppe. Caltech

1991 – Das fünfzehn Tonnen schwere Compton Gamma Ray Observatory (GRO) mit vier Gammastrahlendetektoren an Bord wird von einer Raumfähre in den Weltraum getragen.

Am 14. April 1992 – Das Keck Telescope mit seinem Zehn-Meter-Spiegel in Hawaii beginnt auf Mouna Keena mit allen 36 Hexagonalspiegeln seine Arbeit. Am 24. August erhält sein Zwilling, Keck 2, die ersten seiner 36 Spiegelsegmente.

Im Dezember 1993 – Bei einem Raumspaziergang installieren Astronauten neue Solarpanele, Kreisel, eine neue Kamera und andere Geräte, die die Sicht des Hubble-Weltraumteleskop verbessern.

Am 27. März 1996 – ROSAT empfängt die Röntgenstrahlung des Kometen Hyakutake.

Ende 1997 – Keck 2, der zweite Zehn-Meter-Spiegel, bestehend aus 36 1,5-Meter-Spiegeln, wird auf Mouna Keena in Betrieb genommen.

Ende Mai 1998 – Die Beobachtung mit dem ersten Acht-Meter-Spiegels des Very Large Telescope (VLT) des European Southern Observatory (ESO) in Chile beginnt. Drei weitere Spiegel werden im Laufe der nächsten Jahre installiert.

Ende 2001 – Der erste Start des Stratospheric Observatory for Far-Infrared Astronomy (SOFIA) ist geplant, das in einer Höhe bis zu zwölf Kilometern beobachten soll.

Weitere Geräte, die in nächster Zeit funktionsbereit werden sollen, sind: die Advanced X-ray Astrophysics Facility (AXAF), die Röntgenstrahlung mißt; die Space Infrared Telescope Facility (SIRTF), die im Weltraum Infrarotmessungen durchführt; das Sloan Telescope der Princeton University, das eine Karte der Rotverschiebungen von einer Million Galaxien erstellen soll.

Galileis Sternchen

Diese vielen Liebesgeschichten von Zeus (und auch anderen Göttern), von denen die alten Dichter erzählen, erscheinen uns, wie sie auch den rechtschaffenen Männern der Antike erschienen, als des großen Weltenherrschers unwürdig. Es ist ein Wunder, wie solche Geschichten überhaupt entstehen konnten.

Alexander S. Murray,
Manual of Mythology (1874)

Am 7. Januar 1610 schaute Galilei durch sein neugebautes Fernrohr zum Planeten Jupiter und sah in einer Linie mit der ausgewölbten Mitte des Riesen das, was er »drei Sternchen« nannte. Ihre Lage veränderte sich allnächtlich und weniger als eine Woche später beobachtete er einen vierten Stern. Eifrig bemüht, sich damit Gunst zu erwerben, nannte er sie zu Ehren seines ehemaligen Schülers, des Großherzogs von Toskana Cosimo II. de Medici, die Mediceischen Sterne. »Eure Tugend allein kann jenen Sternen Unsterblichkeit des Namens geben«, schrieb Galilei und schickte ihm ein Teleskop. Innerhalb von vier Monaten wurde er als Hofmathematiker nach Florenz berufen.

Für diese Trabanten schlug Galilei mehrere Namen vor: Maria, Catharina, Franciscus, Ferdinandus, Cosmus Major und Cosmus Minor. Aber kaum hatte er seine Entdeckung im *Sternenboten* bekanntgegeben, da behauptete auch schon der große Astronom Simon Marius aus Gunzenhausen, der den Andromedanebel entdeckt hat und von Galilei als »giftspritzendes Reptil« bezeichnet wurde, er habe sie zuerst gesehen. Ob das stimmt oder nicht, ist ungewiß, aber Marius setzte sich bei der Namensgebung durch. Er empfahl, die neu entdeckten Himmelskörper nach den Geliebten des Jupiter zu nennen, unter denen »drei Jungfrauen waren, deren Liebe Jupiter heimlich begehrte und erhielt, nämlich Io, die Toch-

Die Jesuiten beobachteten 1620 die Verschiebung der Stellungen der vier Galileischen Monde. Galilei machte diese Kopie ihrer Beobachtungen. Caltech

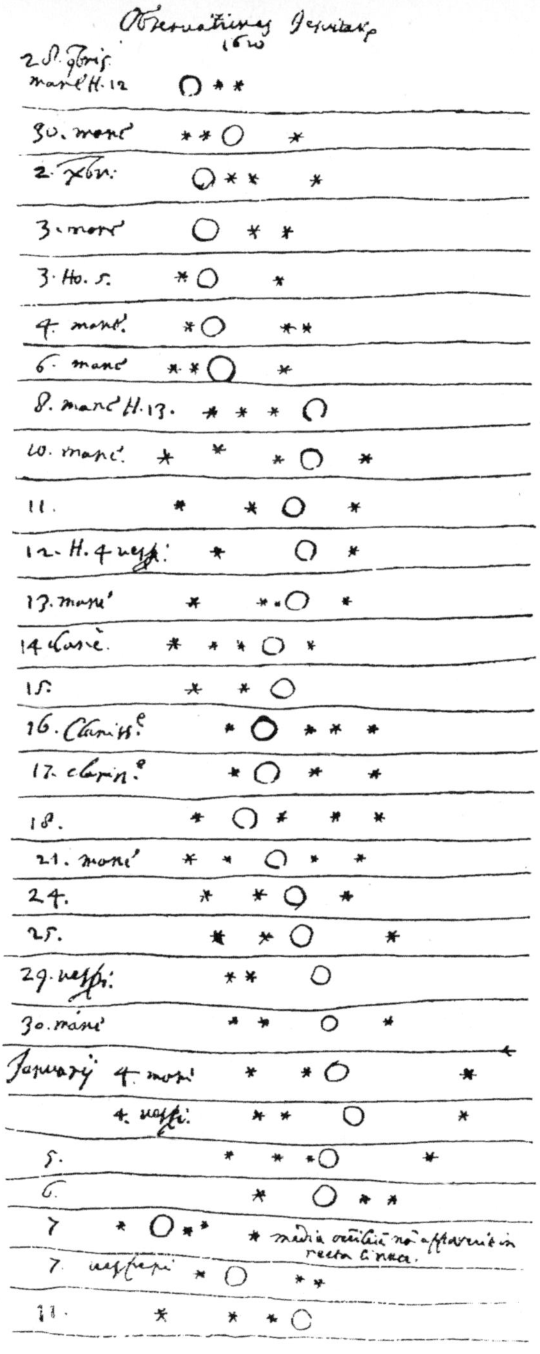

ter des Flußgottes Inachus, Kallisto, die Tochter von Lycaon, und schließlich Europa, die Tochter von Agenor. Aber noch glühender liebte er den schönen Knaben Ganymed.« So wurden die Monde schließlich genannt. In absteigender Reihenfolge ihrer Größe heißen sie Ganymed, Kallisto, Io und Europa.

1675, als ihre Bahnen und daraus die Zeiten berechnet waren, zu denen Jupiter sie bedecken sollte, bemerkte der dänische Astronom Olaf Rømer, daß die Vorhersagen nicht genau zutrafen. Wenn die Erde nahe am Jupiter war, traten die Finsternisse etwas zu früh ein, wenn aber die Entfernung zwischen den beiden Planeten größer war, kamen sie zu spät. Diese Diskrepanz ließ ihn vermuten, daß Licht nicht augenblicklich ankommt. Diese uns selbstverständliche Vorstellung war damals ketzerisch; René Descartes beispielsweise meinte, Licht sei unendlich schnell. Rømer bewies, daß die Lichtgeschwindigkeit endlich ist; Licht braucht um so länger, uns zu erreichen, je weiter die Lichtquelle entfernt ist.

Wir wissen erst mehr über die Trabanten des Jupiters, seit die Voyager-Sonden uns Bilder von ihnen übermittelt haben. Ganymed, der größte Mond im Sonnensystem (er ist sogar größer als Merkur oder Pluto) besteht zum einen Teil aus gefrorenem Wasser und zum anderen aus Gestein. Seine schmutzige, eisige Oberfläche ist ein Flickwerk aus dunklen Bereichen, die mit Kratern durchsetzt sind, und gefurchten und hügeligen hellen Bereichen, die möglicherweise vor Urzeiten mit Schlamm aus dem Inneren überflutet wurden.

Kallisto, dunkel und träge, hat Ähnlichkeit mit Ganymed, ist aber gleichförmiger und voller Krater. Von Pol zu Pol bietet sie das Bild einer wilden Kraterwelt.

Europa, der kleinste von Galileis Monden hat die glatteste Oberfläche aller Monde im Sonnensystem. Auf Europa gibt es fast keine Krater; vermutlich verdeckt die stark reflektierende Oberfläche dieser Eiswelt einen unterirdischen Ozean mit flüssigem Wasser. Der Mond ist überzogen mit langen, sanft gekrümmten Brüchen und Rissen, die so sehr an die nichtexistenten Marskanäle erinnern, daß ein NASA-Wissenschaftler fragte: »Wo steckt Percival Lowell jetzt, wo wir ihn brauchen?«

Io schließlich ist eine geologisch aktive Welt, die von der ungeheuren Schwerkraft des Jupiter in die eine und von den vorbeiziehenden anderen Monden periodisch auch in die andere Richtung

Diese Collage, die aus Aufnahmen besteht, die Voyager 1 machte, zeigt Jupiter oben rechts, Io oben links, Europa in der Mitte, Ganymed unten links und Kallisto unten rechts. NASA

gezogen wird. Sie windet und wölbt sich in dieser gravitationalen Schraubzwinge, wodurch Jupiters Gezeitenkräfte das Innere periodisch walken und erhitzen. Auf ihrer Oberfläche zeigen sich viele heiße Flecken. In der Nähe des nach dem nordischen Feuergott Loki benannten Vulkans liegt ein Lavameer. Unablässig brechen Vulkane und Geysire aus, schleudern Gasschwaden in die dünne schwefelhaltige Atmosphäre und gießen geschmolzenen Schwefel über die ionische Landschaft. Die Oberfläche ist voller Flecken von Schwefeldioxidschnee und Tupfen von Rot, Orange, Gelb und

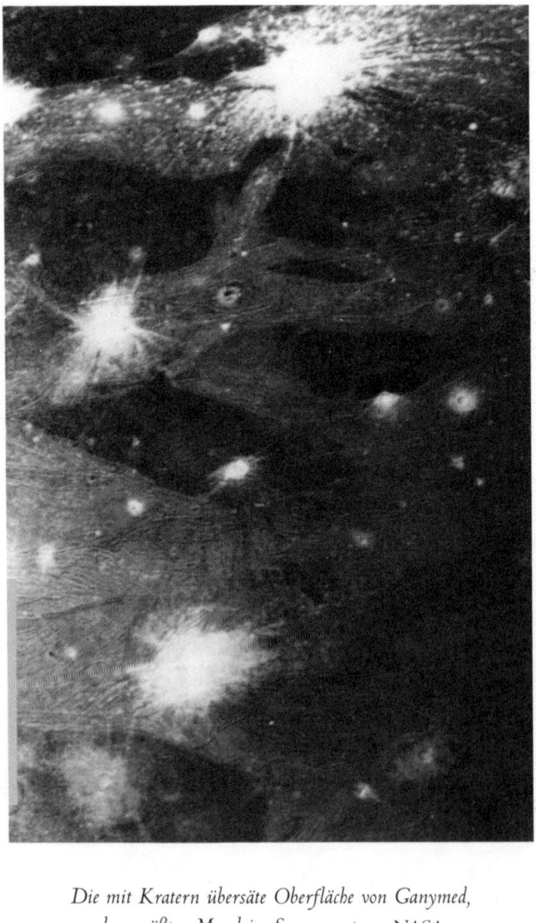

Die mit Kratern übersäte Oberfläche von Ganymed, dem größten Mond im Sonnensystem. NASA

Schwarz, die der Wissenschaftler Bradford A. Smith mit der oft zitierten Bemerkung beschrieb: »Ich habe schon schönere Pizzas gesehen.«

Die Galileischen Monde sind nicht die einzigen Jupitermonde. 1892 entdeckte Eduard Emerson Barnard einen fünften Mond, Amalthea. Heute sind sechzehn Monde bekannt, die benannt wurden nach den Geliebten des Jupiter, nach seinen Kindern, nach seiner Amme und im Fall von Sinope sogar nach einer platonischen Freundin: Als Jupiter ihr versprach, ihr alles zu geben, was sie sich nur wünsche, sagte Sinope, sie möchte gern Jungfrau bleiben, und entgegen seiner Natur erfüllte er ihre Bitte.

Das Schicksal der Geliebten des Jupiter war höchst unterschiedlich. Ganymed wurde von einem Adler erfaßt und zu Jupiters Mundschenk gemacht. Io wurde in eine weiße Kuh und später in eine Frau zurückverwandelt. Kallisto wurde entweder von Jupiter oder von Juno oder von Artemis, der Mondgöttin, in einen Bär

Io. Das auffällige hellumrandete Gebilde in der Mitte ist ein aktiver Vulkan. NASA

verwandelt und dann mit einem Pfeil erschossen und als das Sternbild Ursa Major an den Himmel versetzt. Europa wurde von Jupiter, der dazu die Gestalt eines weißen Stiers angenommen hatte, über das Mittelmeer nach Kreta entführt. Dort gebar sie ihm drei Söhne, bevor sie den König von Kreta heiratete, der der Vater ihrer Tochter wurde.

Der Name von Jupiters Gemahlin kommt nirgendwo in der Nähe des Planeten vor, sondern im Asteroidengürtel, wo der dritte entdeckte Asteroid Juno genannt wurde, wie sie bei den Römern hieß, und der einhundertdritte ihren griechischen Namen, Hera, trägt.

Johannes Kepler

Mein Ziel hierbei ist zu zeigen, daß die himmlische Maschine nicht eine Art göttlichen Lebewesens ist, sondern gleichsam ein Uhrwerk. Wer glaubt, daß die Uhr beseelt ist, überträgt die Ehre des Meisters auf das Werk.

Johannes Kepler

Kopernikus war ängstlich, Galilei war kaltherzig, Newton neigte, wie Stephen Hawking sagt, »zu Heimtücke und Boshaftigkeit«. Johannes Kepler aber war ein Mensch. Er war introvertiert, anspruchsvoll, treu, ängstlich, ehrlich, sowohl streitsüchtig als auch zurückhaltend, egoistisch und rasch gekränkt, ein glänzender Astronom, ein erfolgreicher Astrologe und ein anregender, mitteilungsfreudiger Schriftsteller. Als ein Woody Allen der Renaissance hatte er sein Leben lang Sorgen: körperliche, familiäre, berufliche, religiöse und existentielle. Und doch legte er die Grundlage für eine wahrhaft wissenschaftliche Sicht des Weltalls.

Kepler wurde 1571 in Weil der Stadt geboren. Seine Kindheit war unglücklich. Sein Vater Heinrich, den Kepler in einem aufschlußreichen Familienhoroskop als »bösartigen, unnachgiebigen, streitsüchtigen und zu einem schlimmen Ende bestimmten Mann« beschrieb, kämpfte als Söldner im spanischen Heer, war nach seiner Heirat mit einer Gastwirtstochter Schankwirt, wurde aus unbekannten Gründen 1577 fast gehängt und verließ seine Familie 1588. Keplers Mutter war eine Kräuterfrau, »klatschsüchtig und zänkisch, von schlechter Veranlagung«. Johannes war ein kränkliches Kind und litt schon früh unter schlechter Verdauung, Furunkeln, Kurzsichtigkeit, Mehrsichtigkeit, verkrüppelten Händen (eine Folge der Blattern, an denen er als Fünfjähriger fast gestorben wäre), einer bizarren Vielfalt von Geschwüren und Ausschlägen und »chronisch faulenden Wunden an den Füßen«. Bei seinem ersten Geschlechtsverkehr hatte der Einundzwanzigjährige die »denkbar größten Schwierigkeiten« und »heftige Blasenschmerzen«. Überflüssig zu erwähnen, daß er bei seinen Kommilitonen wenig beliebt war. Auch sein Selbstbild war keineswegs großartig. In einer höchst lebendigen Selbstdarstellung, in der er von sich selbst in der dritten Person spricht, beschreibt er sich als jemand, der »in jeder Hinsicht eine hundeähnliche Natur« hat. Glücklicherweise war er genial.

Johannes Kepler studierte an der Universität Tübingen, erhielt als Zwanzigjähriger den Grad eines Magisters und studierte weiter, um einen Abschluß in protestantischer Theologie zu bekommen. In Tübingen hörte er bei Mästlin über das damals noch sehr umstrittene Planetensystem des Kopernikus, dessen Anhänger er wurde. Damit machte er sich keine Freunde, vor allem nicht bei den Lutheranern, unter denen er oft zu leiden hatte. Trotzdem zögerte er, als ihm im österreichischen Graz eine Stelle als Professor für Mathematik und Astronomie angeboten wurde, weil er das Theologiestudium gern beendet hätte, nahm die Stelle aber dann an.

Als Lehrer war er überschwenglich und wohl auch schwärmerisch, wovon seine langen Briefe zeugen. Seine Vorlesungen seien »ermüdend oder doch jedenfalls verwirrend und nicht sehr verständlich«, schrieb er. Am 9. Juli 1595, während einer solchen Vorlesung, erlebte er das, was er – nur er – für die größte Einsicht seines Lebens hielt. Während er eine Figur an die Tafel zeichnete, kam ihm die Erkenntnis, warum es fünf sogenannte platonische Körper gibt (Körper, die wie der Würfel lauter gleiche Seiten haben), aber sechs Planeten – eigentlich sollte es doch ebenso viele Planeten geben wie vollkommene Körper. Er hatte das Gefühl, das Geheimnis der Schöpfung in Händen zu halten, als er sah, daß sich die Planeten zwischen platonischen Körpern bewegen, die wie ein großes kosmisches Spielzeug ineinander stecken. Er beschrieb seine Offenbarung wie folgt:

> Die Erdbahn ist das Maß aller Dinge: ihr umschreibe man ein Dodekaeder, dieses umspannt die Sphäre des Mars. Die

> Marsbahn umschreibe ein Tetraeder, dieses umspannt die Jupitersphäre; ihr umschreibe man einen Würfel, ihn umspannt die Sphäre des Saturn. In die Erdbahn lege ein Ikosaeder, die in dieses einbeschriebene Sphäre ist die Venusbahn; in diese lege man ein Oktaeder, die ihm einbeschriebene Sphäre ist die des Merkur; ihre Mitte ist der Ort der Sonne ... Die hohe Freude, die ich über meine Entdeckung empfand, werde ich niemals in Worte fassen können.

Obwohl diesem System alle Gültigkeit fehlte, gab er es nie auf; es liefere nicht nur eine bessere Annäherung an die Planetenbahnen, sondern es vermittele auch einen pythagoräischen Hauch göttlicher Geometrie.

Kepler heiratete 1597 eine Witwe, die er als »einfältig und fett an Gestalt« beschrieb. Er verwickelte sich in langwierige Verhandlungen mit dem Herzog von Württemberg über den Entwurf und die Konstruktion eines unglaublich komplizierten Trinkbechers, den er sich als ein auf den platonischen Körpern beruhendes Modell für das Universum dachte. Dieser himmlische Kredenzbecher sollte durch verborgene Röhrchen aus den entsprechenden Planetensphären an sieben Zapfhähnen am Becherrand sieben Getränke ausschenken: *Aqua vitae* von der Sonne, Wasser vom Mond, Brandwein vom Merkur, Met von der Venus, Wermuth vom Mars, Weißwein vom Jupiter und »einen schlechten alten Wein oder Bier« vom Saturn, einem Planeten, der in astrologischen Kreisen oft um Anerkennung kämpfen mußte. Das Vorhaben wurde nie vollendet. (Spätere Projekte waren unter anderem ein Wetterjournal, eine biblische Chronologie und ein Versuch, das Universum mit Hilfe der Pythagoräischen Sphärenmusik zu erklären. Nach Kepler sind die Noten der Erde »mi« und »fa« und stehen für *miserias*, Elend, und *famina*, Hunger.)

In diesen letzten Jahren des sechzehnten Jahrhunderts verfaßte er auch das Buch *Mysterium Cosmographicum* (*Das Weltgeheimnis*). Als Kepler es beendet hatte und an der Universität Tübingen vorlegte, wurden ihm wesentliche Streichungen nahegelegt, weil er als Mathematiker sich nicht mit den unwiderlegbaren Ausführungen der

Bibel befassen sollte. Mit Hilfe seines verehrten Lehrers Michael Mästlin konnte Kepler das Buch dennoch veröffentlichen; er versandte Exemplare unter anderem an Galilei, der vermutlich nur das Vorwort las, und an den großen Beobachter Tycho Brahe, Hofmathematiker des Kaisers Rudolf II. in Prag. Brahe war beeindruckt und machte Kepler einige Jahre später zu seinem Assistenten.

Das Angebot kam gerade zur rechten Zeit, denn Kepler verlor in den Wirren der Gegenreformation seine Stelle in Graz, als er sich weigerte, zum Katholizismus zu konvertieren. Und so machte Kepler sich am 1. Januar 1600 auf die Reise nach Prag. Brahe und Kepler waren grundverschieden. Der rothaarige Brahe war draufgängerisch, selbstsicher und in jeder Weise ausschweifend; er warf einem Zwerg unter dem Tisch Nahrungsbrocken zu und trug eine Nase aus Metall, seit er, wie schon erwähnt, als junger Mann bei einem Duell einen Teil seiner Nase verloren hatte. Wohl niemand in der Geschichte der Astronomie konnte mit dem bloßen Auge besser sehen als er. Brahe hatte etwas, was Kepler gut gebrauchen konnte: riesige Mengen an genauen Daten. Kepler sah nicht gut, aber er hatte etwas, was Brahe fehlte: einen hervorragenden theoretischen Verstand. Sie ergänzten einander vollkommen.

Die beiden kamen nicht miteinander aus. Insbesondere Longomontanus, Brahes älterer Assistent, fühlte sich von dem jungen Kepler bedroht, der sich schon einen Namen gemacht hatte. Kepler entschärfte die Situation nicht, als er versprach, die Bahn des Mars in nur acht Tagen zu berechnen, obwohl Longomontanus sich schon lange darum gemüht hatte. Tatsächlich brauchte Kepler acht Jahre dazu.

Das Hauptproblem war, daß Brahe Informationen zurückhielt. »Tycho gab mir keine Gelegenheit, an seinen Erfahrungen teilzuhaben«, beklagte sich Kepler. »Er pflegte bloß während des Essens und wenn wir über anderes sprachen, ganz im Vorbeigehen, heute das Apogäum eines Planeten und morgen die Knoten eines anderen zu erwähnen.« Schließlich legte Kepler Brahe ärgerlich eine Liste der Bedingungen seiner weiteren Mitarbeit vor. Nach mehrfachen heftigen Auseinandersetzungen und nachdem Kepler sich für seine Unbeherrschtheit entschuldigt hatte, erhielt er später Zugang zu Brahes Daten. Kurz vor seinem Tod 1601 flüsterte Brahe immer wieder: »Möcht doch mein Leben nicht umsonst gewesen sein!« und machte Kepler zu seinem Nachfolger.

Wenige Tage nach Brahes Tod wurde Kepler zum kaiserlichen Mathematiker und Hofastronom Rudolfs II. ernannt. Die folgenden elf Jahre arbeitete er trotz des Einspruchs der Erben Brahes

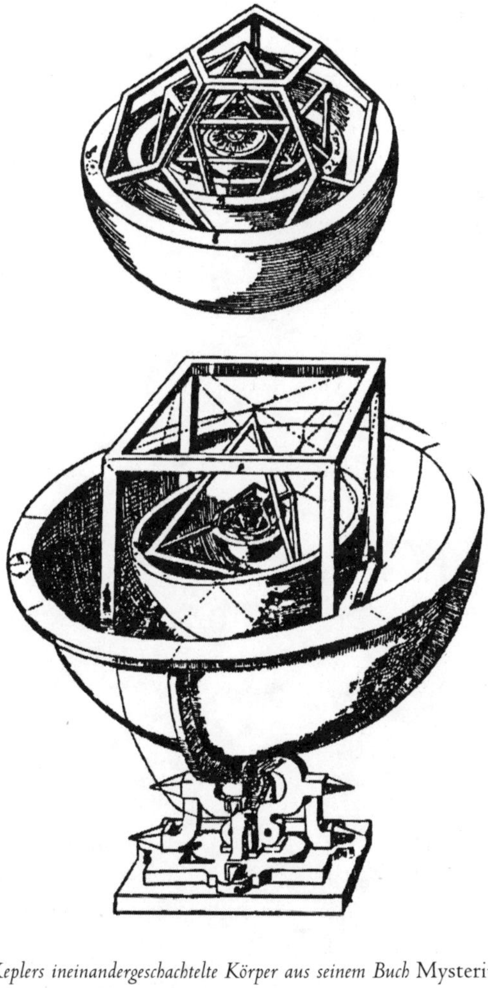

Keplers ineinandergeschachtelte Körper aus seinem Buch Mysterium Cosmographicum. *Das pyramidenförmige Tetraeder trennt die Sphären von Jupiter und Mars, der große Würfel die Sphären von Saturn und Jupiter und entsprechend auch nach innen.*

mit der Fundgrube von Brahes Daten. Zwei Aufgaben beschäftigten ihn vor allem: die Erstellung astronomischer Tabellen, die Brahes Daten in organisierter Form darstellen sollten, und der langwährende »Krieg gegen den Mars«. Wie jeder Astronom vor ihm hielt auch Kepler die Planetenbahnen für Kreise, was sie ja nicht sind, und unabhängig davon, wie viele Kreise auf Kreisen er hinzufügte, unterschieden sich die berechneten Bahnen doch immer noch von den beobachteten Daten. Mehr als ein Jahrzehnt lang rechnete Kepler ohne jede Rechenhilfe – es gab weder Re-

Johannes Kepler (1571–1630). Yerkes Observatory, University of Chicago

chenschieber noch Logarithmen noch analytische Geometrie oder Infinitesimalrechnung. Er addierte und multiplizierte und versuchte, eine Bahn zu finden. Widerstrebend gab er den Kreis auf. Vielleicht war die Bahn eiförmig. Als das sich nicht bestätigte, kehrte er zum Kreis zurück. Er erwog das Oval. Immer wieder kam ihm der Gedanke an eine Ellipse, aber er nahm ihn nicht ernst.

Schließlich fand er eine Formel, die bei richtiger Berechnung zu einer Ellipse führt; aber Kepler verrechnete sich. Frustriert legte er die Gleichung beiseite und beschloß verbissen, es noch einmal zu versuchen und dabei mit der Form zu beginnen, die er so oft nicht ernst genommen hatte. Zu seiner Überraschung entdeckte er, daß die Ellipse zurück zu der verworfenen Gleichung und die Gleichung wiederum zu einer Ellipse führte. »Die beiden sind ein- und dasselbe«, schrieb er. »Ach, was für ein lächerlicher Vogel bin ich doch gewesen!«

So also entdeckte Kepler das erste seiner drei großen Gesetze. Die ersten beiden wurden 1609 in *Astronomia nova, Neue Astronomie,* veröffentlicht. Die Veröffentlichung erregte wenig Aufmerksamkeit. Einer von jenen, die dem Buch keine Beachtung schenkten, war Galilei. (Daß Galilei Kepler, den einzigen, der ihn unterstützte und der einzige, der ihm astronomisch gewachsen war, so schlecht behandelte, ist ein trauriges Kapitel in der Geschichte der Astronomie.) Kepler schrieb inzwischen auch über Optik, Astrologie und Schneeflocken.

Dann starben 1611 Keplers Frau, nur 37 Jahre alt, und eines seiner Kinder, und Kaiser Rudolf, Keplers Schirmherr, mußte abdanken. Kepler zog nach Linz und heiratete nach einer langen Suche, bei der er die Verdienste von elf Anwärterinnen gegeneinander abwog. Er kümmerte sich auch um die Verteidigung seiner Mutter Katharina, die von einer ehemaligen engen Freundin der Hexerei angeklagt worden war. Gleichzeitig arbeitete er viel an seinem Buch *Harmonice mundi, Weltharmonik,* das außer astrologischen Informationen und solchen über die platonischen Körper auch sein drittes Gesetz der Planetenbewegung enthielt.

Im Jahr nach der Veröffentlichung wurde Katharina Kepler mit Folter bedroht. Sie wurde freigelassen, vor allem, weil ihr berühmter Sohn sich für sie einsetzte, starb aber wenige Monate später. Kepler lebte noch neun Jahre. Er stellte die Tafeln fertig, die er Brahe versprochen hatte, arbeitete an einer Science-fiction-Erzählung und erstellte Horoskope. Obwohl er gelegentlich daran verzweifelte, wieviel Gewicht die Menschen der Astrologie zumaßen, stellte er ihre Grundannahmen nicht in Frage und machte für seine Klienten langfristige Vorhersagen. Bei einem unglückseligen Versuch, die zwölftausend Gulden einzutreiben, die ihm der Kaiser schuldete, ritt er 1630 von Leipzig nach Regensburg, wo er zwei Wochen nach seiner Ankunft an einem Fieber starb.

Johannes Kepler war in mancher Hinsicht ein seltsamer Mensch, bei dem sich mittelalterliche Glaubenseinstellungen und moderne Mathematik verbanden. Er war so fasziniert von den platonischen Körpern, daß er sich der Bedeutung seiner Arbeiten gar nicht bewußt wurde. Aber ohne seine Ergebnisse hätte Isaac Newton niemals die Gravitationstheorie entwickelt, und die Geschichte der Naturwissenschaft wäre anders verlaufen. Die astronomischen Fortschritte, die er machte, stehen neben seinen großen inneren Kämpfen. In seinem Buch *Die Nachtwandler*, einer Geschichte der frühen Kosmologie, sagt Arthur Koestler über Keplers Triumph: »Nach Freud wäre Keplers Jugend die Geschichte der erfolgreichen Heilung einer Neurose durch Sublimation; nach Adler ein mit Erfolg sublimierter Minderwertigkeitskomplex; nach Marx die Antwort der Geschichte auf das Bedürfnis nach verbesserten nautischen Tafeln; und nach den Begriffen eines Vererbungsforschers eine ausgefallene Kombination der Gene. Doch wenn das alles wäre, würde jeder Stotterer sich zu einem Demosthenes auswachsen, und sadistische Eltern müßten eine Prämie bekommen. Vielleicht ist Merkur in Konjunktion mit Mars, zusammen mit ein paar Körnchen kosmischen Salzes, eine ebenso gute Erklärung wie jede andere.« Kepler hätte wahrscheinlich zugestimmt.

Keplers Gesetze der Planetenbewegung

Mit seinem ersten Gesetz versetzte Kepler dem Kreis den Todesstoß. Das Gesetz besagt, daß die Planeten sich auf elliptischen Bahnen bewegen, wobei die Sonne in einem der beiden Brennpunkte steht. (Die Ellipse im folgenden Diagramm ist stark übertrieben. Planetenbahnen sind fast kreisförmig, deshalb war es so schwer, ihre tatsächliche Form zu entdecken.)

Sein zweites Gesetz stellt fest, daß die Geschwindigkeit eines Planeten bei seinem Umlauf um die Sonne variiert. Ein Planet bewegt sich am schnellsten, wenn er der Sonne am nächsten ist und

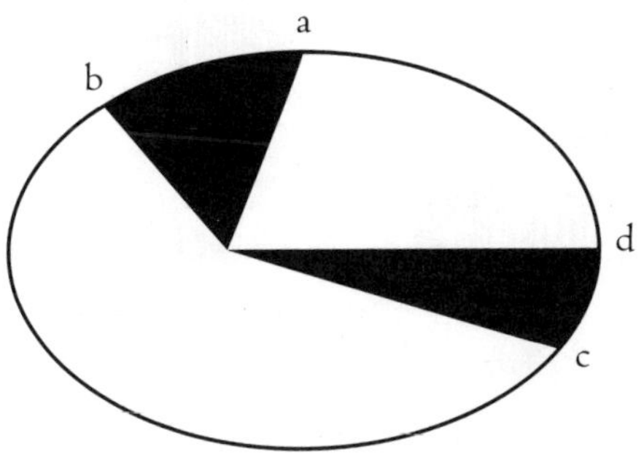

am langsamsten, wenn er am entferntesten ist. Aber die pro Zeiteinheit überstrichene Fläche ist immer gleich groß; eine Gerade, die von der Sonne zum Planeten gezogen wird, überstreicht in gleichen Zeiten gleiche Flächen, entsprechend der Geschwindigkeit des Planeten. Wenn also die Reise von a nach b genauso lange dauert, wie die Reise von c nach d, sind die beiden dunklen Dreiecke im Diagramm flächengleich.

Das einige Jahre später bestimmte dritte Gesetz stellt eine Beziehung zwischen der Entfernung eines Planeten von der Sonne und der Zeit her, die er für einen Umlauf braucht. Das Gesetz stellt fest, daß die dritte Potenz der Entfernung eines Planeten und das Quadrat der Umlaufzeit um die Sonne immer in derselben Beziehung zueinander stehen. Auf diese Weise quantifizierte Johannes Kepler, der bis zu seinem Todestag an die Bedeutung der fünf platonischen Körper und an die Sphärenmusik glaubte, die Gesetze des Universums und löste eine wissenschaftliche Revolution aus.

Keplers Traum

Viele Autoren machen sich Gedanken darüber, wie ihre Phantasie ihre Sicht der Wirklichkeit beeinflußt, aber wohl wenige Schriftsteller hatten soviel Grund zu dieser Überlegung wie Johannes Kepler. Seine Mondphantasie *Somnium* (Traum), trug zu einem der großen Schrecken in Keplers Leben bei, nämlich der Anklage seiner Mutter wegen Hexerei. Dieses Buch, das zur Zeit der großen Hexenjagd geschrieben wurde, war als wissenschaftliche Abhandlung gemeint, als eine Mondbeschreibung aus kopernikanischer Sicht; Kepler liebäugelte schon als Student mit der Idee. Weil der Widerstand gegen das heliozentrische Weltbild groß war, verkleidete er seine Sicht in eine Allegorie, die er als Traum darstellte. In ihm erklärt eine Gestalt namens Duracoto, der die Wissenschaft vertritt, daß der kürzliche Tod seiner Mutter, Fiolxhilde, ihm die Freiheit verschaffe, eine Geschichte zu erzählen. Fiolxhilde »sammelte Kräuter, die sie zu Hause unter mancherlei Ceremonien und Sprüchen zubereitete, in Säckchen von Bockshaut that und sie so dem Schiffsvolke des benachbarten Hafens zum Verkauf anbot.« Eines Tages schneidet Duracoto aus Neugier ein solches schon verkauftes Säckchen auf, nimmt die »Kräuter sowie die mit verschiedenen Zeichen bestickte Leinwand heraus« und betrügt die Mutter so um »den kleinen Gewinnst«. Ärgerlich über den Verlust übergibt sie das Kind dem Schiffer als Ersatz (Keplers Mutter hatte ihn ein Jahr lang weggegeben, als er vier Jahre alt war). Und als das Schiff von einem Nordwind nach Dänemark getrieben wird, gelangt der Junge ausgerechnet auf die Insel Hven und zu keinem anderen als Tycho Brahe, der ihm ermöglicht, Dänisch und Astronomie zu lernen. Das erinnert ihn an seine Mutter, »die sich ja auch beständig mit dem Monde zu besprechen pflegte«. Nach mehreren Jahren kehrt er nach Hause zurück, wo seine Mutter und er sich gerne über den Himmel unterhalten; ihr seien, wie sie sagt, »sehr weise Geister nah«, von denen ihr »einer besonders vertraut ist«. »Alsbald begab sich die Mutter an den nächsten Kreuzweg, wo sie mit laut erhobener Stimme und verzückt einige Worte hervorstiess, womit sie ihre Bitte vortrug. Nach Vollendung einiger Ceremonien kehrte sie zurück und setzte sich, mit ausgestreckter Hand Ruhe gebietend, neben mich. Kaum hatten wir, wie verabredet, unsere Häupter mit den Gewändern verhüllt, als plötzlich das Geflüster einer heiseren, übernatürlichen Stimme hörbar wurde und in isländischer Stimme [zu sprechen] begann.«

Der Geist, »Dämon von Levania« (dieses hebräische Wort bezeichnet den Mond), beschreibt die körperlichen Empfindungen, die er auf der Reise zum Mond erlebt (wo keine wohlbeleibten Menschen zugelassen seien, bemerkt der Dämon). Nach einer genauen Beschreibung der Mondoberfläche, Finsternissen, dem Wetter und den Bewohnern schließt das Bild mit einem Satz: »So … kehrte ich zu mir selbst zurück und fand mich in Wirklichkeit, das Haupt auf den Kissen, meinen Leib in Decken gehüllt, wieder.« Es war nur ein Traum!

Kepler beabsichtigte zwar, dieses Buch nur unter Gelehrten zu verbreiten, sandte aber ein Vorexemplar an den Baron von Volkkersdorff. Der Grund ist nicht klar; vielleicht hatte es einmal eine freundliche Unterhaltung gegeben. Der Baron las das Manuskript und erzählte seinem Barbier davon, der wiederum seiner Schwester Ursula davon berichtete. Von da an war Keplers Mutter Katharina in Schwierigkeiten, weil Ursula, früher ihre engste Vertraute, einen Groll gegen sie hegte. Einige Zeit zuvor hatte Ursula ein in einer außerehelichen Beziehung empfangenes Kind abtreiben lassen. Das hatte sie Katharina anvertraut, die es ihrem Sohn Christoph erzählte. Bald war die Neuigkeit allgemein bekannt. Ursula rächte sich und behauptete, ihr Unwohlsein rühre weder von der Schwangerschaft noch von der Abtreibung her, sondern von Katharina, die sie verhext habe. Es kam belastend hinzu, daß Katharina von einer Tante aufgezogen worden war, die als Hexe verbrannt wurde. Nun hatte auch noch ihr berühmter Sohn Johannes einen halbautobiographischen Bericht geschrieben, in dem er von den Kontakten »seiner Mutter« mit Geistern berichtete. Nachdem Ursula einmal einen Anlaß gegeben hatte, häuften sich die Anklagen. Ein Bürger erinnerte sich, daß er zehn Jahre zuvor erkrankt war, nachdem er in Katharina Keplers Haus aus einer Zinntasse getrunken hatte. Eine Frau erinnerte sich daran, daß ihr Mann prompt Schmerzen in der Hüfte gespürt hatte, als er Katharina auf der Straße begegnet war. Ein zwölfjähriges Mädchen behauptete, sie sei einmal an Katharina vorbeigegangen und ihr Arm habe wehgetan. Katharina verklagte Ursula wegen Verleumdung. Aber sie erfaßte nicht die Gefahr, in der sie sich befand; sie ging weiter in der Stadt herum, riet allen, welche Kräuterarznei sie nehmen sollten, und bot sie ihnen in einem Zinnbecher an.

Katharina Kepler wurde 1615 der Hexerei angeklagt. In den folgenden sechs Jahren wurde sie verhaftet, verhört, vor Gericht gebracht, und in Ketten gelegt. Kepler schrieb Bittgesuche, untersuchte alle Indizien auf ihre Stichhaltigkeit, erinnerte den Stadtrat daran, daß er kaiserlicher Mathematiker war, und verteidigte seine Mutter, so gut er konnte. (Im Gerichtsprotokoll stand: »Die Verhaftin erschien *leider* mit Beistand ihres Herrn Sohns, Johann Kepler mathematici.«) Katharina wurde dennoch mit Folter bedroht. Nach dem Bericht des Vogts »hat sie jedoch ohngeachtet aller ernstlichen Erinnerung und Bedrohungen weder geständig sein noch bekennen wollen und gemeint, man mache mit ihr, was man wolle, und da man ihr schon auch eine Ader nach der anderen aus dem Leib herausziehen sollte, so wüßte sie doch nichts zu bekennen, womit sie auf die Knie nieder gefallen, ein Vaterunser gebetet ... habe.« Schließlich wurde sie dank ihres Sohnes freigesprochen, starb aber bald danach. Kepler, der sich schuldig fühlte, bemühte sich für den Rest seines Lebens, ihre Ehre wiederherzustellen, indem er das *Somnium* mit einer außerordentlichen Reihe von Fußnoten versah, die praktisch jeden Winkelzug seines Gedankengangs dokumentieren. Das Manuskript wurde erst vier Jahre nach seinem Tod veröffentlicht, als seine Erben es verkauften.

Saturn

smaismrmilmepoetaleumibunenugttaurias.

Galilei

aaaaaaacccccdeeeeeghiiiiiiillllmmnnnnnnnnnooooopp qrrstttttuuuuu.

Christiaan Huygens

Als Galilei mit seinem einfachen Fernrohr den Saturn betrachtete, hatte er nicht die geringste Ahnung, was er da sah. Der Gedanke an Ringe kam ihm nicht; deshalb erkannte er den flachen Kragen des Saturns auch nicht, als er der Erde zugeneigt und am besten zu sehen war. Er beschrieb die verschwommene Figur vielmehr als ein Dreikörpersystem aus einem großen Planeten, der zwischen zwei kleine eingeklemmt sei. Er kündigte die Entdekkung dieser Dreiheit mit dem oben angegebenen Anagramm an, das er drei Monate später selbst entschlüsselte: »Altissimum planetam tergeminum obseruaui. (Ich habe den höchsten Planeten in Dreigestalt beobachtet.)«

Zwei Jahre später erreichte Saturn einen Punkt seiner Bahn, an dem die Ringe von der Seite gesehen werden, also praktisch unsichtbar sind, was zweimal in seinem dreißigjährigen Sonnenumlauf passiert. Galilei war überrascht, als ihm ein Blick durch sein schwaches Teleskop zeigte, daß die beiden kleinen Kugeln, die er auf beiden Seiten des Planeten zu sehen erwartete, verschwunden waren. Er fragte sich, ob Saturn, wie der Gott, nach dem er benannt war, seine eigenen Kinder verschlungen habe. Als die Ringe 1616 wieder zur Erde hin geneigt und sichtbar waren, beschrieb er sie als »halbe Ellipsen«. Obwohl seine eher ungenauen Zeichnungen deutlich das abbilden, was wir als Ringe erkennen, kamen weder er noch irgendein anderer Astronom seiner Zeit auf diese Idee.

Dann entwickelte der holländische Astronom Christiaan Huygens gemeinsam mit seinem Bruder und dem Philosophen Benediktus de Spinoza ein besseres Okular, eine neue Art, Linsen zu schleifen, und folglich ein besseres Teleskop. Damit entdeckte er Titan, den größten Saturnmond, und bei der Beobachtung dieses Satelliten löste sich das Rätsel. Wie Galilei vor ihm veröffentlichte er seine Lösung in Form eines Anagramms, das er drei Jahre später offenlegte: »Annulo cingitur, tenui plano, nusquam cohaerente, ad eclipticam inclinato. (Er ist von einem dünnen flachen Ring umgeben, der ihn nicht berührt und gegen die Ekliptik geneigt ist.)«

Zwanzig Jahre später entdeckte Giovanni Cassini eine Lücke in der Mitte des breiten Rings, die sogenannte Cassinische-Teilung. Drei Jahrhunderte später fanden die Raumsonden, daß diese Cassinische Lücke überhaupt nicht leer ist, sondern mindestens hundert winzige Ringe enthält, und daß die Ringe selbst aus zahllosen Teilchen bestehen, die jedes eine eigene Bahn verfolgen.

Saturn, der 860 Erden verschlingen könnte (seine Masse ent-

Saturn aus einer Entfernung von zwanzig Millionen Kilometern, photographiert von Voyager 1.
NASA

spricht aber nur 95 Erdmassen), ist der zweitgrößte Planet. Er ist 2870 Millionen Kilometer von der Sonne entfernt, umläuft sie einmal in 29,46 Jahren und dreht sich in zehn Stunden und vierzehn Minuten einmal um die eigene Achse, also schnell genug, um eine sichtbare Abflachung seiner Polbereiche zu bewirken. Wie Jupiter besteht auch Saturn vor allem aus Gas. Seine Dichte ist so gering, daß er auf Wasser schwimmen würde. (Jupiter ist etwas schwerer als Wasser und würde versinken.)

Wie Jupiter ist Saturn in Wolkenbänder eingehüllt. Die blaß ockerfarbigen Wolken aus kristallisiertem Ammoniak wirbeln weniger wild als die in Jupiters kompliziertem Pfauenaugenmuster. Auf dem Jupiter schwimmen die Wolkengürtel in wechselnder Richtung, während die Winde auf dem Saturn, außer an den Polen, alle nach Osten wehen.

Unter den Wolken und der gasförmigen Atmosphäre liegt ein Meer aus flüssigem Wasserstoff und Helium, das sich nach in-

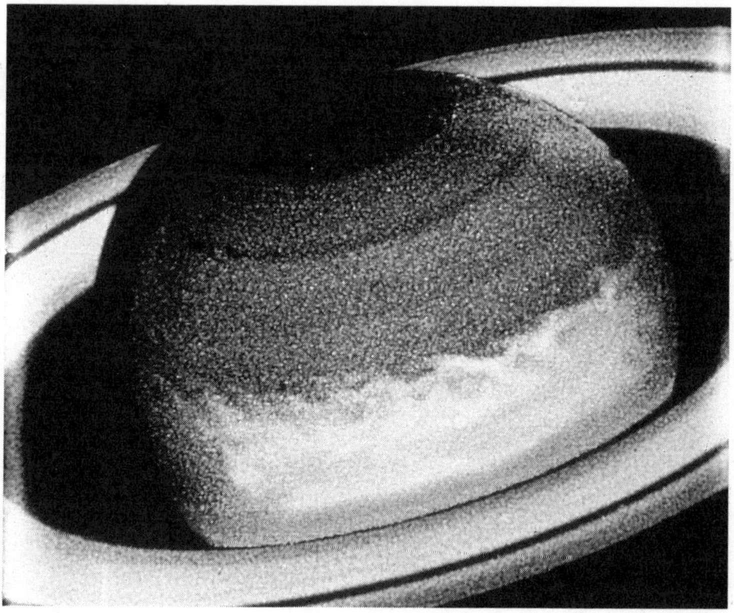

Der Große Weiße Fleck. Ein Sturm auf dem Saturn, den das Hubble-Weltraumteleskop einfing.
NASA

Saturn

- *Mittlere Entfernung von der Sonne*
  2 870 000 000 Kilometer
- *Durchmesser am Äquator*
  120 000 Kilometer
- *Durchmesser in Erddurchmessern*
  9,41
- *Masse in Erdmassen*
  95,16
- *Schwerkraft an der Oberfläche im Verhältnis zur Schwerkraft auf der Erde*
  1,08
- *Monde*
  18 benannte
- *Länge eines Jahres*
  29,46 Erdenjahre
- *Länge eines Tages*
  10 Stunden 14 Minuten

nen allmählich in metallischen Wasserstoff verwandelt. Durch ihn hindurch schießen mächtige elektrische Ströme, die das starke Magnetfeld des Saturn aufrechterhalten.

Wie Jupiter erzeugt auch Saturn mehr Wärme, als er von der Sonne erhält. Ein Bruchteil der Wärme könnte durch den Kollaps erzeugt werden, der in der Kindheit des Planeten begann und, wenn auch langsam, bis heute weitergeht. Aber auch der sogenannte Heliumregen im Inneren des Planeten erzeugt Wärme; dazu kommt es, wenn sich etwa so, wie Essig vom Öl, Helium vom Wasserstoff trennt und unter dem Einfluß der Schwerkraft nach innen taumelt. Der relativ kleine Kern im Inneren des Planeten hat die Größe von mehreren Erden und besteht wahrscheinlich aus Gestein und Eis.

Etwa alle dreißig Jahre einmal bricht auf der normalerweise ruhigen Wolkendecke ein als Großer Weißer Fleck bekannter Sturm aus. Der Fleck wurde 1876, 1903, 1933, 1960 und 1990 beobachtet. Sein Zyklus stimmt so gut mit der Umlaufzeit des Saturns, 29,46 Jahre, überein, daß ein Zusammenhang zu vermuten ist. Der Sturm könnte eine Nachwirkung des Sommers auf dem Saturn sein, denn er tritt im langen Jahr des Planeten einige Erdenjahre nach der wärmsten Jahreszeit auf, wenn die Nordhalbkugel des Saturns am stärksten zur Sonne hin geneigt ist. Die sommerliche Wärme erhitzt die Atmosphäre und läßt Ammoniakblasen aufsteigen und sich kristallisieren, die mit der Geschwindigkeit von

1500 Kilometern pro Stunde um den Planeten rasen. Bei seiner letzten Erscheinung 1990 war der Große Weiße Fleck anfangs etwa 22 000 Kilometer breit (das Doppelte der Erde) und so hell, daß ein Amateurastronom ihn als »Blitzlicht« beschrieb, das fünf- oder sechsmal so hell strahlte wie der Rest des Planeten. Innerhalb eines Monats wurde er zu einem dicken weißen Band, das den ganzen Planeten umlief.

Aber wie eindrucksvoll der Große Weiße Fleck auch werden kann, übertrumpft wird er durch das Schauspiel der Ringe. Wenn Saturn durch ein kleines Teleskop betrachtet wird, wie man es in seinem Garten aufstellen kann, scheint er zu glühen. Je näher man ihm kommt, um so schöner wird er. Voyager 2 hat Anblicke eingefangen, die Galilei sich nicht hätte träumen lassen: Saturn halb beleuchtet, mit Ringen, die einen schmalen Schatten auf den Planeten werfen; Saturn voll beleuchtet, sein bernsteinfarbiges Antlitz durch die Cassini-Teilung hindurchschimmernd; Saturn von der dunklen Seite, wenn Sonnenlicht von hinten durch die Ringe dringt und sie beleuchtet – der großartigste Spezialeffekt des Sonnensystems, hell und dunkel und zart wie Spitze, ein Lichtspiel aus Eis.

Ringe

Die Saturnringe ... Der Tourismus der Zukunft wird sich dort abspielen.

Tullio Regge

Jahrhundertelang hielt man Saturn für eine Ausnahme, für den einzigen Planeten mit Ringen. Heute weiß man, daß alle vier Riesenplaneten – Jupiter, Saturn, Uranus und Neptun – Ringe haben.

Jupiter, der größte Planet des Sonnensystems, wird von einem dünnen, dunklen, staubbeladenen Ring umkreist, der zu schwach leuchtet, um von der Erde aus gesehen werden zu können. Er wurde am 4. März 1979 entdeckt, als die Kamera der Sonde Voyager 1 einen äquatornahen Bereich elf Minuten lang belichtete, um herauszufinden, ob es einen Ring gäbe. Die lange Belichtung hatte sich gelohnt: Jupiter wird von einem schmalen engen Hauptband und einem breiteren Streifen umgeben, dem sogenannten Gossamer Ring, der wiederum von einem breiten, diffusen Halo umgeben ist.

Ein Computermosaik der Saturnringe. Man beachte den winzigen Mond oben links, innerhalb des dünnen F-Rings. NASA

Saturn, der nächste Planet, hat das bei weitem beeindruckendste Ringsystem – ein breites, bewegtes, kompliziertes Rad aus Schneeflocken, Hagelkörnern und Eisbällen, die mit Staub durchsetzt sind. Man unterscheidet die drei Hauptringe A, B und C und Tausende schmalere Ringe; kein Ring gleicht dem anderen. Der A-Ring weist spiralförmige Dichtewellen auf und wird von einem praktisch leeren, am Rand gewellten Band zweigeteilt. Diese sogenannte »Bleistiftlinie« oder Enckesche Teilung wird durch einen winzigen Mond mit zwanzig Kilometern Durchmesser von Teilchen gesäubert. Der eisige B-Ring hat spiralige Dichtewellen und Speichen, die von elektromagnetischen Kräften herrühren, die mikroskopisch kleine Körner eng über den herumpurzelnden Schneebällen des Rings schweben lassen. Die Cassinische Teilung, eine dunkle Linie zwischen den Ringen A und B, enthält mindestens hundert schmale Ringe. Der äußere F-Ring des Saturns, ein schmaler goldener Strang, ist klumpig und verflochten. Als Voyager 1 diese Aufnahmen machte, »waren wir, die wir vor den Bildschirmen saßen, verblüfft«, schrieb der Astronom Bradford A. Smith. »Auf einer Liste der Ringerscheinungen, die wir am wenigsten erwarteten, wäre die beobachtete Struktur des F-Rings wohl als eine der allerunwahrscheinlichsten ganz oben nicht einmal erwähnt worden ... Für mich war es das unglaublichste Bild, das wir von beiden Voyager-Sonden erhalten haben.«

Der dritte ist Uranus. Von der Erde aus hatte man schon neun außerordentlich dunkle und schmale Ringe entdeckt. Die Voyager-Sonde fand beim Hinflug zwei weitere Ringe aus Gesteinsteilchen und konnte noch mehr dunkle und staubige Ringe photographieren, als sie am Planeten vorbeikam und ein Bild von ihm vor der fernen Sonne machte.

Schließlich kommt Neptun. Früher dachte man, die Neptunringe seien unvollständig, nur Bogenstücke, die hier und dort um den Planeten herum sichtbar waren. Voyager konnte zeigen, daß die Ringe des Neptuns ganz um den Planeten herumreichen, aber wie Teilstücke aussehen, weil einige Abschnitte der Ringe dicke Klumpen aufweisen und andere hauchdünn sind.

Es gibt noch viele unbeantwortete Fragen zu den Ringen. Warum beispielsweise bleiben die eisigen Materiebrocken innerhalb eines Rings und breiten sich nicht über größere Entfernungen aus? Wissenschaftler vermuten, daß winzige Monde, einer auf jeder Ringseite, die Materie wie Hirten mit Hilfe der Schwerkraft zusammentreiben und in der Bahn halten. Man hat bei Jupiter, Uranus und Neptun einige solche Hirtenmonde gefunden. Aber viele Ringe haben wohl keine Monde, und andere haben nur einen. Vielleicht sind einige Hirtenmonde zu winzig, um von einer vorüberfliegenden Sonde entdeckt zu werden, oder sie waren einfach auf der falschen Seite des Planeten, als die Voyager-Sonden 1 und 2 vorbeiflogen. Vielleicht ist die Theorie aber auch noch unausgegoren.

Hirtenmonde liegen innerhalb des Ringsystems, größere Mon-

Die schattenhaften Speichen in den Saturnringen. NASA

de außerhalb. Ringe sind immer näher am Planeten, als ein großer Mond es sein könnte. Wenn ein Mond dem Planeten zu nahe käme, würde er zerrissen, weil die Schwerkraft des Planeten auf der dem Planeten zugewandten Seite des Mondes dann Gezeitenkräfte erzeugte, die viel größer wären als der wesentlich geringere Gravitationssog auf der anderen Seite. Der Mond muß also einen gewissen Abstand haben. Die sogenannte Roche-Grenze, die nach dem Wissenschaftler benannt wurde, der sie 1850 berechnete, liegt beim 2,44fachen Radius des Planeten. Im ganzen Sonnensystem liegt kein einziger großer Mond innerhalb der Roche-Grenze (die für sehr kleine Monde nicht gilt), wohl aber gibt es Ringsysteme innerhalb dieser Grenze. Vielleicht entstanden sie durch einen Mond oder Asteroiden, als dieser die Grenze übertrat und zerfetzt wurde.

Vielleicht sind die Bruchstücke aber auch Überreste aus der Urzeit, die schon immer dort waren, sich aber nicht zu einem Mond zusammenballen konnten.

Man könnte noch eine Hypothese aufstellen: Vielleicht unterscheiden sich die Ringsysteme, die wir sehen, gar nicht so sehr in der Form, sondern vor allem im Alter. Vielleicht ist das Ringsystem des Saturns neu und verrät etwas von heftigen Zusammenstößen, die sich in relativ neuer Zeit ereigneten, während die mageren Ringe der anderen Planeten die geschrumpften Reste gewaltiger Ringe früherer Zeiten sind. Man hat behauptet, daß die Saturnringe nur etwa hundert Millionen Jahre alt seien und sich wegen ihrer Wechselwirkung mit den Monden in hundert Millionen Jahren vollkommen aufgelöst haben würden.

Eines ist sicher, wohin wir auch am Himmel schauen, überall finden wir Ringe. Zahllose Sterne formieren sich zu Ringen um Schwarze Löcher; Asteroiden bilden Ringe um Sterne; Gesteinsbrocken, Eis und große Staubwolken breiten sich aus und umrunden Planeten; Bänder aus Gas umschlingen die Überbleibsel explodierter Sterne. Das Universum ist voller Ringe.

Titan und andere Saturnmonde – die Suche nach Leben geht weiter

»Auf dem Titan gibt es mehr als nur das Klima«, sagte Rumfoord. »Die Frauen beispielsweise sind die schönsten Geschöpfe zwischen der Sonne und Beteigeuze.«

Kurt Vonnegut, *Die Sirenen des Titan*

Bis heute haben achtzehn Monde des Saturn Namen erhalten. Außer ihnen gibt es noch eine Handvoll kleiner Monde, die noch keine Namen haben. Bedeutendere sind:

- Phoebe, der äußerste Mond des Saturn. Er umrundet Saturn rückläufig, also entgegen der Bewegungsrichtung der anderen Monde und könnte ein früherer Asteroid sein, der von der Schwerkraft des Saturn eingefangen wurde.

- Iapetus, ein Yin-Yang-Mond, der auf der einen Seite schwarz ist und auf der anderen hell, und deshalb auf einer Seite des Planeten gut und auf der anderen fast unmöglich zu sehen ist.

- Mimas, eine eisige Welt, die durch einen Krater gekennzeichnet ist, der so riesig ist, daß seine Entstehung den Mond fast zerriß.

- Enceladus, eine geologisch aktive Welt, deren saubere, eisbedeckte Oberfläche heller leuchtet als jeder andere Körper im Sonnensystem.

- Janus und Epimetheus, zwei wenig dichte eisige Welten, deren Bahnen so ähnlich sind, daß sie alle vier Jahre ihre Plätze vertauschen, wenn einer von ihnen den anderen zu überholen droht. Sie vermeiden einen zerstörerischen Zusammenstoß, indem der äußere Mond vor dem Überholtwerden durch die Ablenkung nach innen beschleunigt, den inneren dabei auf die äußere Umlaufbahn zieht und selbst auf der inneren Bahn landet.

- Titan, einer der wenigen Orte im Sonnensystem, an dem es theoretisch Leben geben könnte. Er ist größer als Merkur und in einen orangefarbenen Nebel gehüllt. Er besteht aus Methanschnee, Methanregen, Methanfelsen und Methanpolen, deren Seen und Teiche womöglich mit einem organischen Teer umrandet sind, den wir mit Worten wie »Glibber«, »Glitsch« und »Schlick« beschreiben. Titan hat, wie die Erde, eine dicke Atmosphäre, die hauptsächlich aus Stickstoff besteht und einige Verbindungen enthält, die zur Bildung von DNS nötig sind. Wissenschaftler sagen dazu »vorbiologisch«.

Diese Photomontage von Saturn und seinen Satelliten ist aus Bildern zusammengesetzt, die von Voyager 2 aufgenommen wurden. Vor dem Planeten ist Dione, Tethys und Mimas mit seinem riesigen Krater sind rechts, Enceladus und Leah sind links, und Titan ist oben rechts. NASA

Obwohl Titan kleiner ist als die Erde und seine Schwerkraft geringer, führt die Dicke seiner Atmosphäre zu einem Oberflächendruck, der anderthalbmal so groß ist wie auf der Erde. Es ist dort kalt (etwa minus 178 Grad Celsius), und unterhalb der dicken gelbroten Decke herrscht ständige Nacht. Deshalb können wir seine Oberfläche nicht sehen und wissen nicht, ob unter dieser Schicht eine Landschaft mit Bergen, Kratern und Schluchten liegt oder eine übelriechende Schlammwüste. Wir werden im Jahr 2000 mehr darüber wissen, wenn die Cassini-Mission, ein gemeinsames Projekt von NASA und ESA, der amerikanischen und der europäischen Raumfahrtbehörde, zum Saturn gelangt und eine Sonde durch die gelben Wolken hindurch in den Titanischen Schlamm schickt.

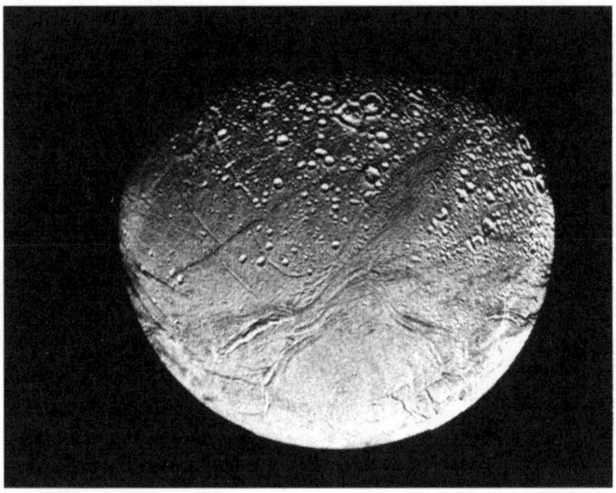

Der Saturnmond Enceladus. NASA

Sir Isaac Newton

Newton war nicht der erste Aufklärer. Er war der letzte der Magier, der letzte der Babylonier und Sumerer, der letzte große Geist, der auf die sichtbaren und geistigen Welten mit denselben Augen sah wie jene, die vor weniger als zehntausend Jahren begannen, unser intellektuelles Erbe zu erschaffen. John Maynard Keynes

Es ist heute Mode geworden, Einstein als den Inbegriff des wissenschaftlichen Genies zu sehen, und im Vergleich mit uns gewöhnlichen Sterblichen war Einstein in der Tat ein Riese. Aber im Vergleich mit Newton ist Einstein der weit zurückgebliebene Zweite.
Subrahmanyan Chandrasekhar

Isaac Newton hat in seinem Leben viele Rollen gespielt. Als Wissenschaftler gilt er oft als das größte Genie. Er war Präsident der Royal Society (vierundzwanzig Jahre lang), Mitglied des Parlaments und Vorsteher der Münze. Er führte ein Geistesleben, das den Forschern bis heute Unbehagen bereitet; so sehr, daß seine frühen Biographen es verschwiegen. Hinter verschlossenen Türen war Isaac Newton ein Alchemist, der auf Tausenden von Seiten seine Gedanken zu religiösen Fragen und Okkultem detailliert festhielt.

Bei seiner Suche nach dem Stein der Weisen war er erfolglos, nicht aber bei seiner Suche nach dem Geheimnis des Universums, denn Newton gelang, was keinem anderen Astronomen gelungen war: Er erkannte eine einzige Kraft als gleich wirksam am Himmel wie auf der Erde. Zunächst allein, Jahrhunderte später dann zusammen mit der Maxwellschen Theorie des Elektromagnetismus und der kinetischen Wärmeenergie schien die Schwerkraft fast alles zu erklären, bis die von Max Planck und Albert Einstein eingeleitete Quantentheorie das Wirken im Inneren eines Atoms erfaßte. Die große Herausforderung der modernen Physik besteht darin, die Physik Newtons mit dem subatomaren Universum zu verknüpfen.

Isaac Newton, der nach dem damals in England noch gültigen julianischen Kalender am Weihnachtstag 1642 geboren wurde, also dem Jahr, in dem Galilei starb, war der Sohn eines Landwirts, der weder lesen noch schreiben konnte und drei Monate vor der Geburt seines einzigen Kindes starb. Drei Jahre später heiratete Newtons Mutter ein zweites Mal und ließ ihren Sohn bei seiner Großmutter. Im Alter von elf Jahren, nach dem Tod des verhaßten Stiefvaters, kam Newton wieder zu seiner Mutter (die inzwischen drei weitere Kinder hatte). Er besuchte fünf weitere Jahre lang die Schule. Nach einem Streit mit einem Kameraden beschloß er, seinen Gegner durch Schulleistungen auszustechen; er arbeitete sich vom zweitschlechtesten zum besten Schüler der Schule hoch.

Trotzdem verließ er die Schule als Sechzehnjähriger, weil er Landwirt werden sollte. Er verbrachte seine Zeit mit Lesen und vertiefte sich so sehr darin, daß ihm einmal ein Pferd, das er am Zügel führte, unbemerkt entkam, während er weiter den Riemen in Händen hielt.

Nach einem Jahr kehrte Newton zur Schule zurück. Er verliebte

Sir Isaac Newton (1643–1727),
Kupferstich von 1760.
Library of Congress

sich damals in die Stieftochter des Apothekers, bei dem er wohnte. Die Beziehung hatte 1661 ein Ende, als Newton ans Trinity College in Cambridge ging. Viele Jahre später, als Newtons erste Liebe siebzig Jahre alt wurde, erzählte sie einem Biographen davon, der schrieb: »Da ihre Aussteuer bescheiden und er Gelehrter an einem College war, kam eine Heirat gar nicht in Frage.« Soweit wir wissen, war dies die einzige Verbindung, die Newton je einging.

Seht die Sterne, die da lehren
Wie man soll den Meister ehren.
Jeder folgt nach Newtons Plan
Ewig schweigend seiner Bahn.
Albert Einstein

Am Trinity College spielte Newton Karten (nicht besonders gut) und studierte Kepler, Descartes, Galilei und Kopernikus. Er hatte gerade seinen Abschluß gemacht, als 1665 die Pest ausbrach. Die Universität wurde geschlossen, und Newton kehrte nach Lincolnshire zurück.

Auf dem Hof seiner Mutter hielt er ein Glasprisma ins Sonnenlicht, wunderte sich über das dabei entstehende regenbogenfarbige Band und erkannte, daß weißes Licht eine Kombination aller Farben ist. Er erfand die Infinitesimalrechnung, wie auch, unabhängig von ihm, sein späterer Feind Gottfried Wilhelm Leibniz. Eines Tages soll er sich beim Fall eines Apfels gefragt haben, ob die Kraft, die den Apfel zur Erde zieht, nicht auch auf den Mond wirke. Newton erzählt diese Geschichte selbst, aber Historiker haben sie immer wieder angezweifelt. Warum fällt der Mond dann nicht herunter? Warum ist es bei ihm anders als beim Apfel? Der Mond liefe, überlegte er, wenn er nicht von der Erde angezogen würde, auf einer Geraden an der Erde vorbei. Das tut er aber nicht. Newton erkannte, daß für Mond und Apfel dieselben Gesetze galten, daß auf beide dieselbe Kraft wirkte. Das war die Schwerkraft – ein Begriff, den er aber nicht geprägt hatte. Vor Newton sah man jedoch die Schwerkraft als etwas an, was nur auf der Erde wirkte. Niemand verknüpfte sie mit der Kraft, die den Mond um die Erde, die Planeten um die Sonne laufen läßt. Kepler nahm an, daß sich die Planeten um die Sonne drehen, weil eine geheimnisvolle Kraft auf sie wirkte, die ihrem Wesen nach vermutlich magnetisch war.

Newton schaffte den Sprung. Er erkannte, daß die Schwerkraft im Himmel und auf der Erde wirkt und daß sie mit zunehmender Entfernung abnimmt, genauer: daß die Schwerkraft proportional zum Inversen des Quadrats der Entfernung des Körpers vom Erdmittelpunkt ist. Wenn also die Schwerkraft in einer bestimmten Entfernung die Stärke *g* hat, ist sie in der doppelten Entfernung ein Viertel von *g*, bei der dreifachen Entfernung ein Neuntel von *g* und so weiter. Aber seine Rechnungen ergaben nicht den richtigen Wert, wahrscheinlich weil er eine falsche Zahl für den Erddurchmesser einsetzte. Er legte die Gravitationstheorie zur Seite und kehrte nach Cambridge zurück, wo er der Lucasian Professor für Mathematik wurde (die Professur, auf die 1979 Stephen Hawking berufen wurde). Fast zwanzig Jahre lang unternahm er keinen Versuch, seine Gravitationstheorie zu veröffentlichen – möglicherweise fürchtete er sich davor. Er hätte seine Theorie wohl niemals veröffentlicht, wenn nicht ein anderer Astronom ihn dazu gebracht hätte: Edmond Halley, nach dem der Komet benannt ist.

Eines Tages im Januar 1684 unterhielten sich Halley, der Architekt und Wissenschaftler Sir Christopher Wren und der Physiker Robert Hooke über die Bewegungen am Himmel und das Wesen der Kraft, die zwischen der Sonne und den Planeten wirkt. Als Hooke sagte, daß die Anziehung zwischen der Sonne und den Planeten proportional zum Quadrat der Entfernung abnehme (darüber hatte er mit Newton gesprochen), wollte Wren einen Beweis sehen und setzte als Preis ein wertvolles Buch aus. Aber Monate vergingen, und Hooke unternahm nichts. Schließlich ergriff Halley die Initiative und suchte Newton auf; die beiden sahen sich zum ersten Mal. Newton nahm die Herausforderung sofort an und sagte, er könne das Problem lösen. Tatsächlich hatte er es bereits 1666 gelöst.

Aber Newton war mit seinen Aufzeichnungen unzufrieden und versprach Halley, sie zu überarbeiten, seine Theorie aufzuschreiben und ihm zuzusenden. Halley war von der neunseitigen Arbeit beeindruckt und drängte Newton, sie der Royal Society vorzulegen. Daraufhin schrieb Newton in den nächsten anderthalb Jahren die

George Bernard Shaw über Isaac Newton

(in einer Tischrede zu Ehren Albert Einsteins)

Kopernikus bewies, daß Ptolemäus unrecht hatte. Kepler bewies, daß Kopernikus unrecht hatte; Galilei bewies, daß Aristoteles unrecht hatte. An diesem Punkt jedoch wurde die Reihenfolge abgebrochen. Denn die Wissenschaft stand damals zum ersten Mal vor dem unberechenbaren Naturphänomen: dem Engländer. Als Engländer war Newton fähig, erstaunliche geistige Fähigkeiten mit einer Leichtgläubigkeit und Verblendung zu vereinigen, die einem Kaninchen Schande gemacht hätten. Als Engländer nahm er eine geradlinige Welt an, da die Engländer das Wort »viereckig« stets dazu verwenden, um mit ihm Ehrbarkeit, Vertrauenswürdigkeit, kurz, Geradlinigkeit zu bezeichnen. Newton wußte, daß das Universum aus bewegten Himmelskörpern bestand und daß keiner von ihnen sich in gerader Linie bewegte noch bewegen konnte. Durch solche Tatsachen war jedoch kein Engländer zu entmutigen. Um zu erklären, weshalb alle diese Linien in seinem geradlinigen Weltall gebogen waren, erfand Newton eine Kraft, die Gravitation genannt, und schuf damit ein vollständiges britisches Universum, an das dreihundert Jahre lang andächtig wie an eine Religion geglaubt wurde. Das Buch dieser Newtonschen Religion war nicht dieses orientalische magische Ding, das man die Bibel nennt. Es ist das englische Tatsachenbuch, eine Art astronomischer Fahrplan. Es gibt die Standorte aller Himmelskörper an, ihre Entfernungen, die Geschwindigkeit, mit der sie reisen, und die Stunde, in der sie sich vorfinden oder mit der Erde zusammenstoßen. Alles ist genau gesichert, absolut und englisch.

Philosophiae naturalis principia mathematica, das größte wissenschaftliche Buch überhaupt. Die Veröffentlichung stellte sich jedoch als nicht so einfach dar. Die Royal Society, deren Präsident Samuel Pepys war, steckte in Geldnot und wollte deshalb das Versprechen, es zu veröffentlichen, nicht einlösen, zumal Robert Hooke, lange ein Gegner Newtons, behauptete, er habe den Beweis zuerst geführt.

Ralph Waldo Emerson über die Schwerkraft

Wenn die Frucht reif ist, fällt sie. Wenn die Frucht abgefallen ist, fällt das Laub. Der Kreislauf des Wassers ist reines Fallen. Das Gehen der Menschen und aller Tiere ist reines Vorwärtsfallen. Alle unsere Handarbeit und Arbeiten, die Kraft erfordern, wie Brechen, Hacken, Graben, Rudern und so weiter, werden mittels fortwährenden Fallens erreicht, und auch Weltall, Erde, Mond, Komet, Sonne, Sterne fallen für immer und ewig.

Tatsächlich erkennt Newton in dem Buch an, daß Hooke, Wren und Halley ähnliche Gedanken gehabt hatten. Der Streit wurde erst beigelegt und das Buch gedruckt, als Halley eingriff und die Veröffentlichung mit Hilfe einer Erbschaft, die er nach dem Tod seines Vaters machte, finanzierte (was der recht wohlhabende Newton leicht selbst hätte tun können).

Als 1687 die *Principia* schließlich veröffentlicht wurden, war ihre Wirkung enorm. Die drei Bewegungsgesetze und ein einziges allgemeines Gravitationsgesetz erklärten den ganzen Zusammenhang. »Wenn ich weiter gesehen habe«, schrieb Newton, »dann, weil ich auf den Schultern von Riesen stand.« Er vereinigte durch strenge Mathematik und genaue Überlegung Himmel und Erde. Seine Theorie war, wie er sich beeilte zu betonen, keine Hypothese, sondern eine Tatsache. Seit Aristoteles war kein so umfassendes Weltbild geschaffen worden.

Ganz im Gegensatz zu *De Revolutionibus* von Kopernikus wurden die *Principia* gut aufgenommen. Newton wurde berühmt, obwohl er, nach Meinung seines Nachfolgers auf dem Lehrstuhl, »der ängstlichste, vorsichtigste und argwöhnischste Mensch war, dem ich je begegnet bin«.

Aber Newton veranderte sich. Aus dem Einsiedler wurde ein ehrgeiziger Forscher. Als König James II. versuchte, die englischen Universitäten katholisch zu machen, wehrte sich Newton und wurde deshalb ins Parlament gewählt. In London bat er den Philosophen John Locke, ihm eine Stellung als Aufseher der Münze zu verschaffen. Inzwischen führte er seine alchemistischen Versuche weiter.

Er hatte 1692 einen Nervenzusammenbruch. Einige sagten, er sei durch seinen Hund Diamond ausgelöst worden, der eine Kerze umgeworfen habe, wodurch die Arbeit von Jahren in Flammen aufgegangen sei. Aber Newton hatte niemals einen Hund gehabt. (Eine Geschichte, die erzählt, wie er sich um eine Katze und ihre Kätzchen kümmert, ist ebenfalls apokryph.) John Maynard Keynes meint, der Zusammenbruch habe mit dem Tod von Newtons Mutter drei Jahre zuvor zu tun gehabt. Vielleicht hatte sich Newton aber auch bei seinen hartnäckigen Versuchen, aus Blei, Arsen, Antimon und Quecksilber Gold zu machen, versehentlich vergiftet.

Was immer der Grund war, er konnte nicht mehr schlafen, war niedergeschlagen, litt unter Konzentrationsschwäche und Wahnvorstellungen. (Keynes bezeichnete ihn als »gaga«.) Er schrieb an Samuel Pepys: »Ich muß mich von Ihrer Bekanntschaft zurückziehen und kann weder Sie noch meine anderen Freunde je wiedersehen.« Er beschuldigte John Locke, er habe ihn dazu gebracht, sich mit Frauen einzulassen. Trotzdem hielten seine Freunde zu ihm, und er wurde wieder gesund.

Den Rest seines langen Lebens war Newton ein vielbeschäftigter, geselliger und berühmter Mann. Er wurde 1696 Aufseher und später Vorsteher der Münze; er war ein kluger Investor. Nach dem Tod von Robert Hooke 1703 wurde er zum Präsidenten der Londoner Royal Society gewählt, und diese Stellung behielt er für den Rest seines Lebens inne. Er wurde 1705 geadelt und erhielt als erster Wissenschaftler den Titel Sir. Er zog zu seiner hochbegabten Nichte Catherine Barton und ihrem Mann. Catherine, mit großer Wahrscheinlichkeit die Geliebte eines von Newtons

Die Welt und ihr Gesetz
in Nacht verborgen lag,
Gott sprach: »Es werde Newton!«
und es wurde Tag.
Alexander Pope (1688–1744)

Es hielt nicht an:
Der Teufel heulte: »Ho,
Laß Einstein sein!«
Zurück zum Status quo.
J. C. Squire (1884–1958)

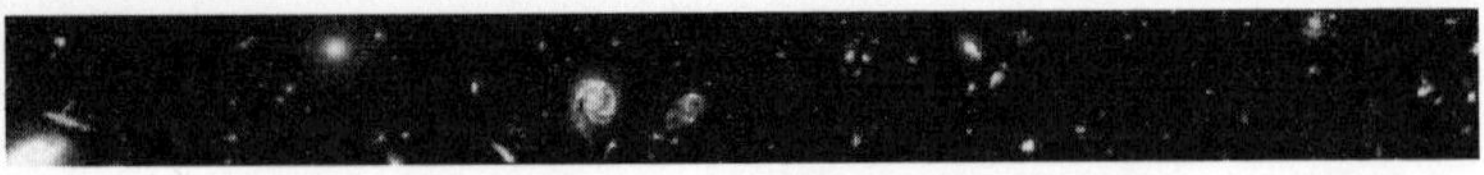

Principia mathematica
und das Gravitationsgesetz

Eine mathematische Gleichung ist für die Ewigkeit. Albert Einstein

Newton schrieb das Buch auf lateinisch. Die drei Grundgesetze der Mechanik lauten in der Übersetzung:

1. *Das Trägheitsgesetz:* Jeder Körper verharrt in seinem Zustande der Ruhe oder der gleichförmigen geradlinigen Bewegung, wenn er nicht durch einwirkende Kräfte gezwungen wird, seinen Zustand zu ändern.

2. *Das dynamische Grundgesetz oder die Newtonsche Bewegungsgleichung:* Die Änderung der Bewegung ist proportional zur Einwirkung der bewegenden Kraft und geschieht in Richtung derjenigen geraden Linie, entlang welcher jene Kraft wirkt.

3. *Das Reaktionsprinzip:* Die Wirkung ist stets der Gegenwirkung gleich, oder: Die Wirkungen zweier Körper aufeinander sind stets gleich groß und von entgegengesetzter Richtung.

Diese drei Prinzipien erlaubten es Newton, die universelle Formel für die Schwerkraft zu finden:

$$F = \frac{G\, m_1\, m_2}{d^2}$$

F *ist die Anziehungskraft zwischen zwei Körpern mit den Massen* m_1 *und* m_2. *Die Entfernung zwischen ihnen ist d und wird quadriert.* G *ist die Gravitationskonstante, die 1798 durch ein Experiment bestimmte wurde. (In internationalen metrischen Einheiten beträgt sie 0,000 000 000 066 73.)*

Freunden, war eine Frau ihrer Zeit und wurde von Jonathan Swift in seinem *Journal to Stella* gepriesen. Der große Wissenschaftler verkehrte in der großen Gesellschaft. Es klingt wie der wohlverdiente Abschluß eines wohlverbrachten Lebens.

Isaac Newton war jedoch in vieler Hinsicht ein widerwärtiger Mensch. Manchmal war er feige. Als beispielsweise ein Kollege wegen seiner religiösen Überzeugungen, die Newton teilte, aber immer geheimgehalten hatte, seinen Beruf verlor, trat der große Mann nicht für ihn ein. Bei anderen Gelegenheiten war er heimtückisch. Er ärgerte sich so sehr über Leibniz, der seine Entdekkung der Infinitesimalrechnung vor ihm veröffentlicht hatte, daß er unter falschem Namen Artikel schrieb, die seine Priorität behaupteten, und unter der Schirmherrschaft der Royal Society einen Bericht herausgab, in dem Leibniz des Plagiats bezichtigt wird; John Flamsteed, der erste Königliche Astronom, verklagte ihn deshalb.

Newton verspritzte sein Gift nicht nur gegen Kollegen. Während seiner Zeit an der Münze trat er dafür ein, daß mehrere Geldfälscher mit dem Tod bestraft wurden. »Wenn die Evolution zu Menschen führt, wie Isaac Newton einer war, wäre das kein Fortschritt«, schrieb Aldous Huxley. »Denn Newton mußte dafür, daß er ein solch überragender Geist war, damit zahlen, daß er unfähig war zu Freundschaft, Liebe und vielen anderen wünschenswerten Dingen. Als Mensch war er ein Versager; als Ungeheuer war er hervorragend.«

Newton sah sich selbst anders: »Ich weiß nicht, wie ich in den Augen der Welt dastehen mag; mir selbst erscheine ich jedenfalls wie ein kleiner Junge, der am Strand spielt und sich damit vergnügt, ab und an einen außergewöhnlich glatten Kiesel oder eine besonders hübsche Muschel zu finden, während der große Ozean der Wahrheit unentdeckt vor mir liegt.«

Uranus

Dann fühlte ich mich wie ein Sterngucker, wenn ein neuer Planet in sein Gesichtsfeld kommt. John Keats

Eines Nachts im März 1781 setzte sich Wilhelm Herschel, Organist und Kantor der Octagon Chapel im englischen Bath eine schwarze Kappe auf, die Licht abhielt, schaute durch ein selbstgebautes Fernrohr und entdeckte eine Welt.

Herschel kannte den Nachthimmel ausgezeichnet. Er war auch ein geschickter Teleskopbauer und durchmusterte gerade mit Hilfe seiner Schwester Caroline zum zweiten Mal den Himmel, als ihn ein unerwarteter Lichtfleck im Sternbild Zwillinge erstaunte. Der Fleck war kein Stern, denn Herschel wußte, daß Sterne durch ein Fernrohr wie Lichtpunkte aussehen, während dieser Himmelskörper bei starker Vergrößerung eine Scheibe zu sein schien. Also vermutete Herschel, einen Kometen gesehen zu haben. Aber im Lauf der Monate wurde seine Bahn nicht länglich, wie die eines Kometen, sondern blieb nahezu kreisförmig – wie die eines Planeten. Innerhalb eines halben Jahres nach der ersten Beobachtung war Herschels Entdeckung als Planet anerkannt.

Dieser erstaunliche Fund war, und daran lag Herschel, kein glücklicher Zufall. »Es wurde allgemein vermutet, daß es ein glücklicher Zufall gewesen wäre, der meinen Blick auf diesen Stern lenkte«, schrieb er. »Das ist ein offensichtlicher Irrtum. In der Regel untersuchte ich jeden Stern am Himmel, nicht nur dieser Größenklasse, sondern auch schwächere. In jener Nacht war die Entdeckung einfach fällig. Ich habe Seite für Seite im großen Buch des Schöpfers der Natur gelesen und mußte so zwangsläufig auf jene Seite stoßen, die den siebten Planeten enthielt.« Als die Bahn berechnet und seine Entfernung bestimmt worden war, stellte sich heraus, daß Uranus doppelt so weit von der Sonne entfernt ist wie Saturn. Die Größe des bis dahin bekannten Sonnensystems hatte sich verdoppelt.

Herschels Leistung wurde sofort anerkannt. Er wurde Mitglied der Royal Society, erhielt die angesehene Copley Medaille, und König Georg III. gewährte ihm einen jährlichen Unterhalt von zweihundert Pfund, der es Herschel ermöglichte, seine Stelle als Musiker aufzugeben. Trotzdem wurde seine Entdeckung angezweifelt. Manche Forscher murrten, sie hätten den Planeten nicht gesehen – ihre Fernrohre waren aber nicht groß genug –, außerdem sei Herschel ein Amateur, ein Musiklehrer. Um seine Glaubwürdigkeit zu beweisen, brachte Herschel im Jahr nach der Entdeckung sein Fernrohr zum König, damit der hindurchsehen konnte, und an das Königliche Observatorium in Greenwich, damit andere Astronomen sich von seiner Stärke und Schärfe überzeugen konnten, was sie auch taten.

Die nächste Aufgabe bestand darin, dem Planeten einen Namen zu geben. Der Präsident der Royal Society forderte Herschel auf,

Sir William Herschel (1738–1822).
Library of Congress

Uranus

- *Entdeckt*
  1781
- *Mittlere Entfernung von der Sonne*
  2 870 000 000 Kilometer
- *Durchmesser am Äquator*
  50 800 Kilometer
- *Durchmesser in Erddurchmessern*
  4,01
- *Masse in Erdmassen*
  14,5
- *Schwerkraft an der Oberfläche im Verhältnis zur Schwerkraft auf der Erde*
  0,91
- *Monde*
  15
- *Länge eines Jahres*
  84,01 Erdenjahre
- *Länge eines Tages*
  17 Stunden 14 Minuten

bald einen Vorschlag zu machen, sonst »werden unsere hurtigen Nachbarn, die Franzosen, uns sicher die Mühe abnehmen, ihn zu taufen«. Ein französischer Astronom schlug tatsächlich einen Namen vor: Herschel. In Deutschland empfahl Johann Elert Bode den Namen Uranus, weil er mythologisch so gut paßte: Uranus war der Vater des Saturn, Saturn war der Vater Jupiters und Jupiter war der Vater der Sonne und aller anderen Planeten (außer der Erde). Die Namensfrage interessierte Herschel nicht besonders, obwohl er schließlich, vielleicht auf Drängen der Royal Society, einen Brief an König Georg schrieb, in dem er einen diplomatischen Vorschlag machte. Falls »in späteren Zeiten einmal gefragt werden sollte, wann dieser neugefundene Planet entdeckt wurde? Dann wäre es eine sehr befriedigende Antwort, wenn man sagen könnte: ›Während der Regierungszeit von König Georg dem Dritten.‹ Dem Philosophen in mir drängt sich deshalb der Name Georgium Sidus auf.«

Man entschied sich nicht schnell genug, und so wurde der Planet unter vielen Namen bekannt. In Deutschland hieß er von Anfang an Uranus, in Frankreich eine Zeitlang Herschel, und in England war er als »Georgian planet« bekannt. Schließlich empfahl 1850 John Couch Adams, der als erster die Position des

Neptun berechnet hatte, den Planeten offiziell Uranus zu taufen. Und so geschah es.

Wie Jupiter, Saturn und Neptun ist auch Uranus ein Gasriese. Sein Durchmesser ist nicht ganz halb so groß wie der des Saturn, aber ungefähr viermal so groß wie der der Erde. Sein felsiger Kern ist von einem eisigen Schlamm aus Wasser, Ammoniak und Methan umgeben, und seine charakteristische Farbe erhält er von einer dichten Atmosphäre aus Wasserstoff, Helium und Methan. Der Planet ist von Wolkenbändern umgeben, in denen Winde mit Geschwindigkeiten von bis zu sechshundert Stundenkilometern wehen. Auf Aufnahmen der NASA sieht Uranus gleichmäßig und ruhig aus, eine aquamarinblaue Murmel hinter Nebelschleiern.

Uranus wird von elf dünnen, dunklen Ringen und fünfzehn Monden umkreist, von denen bis auf zwei alle nach Gestalten aus Shakespeares Dramen benannt sind. Uranus ist in vieler Hinsicht merkwürdig. Auf seiner 84 Erdenjahre währenden Bahn um die Sonne legt er sich auf die Seite, wobei sein Äquator fast senkrecht

Die dunklen schmalen Ringe des Uranus. NASA

auf der Ebene des Sonnensystems steht und seine Pole nicht, wie die der Erde, nach oben und unten aus der Bahnebene herausweisen, sondern fast in ihr liegen. Aufgrund dieser ungewöhnlichen Orientierung dauert ein Tag an den Polen 42 Jahre, und entsprechend ist eine Polnacht 42 Jahre lang. Eine andere Merkwürdigkeit ist, daß das Magnetfeld des Uranus weder parallel zu den Polen noch senkrecht zu ihnen liegt, sondern um einen höchst ungewöhnlichen Winkel von sechzig Grad zur Achse geneigt ist. Vielleicht wurde das Magnetfeld gerade in dem seltenen Zustand entdeckt, in dem es die Richtung wechselte, wie es auf der Erde etwa alle 500 000 Jahre vorkommt. Wahrscheinlicher noch erlebte der Uranus einmal einen spektakulären Zusammenstoß, bei dem ein Objekt von der Größe der Erde auf den Planeten prallte, ihn auf die Seite warf und alles durcheinanderbrachte.

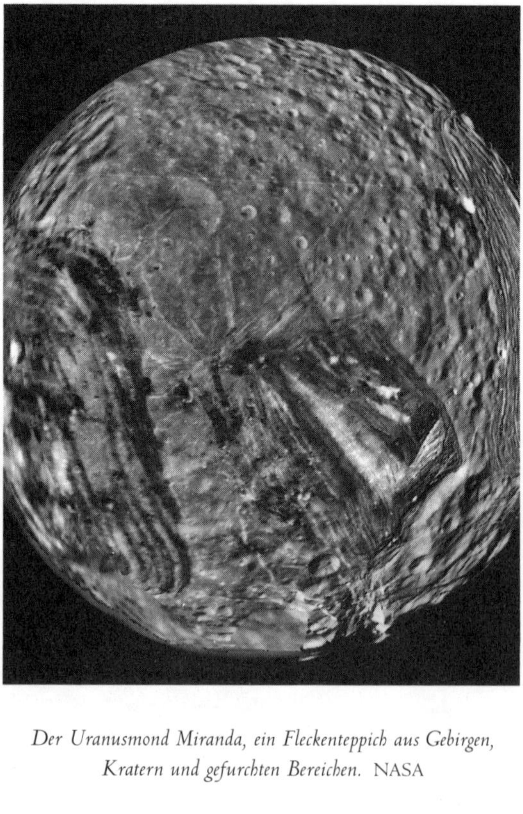

Der Uranusmond Miranda, ein Fleckenteppich aus Gebirgen, Kratern und gefurchten Bereichen. NASA

Anzeichen einer solchen Katastrophe lassen sich auch von der Oberflächengestalt der Monde des Uranus ablesen. Den spektakulärsten, Miranda, entdeckte 1948 der aus Holland stammende amerikanische Astronom Gerard P. Kuiper. Mirandas winzige, steinige Welt mit einem Durchmesser von fünfhundert Kilometern und Felsen, die bis zu fünf Kilometer hoch aufragen, weist eine solche Vielfalt auf, daß Wissenschaftler vermuten, der Mond sei vor langer Zeit von einem herumirrenden Asteroiden getroffen worden, der ihn zerbrechen ließ. Die Bruchstücke fielen wieder zusammen, ohne gut zusammenzupassen; Miranda erhielt eine aufregende Musterung – ein Hinweis auf Gewalteinwirkung im frühen Sonnensystem.

Caroline Herschel

Der Blick der Verklärten war hienieden dem gestirnten Himmel zugewandt; die eigenen Cometen-Entdeckungen, und die Theilnahme an den unsterblichen Arbeiten ihres Bruders, Wilhelm Herschel, zeugen davon bis in die späteste Nachwelt.

Carolina Lukrezia Herschel, Grabspruch

Das Leben von Caroline Herschel (1750–1848) hat in gewisser Weise seine Erfüllung gefunden. Sie wurde in Hannover geboren, wo sie und ihr zwölf Jahre älterer Bruder Wilhelm von ihrem Vater, einem Oboisten, in die Astronomie eingeführt wurden. Der Vater meinte, seine Tochter sei weder schön noch reich genug, um zu heiraten, aber er vermittelte seinen sechs Kindern die Liebe zur Musik und zur Naturwissenschaft. »Ich erinnere mich, daß er mich in einer kalten Nacht auf die Straße führte, um mich mit einigen unserer schönsten Sternenbilder bekanntzumachen, nachdem wir einen Kometen angeschaut hatten, der gerade da sichtbar war«, schrieb sie später. »Und ich erinnere mich gut, mit welcher Freude der Vater meinem Bruder Wilhelm bei dessen ersten wissenschaftlichen Versuchen an die Hand ging.« Sie war sieben Jahre alt, als Wilhelm, Mitglied des Musikkorps des hannoveranischen

Garderegiments, mitten im Siebenjährigen Krieg während der Schlacht von Halstenbeck zu Fuß desertierte und sich nach England durchschlug. Dort fand er eine Stelle als Organist und Kantor an der gerade errichteten Octagon Chapel in Bath.

Als Caroline Herschel sechzehn war, starb ihr Vater, und ihre Mutter zwang sie, den Haushalt zu führen. Sechs Jahre später holte Wilhelm sie nach England. Dort erhielt sie ein genaues Verzeichnis ihrer Aufgaben. Schon an ihrem zweiten Tag in Bath begann der Unterricht in Englisch und Arithmetik, und danach »sprachen wir von Astronomie und den herrlichen Sternbildern, die ich nachts während der Reise durch Holland kennengelernt hatte«.

Caroline erhoffte sich eine Karriere als Sängerin und erhielt auch Anerkennung für ihre Leistungen. Aber Wilhelms astronomi-

Caroline Herschel (1750–1848).
Yerkes Observatory, University of Chicago

sche Interessen hatten den Vorrang. Neben dem Musikunterricht und der Arbeit als Organist und Kantor baute er Fernrohre. (»Mit Betrübnis sah ich fast jeden Raum in eine Werkstatt verwandelt«, bemerkte Caroline.) Er verbrachte jeden klaren Abend mit der Beobachtung der Sterne und machte Caroline zu seiner Assistentin. Sie polierte Linsen, baute Modelle der großen Teleskope, die er sich ausdachte, half ihm bei der Beobachtung und sorgte dafür, daß er nicht vergaß zu essen. Das war eine Vollzeitbeschäftigung: »Wenn es nicht gelegentlich eine bewölkte oder Vollmondnacht gegeben hätte, wüßte ich nicht, wann mein Bruder (oder ich) je etwas Schlaf bekommen hätten.«

Nachdem Herschel 1781 durch die Entdeckung des Uranus berühmt geworden war, gab er die Musik auf und widmete sich, vom König mit zweihundert Pfund im Jahr unterstützt, ganz der Himmelssphäre. Caroline erhielt 1787 in Anerkennung ihrer eigenen Verdienste als Astronomin eine eigene jährliche Zahlung von fünfzig Pfund. Im Jahr darauf heiratete der inzwischen fünfzigjährige Herschel Mary Pitt, eine reiche Witwe. Es fiel Caroline zunächst nicht leicht, ihren »Posten als Haushälterin« einer anderen zu überlassen, aber die beiden Frauen arrangierten sich, und Caroline hatte zeitlebens eine besonders enge Beziehung zu ihrem Neffen John, Herschels einzigem, 1792 geborenen Kind.

Caroline beobachtete mit und ohne ihren Bruder in jeder »sternklaren Nacht auf nassem oder mit Rauhreif bedecktem Gras, ohne daß ein menschliches Wesen in Reichweite war«, und blieb bis zu seinem Tod 1822 seine treue Helferin. Ein französischer Naturkundler, der Herschel 1784 besuchte, beschreibt folgendes: »Die Sternwarte ist in einem Garten ... Wenn Herr Herschel nach einem, sagen wir, Nebel oder einem Stern der schwächsten Größenklasse sucht, ruft er vom Garten aus seine Schwester, die sofort ans Fenster kommt und unter Hinzuziehung einer ihrer großen handgeschriebenen Tabellen vom Fenster aus ruft: ›Nahe beim Gamma Stern‹ oder ›Zum Orion hin‹ oder eine andere Anweisung. Wahrhaftig könnte nichts rührender und gefälliger sein als diese Zusammenarbeit, dieses direkte Verfahren.«

Caroline schrieb über ihrer beider Verhältnis: »Ich habe nichts für meinen Bruder getan, als was ein gutabgerichtetes Hündchen getan hätte, das heißt, ich tat, was er mir befahl. Ich war ein bloßes Werkzeug, das zu schleifen er sich Mühe gab.« Aber Caroline war mehr als die Helferin ihres Bruders. Sie überarbeitete John Flamsteeds Sternkatalog, schrieb einen Katalog der Nebel (sie war bei seiner Fertigstellung 75 Jahre alt) und entdeckte siebzehn Nebel und viele Sternhaufen. Sie war auch die erste Frau, die einen Kometen entdeckte. Insgesamt fand sie acht.

Nach Wilhelms Tod kehrte sie nach Deutschland zurück, wo sie weitere 26 Jahre lebte und einen regen Briefwechsel mit ihrem Neffen, der ebenfalls Astronom geworden war, und anderen bedeutenden Wissenschaftlern führte. Sie erhielt im Alter von 78 Jahren die Goldmedaille der Royal Astronomical Society, wurde im Alter von 86 Jahren in die Irische Königliche Akademie gewählt und erhielt zehn Jahre später in Anerkennung ihrer wissenschaftlichen Leistungen vom König von Preußen eine Goldmedaille für Wissenschaft. Sie starb im Alter von 97 Jahren in ihrer Heimatstadt Hannover. Ein Mondkrater trägt ihren Namen.

Die Titius-Bodesche Reihe – eine Formel, die nicht stimmte

Diese Formel ist kein Gesetz, sondern eher ein Trick, und noch dazu einer, der nicht immer gelingt. Aber die sogenannte Titius-Bodesche Reihe hat bei der Entdeckung der Asteroiden und sogar der Planeten eine wichtige Rolle gespielt.

Sie wurde von Johann Daniel Titius (1729–1796) erfunden, einem Mathematikprofessor in Wittenberg, der ein Buch des Schweizer Naturforschers Charles Bonnet übersetzte, das die göttlich inspirierte Ordnung der Natur pries. Zur Veranschaulichung von Bonnets These fügte Titius – ein aufdringlicher Herausgeber – einen Abschnitt über die Planeten hinzu, in dem er zeigte, daß ihre in astronomischen Einheiten ausgedrückten Entfernungen von der Sonne einer festen Formel gehorchen (die Astronomische Einheit [AE] entspricht der Entfernung zwischen Erde und Sonne). Die Formel lautet so: Man beginne eine Zahlenfolge mit 0, addiere 3 und verdopple dann jede Zahl. Auf diese Weise ergibt sich 0–3–6–12–24–48 und so weiter. Zu diesen Zahlen addiere man jeweils 4 und dividiere das Ergebnis durch 10. So ergibt sich die Folge: 0,4–0,7–1–1,6–2,8–5,2–10–19,6–38,8. (1 entspricht einer Astronomischen Einheit.)

Ausgangsreihe	4 addiert	durch 10 dividiert
0	4	0,4
3	7	0,7
6	10	1
12	16	1,6
24	28	2,8
48	52	5,2
96	100	10
192	196	19,6
384	388	38,8

Erstaunlicherweise geben die ersten sieben Zahlen in der letzten Spalte, als astronomische Einheiten betrachtet, grob die Entfernung zwischen der Sonne und jedem der bekannten Planeten an – mit einer Ausnahme: bei 2,8 AE klafft eine Lücke.

Als Titius seine Übersetzung von Bonnets Buch *Contemplation de la nature* veröffentlicht hatte, geriet diese Formel mit dem Buch in Vergessenheit. Dabei wäre es auch geblieben, wenn nicht der Direktor der Berliner Sternwarte Johann Elert Bode (1747–1826) sie dort aufgespürt hätte. Bode veröffentlichte 1772 die zweite Auflage einer von ihm geschriebenen Einführung in die Astronomie, in der er diese Reihe aufführte, ohne Bonnet oder Titius zu erwähnen. Auch ihn störte die Lücke bei 2,8 AE, und deshalb schlug er vor, in dieser Entfernung nach einem Planeten zu suchen.

Neun Jahre später entdeckte Wilhelm Herschel Uranus bei 19,18 AE – in einer Entfernung, die der von der Formel vermuteten (19,6) so nahe war, daß die Regel bestätigt schien. Als Bode drei Jahre nach der Entdeckung des Uranus darüber schrieb, gab er auch den Urheber der Regel an und äußerte wieder seine Zuversicht, daß es zwischen Mars und Jupiter bei etwa 2,8 AE einen Himmelskörper geben müsse.

Er hatte recht. Am 1. Januar 1801 entdeckte Piazzi Ceres, den ersten und größten der Asteroiden, der in einer Entfernung von 2,77 AE um die Sonne kreist – nahe genug an 2,8 AE, um die Reihe wiederum zu bestätigen. Die Bahn des Ceres entspricht erstaunlich gut dem Mittel aller bis heute gefundenen Asteroidenbahnen, die bis zu dreißig Prozent davon abweichen.

Die 1766 bekannten und später entdeckte Planeten	Von Bode vorhergesagte Entfernung von der Sonne (in AE)	Tatsächliche Entfernung von der Sonne (in AE)
Merkur	0,4	0,39
Venus	0,7	0,72
Erde	1,0	1,0
Mars	1,6	1,52
Asteroiden (seit 1801 entdeckt)	2,8	2,77
Jupiter	5,2	5,20
Saturn	10,0	9,54
Uranus (1781)	19,6	19,18
Neptun (1846)		30,06
Pluto (1930)	38,8	39,44
?	77,2	

Die Astronomen machten eifrig von der Regel Gebrauch, als sie Neptun suchten, der sich aber als eine Anomalie des Systems erwies, denn er war wesentlich sonnennäher als erwartet. Pluto jedoch hatte, als er 1930 entdeckt wurde, etwa die vorhergesagte Entfernung.

Man könnte heute wohl nur noch schwerlich einen Wissenschaftler finden, der die Titius-Bodesche Reihe für ein unveränderliches Naturgesetz hielte. Sie hatte jedoch aus unerklärlichen Gründen nicht wenig Vorhersagekraft. Wenn die Regel allzu mathematisch aussieht (wie Hegel meinte, der Einwände gegen die philosophischen Folgerungen erhob), mag es beruhigend sein zu hören, daß Bode, dessen Spekulationen über diesen Punkt im wesentlichen kantianisch waren, ihr nicht nur Aussagekraft über die Entfernungen der Planeten, sondern auch über die Spiritualität ihrer Bewohner zuschrieb: Danach sind Marsianer heiliger als die Erdbewohner, die wiederum Gott näher sind als die Venusianer.

Neptun

Anderthalb Milliarden Kilometer jenseits von Uranus liegt Neptun, der kleinste Riese. Gestreift und mit kristallinen Wolken bedeckt, schön wie die Erde und noch viel blauer, scheint der Planet in einem unendlichen, grünlich schimmernden Meer zu baden,

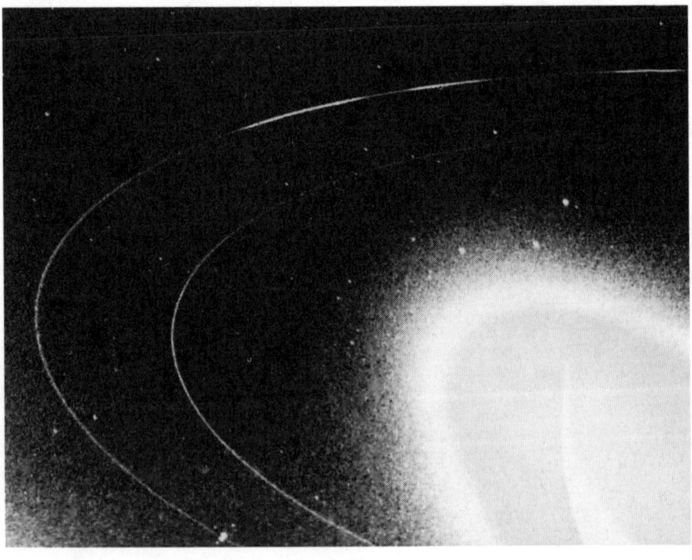

Die Ringe des Neptun. Voyager 2 war etwa eine Million Kilometer von Neptun entfernt, als diese Aufnahme mit einer Belichtungszeit von 111 Sekunden entstand. NASA

einer Karibik ohne Inseln. Dazu paßt, daß er nach dem griechischen Meeresgott heißt, dem mit einem Dreizack bewehrten Poseidon, den die Römer Neptun nannten.

Aber er ist kein Meer. Er ist ein Gasball. Ein felsiger Eisenkern steckt in einer Hülle aus ionisiertem Wasser, Ammoniak und Methaneis, die wiederum von einer kalten (minus 213 Grad Celsius) Atmosphäre von Wasserstoff, Helium und Methan umgeben wird. Um Neptun rasen die schnellsten Winde des Sonnensystems. Seine Oberfläche – weder so kompliziert wie die von Jupiter oder Saturn noch so gleichförmig wie die von Uranus – wird markiert vom Großen Dunklen Fleck, einem dunklen, ovalen Wirbelsturm mit weißen Wolken aus Methankristallen und fast so groß wie die Erde; vom Kleinen Dunklen Fleck, der fast so groß ist wie unser Mond; und einem weißen Fleck, dem »Renner« oder »Motorroller«, der so umläuft, daß er die anderen Stürme um den Pla-

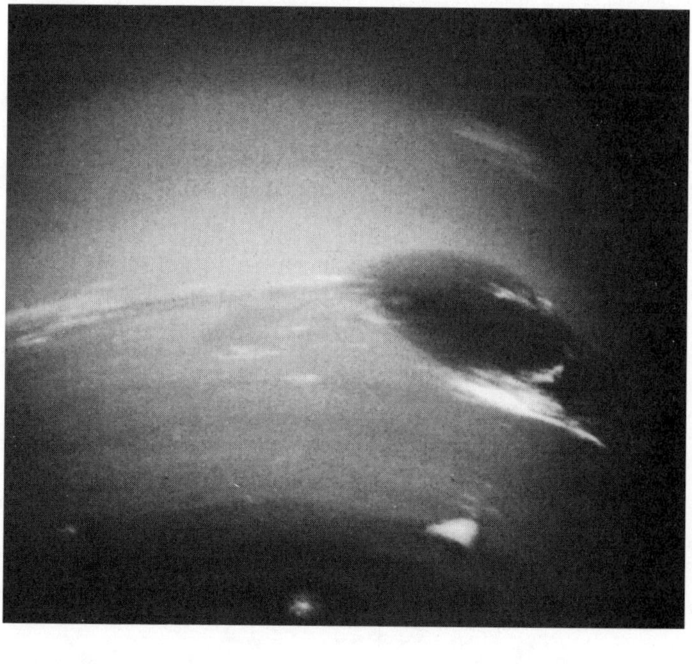

Neptun. Der Große Dunkle Fleck mit seinen Methanwolken ist gut sichtbar.
NASA

Neptun

- *Entdeckt*
  1846
- *Mittlere Entfernung von der Sonne*
  4496 Millionen Kilometer
- *Durchmesser am Äquator*
  49 200 Kilometer
- *Durchmesser in Erddurchmessern*
  3,89
- *Masse in Erdmassen*
  17,13
- *Schwerkraft an der Oberfläche im Verhältnis zur Schwerkraft auf der Erde*
  1,18
- *Monde*
  8
- *Länge eines Jahres*
  164,79 Erdenjahre
- *Länge eines Tages*
  16 Stunden 3 Minuten

neten zu jagen scheint. Wie Uranus hat Neptun ein eigenartiges Magnetfeld, das den Planeten unter einem ungewöhnlichen Winkel von 47 Grad durchsetzt. Es wird nicht wie das irdische von geschmolzenem Metall erzeugt, sondern von Wasser, das so heiß ist (2200 Grad Celsius) und unter so großem Druck steht, daß es Elektrizität gut leitet. Neptun wird von mindestens fünf kaum sichtbaren Ringen umgeben, von denen einer drei kurze helle Bögen aufweist, die Liberté, Egalité und Fraternité heißen. Auch Neptun hat, wie alle gasförmigen Planeten, viele Monde. Von den acht namentlich bekannten wurden sechs am 25. August 1989 entdeckt, als Voyager 2 am blauen Planeten vorbeiflog. Der größte von ihnen hat einen Durchmesser von vierhundert Kilometern, während der Durchmesser des kleinsten nur fünfzig Kilometer beträgt, weshalb manche Astronomen gerne von »Möndchen« sprechen. Neuere Ergebnisse lassen vermuten, daß die Ringe mit bis zu tausend dieser winzigen Monde besetzt sind. Vor dem historischen Besuch der Voyager-Sonde waren nur zwei Monde bekannt; Nereid, der 1949 von Gerard P. Kuiper entdeckt wurde (Kuiper entdeckte auch den Uranusmond Miranda) und Triton, der bei weitem größte Neptunmond mit einem Durchmesser von 2700 Kilometern, der 1846 von William Lassell entdeckt wurde, einem Bierbrauer, der aus Liebhaberei Teleskope baute.

Triton, ein Mond wie eine Melone

Triton, der Sohn des Neptun, war ein Meeresgott, teils Mann und teils Fisch, der die Meeresstürme mit einer Muschel beruhigte, die er als Trompete benutzte. Der Mond, der seinen Namen trägt, ist keine friedliche Welt. Die Astronomen hatten erwartet, daß der größte der acht bekannten Trabanten des Neptun wie die meisten anderen Monde des Sonnensystems voller Krater und tot sei. Aber auf Triton trifft das nicht zu.

Für einen geübten Betrachter hat er wenig Ähnlichkeit mit anderen Monden. Zwischen seinen blassen, pfirsichfarbenen Polkappen, die aus mit Kohlenwasserstoffen getöntem Stickstoffeis bestehen, liegen Krater, die gefüllt und geglättet wurden, als

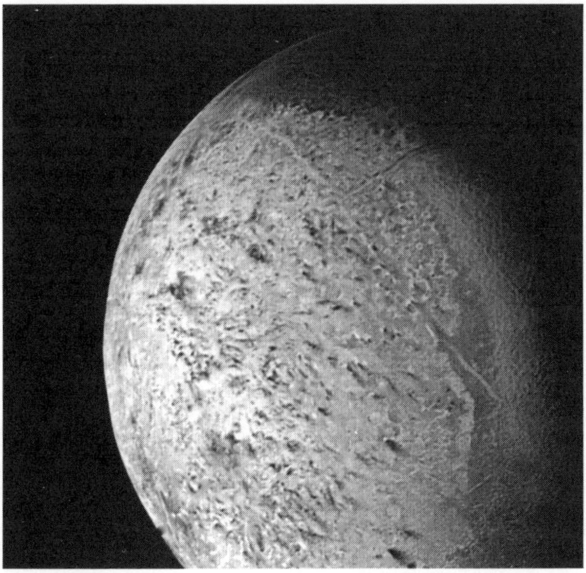

Triton, Neptuns größter Mond. NASA

Schlamm aus Ammoniak und Wasser durch die Oberfläche brach, die Kraterbecken überflutete und gefror. Seine fleckige Oberfläche wird gewöhnlich mit der Schale einer Netzmelone verglichen. Nirgendwo sonst gibt es eine solche Melonenlandschaft.

Triton umkreist seinen Planeten auch nicht wie gewöhnliche Monde. Die großen Monde von Jupiter, Saturn und Uranus laufen auf der Äquatorebene ihrer Planeten. Triton aber läuft rückwärts unter einem Winkel, der zum Äquator stark geneigt ist.

Triton ist der kälteste Ort im Sonnensystem. Die Wärme der Sonne, die aus dieser Entfernung wie ein allerdings augenblendend helles Scheibchen am dunklen Himmel aussieht, ist zu schwach, um den Mantel aus gefrorenem Stickstoff zu schmelzen. Aber unter der gefrorenen Oberfläche erzeugt der felsige Kern winzige Mengen radioaktiver Wärme. Wenn sich diese Wärme mit der Wärme der schwachen Sommersonne vereinigt, wird ein Teil von dem Eis unter der Oberfläche zu Gas. Es baut sich Druck auf, bis sich schließlich Schwaden aus Gas und Schutt einen Weg durch die gefrorene Oberfläche bahnen und wie ein riesiger Geysir acht Kilometer hoch in die äußerst dünne Atmosphäre sprudeln. Triton ist voll solcher Geysire.

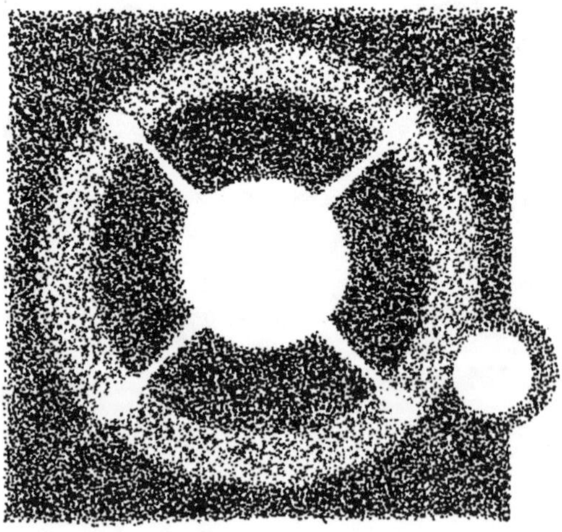

Eine Zeichnung von Neptun und Triton.
Hannah Berman

Die Geschichte der Entdeckung Neptuns

Eine Entdeckung, die mit dem inneren Auge gemacht wurde, in Bereichen, in die der Blick nicht eindringen konnte.
Johann Heinrich von Mädler

Am 28. Dezember 1612 zeichnete Galilei ein Bild von Jupiter, seinen Monden und einem nahen »Fixstern« achter Größe, den wir heute als Neptun identifiziert haben. Einen Monat später bemerkte er, daß der »Stern« sich bewegt hatte. Ihm kam gar nicht der Gedanke, daß der ferne Lichtfleck ein Planet sein könnte, deshalb gebührt ihm nicht die Ehre der Entdeckung. Offiziell wurde der Planet erst 1846 entdeckt. Trotzdem war Galilei zweifellos der erste, der ihn gesehen hat.

Es ist umstritten, wer sein offizieller Entdecker war. Die Existenz eines weiteren Planeten wurde schon lange vor Neptuns Entdeckung vermutet, weil Uranus immer wieder von seiner vorhergesagten Bahn abwich. Es gab mehrere Hypothesen, die das erklären sollten, von denen die pausibelste annahm, die Bahn des Uranus werde durch die Schwerkraft eines unbekannten Planeten gestört. Aber obwohl es Vorhersagen für seine Position gab, fühlte sich kein einziger Astronom, bemüßigt, nach ihm zu suchen.

Eine Hauptrolle in diesem Drama spielte John Couch Adams (1819–1892), ein hochbegabter Student der Mathematik in Cambridge, der sich kurz nach seinem 22sten Geburtstag entschloß, den unbekannten Planeten zu suchen. Dazu hatte ihn ein 1834 erschienenes Buch von Mary Somerville angeregt. (Somerville war eine der ersten beiden Frauen – die andere war Caroline Herschel –, die zu Mitgliedern der englischen Royal Astronomical Society berufen wurden; sie wurden Ehrenmitglieder, weil sie sonst das Abstimmungsrecht gehabt hätten, was ihnen als Frauen nicht zustand.)

Nach dem Abschluß seines Studiums 1843 begann Adams, das Problem mit Hilfe der Mathematik in Angriff zu nehmen; seine mathematischen Kenntnisse lagen weit über dem üblichen Niveau. Aber Adams mußte seine astronomische Arbeit auf die Ferien beschränken, denn während des Schuljahres gab er Privatunterricht, um seinen Eltern, Gutspächtern mit sechs weiteren Kindern, die Ausgaben für seine Ausbildung zurückzuzahlen. Er bat jedoch James Challis, den Direktor des Cambridge Observatory, ihm Beobachtungsdaten zur Verfügung zu stellen. Challis leitete die Bitte an den Königlichen Astronom Sir George Airy (1801–1892) weiter, einen selbstgefälligen und argwöhnischen Mann.

Airy wollte die Bitte von Adams direkt hören. Aber Adams, als Tutor unabkömmlich, reagierte nicht sofort. Außerdem hatte er im September 1845 genaue Zahlen für die Lage des geheimnisvollen Planeten errechnet. Er übergab diese Zahlen Challis, der ihm nahelegte, sich direkt mit Airy in Verbindung zu setzen.

Adams versuchte es. Er sandte Airy seine Ergebnisse und bemühte sich um einen Besuchstermin. Beim ersten Versuch war der königliche Astronom in Frankreich. Das zweite Mal hinterließ Adams eine Nachricht, die Airys Frau offenbar auszurichten vergaß. Als Adams einige Stunden später zurückkam, sagte ihm der Diener, Airy sei gerade beim Essen und könne nicht gestört werden. Adams fühlte sich zurückgewiesen und ging.

Obwohl Airy Adams' Ergebnisse kannte, fing er nichts damit an, weil ihm die ganze Sache nicht behagte. Er fand einfach keinen Gefallen an der Vorstellung, mit mathematischen Überlegungen zu beginnen und die Vorhersagen durch die Beobachtung zu bestätigen, weil es seiner Meinung nach genau andersherum sein müßte. Außerdem glaubte er, daß die Schwerkraft jenseits von Saturn aufhörte, während Adams Arbeit, die fest auf die Newtons aufbaute, die Allgegenwart der Schwerkraft voraussetzte. Und zudem war er gegen Adams eingenommen, weil dieser keinen gesellschaftlichen Status hatte. Trotzdem gab er die Information an den Liebhaberastronomen William Lassell weiter, der nicht nach dem Planeten suchte, weil er mit einem verstauchten Knöchel im Bett lag. (Lassell entdeckte 1846 den ersten Neptunmond Triton. Als er meinte, er habe einen Ring um den Planeten gesehen, wurde seine Beobachtung abgetan, bis Voyager 2 die Existenz von schwachen Ringen um den Planeten bestätigte.)

Im November 1845 schließlich erhielt Adams eine Nachricht

von Airy, der ihm aber nur Fragen stellte. Noch immer hatte er sich nicht die Mühe gemacht, den Himmel abzusuchen. Adams beschloß, seine Zahlen nachzurechnen, und antwortete nicht sofort. Airy war gekränkt. Inzwischen bewegte sich Neptun unentdeckt in fast genau den von Adams vorhergesagten Positionen um die Sonne.

Ähnliches spielte sich in Frankreich ab, wo Urbain Jean Joseph Leverrier (1811–1877) der Pariser Akademie der Wissenschaften 1845 eine Reihe von Arbeiten vorlegte, in denen er behauptete, die Störungen in der Bahn des Uranus würden von einem unbekannten Planeten verursacht, dessen Position er errechnet habe. Die von ihm vorhergesagte Position unterschied sich von der Adams um nur ein Grad. Aber auch in Frankreich suchte niemand nach dem Planeten.

Bald darauf fand die Arbeit von Leverrier ihren Weg nach Amerika, und ein Astronom am Naval Observatory in Washington bat um die Erlaubnis zur Suche. Sie wurde ihm versagt.

Inzwischen hörte Airy von Leverriers Berechnungen, die er aufregend fand, denn im Gegensatz zu Adams war Leverrier ein bekannter Mann. Airy teilte James Challis, John Herschel und einer Reihe anderer Wissenschaftler mit, daß die Entdeckung eines neuen Planeten bevorstehe, wobei er aber Adams mit keinem Wort erwähnte. Er nahm keine Verbindung mit ihm auf, und auch bei einer zufälligen Begegnung an der Universität sagte Airy Adams gegenüber nichts von den Entwicklungen in Frankreich.

Wohl aber erzählte Airy einem früheren Professor von den Vorgängen. Der war schockiert, daß noch kein Versuch gemacht worden war, den fehlenden Planeten zu suchen und drängte Airy zum Handeln. Airy sagte Challis, er solle nach dem Planeten suchen. Challis schob die Suche weitere anderthalb Wochen lang auf, und dann beschloß er, volle dreißig Grad des Himmels abzusuchen, statt das Fernrohr sofort auf den von Adams vorgeschlagenen Punkt einzustellen.

Inzwischen verbesserte Adams seine Berechnungen abermals und sandte sie an Airy, der sich gerade in Wiesbaden aufhielt. Schließlich beschloß Adams, für sich selbst zu sprechen und seine

Ergebnisse der British Association for the Advancement of Science vorzulegen, kam aber erst am Tag nach der Sitzung über Astronomie in Southampton an. Noch immer war es ihm nicht gelungen, eine größere Sternwarte von der Notwendigkeit der Suche zu überzeugen.

Leverrier hatte ähnliche Probleme. Als weder in England noch in Frankreich, noch in den USA hinreichend Interesse für die Suche nach dem fernen Planeten bestand, nahm Leverrier eine Dankesschuld an seinen Berliner Kollegen Johann Gottfried Galle, der ihm ein Jahr zuvor eine Kopie seiner Dissertation gesandt hatte, zum Anlaß, auch ihm seine Daten mitzuteilen: »Im Augenblick suche ich nach einem ausdauernden Beobachter«, schrieb er, »der bereit ist, einige Zeit zu opfern, um eine Stelle am Himmel zu überprüfen, an der es möglicherweise einen neuen Planeten zu entdecken gibt.«

Galle bat sofort nach Erhalt des Briefes den Direktor der Sternwarte, Johann Franz Encke, um die Erlaubnis zur Suche und erhielt sie. Am selben Abend machten er und der Student Heinrich d'Arrest sich an die mutmaßlich äußerst mühsame Durchmusterung, die sich zunächst auch beschwerlich anließ. Glücklicherweise kamen sie dann auf die Idee, den Korrekturbogen einer ausgezeichneten neuen Himmelskarte zu nehmen, die zufällig in der Sternwarte lag, und mit deren Hilfe fanden sie schon nach einer Stunde den unbekannten Himmelskörper genau an dem Ort, an dem Adams und Leverrier ihn beide vermutet hatten. Am folgenden Tag konnten sie bestätigen, daß es sich um einen Planeten handelte. (Die Entdeckung wurde übrigens mit einem Instrument aus den Fraunhofer-Merzschen Werkstätten gemacht, das heute im Deutschen Museum in München steht.)

Dann stellte sich die Frage, wie der Planet heißen solle. Galle schlug den Namen Janus vor. Leverrier befürwortete ursprünglich Neptun, einen Namen, den, wie er fälschlich behauptete, das französische Bureau des Longitudes gewählt hatte. Aber nach sorgfältiger Überlegung beschloß er, der Planet müsse seinen eigenen Namen tragen und überredete den Astronomen François Arago, der Pariser Akademie der Wissenschaften diesen Vorschlag zu machen.

Schließlich einigten sich die Wissenschaftler auf seinen ersten Vorschlag und nannten den Planeten Neptun.

In England waren Airy und Challis eifrig bemüht, sich einen Anteil an der Entdeckung zu sichern. Airy, dessen Abneigung gegen Adams keine Grenzen kannte, schrieb an Leverrier: »Zweifellos werden Sie als der anerkannt werden, der den Ort des Planeten vorhersagte.« John Herschel jedoch veröffentlichte einen Artikel, in dem er Adams' Verdienst anerkannte. Das verärgerte die Franzosen, die das Gefühl hatten, die Engländer wollten die Bedeutung der französischen Entdeckung schmälern, indem sie sie für sich in Anspruch nahmen. Adams und Leverrier selbst ließen sich auf diese Zwistigkeiten nicht ein; sie wurden rasch Freunde, als sie sich bei einem Fest, das John Herschel für sie gab, kennenlernten. Die ganze Episode, eine enttäuschende Fallstudie der menschlichen Seite der Wissenschaft, wurde in den Namen der Neptunringe verewigt, zu denen auch Leverrier, Adams und Galle gehören.

Pluto

Wenn es im Leben gerecht zuginge, hätte Percival Lowell (1855–1916) Pluto entdeckt. Neptun konnte die Merkwürdigkeiten der Bahn des Uranus nicht ganz erklären, und Lowell vermutete die Existenz noch eines weiteren Planeten. Zwischen 1905 und 1907 untersuchte er Tausende von photographischen Platten, aber Planet X, wie er ihn nannte, entging ihm.

Er entging 1919 auch Milton Humason. Humason hatte die Schule als Vierzehnjähriger vorzeitig verlassen und brachte es vom Maul-

Clyde Tombaugh (1906–1997). Lowell Observatory

tiertreiber und Hausmeister zum Astronomen. Er suchte auf Bitten von Lowells Rivalen Pickering kurze Zeit nach dem Planeten und hätte ihn auch gefunden, wenn nicht die Photoplatte genau an der entscheidenden Stelle einen winzigen Fehler aufgewiesen hätte.

1929, dreizehn Jahre nach Lowells Tod, betrat Clyde Tombaugh die Szene. Er beschrieb sich selbst als »Bauernsohn und Amateurastronom ohne Universitätsstudium«, wollte aber gern Professor werden. Ein Weg dahin zeichnete sich ab, als das Lowell Observatory, dem er einige Zeichnungen von Mars und Jupiter zugesandt hatte, nach jemandem suchte, der mit einem neuen Teleskop arbeiten sollte. (Die Sternwarte konnte sich keinen Berufsastronomen leisten.) Tombaugh nahm die Stelle an und bürdete sich damit eine wahrhaft elende Arbeit auf; er mußte Himmelsaufnahmen miteinander vergleichen, die in verschiedenen Nächten von demselben Sternenfeld gemacht worden waren, um zu sehen, ob sich in der betreffenden Gegend etwas verändert hatte. Jede Aufnahme wies bis zu 400 000 Lichtflecken auf, von denen die meisten Sterne oder Galaxien waren, die sich wegen ihrer großen Entfernung anscheinend nicht bewegen. Tombaughs Aufgabe war es, Punkte zu suchen, die sich bewegen, dann

Pluto

- *Entdeckt*
  1930
- *Mittlere Entfernung von der Sonne*
  5946 Millionen Kilometer
- *Durchmesser am Äquator*
  2338 Kilometer
- *Durchmesser im Verhältnis zum Erddurchmesser*
  0,18
- *Masse im Verhältnis zur Erdmasse*
  0,0025
- *Schwerkraft an der Oberfläche im Verhältnis zur Schwerkraft auf der Erde*
  0,05
- *Mond*
  1
- *Länge eines Jahres*
  247,69 Erdenjahre
- *Länge eines Tages*
  6,39 Erdentage

alle Kometen, Asteroiden oder Veränderlichen herauszunehmen, um durch dieses Ausschlußverfahren endlich den fehlenden Planeten zu finden und zu identifizieren.

Tombaugh nahm für diese Arbeit einen von Zeiss in Jena gefertigten Blinkkomparator zu Hilfe, der es dem Beobachter ermöglicht, zwei nahezu identische Himmelsaufnahmen zu vergleichen, indem er sie in rascher Folge beleuchtet. Dem Auge, das die beiden Bilder abwechselnd wahrnimmt, erscheinen die Orte von Sternen und Galaxien unverändert, während alles, was sich bewegt, vor und zurückzuspringen scheint. Die Hunderttausende Nadelstiche von Licht auf jeder Aufnahme waren fast alle heller als Pluto. Tombaugh schaute sich alle einzeln an.

Am 18. Februar 1930 sah er im Sternbild Zwillinge ein schwaches Licht hin und herspringen, nur sechs Grad von der von

Mars, Jupiter, Saturn und Pluto. Pluto wurde mit dem Fünf-Meter-Hale-Telescope photographiert, die anderen mit dem zweieinhalb-Meter-Spiegel. Hale Observatories

Lowell vorhergesagten Position entfernt. »Das ist er«, dachte Tombaugh. Die Entdeckung wurde am 13. März 1930 bekanntgegeben, dem 75sten Geburtstag von Percy Lowell und dem 149sten Jahrestag von Herschels Entdeckung des Uranus.

Warum hatte Lowell den Planeten nicht entdeckt? Ein Grund ist, daß Pluto winzig ist und seine Masse, wie Tombaugh einmal sagte, »schockierend klein« sei. Außerdem ist er so weit weg, daß Teleskope keine Einzelheiten auf seiner Oberfläche erkennen können.

Ein anderer Grund ist, daß Lowell erwartete, der Planet würde nahe an der Ekliptik sein, der Ebene, in der die Bahnen der anderen Planeten liegen. Aber Plutos Bahn ist volle siebzehn Grad zur Ekliptik geneigt – zehn Grad mehr als die des Merkur, der die zweitgrößte Neigung hat. Tombaugh hatte das Glück, daß Pluto zu Beginn seiner Suche näher an der Ekliptik war als zu Lowells Zeit.

Aber Tombaughs Erfolg beruhte vor allem auf seinen beharrlichen Bemühungen mit dem Blinkkomparator. Die Arbeit war anstrengend. »Ich war mit nichts zufrieden, bevor es vollkommen war«, erinnerte er sich. »Wenn ich Getreide und Mais säte, mußten die Furchen pfeilgerade sein, oder ich war unglücklich. Später mußte jeder verdächtige Lichtpunkt, ganz gleich wie schwach, untersucht werden ... Es war die mühsamste Arbeit, die ich je getan habe.« Er wurde für seine Entdeckung mit einem Universitätsstipendium belohnt und wurde später Astronomieprofessor an der University of New Mexico.

Ironischerweise wurde Pluto zwar aufgrund von Lowells Vorhersagen gefunden, aber er ist so winzig, daß er die Bahn des Uranus gar nicht so beeinflussen kann, wie Lowell vermutet hatte; anders gesagt, Lowells Berechnungen stimmten gar nicht. Tombaugh schrieb Jahre später, daß die Entdeckung von Pluto »auf einer bemerkenswerten Kette von Zufällen beruhte, die mehrere Jahrzehnte umfaßten und vom Schicksal diktiert wurden«.

Auf Vorschlag der elfjährigen Engländerin Venetia Burney, die sich für Mythologie interessierte, wurde der neue Planet nach dem griechischen Gott der Unterwelt Pluto benannt. Man gab ihm das astronomische Symbol ♇ als eine Reverenz für Percival Lowell.

Pluto ist eine schimmernde Welt aus Gestein und mehreren reflektierenden Eissorten. Auf seiner Oberfläche liegen unter einer sehr dünnen Atmosphäre aus Stickstoff und Kohlenmonoxid gefrorenes Methan und ebenfalls Stickstoff und Kohlenmonoxid. Pluto ist etwas kleiner als unser Mond, hat eine Masse von etwa 1/450 der Erdmasse – er ist so klein, daß man vorgeschlagen hat, ihn nicht zu den Planeten zu zählen. Er braucht 6,39 Tage für eine Umdrehung um die eigene Achse. Wie Uranus liegt er auf der Seite. Seine Umlaufzeit um die Sonne beträgt 247 Jahre und acht Monate. Seine Bahn ist viel stärker geneigt und elliptischer als die Neptunbahn, so daß Pluto an einem Punkt seiner Reise den Sonnenabstand des Neptun annimmt und dieser dann der entfernteste Planet ist. (Die Befürchtung, Neptun und Pluto könnten zusammenstoßen, ist unbegründet, denn sie kommen einander nie auf weniger als 16,7 Astronomische Einheiten nahe.) Seit 1979 ist Neptun der entfernteste Planet. Das wird sich am 14. März 1999 ändern, wenn Pluto wieder den Sonnenabstand des Neptun erreichen und erneut den äußersten Rand des bekannten Planetensystems markieren wird.

Plutos Mond

Im Juni 1978, eine Woche, bevor der Astronom James W. Christy mit seiner Familie in ein neues Haus umziehen wollte, untersuchte er eine photographische Platte, auf der er den verschwommenen Lichtfleck, der Pluto darstellte, seltsam verlängert sah, was bei keinem anderen Objekt auf der Platte der Fall war. Er erwog die Möglichkeit, daß der Planet einen Lichtausbruch hatte. Dann, so erinnerte er sich später, »kam mir plötzlich der Begriff ›Mond‹ in den Sinn. Da war er auf den Photoplatten: eine verschwommene Beule am Rand eines Flecks«.

Am folgenden Tag grub Christy fünf Aufnahmen aus, die er acht Jahre zuvor gemacht hatte. Auch sie zeigten die Verzerrung und ermöglichten es ihm, die Bahn des Mondes zu berechnen. »Wir hatten also innerhalb von zwei Tagen einen Mond und seine

Monde

Planet	Anzahl der Monde	Name	Datum der Entdeckung	Name	Datum der Entdeckung
Erde	1	*Mond*			
Mars	2	*Phobos*	1877	*Deimos*	1877
Jupiter	16	*Kallisto*	1610	*Sinope*	1914
		Europa	1610	*Carme*	1938
		Ganymed	1610	*Lysithea*	1938
		Io	1610	*Anake*	1951
		Amalthea	1892	*Leda*	1974
		Himalia	1904	*Adrastea*	1979
		Elara	1905	*Thebe*	1979
		Pasiphae	1908	*Metis*	1980
Saturn	18*	*Titan*	1655	*Janus*	1966
		Iapetus	1671	*Epimetheus*	1978
		Rhea	1672	*Atlas*	1980
		Dione	1684	*Kalypso*	1980
		Tethys	1684	*Helene*	1980
		Enceladus	1789	*Pandora*	1980
		Mimas	1789	*Prometheus*	1980
		Hyperion	1848	*Telesto*	1980
		Phoebe	1898	*Pan*	1990
Uranus	15	*Oberon*	1787	*Cordelia*	1986
		Titania	1787	*Cressida*	1986
		Ariel	1851	*Desdemona*	1986
		Umbriel	1851	*Julia*	1986
		Miranda	1948	*Ophelia*	1986
		Puck	1985	*Portia*	1986
		Belinda	1986	*Rosalind*	1986
		Bianca	1986		
Neptun	8	*Triton*	1846	*Larissa*	1989
		Nereid	1949	*Najade*	1989
		Despina	1989	*Proteus*	1989
		Galatea	1989	*Thalassa*	1989
Pluto	1	*Charon*	1978		

* *Es gibt noch weitere Monde, die wesentlich kleiner sind und bis heute keinen Namen haben.*

Bahn gefunden – und ich konnte anfangen, mich um den Umzug zu kümmern.«

Als Entdecker stand Christy das Recht zu, den Mond zu benennen. Ihm gefielen zwei Namen: Oz und Charon, nach seiner Frau Charlene. »Ich merkte bald, daß die Astronomen erwarteten, der Name müsse aus der griechischen Mythologie stammen und mit dem Gott Pluto in Verbindung gebracht werden können«, schrieb er. »Aber wieder war das Glück auf meiner Seite, und ich machte in dieser Woche eine dritte Entdeckung, als ich mein Lexikon öffnete und las: ›Charon – in der griechischen Mythologie der Fährmann, der die Toten über den Styx, den Grenzfluß der Unterwelt in den Hades, das Reich des Pluto, bringt.‹ So sollte es sein – es ist nicht an uns, jedenfalls nicht jetzt und sofort, den Grund dafür zu finden.«

Mit einem Durchmesser von etwa 1280 Kilometern ist Charon etwas mehr als halb so groß wie Pluto, was ihn relativ zu seinem Planeten zum größten Mond im Sonnensystem macht. (Wenn

Der nahe Mond, von Apollo 16 aus gesehen. Das runde dunkle Gebiet am Horizont ist Mare Crisium, das Meer der Gefahren, aber der größte Teil des Bildes zeigt die von der Erde aus unsichtbare Rückseite des Mondes. NASA

man nur nach der Größe geht, ist Jupiters Ganymed der größte Mond.) Die beiden Körper sind durch die Schwerkraft und durch Gezeitenkräfte aneinander gebunden, drehen sich gleich schnell und wenden einander immer dieselbe Seite zu. Auf Pluto ist Charon nur von einer Seite des Planeten aus zu sehen; es scheint, als stünde Charon fest am Himmel und die Sterne umrundeten den Planeten. Auf der anderen Seite von Pluto ist Charon niemals zu sehen.

Seit 1985 haben Pluto und Charon, von der Erde aus gesehen, einander immer wieder verdeckt. Astronomen konnten die kleinen Schwankungen im ausgestrahlten Licht vermessen, die sich ergaben, wenn der Mond erst vor seinem Planeten vorbeizog und dann hinter ihm (er umrundet ihn von oben nach unten), und zeigen, daß Pluto an seinen Polen, die mit Kristallen von Methaneis bedeckt sind, heller ist, und am Äquator, wo das darunterliegende Gestein sichtbar ist, dunkler. Sie entdeckten am Äquator auch einen hellen und einen dunklen Fleck, möglicherweise einen Krater.

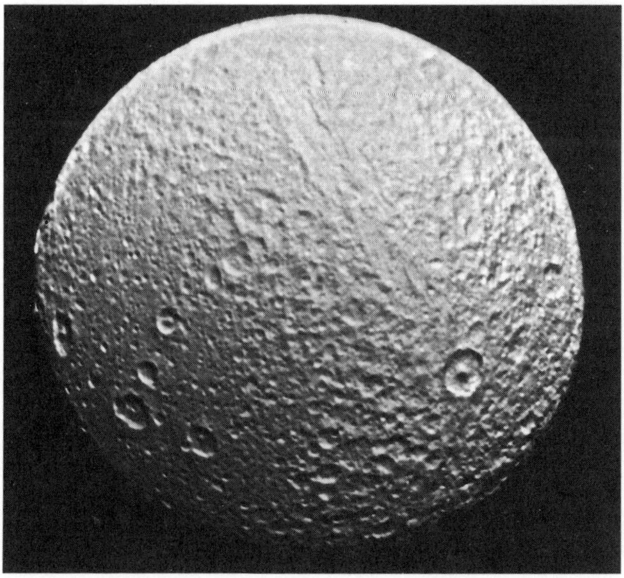

Der Saturnmond Tethys. NASA

In Anbetracht der enormen Entfernung des kleinen Planeten ist es bemerkenswert, daß man überhaupt so viel über ihn weiß.

Obwohl Pluto und Charon oft für einen Doppelplaneten gehalten werden, sind einige Wissenschaftler nicht davon überzeugt, daß Pluto überhaupt ein Planet ist. Sie halten ihn für einen abtrünnigen Neptunmond, der nach einem Zusammenstoß mit Triton, welcher sich aufgrund des Stoßes jetzt rückläufig bewegt, aus dem Neptunsystem herausfiel. Andere Astronomen haben vermutet, daß Pluto, Charon und Triton alte Planetesimale sind, die niemals einen größeren Planeten bildeten.

Jedenfalls ist Pluto zu klein, um der Planet X zu sein, der Himmelskörper, nach dem Lowell suchte. Es bleibt die Möglichkeit, daß Planet X immer noch dort draußen ist, vielleicht relativ nahe an Pluto und zu klein, um gesehen zu werden, vielleicht auch relativ groß – so groß wie Jupiter –, aber so fern, daß unsere Teleskope ihn nicht finden können. Möglicherweise bewegt er sich, wie Pluto selbst, unter einem so steilen Winkel zur Ekliptik, daß noch niemand an der richtigen Stelle gesucht hat. Der Planet X könnte auf einer Bahn laufen, die senkrecht zu der der anderen Planeten ist. Anomalien in den Bahnen der Planeten ließen sich womöglich durch die Existenz eines Planeten X erklären, einer neuen, ungesehenen Lowellschen Welt.

Edmond Halleys Komet

Nichts passierte, außer daß ich ein seltsames Zucken meines linken Ohrs nach Sonnenuntergang behielt und eine Tendenz, in einen Hundetrab zu verfallen, wenn ein Streichholz oder eine Laterne aufleuchtete.

James Thurber nach der Rückkehr von Halleys Komet 1910

Edmond Halley war der Enkel eines Kurzwarenhändlers, der Sohn eines Seifensieders und ein umtriebiger Mann. Im Alter von achtzehn Jahren beeindruckte er John Flamsteed, den ersten Königlichen Astronomen Englands, mit seiner Feststellung, die für Jupiter und Saturn veröffentlichten Planetenstellungen seien nicht richtig. Weniger als zwei Jahre danach verließ Halley Oxford ohne Abschluß, segelte über den Äquator zur Insel Sankt Helena (wo später Napoleon seine letzten Jahre verbrachte), errichtete die erste Sternwarte auf der Südhalbkugel und stellte den ersten Katalog des Südhimmels zusammen. Später überquerte er mit seinem Schiff, der Paramore Pink, zweimal den Atlantik, um die Unterschiede des Magnetfelds bei unterschiedlichen Längengraden zu messen. Außerdem entdeckte er den Kugelhaufen Omega Centaurus, verglich die Positionen der Sterne mit jenen, die Ptolemäus verzeichnet hatte und entdeckte dabei die Eigenbewegung der Sterne, die langsame Bewegung der sogenannten Fixsterne am Himmel. Er überzeugte Isaac Newton, daß er sein großes Werk, die *Principia,* veröffentlichen müsse, und lieferte dafür den finanziellen Rückhalt. Und er wurde Königlicher Astronom. Er schrieb lateinische Gedichte und stellte als erster die Lebenserwartung in einer Tabelle zusammen – kann also mit gutem Grund der Vater der Lebensversicherung genannt werden.

Seine Berühmtheit aber hat nichts mit diesen Leistungen zu

tun, sondern damit, daß er ein Ereignis vorhersagte, das nach seinem Tod eintrat, nämlich die Wiederkehr des Kometen, der jetzt seinen Namen trägt. Halley war überzeugt, daß Kometenbahnen weder Parabeln sind, wie man manchmal dachte, noch Geraden, wie Kepler glaubte, sondern Ellipsen. Wenn das zutreffe, sagte Halley, sollten Kometen periodisch wiederkehren. Er erörterte diese Möglichkeit mit Newton und berechnete mühsam die Bahnen von zwei Dutzend Kometen, von denen drei bemerkenswerte Ähnlichkeiten aufwiesen: ein Komet von 1531, ein Komet, den Kepler 1607 gesehen hatte, und ein Komet, den Halley selbst 1682 beobachtet hatte. In einem Brief an Newton stellte er 1695 einen Zu-

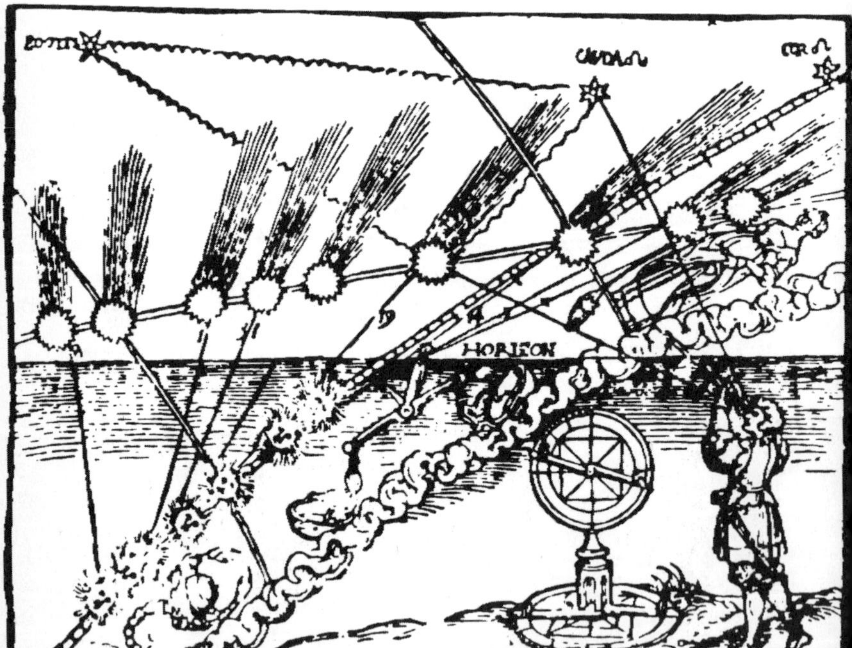

In diesem Holzschnitt beobachtet der aus Sachsen stammende und in Ingolstadt lehrende Geograph und Mathematiker Petrus Apianus, der eigentlich Peter Bienewitz hieß, die Bewegung des Halleyschen Kometen in seiner Bahn bei seiner Erscheinung im August 1531.
American Museum of Natural History, Larry Brown

sammenhang her: »Ich bin mehr und mehr davon überzeugt, daß wir diesen Kometen jetzt seit dem Jahr 1531 dreimal gesehen haben.«

Leider waren die Intervalle zwischen den Kometen nicht gleich lang. Zwischen den beiden ersten waren 76 Jahre vergangen, aber der dritte tauchte nach nur 75 Jahren auf. Halley führte diese Schwankung auf Jupiter zurück, dessen Schwerkraft alles stören konnte, was sich in seine Nachbarschaft wagte. Nachdem er seine Berechnungen verbessert und Jupiter berücksichtigt hatte, sagte er vorher, daß der Komet von 1531, 1607 und 1682 die Sonne Ende 1758 oder Anfang 1759 nah umrunden würde, und schrieb: »... falls der Komet gemäß dem Gesagten um das Jahr 1758 zurückkehren sollte, werden die lauteren Nachfahren sich nicht weigern anzuerkennen, daß dies zuerst von einem Engländer entdeckt worden ist.«

Halley, der im Alter von 85 Jahren in der Sternwarte Greenwich mit einem Weinglas in der Hand starb, erlebte dieses glorreiche Ereignis nicht mehr. Aber es trat ein. Die Astronomen waren 1758 vom Kometenfieber gepackt. Der erste, der den Kometen am Himmel sah – ihn wiederfand –, war kein Berufsastronom, sondern der Landwirt und Amateurastronom Johann Georg Palitzsch in Dresden. Er schaute am Weihnachtsabend 1758 durch sein Fernrohr und sah einen schwachen, verschwommenen Fleck in der Nä-

Der Halleysche Komet, wie er am 14. Mai 1910 photographiert wurde.
Hale Observatories

he des Sternbilds Fische, den er bis Mitte Februar 1759 täglich beobachten konnte. Der Komet erreichte sein Perihel – den sonnennächsten Bahnpunkt – Mitte März, und als er danach wieder ins äußere Sonnensystem entkam, bedeckte sein Schweif ein Viertel des Himmels. Der Name »Halleyscher Komet« wurde 1765 geprägt. Er wird seitdem immer benutzt, wenn von diesem Kometen die Rede ist.

Wir haben einen einigermaßen gesicherten Bericht über das Erscheinen des Halleyschen Kometen schon aus dem Jahr 240 vor Chr., als er in China gesehen und für den Tod der Mutter des Kaisers verantwortlich gemacht wurde. Seitdem wurde jeder seiner Besuche irgendwo in der Welt verzeichnet. Die Babylonier sahen den Kometen 164 und 87 vor Chr. Im Jahr 12 vor Chr. meinten die Römer, er symbolisiere den Tod des Soldaten und Staatsmanns Marcus Vipsanius Agrippa. Im Jahr 295 nach Chr. erkannten die Chinesen, daß der Komet, der sich im Osten der Sonne näherte, und der Komet, der sich später im selben Monat im Westen von der Sonne entfernte, ein und derselbe war. Man schrieb dem Kometen 451 die Niederlage des Hunnenkönigs Attila gegen die Römer zu und gab ihm 684 die Schuld an einer Pestepidemie. (Für die Pest fast tausend Jahre später wurde ein anderer Komet beschuldigt.) Der Halleysche Komet kam 837 der Erde am allernächsten; sein Schweif überzog den halben Himmel. Ein italienischer Geistlicher schrieb 1066, daß »sein Schweif sich wie Rauch halbwegs zum Zenith« erstrecke. Ihm wurde auch die Eroberung Englands durch die Normannen und der Tod König Harolds II. in der Schlacht von Hastings zugeschrieben. Dschingis Khan sah 1222 in dem Kometen seinen persönlichen Sternenboten und richtete mit seinen mongolischen Truppen ein Blutbad an, dem Millionen zum Opfer fielen, und Himmelsbeobachter in Korea berichteten, daß der Schweif rot war. Johannes Kepler sah den Kometen 1607, und im September 1682 beobachtete Halley ihn selbst.

Das großangekündigte Wiedererscheinen des Halleyschen Kometen führte 1910 zu weltweiter Panik, besonders als Journalisten berichteten, man habe im Schweif giftige Gase gefunden. In einem Artikel auf der ersten Seite kündigte *The New York Times* an, daß nach Aussage des französischen Astronomen Camille Flammarion »Zyan in die Atmosphäre eindringen und möglicherweise alles Leben auf dem Planeten ersticken« könne, wenn die Erde den Planetenschweif durchquert. Andere Wissenschaftler wiesen darauf hin, daß der Schweif eines Kometen so unbeschreiblich dünn sei, daß er selbst dann überhaupt nicht bemerkt würde, wenn er vollkommen giftig wäre. Aber der Schaden war bereits angerichtet. Als eine Straßenbahn in New York City von einem Ventilatorflügel getroffen wurde, der aus dem Fenster einer Automobilfabrik gefallen

Der Kern des Halleyschen Kometen, aufgenommen in der Nacht vom 13. auf den 14. März 1986, von der ESA-Raumsonde Giotto aus. Die Länge des Kerns beträgt sechzehn, die Breite acht Kilometer. Max-Planck-Institut für Aeronomie

war, schrie ein Fahrgast: »Es ist der Komet!« Zum Schutz der Bevölkerung wurden Kometenpillen und Kometenversicherungen verkauft. In Chicago verstopften Hausfrauen Fenster und Türen, um die gefährlichen Dämpfe aus ihren Wohnungen fernzuhalten.

Der Komet war in diesem Jahr auf der ganzen Welt ein großartiger Anblick, außergewöhnlich hell, mit einem Schweif, der sich über den halben Himmel zog. Und obwohl die Erde tatsächlich durch den Schweif des Kometen hindurchflog, war die Wirkung unmerklich. »Wir sind durch den Kometenschweif gegangen und wissen nicht mehr als vorher«, sagte E.B. Frost, der Direktor des Yerkes Observatory.

Die Wiederkehr des Kometen 1986 war eine andere Geschichte. Wegen der Stellung der Erde war es der schwächste Auftritt seit zweitausend Jahren, besonders auf der Nordhalbkugel. Aber er wurde mit großen wissenschaftlichen Anstrengungen erforscht und von einer internationalen Armada von Sonden aus der Nähe betrachtet.

Wie andere Kometen stammt auch der Halleysche aus einem Schwarm von mehr als hundert Milliarden Kometen, der das Sonnensystem einhüllt. Er wird (nach dem holländischen Astronomen Jan Hendrick Oort) als »Oortsche Wolke« bezeichnet und hat einen Durchmesser von einem Lichtjahr. Vermutlich besteht er aus einer relativ dichten inneren und einer weniger dichten äußeren Wolke. Gelegentlich gibt ein vorbeiziehender Stern einigen dieser Kometen einen Schubs, der sie dann nach Millionen Jahren ins innere Sonnensystem fallen läßt. Die Kometen kommen aus allen Richtungen zur Sonne, wobei einige auf so langgezogenen elliptischen Bahnen laufen, daß sie Millionen Jahre für einen einzigen Umlauf brauchen. Andere, wie der Halleysche Komet, haben eine relativ kurze Umlaufbahn.

Der Halleysche Komet läuft rückwärts um die Sonne, also von Norden gesehen im Uhrzeigersinn, während die Planeten sie entgegen dem Uhrzeigersinn umkreisen. Wie Fred Whipple vorhergesagt hatte, ist sein rotierender Kern ein schmutziger Schneeball, etwa sechzehn Kilometer lang und acht Kilometer breit – größer als erwartet – und wie eine Erdnuß geformt. (Die Dichterin Diane

Ackerman spricht von einem »walzertanzenden Eisberg«.) Er weist Hügel, Täler und eine so dunkle Kruste auf, daß er einer der schwärzesten Körper im Sonnensystem ist und nur etwa vier Prozent des einfallenden Lichts reflektiert. Wenn sich der Komet der Sonne nähert, verdampfen Eistaschen auf dem Kern zu Gas, und dieses wird mit einer Staubwolke ausgestoßen. Das Gas und der Staub umgeben den Kern wie ein Nebel und bilden die Koma, die sich etwa hunderttausend Kilometer in den Raum hineinerstreckt. Die Koma sieht so dick aus wie Rauch, ist aber selbst in der innersten Koma dreihundert Milliarden mal dünner als Luft. Der Wasserstoffhalo, der sich über viele Millionen Kilometer ausdehnt, ist sogar noch dünner.

Während der Komet seine Bahn zieht, drückt das ionisierte Gas gegen den Sonnenwind und der Staub gegen den Lichtdruck der Sonne, welche Gas und Staub in zwei langen Schweifen hinter den Kometen nach außen fegen. Kometenschweife weisen immer von der Sonne weg, unabhängig davon, ob der Komet kommt oder geht. Sie bestehen aus geraden Strängen von blaßblauem Gas und gekrümmten gelblichen Staubfäden und verändern ihre Gestalt im Lauf der Zeit. Im März 1986 brach ein Teil des Schweifs vom Halleyschen Kometen ab und löste sich auf; man sprach von »einer spektakulären Schweifablösung«.

Das war nicht die letzte Überraschung »Halleys« bei diesem Besuch. Im Februar 1991 entdeckten Astronomen, daß der Halleysche Komet irgendwo zwischen den Bahnen von Saturn und Uranus unerklärlich heller geworden war. Das Schauspiel könnte durch einen Gasausstoß verursacht worden sein oder durch den Aufprall eines interplanetaren Plünderers – was weniger wahrscheinlich ist, weil dies in einem kaum bevölkerten Bereich des Sonnensystems passierte. Der Halleysche Komet rast immer noch weiter von der Sonne weg. Der nächste Besuch des berühmtesten Kometen der Menschheitsgeschichte wird im Jahr 2061 erwartet.

Es kam aus dem Weltraum

Neun auf dem fünften Platz heißt:
Fliegende Drachen am Himmel.
I Ging

Die Ähnlichkeit der Worte »Meteor« und »Meteorit« verbirgt die Unterschiede zwischen ihnen. Meteore sind Sternschnuppen, Leuchterscheinungen, die beim Eintritt interplanetarer, meist kometarer Staubteilchen in die Erdatmoshäre verglühen. Sie sind ihrer Erscheinung zum Trotz gewöhnlich kleiner als ein Samenkorn. Einige wenige sehr helle Meteore, sogenannte Feuerkugeln oder Bolide, ziehen einen glühenden Strich über den Himmel und explodieren. Meteorite sind größere Gesteins- und Metallbrocken, die von Asteroiden oder Kometen stammen und den Erdboden erreichen. Sie rasen wie neongrüne Feuerbälle über den Himmel und glühen seltsam fluoreszierend auf, bevor sie auf die Erde fallen. Vielleicht weil der Anblick Furcht einflößen kann, werden Meteoriten und Meteoren oft besondere Kräfte zugesprochen; gelegentlich werden sie als böse oder gute Vorzeichen angesehen.

Im Altertum wurden Meteorite oft wegen ihres vermuteten außerirdischen Ursprungs verehrt. Man fand in den Ruinen der Montezuma-Indianer in Mexiko einen 1380 Kilogramm schweren Meteorit, der wie eine Mumie eingewickelt war. Der Tempel von Ephesus bewahrte einen Stein, der nach Meinung der alten Griechen vom Jupiter in das Bild der Mondgöttin Artemis gefallen war. In der Mythologie der Skidi-Pawnee-Indianer hielt man Meteoriten für niedrigere Götter, die von Tirawahat, dem höchsten Gott, geschaffen wurden.

Früher wollten die Wissenschaftler nicht glauben, daß Meteorite etwas anderes als atmosphärische Phänome wie etwa der Regen sein sollten, aber in der zweiten Hälfte des achtzehnten Jahrhun-

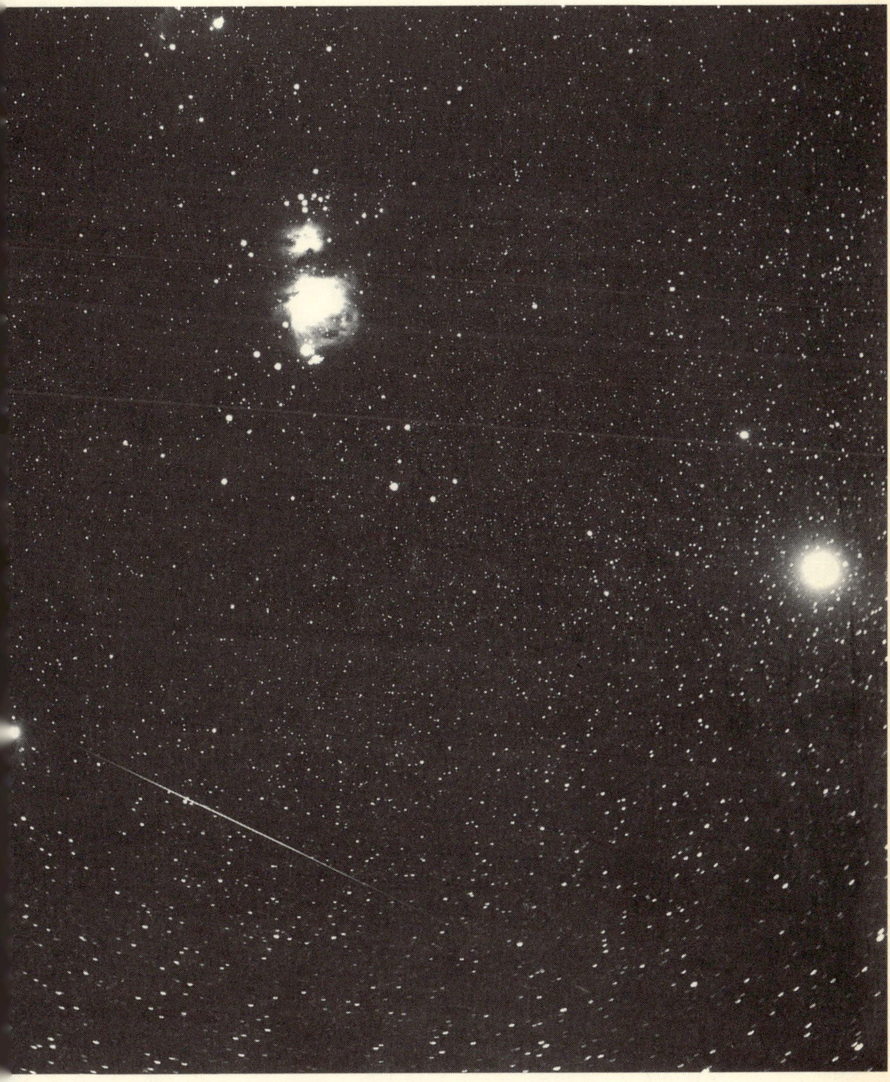

Ein Meteor zieht in der Nähe des Orionnebels über den Himmel.
Yerkes Observatory, University of Chicago

Schätze aus dem Weltraum

Sie graben in Ihrem Garten und stoßen auf einen merkwürdigen Stein. Wie können Sie herausfinden, ob er ein Meteorit ist? Oft geht das gar nicht, denn viele Meteorite ähneln dem Erdgestein. Wenn aber der Stein dunkel und zum Teil mit einer schwarzen Kruste umgeben ist, glasige runde oder ovale Kügelchen in ihn eingeschlossen sind, kann man ziemlich sicher sein, daß er ein Steinmeteorit ist, genauer ein Chondrit. Eisenmeteorite sind noch leichter zu erkennen. Nach Harvey H. Nininger, der sein Leben der Sammlung von Meteoriten widmete (er zahlte ein Dollar pro Pfund), ähnelt ein Eisenmeteorit »einer alten eingedrückten, rostigen Blechdose, ist aber natürlich sehr schwer«. Eisenmeteorite sind voller Einkerbungen, die an Daumenabdrücke in weichem Ton erinnern. Sie entstehen, wenn der Meteorit durch die Atmosphäre stürzt, denn dabei wird die Oberfläche des Meteoriten durch die Reibungswärme geschmolzen und durch den Luftzug verformt.

derts häuften sich die Hinweise auf das Gegenteil. So brachte 1751 ein französischer Priester einem Pariser Museum einen sonderbaren Stein, der, so behauptete er, vom Himmel gefallen sei. Zwei Jahre später berichtete ein Astronom von einem anderen Meteoriteinschlag. Beides wurde von der Hand gewiesen. Erst nach einem dritten Bericht, wieder von einem Priester, entschloß sich die Königliche Akademie der Wissenschaften 1769 zu einer Untersuchung. Ein Komitee wurde ernannt, dem der Chemiker Antoine Lavoisier vorstand. Dieses kam zu dem Ergebnis, daß die ungewöhnlichen Steine normales Felsgestein waren, deren Struktur lediglich durch Blitze verändert worden war. Für die aufgeklärten Bürger des Zeitalters der Vernunft war der Gedanke, daß Steine vom Himmel fallen könnten, zu unglaubwürdig, um wahr zu sein.

25 Jahre später, 1794, veröffentlichte der aus Wittenberg stammende Breslauer Physikprofessor Ernst Chladni ein Buch, in dem er behauptete, Meteorite fielen vom Himmel und seien die Trümmer eines explodierten Planeten. Er hatte dazu den 1492 im Elsaß auf die Erde gefallenen Stein untersucht, der in der Kirche von Ensisheim aufbewahrt wird. Französische Wissenschaftler widersprachen dieser Sicht ent-

schieden und bekannten sich zur Auffassung von Aristoteles und Newton, die beide meinten, daß Meteorite durch rauchige Dämpfe entstünden, die von der Erde aufstiegen und sich entzündeten.

Dann aber regneten 1803 dreitausend Steine auf eine Kleinstadt in der Nähe von Paris. Der Physiker Jean Baptiste Biot überprüfte den Fall und stellte fest, daß viele der Meteorite Nickel enthielten, einen auf der Erde seltenen Stoff. Die Berichte waren so überzeugend, daß die französischen Wissenschaftler ihre Meinung änderten und entschieden, die Steine fielen tatsächlich vom Himmel. Ihr Ursprung war zwar ungeklärt, aber man nahm allgemein an, sie würden von Vulkanen auf dem Mond ausgespien.

Die Vorstellung stieß in den USA auf Widerstand. Thomas Jefferson erklärte: »Ich finde nichts Überraschendes daran, wenn es in Frankreich Steine regnet und wären es Mühlsteine. Der Grund ist, daß die ausufernde Vorstellungskraft eines Franzosen ... für ihn Tatsachen schafft, die nie passiert sind, und er erzählt sie in gutem Glauben.« Vier Jahre später erforschten zwei Professoren der Yale University einen Meteoritenschauer in Weston, Connecticut, und schlossen, daß das Unmögliche geschehen sei. Jefferson blieb hart. »Ich würde eher glauben, daß diese beiden Yankee-Professoren lügen, als daß Steine vom Himmel fallen«, erklärte er.

Heute wird die Wirklichkeit von Meteoriten nicht mehr in Frage gestellt. Im Durchschnitt sind sie etwa 4,57 Milliarden Jahre alt. Am häufigsten sind Steinmeteorite (wie der zwölf Kilogramm schwere Meteorit, der 1992 auf ein Auto prallte); sie machen fast 96 Prozent aller Meteorite aus, die auf die Erde fallen. Diese sogenannten Chondrite schließen Kügelchen ein, sogenannte Chondrulen, von denen einige Kohlenstoff und möglicherweise sogar organischen Komponenten enthalten. Eisenmeteorite, die aus Nickeleisen bestehen, zeichnen sich durch schöne geometrische Muster aus, die sogenannten Widmannstättenschen Figuren, die sich zeigen, wenn ihre Schnittfläche geschliffen und poliert wird. Meteorite aus Stein und Eisen, die nur etwa ein Prozent der Gesamtheit ausmachen, enthalten die beiden Stoffe in vergleichbaren Mengen. Die Zusammensetzung der Meteorite spiegelt ihre Herkunft wider, denn steinige Meteorite stammen von steinigen Asteroiden und so weiter.

Meteorschauer, die zu beobachten sich lohnt

	Stündliche Anzahl	Dauer	Maximum
Quadrantiden	145	1.–4. Januar	3. Januar
*Eta Aquariden**	120	29. April–21. Mai	5. Mai
Perseiden	300	20. Juli–19. August	11. August
*Orioniden**	50	11.–30. Oktober	19. Oktober
Leoniden	veränderlich	14.–20. November	17. November
Geminiden	50	5.–19. Dezember	12. Dezember

* *Diese Meteorschauer stammen vom Halleyschen Kometen.*

In jedem Jahr fallen eine Million Meteorite auf die Erde, und obwohl sie selten gesehen werden, richten sie doch gelegentlich Schaden an. Große Meteorite haben Krater aufgerissen; ein schönes Beispiel ist das Nördlinger Ries, die größte europäische Einschlagstelle eines Meteoriten mit 24 Kilometern Durchmesser. Kleine Meteorite haben gelegentlich Lebewesen getroffen; so soll ein Meteorit einmal eine Katze und ein anderer ein Pferd erschlagen haben. Und obwohl die meisten Meteorite von Asteroiden stammen, wurde 1911 in Ägypten ein Hund von einem Meteoriten vom Mars getötet. Meteorite sind auch auf Menschen gefallen. Im indischen Mhow wurde 1827 ein Mann getroffen, und 1954 schlief eine Hausfrau in Alabama auf ihrer Wohnzimmercouch, als ein Stein aus dem Weltall durch das Dach des Hauses schoß und sie an der Hüfte traf – ein unsanftes Erwachen.

Sternschnuppen, Meteorite und die Tränen des heiligen Laurentius

O Sternenfall
von einer Brücke einmal eingesehen –
Dich nicht vergessen: Stehn!
Rainer Maria Rilke

Am 10. August des Jahres 258, vier Tage nach der Hinrichtung von Papst Sixtus II., befahl ein römischer Präfekt dem christlichen Diakon Laurentius, er solle ihm den Kirchenschatz aushändigen. Als Laurentius mit einer Gruppe armer, kranker Menschen vor der Tür des Präfekten erschien und verkündete, sie seien der Schatz der Kirche, befahl der Präfekt, den Diakon zu töten. Nach der christlichen Überlieferung wurde das auf schreckliche Weise verwirklicht: Laurentius wurde auf ein Metallgitter gebunden und über einem Feuer geröstet.

In dieser Nacht wurde der Himmel von Sternschnuppen erleuchtet, die vom Sternbild Perseus herzukommen schienen und als »Tränen des heiligen Laurentius« bekannt wurden. Sie tauchen regelmäßig auf, immer zur selben Zeit im Jahr. In den sechziger Jahren des letzten Jahrhunderts stellten John Couch Adams, Daniel Kirkwood und Giovanni Schiaparelli eine Theorie auf, die dieses Phänomen erklärt. Sie behaupteten, daß ein Komet bei seiner Bahn um die Sonne eine Spur aus Trümmern hinterlasse. Wenn die Erde diesen Streifen alljährlich durchquert, dringt ein Teilchenschwarm, dessen Teilchen so groß wie Himbeeren oder so klein wie Sandkörner sein können, in die Erdatmosphäre ein. Die entstehende Reibung erzeugt genug Wärme, um die Teilchen verdampfen zu lassen. Ein Meteorschauer ist nichts anderes als Kometenstaub, der in die Erdatmosphäre gerät und verglüht.

Ich wäre lieber ein großartiger Meteor, jedes meiner Atome wunderbar glühend, als ein verschlafener und langlebiger Planet. Die eigentliche Aufgabe des Menschen ist das Leben, nicht das Existieren. Ich will meine Tage nicht damit vergeuden, daß ich versuche, sie zu verlängern. Ich will meine Zeit nutzen.
Jack London

Diese Theorie wurde 1872 bestätigt, als Astronomen die Wiederkehr des Kometen Biela erwarteten, der 1826 von dem österreichischen Hauptmann Wilhelm von Biela, einem Amateurastronomen, entdeckt worden war. Dieser Komet mit einer Bahnperiode von 6,6 Jahren kehrte 1832 wieder, war 1839 nicht zu beobachten, weil die Erde ungünstig stand, kam aber im Dezember 1845 in zwei Teile zerfallen pünktlich wieder in Sicht. Als die Hälften des Kometen das nächste Mal wiederkehrten, waren sie etwas auseinander gedriftet. Das war das letzte Mal, daß man den Kometen sah. Er war 1859 von der Erde aus nicht sichtbar. Auch im Jahr 1865 tauchte er nicht auf, und 1872 sahen Astronomen, die nach ihm Ausschau hielten, statt seiner einen Schauer von Sternschnuppen. Dieser Meteorregen, der zerfallende Überrest von Komet Biela, kehrte danach alle 6,6 Jahre wieder. Die Bahn der Sternschuppen war dieselbe wie die von Bielas Komet.

Dieser Meteorschauer ist jetzt nicht mehr zu sehen, wohl aber andere. Einer der ungewöhnlichsten taucht alljährlich Mitte November auf, ist aber etwa alle 33 Jahre besonders eindrucksvoll. Denison Olmstead, Professor an der Yale University, beschrieb den Schauer vom 13. November 1833, als der Himmel über den östlichen USA über sechs Stunden lang von einem Feuerwerk aus Sternschnuppen und Feuerbällen erhellt wurde, als »wahrscheinlich ausgedehnter und großartiger als alle bis jetzt verzeichneten Erscheinungen dieser Art. Das Firmament war wolkenlos, die Luft war still und mild, die Sterne schienen heller als gewohnt zu strahlen … Noch lange Zeit danach war das ›Meteorische Phänomen‹ in allen Kreisen das Hauptgesprächsthema.« Olmstead bemerkte, daß die Lichtstreifen aus dem Sternbild Löwe zu stammen schienen und daß dies auch dann noch zutraf, als sich das Sternbild

Die Leoniden vom 12. und 13. November 1833 über den Niagarafällen.
American Museum of Natural History

Wie alt ist die Sonne?

Es gibt zwei Uhren, auf denen die Astrophysiker das Alter des Sonnensystems und der Sonne selbst abzulesen versuchen:

- Die eine Uhr tickt in den Meteoriten, also den kleinen Himmelskörpern, die nach ihrem Aufprall auf der Erdoberfläche gefunden werden. In ihnen findet man vielerlei mineralische Kristalle, die sich beim Festwerden des kleinen Himmelskörpers zur Zeit der Entstehung der Sonne im Urnebel des Sonnensystems gebildet haben. Diese Kristalle haben dabei die vorhandenen Elemente und deren einzelne Atome entsprechend ihrer chemischen Struktur eingebaut, unabhängig davon, ob die Atomkerne dieser Atome nun zufällig stabil oder durch ein kleines Über- oder Untergewicht instabil waren und so im Laufe der Zeit in ein Atom eines anderen chemischen Elements zerfallen mußten, das im periodischen System der Elemente zwar benachbart, aber chemisch völlig verschieden ist.

  Man braucht also für eine bestimmte Materialprobe »nur« die Atome, deren Kerne so verwandelt wurden, zu isolieren, auszuzählen und diese Zahl mit der Zahl der Atome zu vergleichen, die ihren ursprünglichen chemischen Charakter im Kristall noch unbeschädigt bewahrt haben. Bei diesen instabilen Atomkernen weiß man durch Laborversuche sehr genau, wie viele Kerne im Laufe eines Jahres zerfallen und wie viele unbeschädigt bleiben.

  So kann man durch exaktes Zählen das Alter des Himmelskörpers ablesen und erhält für das Alter aller Meteoriten ziemlich genau immer die gleiche Zahl, nämlich 4,57 Milliarden Jahre, mit einer Unsicherheit von weniger als einem halben Prozent. Das ist also eine verhältnismäßig genaue Uhr.

- Die andere Uhr läuft in jedem Stern – also auch der Sonne –, der einmal angefangen hat, seine Leuchtkraft aus einem Atomkernbrennofen in seinem tiefsten Inneren zu speisen, wo die Atomkerne der leichtesten Elemente bei Temperaturen von weit mehr als zehn Millionen Grad Kelvin zu den Kernen der jeweils nächstschwereren Elemente verschmolzen werden und beim Zusammenfallen der sich (jedenfalls auf extrem kurze Abstände) anziehenden Kernteilchen die nötige Energie für die Leuchtkraft freigesetzt wird. Die Kernregion des Sterns im Bereich dieses Brennofens kontrahiert, aber weiter draußen muß der Stern sich langsam ausdehnen, um die freiwerdende Energie an die Oberfläche transportieren und dort abstrahlen zu können. Der Stern wird also langsam größer.

Die Sonne ist der einzige Stern, dessen Radius wir sehr genau messen können, von dem wir seine Masse sehr genau und auch seine chemische Zusammensetzung jedenfalls an der Oberfläche recht genau kennen. Mit vielen Modellrechnungen können die Astrophysiker aus diesen Daten das Alter seit Zündung des Atomkernbrennofens ablesen.

Das Ergebnis ist fünf Milliarden Jahre mit einer Unsicherheit von zehn Prozent, also nicht sehr genau; aber es steht mit dem Meteoritenalter nicht im Widerspruch.

Man muß dazu sagen, daß noch vor zehn Jahren die Ungewißheit nicht zehn Prozent, sondern fünfzig Prozent betrug. Auch bei den Meteoriten konnte in diesem Zeitraum die Genauigkeit um einen Faktor zwei verbessert werden.

allmählich von Osten nach Westen bewegte. Deshalb werden die Sternschnuppen Mitte November nach dem lateinischen Namen des Sternbilds Leoniden genannt.

Die Quelle dieser Meteorschauer, die 1832 und 1834 sichtbar, aber unbedeutend waren, jedoch sehr eindrucksvoll leuchteten, als Alexander von Humboldt sie 1799 sah, war ein Rätsel. Heinrich Olbers meinte, sie würden 1867 in voller Pracht erscheinen, und das geschah auch. Aber 33 und 66 Jahre später, 1900 und 1933, waren sie nicht sichtbar. 1966 regneten die Leoniden über Mexiko und den westlichen USA; über eine Stunde lang leuchteten sie bis zu hundertmal pro Sekunde auf. Es war eines der großen Naturschauspiele des Jahrhunderts.

Die Leoniden sind zwar jeden November zu beobachten, aber deshalb alle dreiunddreißig Jahre so eindrucksvoll, weil sich der Staub und die Trümmer des Kometen Tempel-Tuttles ungleichmäßig über seine Bahn verteilt haben und die Erde dann durch den Bereich der größten Dichte geht. Das nächste Mal wird dieses Schauspiel im November 1998 oder 1999 erwartet. Leider ist es schwer, genau vorherzusagen, wo in der Welt sie zu sehen sein werden.

Viele Meteorschauer sind gut vorhersagbar. Am besten sieht man sie, wenn man sich auf einer freien unbeleuchteten Wiese einen Platz sucht, sich hinlegt – die frühen Morgenstunden sind gewöhnlich die günstigste Zeit – und wartet. Sternschnuppen fallen dann längs Bahnen, die aus dem Gebiet des betreffenden Sternbilds herkommen. Natürlich können sie überall am Himmel erscheinen.

In einigen Völkern soll man sich etwas wünschen, wenn man eine Sternschnuppe sieht. Es gab Zeiten und Orte, wo eine Sternschnuppe den Tod einer Person bedeutete. In Chile muß man gleichzeitig einen Stein aufnehmen. In Rußland sind Sternschnuppen Teufel, die aus dem Himmel geworfen wurden, und im Norden Kaliforniens hielten die Wintu sie für die Seelen von Schamanen auf ihrem Weg ins Jenseits. Ein Indianerstamm im Süden Kaliforniens hielt Sternschnuppen für »den Kot der Sterne«, während ein einzelner Feuerball als kannibalischer Geist gesehen wurde, der in der Nacht umherstrich und nach verlorenen Seelen suchte, um sie zu verschlingen. Und auf den Philippinen sind Meteore die Seelen von Alkoholikern, die das warnende Lied singen: »Trinke nicht, trinke nicht.« Ihre Versuche, in den Himmel zu kommen, sind zum Scheitern verurteilt, deshalb sehen wir sie nachts immer wieder zur Erde fallen.

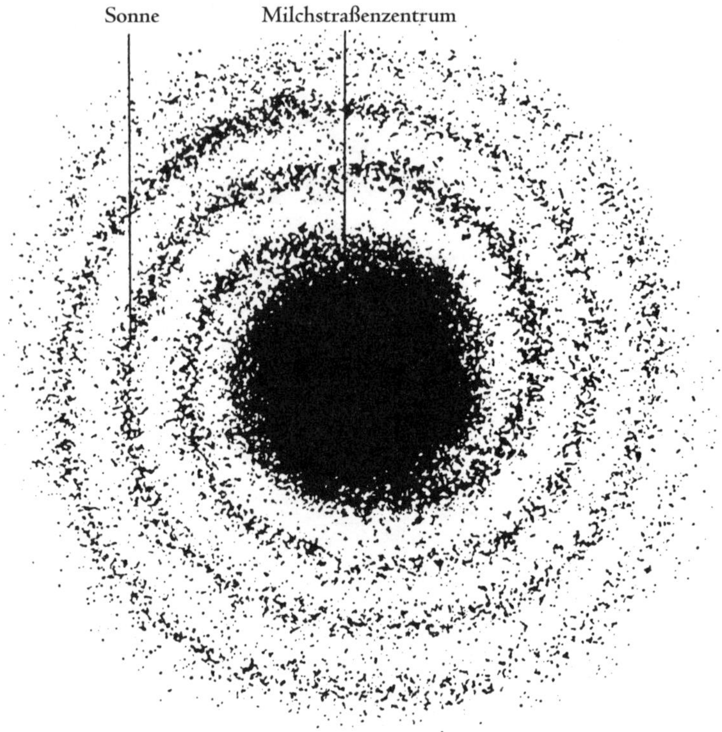
Sonne
Milchstraßenzentrum

III

Die Milchstraße und darüber hinaus

Bloom erklärte derweil Chris Callinan und dem Kutscher die sämtlichen Sterne und Kometen am Himmel: den großen Bären und Herkules und den Drachen und den ganzen anderen Flimmerkram. Aber ich, bei Gott, ich hatte mich total auf der Milchstraße verirrt sozusagen.

James Joyce, *Ulysses*

Ein Stern wird geboren

Wie Sokrates sind auch Sterne sterblich. Sie scheinen nur ewig zu sein.

Ein Stern bildet sich in einer kalten, staubigen Wolke, die sehr dünn ist, noch leerer als ein irdisches Vakuum. Wenn in diesem Nebel einige Teilchen zufällig aneinander haftenbleiben, entsteht ein Klümpchen, und das ist der Beginn. Teilchen von anderswo werden angezogen, bis ihre Masse so groß ist, daß die Schwerkraft

Der Pferdekopfnebel im Orion ist eine riesige Wolke aus undurchsichtigem Staub, die das Licht der dahinterliegenden Sterne absorbiert.
National Optical Astronomy Observatories

ihre unvermeidliche Arbeit verrichtet und die Wolke kollabieren läßt, die Materie also zusammenstürzt. Die Wolke wird dichter und kompakter, die Temperatur steigt, und der amorphe Nebel kontrahiert zu einem Protostern. Gelegentlich sehen wir Protosterne. Sie sind zwar hinter staubigen Kokons verborgen, die kein sichtbares Licht durchlassen, aber im Infrarotlicht heben sie sich als isolierte Flecken, die (nach dem holländischen Astronom Bart J. Bok) Bok-Globuli genannt werden, von glühenden Nebeln ab.

Im Inneren des Protosterns geht der Kollaps weiter. Atome

Der Adlernebel im Sternbild Schlange (M16). Hellbaue und weiße Riesensterne, veränderliche Sterne, kleine dunkle Protosterne und erstaunliche, einander durchdringende Säulen und Gaskegel fügen sich zu diesem aufregenden Bild zusammen. National Optical Astronomy Observatories

Geburtsorte von Sternen

Überall im Universum werden jeden Augenblick in Nebeln Sterne geboren. In der Milchstraße entsteht ungefähr ein Stern pro Jahr. In unserer Gegend der Milchstraße sind die Entbindungsstationen mit den höchsten Geburtenziffern:

- Der Orionnebel, ein grünlicher Nebel, der einen funkelnden Klumpen von Sternen einhüllt, der Trapez genannt wird. Dieser größte Nebel der Milchstraße liegt im Schwert des Orion und hat einen Durchmesser von dreißig Lichtjahren.
- Der Pferdekopfnebel, eine kalte interstellare Wolke, die das Licht der dahinterliegenden Sterne nicht durchläßt. Sie liegt neben dem Stern Alnitak im Gürtel des Orion und hat erstaunliche Ähnlichkeit mit dem Profil eines Pferdekopfs.
- Der Rosettanebel im Sternbild Monoceros, Einhorn, einem Lichterkranz voller Sterne, Protosterne und geheimnisvoller dunkler Spalten, die einen Haufen heller neuer Sterne umgeben.
- Der spektakuläre Adlernebel im Sternbild Schlange.
- Der Kegelnebel im Einhorn, ein dunkler, mit Sternen besetzter Turm, der sich vom Schaum seiner Umgebung abhebt.
- Der Lagunennebel im Sternbild Schütze, eine glühende Wolke, die von einem Strom aus Staub fast genau halbiert wird.
- Der Kohlensack im Kreuz des Südens, ein dunkler Nebel, der wie ein Loch im Milchstraßensystem aussieht.

Der eindrucksvollste aller Geburtsorte ist der Tarantelnebel in der Großen Magellanschen Wolke, einer kleinen Begleitgalaxie der Milchstraße. Er ist so groß und leuchtstark, daß er jeden anderen Nebel am Himmel übertrifft. Er beherbergt einige der größten, hellsten und massereichsten Sterne.

torkeln wie verrückt herum, und Gase beginnen zu glühen. Wenn die Temperatur etwa zehn Millionen Kelvin erreicht, beginnt die Kernfusion. Wasserstoffatome, die ihre Elektronen verloren haben,

Der dunkle Fleck in der Mitte dieses Bildes ist der Kohlensacknebel. Unmittelbar rechts davon ist Acrux, der helle untere Stern im Kreuz des Südens. Der helle Stern unmittelbar über dem Nebel markiert ein Ende des Kreuzbalkens. Die beiden Sterne links sind Alpha und Beta Centauri. The Harvard College Observatory

stoßen mit einer solchen Macht zusammen, daß sie Helium bilden. Das dauert unterschiedlich lange. Ein Stern von Sonnengröße entzündet sich erst nach Millionen Jahren, aber in einem Protostern mit dem Fünfzehnfachen der Sonnenmasse nimmt der Kernofen schon nach zehntausend Jahren – einem kosmischen Augenblick – den Betrieb auf. In diesem Moment wird der Stern geboren.

Danach kommen Schwerkraft und Explosivkraft der Kernenergie in ein Gleichgewicht, und der Stern wird stabil. Astronomen bezeichnen einen Stern in diesem langwierigen und langweiligen Erwachsenenleben als Hauptreihenstern, wobei sie sich auf das Hertzsprung-Russell-Diagramm beziehen, das die demographischen Daten der Sterne verzeichnet.

Aber Sterne bleiben nicht ewig auf der Hauptreihe. Die Dauer eines Sternenlebens hängt wie seine Todesart hauptsächlich von seiner Masse ab. Die meisten Sterne – zum Beispiel über 88 Prozent der Sterne in der Milchstraße – sind kühler, schwächer und kleiner als die Sonne. Im Gegensatz zu den größeren, helleren Sternen gehen die kleineren Sterne sparsam mit ihrem Brennstoff um und leben lange, vielleicht sogar fünfhundert Milliarden Jahre lang. Wenn das Universum so jung ist, wie die meisten Astrophysiker annehmen – zwischen zehn und zwanzig Milliarden Jahren –, ist bis heute noch keiner dieser kleinen Sterne gestorben.

Große Sterne leben schnell, sterben jung und verenden mit einem Knall.

William Henry Smyth und die Farben der Sterne

Wenn Astronomen Sterne beschreiben, könnte man denken, der Himmel sei von einem Horizont zum anderen mit Sternen in allen Farben übersät. Die Farben hängen von der Temperatur ab. Am heißesten sind die blauen Sterne, dann kommen die weißen, dann die gelben, die orangenen und zum Schluß die kältesten, die roten. In der Regel erscheint ein Stern um so heller, je heißer er ist, aber auch seine Größe spielt eine Rolle. Obwohl die meisten roten Sterne klein und schwach sind, kann doch ein Roter Riese oder Superriese, trotz seiner relativ niedrigen Temperatur, wegen seiner Größe leicht einen warmen gelben Stern wie die Sonne oder einen heißen Weißen Zwerg überstrahlen.

Am Himmel findet man diese farbigen Sterne schwer. Beim flüchtigen Hinsehen sieht man nur ein Panorama in Schwarzweiß, und erst bei sorgfältiger Betrachtung erkennt man Farben. Selbst mit dem bloßen Auge sieht jeder, daß Antares, der hellste Stern im Skorpion, wirklich rötlich ist. Durch ein gewöhnliches Teleskop betrachtet ist der Doppelstern Albireo im Sternbild Schwan auffallend blau und golden, und Mira, der veränderliche Stern im Walfisch, ist deutlich rot. Aber oft sind die Farben der Sterne so blaß, daß das menschliche Auge sie nicht erkennt.

Einige Menschen jedoch haben besonders gute Augen. Ein Beispiel dafür war William Henry Smyth (1788–1865). Er wußte, daß nicht jeder die Farben sieht. »Die alten Griechen sprachen nie von blauen Sternen, sondern nur von weißen oder roten«, schrieb er in seinem zweibändigen *Cycle of Celestial Objects*. Außerdem nimmt jeder Mensch die einzelnen Farben anders wahr. Smyth beobachtete, daß Sir William Herschel (den er in seinem Buch immer nur mit ♅, dem Symbol für Uranus, bezeichnet) »die meisten Dinge rötlicher sah als sie sich heute erwiesen haben. Das könnte an der Wirkung seines Metallspiegels liegen oder an einer Besonderheit seines Sehvermögens oder vielleicht an beidem.« Überhaupt war Smyth entsetzt, als er merkte, wie verbreitet die Unfähigkeit ist, Farbtöne zu unterscheiden. Über den Chemiker John Dalton bemerkte er: »Ich war sehr überrascht, als sich herausstellte, daß ein guter Freund von mir die starken Farben von γ Andromeda nicht wahrnehmen konnte.« Smyth beschrieb die Farben dieses Sterns als orange und smaragdgrün und fügte hinzu: »Bei diesen Farben bin ich ziemlich sicher, obwohl die großen Autoritäten ♅ und Σ [Herschel und Friedrich G. W. von Struve] sie als gelb und blau bezeichneten.«

Smyth gab die Farben nicht gern in Primärfarben an. So beschrieb er Doppelsterne als hellapfelgrün und kirschrot oder als blaßorange und meeresgrün, und er beschrieb Sterne wie die Sonne nicht einfach als gelb, sondern als goldgelb, topasgelb, rötlichgelb, grünlichgelb, hellgelb, blaßgelb, dunkelgelb, krokusgelb, zartgelb und strohfarben. Er unterschied zwischen perlweiß, leuchtend weiß, blaßweiß, klarweiß, flockenweiß, cremeweiß, hellweiß, rein weiß und silberweiß. Er sprach von aschfarben, blaßgrau und staubgrau, und er bevölkerte seinen Himmel mit Sternen in den Farben Weintraubenrot, Blaßrosa, Violett, Purpur, Flieder, Pflaume, Ultramarinblau, Saphirblau, Himmelblau und Indigo. Er sah einen leuchtenden, schillernden Kosmos.

Das Hertzsprung-Russell-Diagramm

Das ist eine Sonne, ein Licht, das ich, weil mir bessere Worte fehlen, nur gelb, blaß schwefelgelb, blaß goldgelb nennen kann. Wie lieblich Gelb ist!
Vincent van Gogh

Das berühmteste Klassifizierungsschema in der Astronomie verbindet den Dänen Ejnar Hertzsprung (1873–1967) mit dem Amerikaner Henry Norris Russell (1877–1957), die vor dem Ersten Weltkrieg unabhängig voneinander entdeckten, daß sich, wenn man Sterne nach ihrer absoluten Helligkeit oder Leuchtkraft und ihrer Farbe oder Temperatur in ein Diagramm einzeichnet, klare Muster ergeben. Die Sterne sind in einem solchen Diagramm keineswegs willkürlich verteilt, sondern bilden mehr oder weniger eine Diagonale, die sich von kühlen, schwachen Sternen unten rechts bis zu den blauen und weißen, heißen, hellen Sternen oben links erstreckt. Diese Diagonale, auf der Sterne die besten Jahre ihres Lebens verbringen, ist die sogenannte Hauptreihe.

Aber nicht alle Sterne sind Hauptreihensterne. Auch einige wenige kühle rote Sterne sind äußerst hell, was darauf schließen läßt, daß sie groß sind. Diese Sterne bevölkern den oberen rechten Teil des Diagramms. Ähnlich müssen die weißen Sterne unten links winzig sein, denn nichts sonst könnte erklären, warum ein weißer und deshalb heißer Stern so schwach leuchten sollte.

Das Diagramm sieht aus, als könnte es die Lebensgeschichte eines Sterns darstellen, und das war auch eine Zeitlang die Vermutung der Astronomen. Es schien, als ob ein Stern oben, als Riese, geboren wird und dann langsam die Leiter nach unten hinabsteigt.

Das ist aber nicht der Fall. Zu unterschiedlichen Lebenszeiten findet sich ein Stern in unterschiedlichen Bereichen des Hertzsprung-Russell-Diagramms, aber er bewegt sich nicht entlang der Hauptreihe, sondern bleibt fast sein ganzes Leben lang an einem Fleck dieser Reihe. Im Alter jedoch wird er ein Roter Riese und bewegt sich nach rechts oben. Gelegentlich macht er eine Periode der Instabilität durch, in der seine Leuchtkraft schwankt. Schließlich aber verschwindet der Stern unweigerlich bis in alle Ewigkeit im Sternenfriedhof unten links.

Eine genauere Lebensgeschichte hört sich etwa so an: Nach dem Beginn der Kernfusion stabilisiert sich der neugeborene Stern. Er gleitet auf die Hauptreihe und beginnt sein langes Leben dort. Es hängt von seiner Masse ab, an welcher Stelle er die Hauptreihe betritt – Sterne wie die Sonne tun das etwa in der Mitte, kleine Sterne wie Barnards Stern oder Proxima Centauri unten rechts, ein großer heißer Stern wie Spica oben links. Wenn ein Stern einmal auf der Hauptreihe ist, klettert er weder hinauf noch hinab, sondern leuchtet einfach immer weiter und verbrennt dabei Wasserstoff.

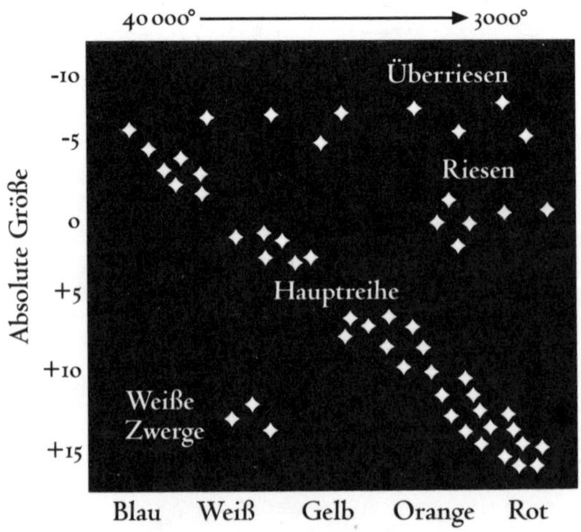

Wie lange er das tut, hängt wiederum von seiner Masse ab. Kleine Sterne bleiben lange auf der Hauptreihe, große relativ kurz, weil sie ihren Brennstoff rasch verbrauchen.

Sternenlicht, was ist Sternenlicht,
Sternenlicht ist ein schwaches Licht,
von dem man bei der Sonne nicht immer spricht, aber bei Mond und Sonne
vermischt es sich mit dem Rest der Zeit.
Gertrude Stein

Wenn der Stern den Wasserstoff in seinem Kern zu Helium verbrannt hat, verläßt er für die letzten zehn Prozent seines Lebens die Hauptreihe. Aber er wird nicht untätig. Das Kernbrennen läuft jetzt in einer dünnen Wasserstoffschale ab, die den Kern umgibt, der kleiner und dichter geworden ist. Dadurch wird der Wasserstoff viel heißer und verbrennt rascher. Als Reaktion darauf blähen sich die äußersten Schichten des Sterns auf; der Stern expandiert. Dadurch sinkt wiederum die Temperatur, und auch die Farbe verändert sich. Der Stern wird ein Roter Riese. Er ist kühler, größer und heller als zuvor und befindet sich schließlich oben rechts im Diagramm bei den Roten Riesen und Überriesen.

Als Roter Riese sammelt ein Stern von der gleichen Masse wie die Sonne in seiner Mitte weiterhin Helium an. Weil dieser Heliumkern nicht heiß genug ist, um zu verschmelzen, schrumpft er und wird so dicht, daß er sich nicht länger wie Gas verhält. Man nennt diesen Zustand entartet. Von einem bestimmten Punkt an ist seine Dichte so groß, daß die Heliumatome allein durch den Druck zu Kohlenstoff und Sauerstoff verschmelzen – eine Art spontaner Verbrennung, die den Stern verwandelt, ihn blauer und kleiner macht und ihm kurzzeitig eine neue Lebensmöglichkeit eröffnet. Er verbrennt seinen Brennstoff im wesentlichen wie damals, als er auf der Hauptreihe war, aber nun verbrennt er Helium, was nur ein Zehntel so effizient ist wie Wasserstoff. Während dieser Phase der Sternentwicklung kann der Stern so heiß werden, daß er pulsiert, also seine Helligkeit regelmäßig verändert.

Aber bald ist das Helium erschöpft. Noch einmal dehnt sich der Stern aus, bis sein Radius fünfhundertmal so groß ist wie der Radius der Sonne und er fünftausendmal so hell scheint wie sie. Er ist dann größer und leuchtender denn je und besteht aus einem heißen Kern, der, obwohl er nicht größer ist als die Erde, doch sechzig Prozent der Sonnenmasse enthält. Er hat eine so extrem dünne Atmosphäre, daß das Helium, der Brennstoff in seinem Inneren, sie einfach wegbläst. Die Atmosphäre löst sich ab und wird zu einem planetarischen Nebel. Planetarische Nebel haben nichts mit Planeten zu tun. Sie heißen so, weil sie grünlich und rund aussehen, wie Planeten, wenn man sie durch ein Fernrohr betrachtet. Im Inneren dieses Nebels wird der ausgebrannte Kern des alten Sterns schließlich zu einem Weißen Zwerg, der in der Dunkelheit des Raums wie ein Stück Kohle langsam ausglüht.

Sterne, die viel massereicher sind als die Sonne, haben andere Lebensgeschichten. Sie explodieren schließlich als Supernovae, werden zu Schwarzen Löchern oder zu winzigen, dichten Neutronensternen, nicht größer als Heidelberg. Sie sind nirgendwo im Hertzsprung-Russell-Diagramm zu finden, weil diese Reste nicht wie normale Sterne leuchten.

Der Helixnebel im Sternbild Wassermann ist ein planetarischer Nebel, der entstand, als der Stern in der Mitte seine Gasschale abstieß.

National Optical Astronomy Observatories

Sterne verlassen die Hauptreihe also der Reihe nach von oben her, wobei große, heiße Sterne ihren Brennstoff rasch verbrauchen, während kleinere, kühlere Sterne länger leben, weil sie mit

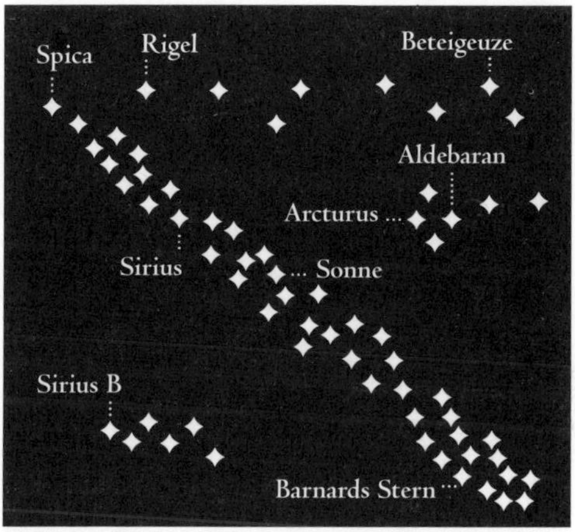

ihrem Brennstoff sparsamer umgehen. Je höher ein Stern auf der Hauptreihe erscheint, um so weniger Zeit verbringt er dort. Deshalb gibt ein Hertzsprung-Russell-Diagramm auch Aufschluß über das Alter eines Sternhaufens. Bei einem jungen Sternhaufen wie den Plejaden bevölkern die Sterne die Hauptreihe bis an ihr oberes Ende. In einem älteren Haufen haben die heißen blauen und weißen Sterne oben ihren Wasserstoff schon verbraucht und sich zu Riesen und Superriesen aufgeblasen, was den diagonalen Streifen auf dem Hertzsprung-Russell-Diagramm seltsam verstümmelt aussehen läßt, als ob er in der Mitte abgehackt worden wäre. Je älter der Haufen ist, desto weiter nach unten rutscht der Bruch. Das Hertzsprung-Russell-Diagramm, das die Sternverteilung beschreibt, ist also eine Art himmlicher Volkszählung, eine demographische Abbildung des Himmels.

Subrahmanyan Chandrasekhar und der Tod von Sternen

Die Sonne ist in ihrer Lebensmitte. In fünf Millionen Jahren wird sie zu einem Roten Riesen anschwellen. Danach wird sie ihre äußeren Schichten in Form großer Materiebrocken abstoßen. Diese Materie wird einen planetarischen Nebel bilden, in dessen Mitte ihr Kern ist. Wenn dann der Rest des Kernbrennstoffs verbraucht ist, verwandelt sich der Kern in einen festen kleinen Klumpen aus Kohlenstoff und Sauerstoff, den man einen Weißen Zwerg nennt. Ein Weißer Zwerg ist nicht größer als die Erde, aber so dicht, daß ein Teelöffel davon über fünf Tonnen wiegen würde.

Die Sonne leuchtet dann zwar noch, aber das Glühen rührt jetzt von der Wärme her, die beim Zusammenziehen übrigblieb, nicht von der Kernfusion. Nachdem sich die Sonne Milliarden Jahre lang abgekühlt hat, verlöscht sie schließlich. Dann wird sie ein Schwarzer Zwerg, eine kalte, dunkle Kugel von kristallisiertem Kohlenstoff und Sauerstoff, eine Art Diamant. Das Universum ist zu jung, als daß einige der schätzungsweise drei Milliarden Weißer Zwerge schon schwarz geworden sein könnten, deshalb kennen wir noch keine Beispiele dafür. Trotzdem hält man das für das Schicksal der meisten Sterne.

Dieses Schicksal ereilt aber nicht alle Sterne, obwohl das bis in die vierziger Jahre dieses Jahrhunderts noch angenommen wurde, denn die Masse eines Weißen Zwergs kann nicht größer sein als das 1,4fache der Sonnenmasse. Diese Zahl nennt man Chandrase-

> *Wir vergessen gern, daß unsere Sonne nur ein Stern ist, der eines Tages ausgebrannt sein wird. Die Zeitskala ihres Daseins übersteigt die unseres Menschenlebens so sehr, daß unsere unbedingte Abhängigkeit von ihren lebenspendenden Eigenschaften sich merkwürdig anfühlt, wie eine Taktlosigkeit, die wir besser vergäßen.*
> Gretel Ehrlich,
> *Der Trost offener Räume*

khar-Grenze, zu Ehren des Mannes, der als Zwanzigjähriger berechnete, daß nicht alle Sterne von demselben Schicksal ereilt werden.

Dieser Mann, der Subrahmanyan Chandrasekhar hieß und gewöhnlich Chandra genannt wurde, studierte an der Madras-Universität in seinem Heimatland Indien, wo er einen Wettbewerb mit einem Aufsatz über Quantenphysik gewann und sich als Preis ein Buch erbat, das er in der Bücherei gesehen hatte. Dieses Buch, *Der innere Aufbau der Sterne,* stammte von dem englischen Astronomen Sir Arthur Eddington, der behauptete, daß Sterne ihre Energie nicht von der Schwerkraft oder Radioaktivität erhielten, sondern durch Kernfusion. (»Wir streiten uns nicht mit Kritikern, die behaupten, die Sterne seien nicht heiß genug für diesen Prozeß«, schrieb Eddington. »Wir fordern sie auf, einen *heißeren Ort* zu finden.«) Chandrasekhar las Eddingtons Buch begierig. Und als er 1930 sein Studium abschloß, erhielt er ein Stipendium der indischen Regierung für die Universität Cambridge.

Während der langen Überfahrt dachte Chandrasekhar über den Tod der Sterne nach. Mit Hilfe der Relativitätstheorie und mit Methoden, die er aus Eddingtons Buch gelernt hatte, entdeckte er, daß die Gleichungen verrückt spielten, wenn eine bestimmte Sterngröße überschritten wurde. Der Stern kam einfach nicht ins Gleichgewicht. Seine Zahlen zeigten, daß große Sterne nicht zu Weißen Zwergen wurden, sondern immer weiter kollabierten.

Dieser Gedanke war nicht nur neu, sondern auch ketzerisch, wie Chandrasekhar mit der Zeit herausfand. Nach seiner Promotion 1934 wandte er sich wieder den Weißen Zwergen zu, verbesserte seine Berechnungen, und Eddington selbst ermunterte ihn zum

Weitermachen. Eddington sprach mehrmals wöchentlich mit ihm über seine Arbeit und besorgte ihm, was damals ein seltener Luxus war, eine Rechenmaschine.

Chandra fühlte sich von Eddington unterstützt. Dieser aber war, was Chandra nicht merkte, davon überzeugt, sein junger Kollege entdecke bald selbst seinen Irrweg. Bei einer Sitzung der Royal Astronomical Society im Januar 1935 erklärte Eddington, wie wenig er von Chandrasekhars Gedanken hielt, daß ein hinreichend großer erlöschender Stern kein Weißer Zwerg würde: »Der Stern soll also wohl immer weiter strahlen und sich immer weiter zusammenziehen, bis er, sagen wir mal, einen Radius von nur noch wenigen Kilometern hat, und dann soll die Schwerkraft schließlich stark genug sein, um die Strahlung festzuhalten, und der Stern kann endlich zur Ruhe kommen. Dr. Chandrasekhar vertritt dies schon lange und reitet immer noch darauf herum. Es können verschiedene Zufälle einen Stern davor bewahren, aber ich möchte mehr Sicherheit. Meiner Meinung nach muß es ein Naturgesetz geben, das einen Stern davon abhält, sich so absurd zu verhalten!«

Der Schlag war vernichtend. Chandrasekhar hatte das Gefühl, der am meisten geachtete Astronom seiner Zeit habe ihn öffentlich lächerlich gemacht. Es blieb nicht bei diesem einen Zusammenstoß. Eddington, der sich als Quäker geweigert hatte, im Ersten Weltkrieg in der englischen Armee zu dienen, und der im Ruf eines freundlichen Menschen stand, konnte bei wissenschaftlichen Auseinandersetzungen unerbittlich sein. Bei einem Vortrag an der Harvard University sagte Eddington 1936, anscheinend wünsche Chandrasekhar, daß sich die Sterne so verhielten, und deshalb glaube er, es sei so. Für ihn, Eddington, sei der Gedanke, ein sterbender Stern könne kollabieren, bis er kleiner sei als ein Weißer Zwerg, lediglich »stellares Possenreißen«.

Als ein David gegenüber dem Goliath Eddington erhielt Chandrasekhar keinerlei Unterstützung. Und so führten die Auseinandersetzungen dazu, daß er die Arbeit an den Weißen Zwergen aufgab. Er schrieb 1940 an seinen Vater: »Ich hatte das Gefühl, daß die Astronomen ausnahmslos dachten, ich sei im Irrtum. Sie hielten mich für einen Don Quichotte, der versuchte, Eddington zu töten. Wie Du Dir vorstellen kannst, war es eine entmutigende Erfahrung für mich, mich in einer Auseinandersetzung mit dem führenden Astronomen wiederzufinden und meine Arbeit von der Gemeinschaft der Astronomen voll und ganz verworfen zu sehen. Ich mußte mich entscheiden, was ich tun wollte. Sollte ich den Rest meines Lebens weiterkämpfen? Schließlich war ich damals Mitte Zwanzig ... Es war für mich besser, meine Interessen einem anderen Gebiet zuzuwenden und woanders hinzugehen. Wenn ich recht hatte, würde das Ergebnis irgendwann als richtig erkannt werden. Ich war mir sicher, daß eine Tatsache, die für die Sternentwicklung so wichtig ist, zur rechten Zeit bestätigt oder widerlegt würde. Ich sah nicht ein, warum ich dabei bleiben sollte, deshalb ließ ich es einfach ruhen.«

Chandrasekhar verließ auch das Britische Empire. Er emigrierte 1936 in die USA, wurde Professor an der University of Chicago und 1953 Amerikaner. Seine Rechnungen waren richtig, und schließlich wurde seine Leistung voll anerkannt. Aber das geschah erst viel später. Obwohl er im Lauf der Jahre viele Preise und Ehrungen erhielt, wurde seine Arbeit über Weiße Zwerge erst 1974 gewürdigt. Als er 1983 den Nobelpreis erhielt, war mehr als ein halbes Jahrhundert vergangen, seit er damals auf dem Schiff seine Berechnungen angestellt hatte.

Man könnte meinen, Chandrasekhar und Eddington hätten einander nicht ausstehen können. Aber das stimmt nicht. Im Frühling 1935, nach der schicksalsträchtigen Sitzung der Royal Astronomical Society, unternahmen die beiden Wissenschaftler zusammen eine Radtour. Bei anderer Gelegenheit besuchten sie zusammen eine Tennismeisterschaft in Wimbledon, wo sie jeweils einem anderen der Endspielgegner den Sieg wünschten. Als Chandrasekhar heiratete, lud Eddington, ein Junggeselle, der mit seiner Schwester zusammenlebte, das Brautpaar zum Tee ein. Und eines Tages zeigte Eddington Chandra eine Karte von England, auf der alle Routen seiner Fahrradtouren verzeichnet waren. Es war, wie er ihm anvertraute, eigentlich die zweite solche Karte. Sein Hund hatte die erste zerrissen, und er hatte sie mühsam neu erstellen müssen. Er erzählte Chandrasekhar auch, wie er Konto führte über seine Radtouren. »Das Kriterium war die größte Zahl *n*, die angab, daß an *n* verschiedenen Tagen *n* oder mehr Meilen zurückgelegt worden waren«, erinnerte sich Chandrasekhar später. »Es war rührend, daß er mir in jedem Brief, den er mir schrieb, seinen letzten Wert von *n* mitteilte.«

Auch bei einer Tagung zwei Jahre später blieb Eddington bei seiner Überzeugung. Chandrasekhar versuchte, ihm aus dem Weg zu gehen, aber Eddington ging auf ihn zu, als er allein war, um zu sagen, er hoffe, Chandra sei ihm nicht böse. Es kam zu einem einsilbigen Gespräch, nach welchem sich die beiden nie wieder begegneten. Eddington starb 1944; Chandrasekhar vergab sich seine Schroffheit niemals. »Ich habe es später bereut, und ich bereue es noch heute«, sagte Chandrasekhar zu seinem Biographen. »Ich war grob und habe ihm nicht verziehen, als er kam – eigentlich um sich zu entschuldigen.«

Aber es ist eine Tatsache: Eddington war im Unrecht. Sterne, die die Chandrasekhar-Grenze überschreiten, werden nicht zu Weißen Zwergen. Sie erwartet ein anderes Schicksal.

Tychos Stern und andere Supernovae

Ein massereicher Stern hat ein aufregendes Leben und ein aufregendes Ende. Sein Leben ist kurz. Während ein Stern von Sonnengröße zehn Milliarden Jahre auf der Hauptreihe bleibt, verbringt ein Stern mit dem 25fachen der Sonnenmasse dort nur sieben Millionen Jahre. Und sein Tod ist explosiv. Wenn der Stern den Wasserstoff in seinem Kern verzehrt hat, beginnt er, Helium zu verbrennen und sich zu einem roten Überriesen aufzublähen – einem kühlen Stern, der so riesig ist, daß die Bahn des Jupiter in ihn hineinpassen würde. Wenn das Helium allmählich zu Ende geht, beginnt der Stern in sich zusammenzufallen, und dann steigt die Temperatur. Der Stern weicht in seiner Verzweiflung auf einen anderen Kernbrennstoff aus, auf Kohlenstoff.

Auf diese Weise verbrennt der Stern nacheinander eine Reihe von Elementen, wobei jeweils eines in das nächste verwandelt wird; jedes der Elemente verbrennt rascher als sein Vorgänger und setzt weniger Energie frei. Helium, das Kohlenstoff und Sauerstoff bildet, brennt 700 000 Jahre lang. Kohlenstoff brennt sechs Jahrhunderte lang. Die Neonenergie reicht für ein Jahr. Sauerstoff verbrennt in sechs Monaten, und Silizium verbrennt an nur einem einzigen Tag zu Eisen. Die Kernverschmelzung von Eisen jedoch erfordert mehr Energie, als sie erzeugt. Deshalb hört hier alles auf.

Der Kern des Sterns zerfällt in weniger als einer Sekunde. Seine äußeren Schichten schmettern auf den Eisenkern und prallen von ihm zurück. Eine Flutwelle von Neutrinos – subatomaren Teilchen, die entweder überhaupt keine oder praktisch keine Masse haben – spritzt in den Raum, und eine Stoßwelle durchquert den Stern und läßt ihn zerbersten. Diese Explosion, ein heftiger Großbrand, bei dem die äußeren Schichten des Sterns buchstäblich weggeblasen werden und der Stern kurzzeitig seine ganze Galaxie überstrahlt, wird als Supernova bezeichnet.

Innerhalb von Wochen verblaßt der Stern, aber seine leuchtenden Trümmer reiten auf der Stoßwelle in den Weltraum und tragen dabei die schweren Elemente unserer Welt mit sich. Auf diese Weise besamen die Sterne das Universum. Unsere Sonne, die einige schwere Elemente enthält und deshalb ein Stern mindestens der zweiten Generation ist, kann es nur geben, weil ihr der Tod eines größeren Sterns vorausgegangen ist. Dasselbe gilt für uns selbst. Das Eisen in unserem Blut, das Jod in unserer Schilddrüse, das Gold (und Quecksilber) in unseren Zähnen wurden in einem sterbenden Stern hergestellt. Es ist keine Metapher: Wir sind aus Sternenstaub.

Supernovae sind keineswegs so selten, wie es scheint. In jeder Galaxie explodiert etwa einmal in fünfzig Jahren ein Stern. (Bei einer anderen Art Supernova schüttet ein Stern eines Doppelsternsystems Materie auf den anderen, einen Weißen Zwerg, und bringt ihn dadurch zur Explosion.) Aber weil so viele Sterne durch interstellare Wolken verdunkelt werden und hinter den staubigen Scheiben der Galaxie verborgen bleiben, sind Supernovae für uns nur selten sichtbar. Die wohl eindrucksvollste explodierte 1006 im Sternbild Wolf. Und nur 48 Jahre später, 1054, blühte eine im

Sternbild Stier auf. Dann war fünfhundert Jahre lang keine mehr zu sehen.

Am 11. November 1572 erschien im Sternbild Cassiopeia ein neuer Stern. Tycho Brahe sah ihn und schrieb, er sei »erstaunt«, »verblüfft«, »geradezu betäubt« und »durch die Unglaublichkeit der Sache zu solcher Perplexität geführt«, daß er begonnen habe, der »Glaubwürdigkeit der eigenen Augen zu mißtrauen«. Der Anblick war so unerwartet, daß Brahe, der die Positionen der Sterne seit seiner Kindheit kannte, Bauern und Diener befragte, ob sie ebenfalls den neuen Stern gesehen hätten. Brahe verfolgte den Stern bis März 1574, als er wieder unsichtbar wurde, beobachtete seine Helligkeit und erstellte eine Lichtkurve seines Verblassens. Seine Messungen zeigten, daß sich der neue Himmelskörper nicht wie ein Komet oder Planet bewegte, also ein Stern sein mußte. Wichtiger noch, Brahe zeigte, daß der Himmel nicht unveränderlich ist und daß also Aristoteles unrecht hatte. (Kometen, die ja viel häufiger vorkommen, hätten das ebenso unwiderlegbar zeigen können, aber man hielt sie für atmosphärische Prozesse wie Wirbelstürme oder Gewitter und sah deshalb keinen Widerspruch zu Aristoteles.) Der helle neue Stern war der Beweis, daß die große Konstante, nämlich Veränderung, selbst am Himmel galt. Die Reaktionen waren gemischt. Ein Freund von Calvin deutete ihn als ein Anzeichen für die Wiederkehr Christi. Andere Theologen, die sich an Aristoteles hielten, folgerten, der scheinbar neue Stern sei früher eben nur nicht gesehen worden. Brahe entschloß sich sehr zögernd, ein Buch zu schreiben.

Nachdem ihm versichert worden war, daß das Schreiben eines Buchs nicht etwa eine eines Adligen unwürdige Beschäftigung war, schrieb und veröffentlichte er *De nova stella*. (Der Titel ist irreführend; was Brahe sah, waren nicht, wie er meinte, die Geburtswehen eines neuen Sterns, sondern der Todeskampf eines alten.) Kurz darauf hielt Brahe Vorlesungen an der Universität Kopenhagen und traf Vorbereitungen, sich in Deutschland niederzulassen. Als König Frederick II. von Dänemark davon erfuhr, machte dieser Brahe ein unwiderstehliches Angebot: Er gab ihm die Insel Hven als Lehen »mit allen Unseren und der Krone Pächtern und Dienern, die darauf leben, mit allem Zins und allen Abgaben, die von ihnen kommen ... um es zu nutzen und zu besitzen frei und ledig, ohne jegliche Abgabe, zeit seines Lebens«.

Brahe verwandelte die Insel in ein Königreich. Auf ihren zweitausend Morgen baute er eine Sternwarte, die er Uraniborg nannte, in der es Versammlungsräume und Gästezimmer gab, und einen großen Himmelsglobus, eine kleinere Sternwarte, die Stjerneborg, »Sternenburg«, hieß, Werkstätten zur Herstellung der benötigten astronomischen Instrumente, einen Alchimistenofen, eine Druckerpresse, ein Gefängnis, eine Papiermühle, eine Getreidemühle, Fischweiher, ein Wildgehege und ein Arboretum mit dreihundert Baumarten.

Durch seine Schroffheit und seinen Hochmut machte sich Brahe jedoch viele Feinde, und nach dem Tod von Frederick II. mußte er Hven verlassen, obwohl es ihm auf Lebzeiten versprochen worden war. (Der neue König, Christian IV. schenkte die Insel später seiner Geliebten.) Brahe zog nach Prag, wo er in seinen letzten Lebensjahren zum Hofmathematiker des Kaisers Rudolf II. ernannt wurde. In dieser Funktion forderte er Kepler auf, sein Assistent zu werden.

Als Brahe 1601 starb, wurde Kepler zum kaiserlichen Hofmathe-

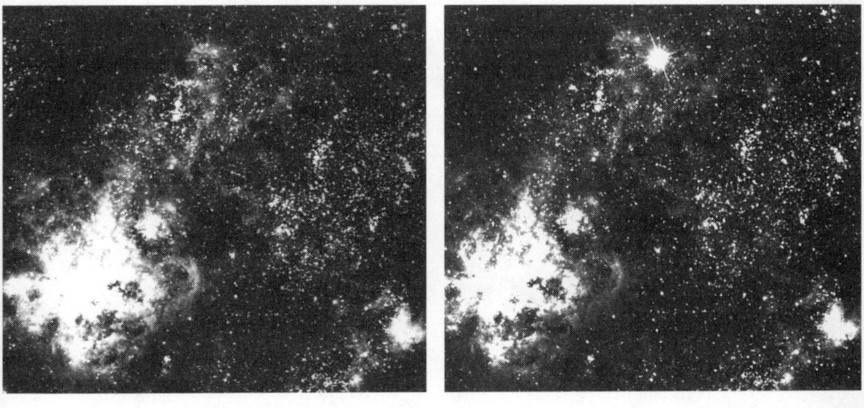

Supernova 1987A. Das Bild links wurde 1969 gemacht. Das Bild rechts, vom 26. Februar 1987, zeigt die Supernova oben im Bild. National Optical Astronomy Observatories

matiker ernannt. Drei Jahre später erzählte ein Beamter des kaiserlichen Hofs Kepler, er habe im Sternbild Schlangenträger einen neuen Stern gesehen. Eine Woche lang war der Himmel bewölkt, aber dann fand Kepler diesen Stern zwischen Jupiter und Saturn. Brahes Beispiel folgend, schrieb er ebenfalls ein Buch mit dem Titel *De stella nova.* Und ebenso wie die Supernova von 1572 als Tychos Stern bekannt wurde, so wurde die Supernova von 1604 zu Keplers Stern.

Fünf Jahre später wurde das Teleskop erfunden. Bis in unsere Zeit hat man seitdem zwar in nahen und fernen Galaxien Supernovae beobachtet, aber keine einzige in der Milchstraße. Eine Supernova jedoch war relativ nahe. Am 24. Februar 1987 entdeckten der kanadische Astronom Ian Shelton von der University of Toronto und der technische Mitarbeiter Oscar Duhalde an der Sternwarte Las Campanas in Chile auf einer photographischen

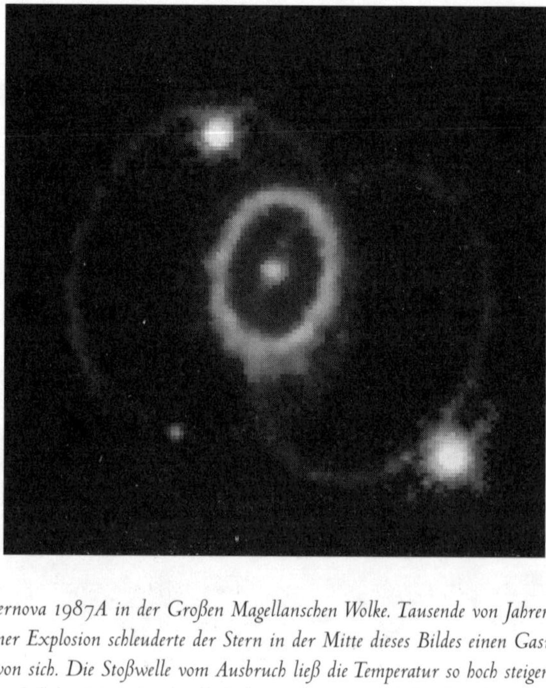

Supernova 1987A in der Großen Magellanschen Wolke. Tausende von Jahren vor seiner Explosion schleuderte der Stern in der Mitte dieses Bildes einen Gasring von sich. Die Stoßwelle vom Ausbruch ließ die Temperatur so hoch steigen, daß der Ring schon im Frühjahr 1998 erneut aufzuleuchten begann.
Space Telescope Science Institute, Burrows

Platte der Großen Magellanschen Wolke, einer kleinen Begleitgalaxie der Milchstaße, einen unerwartet hellen Fleck. Auf einer Aufnahme, die in der Nacht zuvor gemacht worden war, war an dieser Stelle nur ein schwacher Stern gewesen, nicht der Rede wert. War er explodiert? Als Shelton nach draußen ging, um nach ihm zu suchen, fand er die erste Supernova, die seit fast vierhundert Jahren von der Erde aus gut sichtbar war.

Zwischen den Sternen wie weit; und doch
noch weiter, was man am Hiesigen lernt.
Einer, zum Beispiel, ein Kind ...
und ein Nächster, ein Zweiter –,
o wie unfaßlich entfernt.
Rainer Maria Rilke

Diesmal wußten die Wissenschaftler etwas über den Stern, der eine Supernova geworden war. Sanduleak -69°202, benannt nach seinem Entdecker Nicholas Sanduleak von der Case Western Reserve University, war 163000 Lichtjahre entfernt und ein blauer Überriese mit zwanzigfacher Sonnenmasse, etwa hunderttausendmal so hell wie die Sonne und mit einem Eisenkern, der etwa anderthalb Sonnenmassen entsprach: Seine Masse lag also über der Chandrasekhar-Grenze und reichte aus, um den Stern zu zerschmettern.

Das Verhalten dieser Supernova war beruhigend, weil es zum größten Teil den Vorhersagen entsprach. Mehrere Elemente, auch die Gammastrahlung, erfüllten die Erwartungen. Die größte Überraschung war wohl den Neutrinos zu verdanken, den subatomaren Teilchen, die immer, auch im jetzigen Augenblick, durch die Erde hindurchgehen, durch unsere Körper und – in diesem Zusammenhang besonders wichtig – durch gewaltig große unterirdische Behälter mit Wasser (und Reinigungsflüssigkeit), wo sie gelegentlich als winzige blaue Lichtfunken aufgezeichnet werden. Die Wissenschaftler interessieren sich für Neutrinos, weil sie nach der Theorie schon vor der sichtbaren Explosion vom Stern ausgesandt werden und deshalb bereits auf der Erde ankommen sollten, bevor die Supernova zu sehen ist. Und genau das trat bei Sanduleak -69°202 ein. Am Tag vor der Supernova verzeichneten unterirdische Detektoren in Japan und Ohio neunzehn Neutrinos. In der Welt der Neutrinojagd war das ein Volltreffer.

Andererseits leuchtete die Supernova nicht so hell wie erwartet, und die Wissenschaftler waren überrascht, daß der Stammstern ein blauer und kein roter Überriese war. Heute meint man, daß er eine Million Jahre lang rot war, bis er vor hunderttausend Jahren schrumpfte, was seine Temperatur ansteigen ließ und die Farbe veränderte.

Vor seiner Explosion blies Sanduleak -69°202 viel Materie aus, woraus sich in einem Lichtjahr Entfernung ein Ring formte. Im Frühjahr 1998 wurden die erwarteten Aufhellungen in diesem Ring, bewirkt durch die Wellen der Explosion, tatsächlich beobachtet.

Die Supernova von 1987 war ein großes Ereignis. Aber wir würden liebend gern eine Supernova in der Milchstraße selbst beobachten. Eines Tages wird das sicherlich passieren. Mögliche Anwärter sind Beteigeuze im Orion, ein veränderlicher roter Überriese, von dem zu erwarten ist, daß er sich innerhalb der nächsten paar hunderttausend Jahre vernichtet (danach sollte er ein Schwarzes Loch werden), Antares, der rote Überriese im Skorpion, und Eta Carinae am Südhimmel. Eta Carinae ist ein Veränderlicher in dem gleichnamigen Nebel (siehe Abb. S. 35); er war 1843 der zweithellste Stern am Himmel, konnte aber seit 1868 nicht mehr mit dem bloßen Auge gesehen werden. Aus seiner Richtung kommt stärkere Infrarotstrahlung als von jedem anderen Himmelskörper mit Ausnahme von Sonne und Mond, und Astronomen gehen davon aus, daß es in relativ naher Zukunft zu einer Explosion kommen wird. Das kann in vielen Jahrhunderten geschehen oder heute nacht.

Neutronensterne, Pulsare und kleine grüne Männchen

Geronnene Sterne, verwirrte Sterne, Sterne, die mit einem Löffel umgerührt worden waren. Der Neutronenstern war natürlich in der Mitte, aber ich konnte ihn nicht sehen; das hatte ich auch nicht erwartet. Er hatte nur achtzehn Kilometer Durchmesser und war kalt.

Larry Niven, *Neutron Star*

Ein Stern kann eines von drei Schicksalen erleiden. Wenn er klein ist – als klein gilt noch ein Stern achtmal so groß wie die Sonne –, schrumpft er früher oder später zu einem Weißen Zwerg, wird also etwa so groß wie die Erde. Wenn er groß ist, also zum Beispiel zwanzigmal soviel Masse hat wie die Sonne, explodiert er als Supernova und beendet sein Leben als Schwarzes Loch. Und wenn seine Masse dazwischen liegt, explodiert er als Supernova, schleudert riesige Teile seiner Masse weg und kollabiert zu einem winzigen Neutronenstern, einem Körper von etwa fünfzehn Kilometern Durchmesser, der so dicht ist, daß ein Teelöffel davon über hundert Millionen Tonnen wiegen würde. (Ein Teelöffel von einem Weißen Zwerg würde, wie schon gesagt, 5,5 Tonnen wiegen.)

So viel Materie kann deshalb in einen so kleinen Bereich gepreßt werden, weil Atome vor allem leerer Raum sind. Wenn ein Atomkern ein paar Äpfeln auf dem Markt in Berlin entspräche, wären die Elektronen Fliegen am Müggelsee. Gewöhnliche Materie enthält, anders gesagt, viel Nichts. Ein Neutronenstern ist unvorstellbar dicht, weil es keine Leere mehr gibt. Er wurde zermalmt von einer Schwerkraft, die so gewaltig ist, daß sie das den Atomkern umhüllende Meer von Elektronen durchdrang, Elektronen und Protonen mit Gewalt zusammenpreßte und das erzeugte, was im wesentlichen ein riesiger Kern ist – einen kompakten Stern mit nur wenigen Kilometern Durchmesser.

Ein Neutronenstern ist ein seltsames Gebilde. Auf seiner Oberfläche ist die Schwerkraft ungefähr hundertmilliardenfach so stark wie die Schwerkraft auf der Erde. Er hat eine feste Eisenkruste, deren winzige Berge höchstens zwei Zentimeter hoch sind, und eine nur wenige Meter dicke aufgewühlte Atmosphäre von Atomen und subatomaren Teilchen.

Neutronensterne sind winzig. Ihre Existenz, die 1934 von Fritz Zwicky und Walter Baade vorhergesagt wurde, konnte erst 1967 bestätigt werden; diese Entdeckung verdanken wir der Irin Jocelyn Bell, die, damals 24jährig, bei Antony Hewish an der Cambridge University studierte. Zu ihren Aufgaben gehörte die Mitarbeit an einer riesigen Radioantenne – eigentlich einem durch unzählige, parallel zum Erdboden verlaufende Drähte verbundenen Antennensystem auf einem viereinhalb Morgen großen Feld. Diese Antennen empfingen Signale, Radiowellen himmlischen Ursprungs, die während jeweils einer Erdumdrehung auf hundertzwanzig Meter langen Papierrollen aufgezeichnet wurden. Bell hatte die Aufgabe – die es an Eintönigkeit mit der aufnehmen konnte, die Clyde Tombaugh zur Entdeckung von Pluto verhalf –, jede Markierung auf diesen Papierrollen zu inspizieren.

Im November 1967, etwa zwei Monate nach Fertigstellung des Teleskops, entdeckte Bell auf einem Band »etwas Dreck«. Bei der erneuten Durchsicht der langen Papierstreifen fand sie, daß dieselben an ein EKG erinnernden Schnörkel aus immer denselben Teilen des Himmels gekommen waren, und erzählte Hewish davon. Das Muster tauchte innerhalb eines Monats wieder auf. Es war außerordentlich regelmäßig – genau alle 1,3373011 Sekunden kam ein Puls. Er konnte von keinem bekannten Stern stammen, ja er war so außerordentlich regelmäßig, so mechanisch, daß man ihn nicht für natürlich halten mochte. Und weil er ja vielleicht auch nicht natürlich war, nannte man die nichtidentifizierten Radiosignale LGM – Little Green Men, kleine grüne Männchen. »Wir haben nicht wirklich geglaubt, daß es Signale von einer anderen Zivilisation waren«, erinnerte sich Bell später, »aber natürlich war uns der Gedanke in den Sinn gekommen, und wir hatten auch keinen Beweis, daß die Radiostrahlung vollkommen natürlich war. Es stellte sich ein interessantes Problem – wie gibt man es auf verantwortungsvolle Weise bekannt, wenn man meint, möglicherweise irgendwo im Universum Leben entdeckt zu haben?

Zu dieser Bekanntmachung kam es nicht. Bei der Untersuchung der kilometerlangen Papierstreifen entdeckte Bell auch aus anderen Himmelsrichtungen ähnliche Signale, und das ließ auf eine natürliche Herkunft der Signale schließen. »Es war kaum vorstellbar, daß zwei Gruppen grüner Männchen gleichzeitig versuchten, mit derselben unwahrscheinlichen Frequenz demselben Planeten Erde Signale zu senden«, sagte sie. Damit war die Theorie der grünen Männchen erledigt, und die Objekte wurden »Pulsare« (pulsierende Radioquellen) genannt.

Der aus Österreich stammende Thomas Gold, ein Verfechter der Steady-State-Theorie, behauptete, Pulsare und Neutronensterne seien vielleicht identisch. Dahinter steht die allgemein anerkannte Überlegung, daß die Materie, wenn sich in den Nachwehen

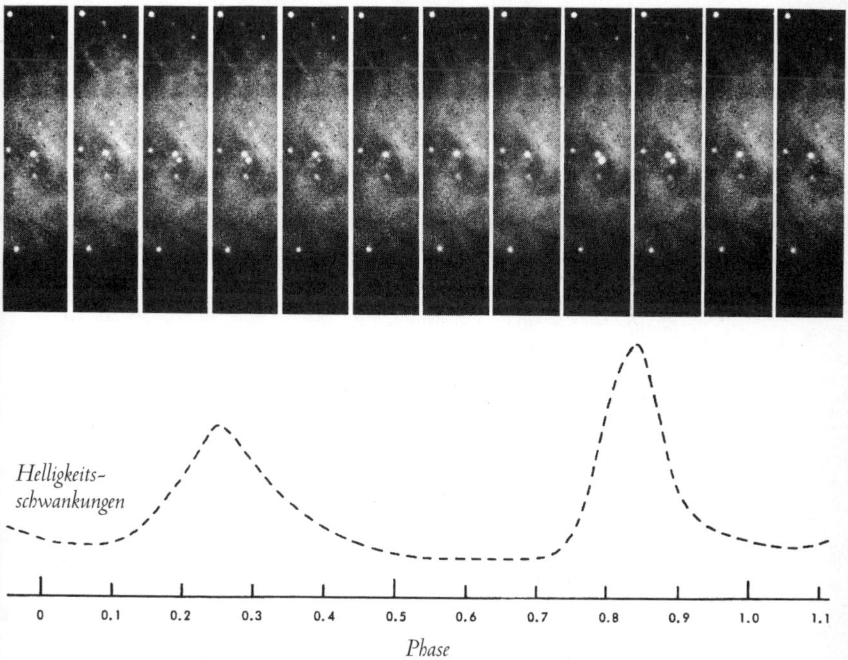

In dieser Folge leuchtet der Pulsar im Zentrum des Krebsnebels direkt unter dem Stern in der Mitte auf und verblaßt. Die Abbildung zeigt die Veränderung der absoluten Helligkeit des Pulsars innerhalb seiner Periode von einer dreißigstel Sekunde.

National Optical Astronomy Observatories

einer Supernova ein Neutronenstern bildet, sehr eng zusammengepreßt wird und sich immer rascher dreht. Das Magnetfeld wird dabei ebenfalls immer stärker, bis schließlich der Stern ein riesiger Magnet ist. Dann strömen Elektronen aus den Magnetpolen heraus und senden auch im sichtbaren Bereich enggebündelte elektromagnetische Strahlung aus. Während der Stern schnell rotiert, fegen diese Jets viele Male in der Sekunde durch den Weltraum, und wenn sie zufällig die Erde treffen, leuchtet der rotierende Stern immer wieder auf.

Und genau das tun Pulsare. Sie sind an scharfen, präzis periodischen Pulsen zu erkennen, die so schnell aufeinanderfolgen – bis zu tausendmal in der Sekunde –, daß die Aufzeichnung ihrer Radiowellen an ein feuerndes Maschinengewehr erinnert.

Wenn Pulsare wirklich rasch rotierende Neutronensterne sind, müßten sie innerhalb der Reste einer Supernova zu finden sein. Eine Bestätigung dieser Möglichkeit kam vom Krebsnebel, einem amorphen Lichtfleck im Sternbild Stier. Der Krebsnebel ist, wie wir wissen, der Überrest einer Supernova, denn er befindet sich genau an der Stelle, an der ein chinesischer Astrologe des elften Jahrhunderts einen »Gaststern« sah, und in seiner Mitte ist tatsächlich ein Pulsar. Dieser Pulsar dreht sich 33mal in der Sekunde um seine Achse und jagt wie ein riesiger Suchscheinwerfer bei jeder Pirouette einen Strahl von Radiowellen und Licht durch das Universum. Außerdem wird er, wie andere Pulsare, langsamer. Man erwartet, daß er in etwa zehn Millionen Jahren keine Signale mehr senden wird.

Seit der Entdeckung des ersten Pulsars sind Hunderte anderer Pulsare gefunden worden, und jenen, die Anteil an der Entdeckung hatten, wurde dafür Anerkennung zuteil. Antony Hewish und sein Kollege in der Leitung des Projekts, Martin Ryle, wurden Nobelpreisträger. Jocelyn Bell (später Burnell) wurde bei dem Preis nicht erwähnt, wohl aber schenkte die Öffentlichkeit der »jungen Wissenschaftlerin« viel Beachtung. Bell erinnerte sich Jahre später, daß man ihr »wesentliche Fragen« stellte, etwa »ob ich so groß oder nicht ganz so groß sei wie Prinzessin Margaret (die Briten haben merkwürdige Maßeinheiten) und wie viele Intimfreunde ich gleichzeitig hätte«. Nach ihrer Entdeckung arbeitete sie zwar weiter als Astronomin, aber nicht auf dem Gebiet der Pulsare. Ihre Rolle bei der Entdeckung wird weltweit anerkannt, und ihr Name ist für immer mit dem regelmäßigen Rhythmus rotierender Neutronensterne verknüpft.

Schwarze Löcher

Dorthin kommt man von hier aus nicht.
Stephen Hawking

Die Idee kam schon Ende des achtzehnten Jahrhunderts auf, als der englische Geologe John Michell und der französische Astronom Pierre Simon Marquis de Laplace erkannten, daß es nichts gibt, was sich der Gravitationsanziehung eines hinreichend großen und dichten Objekts entziehen kann. Laplace kam zu diesem Schluß, als er über die Fluchtgeschwindigkeit nachdachte, die Geschwindigkeit also, die nötig ist, um einem Himmelskörper, ganz gleich, ob Planet, Mond oder Stern, zu entweichen. Die Fluchtgeschwindigkeit hängt von der Schwerkraft eines Körpers ab. Wenn ein Raumschiff den Planeten Erde verlassen soll, muß es mindestens 11,2 Kilometer in der Sekunde erreichen. Um dem Planeten Jupiter zu entkommen, müßte es mit einer Mindestgeschwindigkeit von 59,5 Kilometern pro Sekunde über den Großen Roten Fleck hinwegrasen, und um der Sonne zu entfliehen, müßte es auf etwa 617,7 Kilometer pro Sekunde beschleunigen. Bei einem entsprechend massereichen und dichten Himmelskörper müßte die Fluchtgeschwindigkeit, wie Laplace 1798 bemerkte, höher sein als die Lichtgeschwindigkeit, also mehr als 300 000 Kilometer pro Sekunde betragen.

Aber nichts, auch nicht Licht, kann die Lichtgeschwindigkeit übertreffen. Ein Objekt, wie es sich Laplace vorstellte, wäre also eine überaus gutgesicherte Verwahranstalt, der nichts entkommen könnte, kurz, ein Schwarzes Loch. Diesen Namen erhielt das Objekt jedoch erst 1969, als der Physiker John A. Wheeler von der

Princeton University es leid war, immer von einem »gravitativ vollständig kollabierten Objekt« sprechen zu müssen, und ihm die einprägsame Bezeichnung »Schwarzes Loch« wieder einfiel, die er einmal gehört hatte. Sie bürgerte sich ein. Und die Schwarzen Löcher wurden die himmlischen Berühmtheiten unserer Zeit.

Ein Schwarzes Loch entsteht, wenn ein großer Stern in einer Supernova zerbirst, den größten Teil seiner Materie abstößt und einen riesigen, expandierenden Nebel hinterläßt. Im Inneren dieses glühenden Netzes lauert das heißhungrige, gar nicht tote Innere des Sterns. In einigen Fällen ist das ein winziger, dichter Neutronenstern, in dem der nach außen wirkende Druck der zusammengepreßten Neutronen den nach innen gerichteten Druck der Schwerkraft ausgleicht. Aber wie für Weiße Zwerge gibt es auch

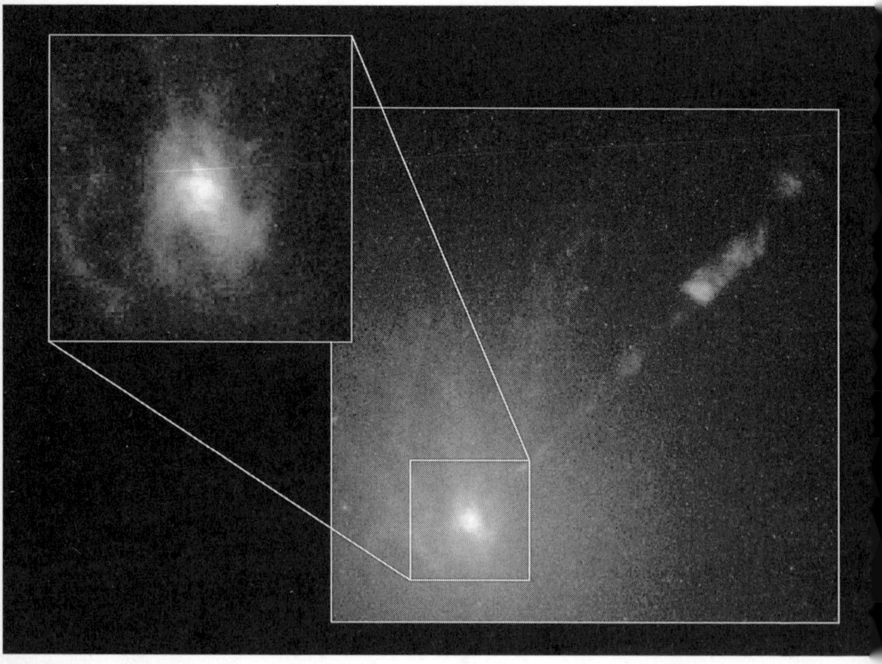

Dieser Strahl aus ionisiertem Gas, der von der gigantischen elliptischen Galaxie M87 ausgeht, erhält seine Energie möglicherweise von einem Schwarzen Loch, dessen Masse der von drei Milliarden Sonnen entspricht. Space Telescope Science Institute, H. Ford

für Neutronensterne Obergrenzen. Wenn der Rest, der nach dem Supernova-Ausbruch zurückbleibt, mehr als etwa drei Sonnenmassen hat, preßt die Schwerkraft die Sternleiche unaufhaltsam und erbarmungslos zusammen, bis theoretisch nichts übrigbleibt. Die Materie wird nicht zu einem Berg, einem Fingerhut oder auf das Volumen eines Protons zusammengepreßt, sondern zu einem einzigen Punkt, der kein Volumen hat und unendlich dicht ist. An dieser sogenannten Singularität kann auch die Schwerkraft nichts mehr ausrichten. Die Singularität ist die Mitte eines Schwarzen Lochs, das seine Existenz zeigt, indem es alles verschlingt, was in seinen Einflußbereich gerät. Es zerstört aktiv. Aber eigentlich existiert es überhaupt nicht. Es gibt dort kein »dort«.

Trotzdem ist ein Schwarzes Loch vollkommen real. Alle Masse, die nicht weggeblasen wurde, übt weiter ihre Schwerkraft aus. Die Singularität wird wie eine Blase von einer unsichtbaren Grenze umgeben, die Ereignishorizont heißt. Sie ist eine halbdurchlässige Schicht, die den Moment definiert, nach dem es keine Umkehr mehr gibt, die äußere Grenze des Schwarzen Lochs. Die Größe dieses Horizonts hängt von der Masse des ursprünglichen Objekts ab. Wenn die Erde in einem Schwarzen Loch zusammengepreßt würde, hätte ihr Ereignishorizont die Größe einer Kirsche; der Ereignishorizont der Sonne hätte einen Radius von weniger als drei Kilometern. Innerhalb des Ereignishorizonts stürzt die Materie zur Singularität hin.

Unabhängig von seiner Größe ist ein Schwarzes Loch unsichtbar, da seine Schwerkraft so stark ist, daß sie auch kein Licht entweichen läßt. Es ist so unsichtbar, wie »Der Unsichtbare«. Aber genau wie man dessen Schuhe, das Jackett mit den leeren Ärmeln und die Zigarettenspitze sieht, verrät sich ein Schwarzes Loch, wenn es zu einem Doppelsternsystem gehört, also mit einem Begleitstern ein gemeinsames Massezentrum umläuft. Wenn nämlich der Begleitstern am Ende seines normalen Lebens auf der Hauptreihe anschwillt und seine äußeren Schichten dem Schwarzen Loch zu nahe kommen, trudelt Materie durch den tödlichen Sog des Schwarzen Lochs kreiselnd zum Ereignishorizont. Dort bildet sie einen rotierenden Kranz, die sogenannte Akkretionsscheibe, von der Ströme von Röntgenlicht und anderer Strahlung ausgehen, während das Schwarze Loch selbst unsichtbar bleibt. Genau wie die Druckstellen auf dem Sitzkissen des Unsichtbaren seine Gegenwart verraten, gibt die Akkretionsscheibe Aufschluß über die Existenz des Schwarzen Lochs und ermöglicht es Wissenschaftlern, seine Gravitationswirkungen zu messen.

Man vermutet Schwarze Löcher in fernen Quasaren und sogar im Herzen unserer eigenen Galaxis, wo möglicherweise ein Schwarzes Loch mit einer Masse von einigen hunderttausend Sonnen Radiowellen und Infrarotstrahlung ausstößt.

Zu den wahrscheinlichen Kandidaten zählen ein Stern im Sternbild Einhorn, der 1975 entdeckt wurde, als eine Flutwelle von Röntgenstrahlen aus ihm hervorschoß, und auch SS433 im Sternbild Adler. Dieses System besteht aus einem dichten unsichtbaren

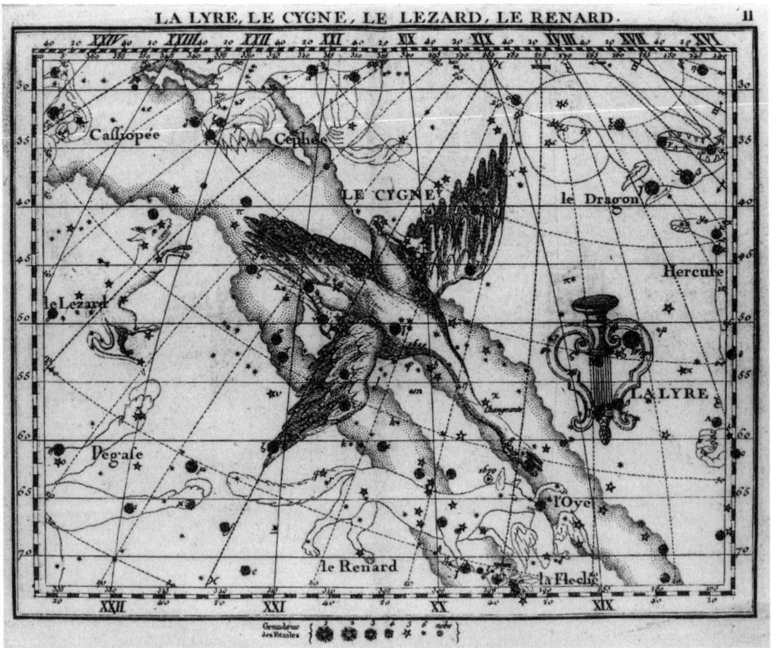

Schwan aus Johann Bayers Uranometria *(1655). In der Nähe der Halsmitte wird ein Schwarzes Loch, Cygnus X-1, vermutet.* Deutsches Museum, München

geheimnisvollen Etwas und einem großen Begleitstern. Während sie einander umrunden, entzieht das mutmaßliche Schwarze Loch (oder was es sonst ist) seinem Begleiter Materie in die eigene Akkretionsscheibe ab und stößt gleichzeitig zwei Strahlen oder Jets von Materie aus, die fünfhundert Lichtjahre lang sind.

Auf das erste und berühmteste Schwarze Loch, falls es eines ist, Cygnus X-1, wurden die Beobachter Ende der sechziger Jahre aufmerksam, als ein Satellit es als starke Röntgenquelle ausmachte. Diese Röntgenstrahlen strömen, wie sich herausstellte, aus einem sehr kleinen Bereich in der Nähe eines heißen blauen Superriesen heraus, der in fünfeinhalb Tagen ein unsichtbares Objekt umkreist. Aus dem Spektrum des blauen Sterns konnte man die Umlaufbahn und damit die Masse des unsichtbaren Objekts als sechs Sonnenmassen bestimmen, gerade richtig für ein Schwarzes Loch.

Cygnus X-1 ist auch berühmt als Gegenstand einer Wette, die 1975 zwischen Kip Thorne vom Caltech, dem California Institute of Technology, und dem britischen Astrophysiker Stephen Hawking abgeschlossen wurde. Hawking wettete damals, daß Cygnus X-1 kein Schwarzes Loch enthält, obwohl das sein Verhalten bei weitem am besten erklärt. In seinem Buch *Eine kurze Geschichte der Zeit* behauptet Hawking, er habe mit der Wette eine Versicherung abgeschlossen. »Ich habe viel Arbeit in die Theorie der Schwarzen Löcher investiert. Die ganze Mühe wäre umsonst, wenn sich herausstellen würde, daß es sie gar nicht gibt. Aber dann bliebe mir wenigstens der Trost, eine Wette gewonnen zu haben, und ich würde vier Jahre lang kostenlos die Zeitschrift *Private Eye* bekommen. Wenn es Schwarze Löcher gibt, bekommt Kip ein Jahresabonnement für *Penthouse*.«

Die Wette wurde 1990 beigelegt, als Hawking Cygnus X-1 ein Schwarzes Loch zugestand, wie er immer schon gedacht hatte, und Thorne das Abonnement gewann. Seitdem sammeln sich immer mehr Indizien zugunsten der Existenz Schwarzer Löcher an. Beispielsweise hat das Hubble-Weltraumteleskop im Zentrum der Galaxie NGC 4261 eine staubige Scheibe von Materie photographiert, die ein verborgenes Kraftwerk umläuft, von dem außerordentlich starke Gravitationswirkungen ausgehen und das sich verdächtig wie ein Schwarzes Loch verhält. Wenn Astrophysiker die Umlaufgeschwindigkeit in dieser Scheibe berechnet haben, wird man wissen, ob in ihr ein Schwarzes Loch steckt. Aber das Schwarze Loch selbst wird unsichtbar bleiben und seine hungrige Gegenwart nur an dem Mahlstrom erkennen lassen, mit dem es sich umgibt.

Der Fall in ein Schwarzes Loch

Der freie Fall zur Singularität hin, die Reise in die Nichtigkeit im Inneren eines Schwarzen Lochs, hat zu viel Spekulation Anlaß gegeben.

Es gibt zwei Möglichkeiten, sich diesen Fall vorzustellen. Zum einen kann man sich ausmalen, man schaue einem Astronauten zu, der in die Ewigkeit hineintrudelt. Seltsamerweise scheint er nie anzukommen. Je näher er dem Ereignishorizont kommt, um so langsamer scheint er sich zu bewegen, weil das Licht, das gegen eine immer stärkere Schwerkraft ankämpft, immer länger braucht, bis es den Beobachter erreicht. Schließlich, kurz vor Erreichen des Ereignishorizonts, dem kein Licht mehr entkommen kann, scheint er stehenzubleiben, genau wie auch die riesige Uhr auf seinem Raumanzug. Er stürzt niemals in den Abgrund, sondern die Lichtwellen von seinem Körper werden immer länger, und diese Rotverschiebung läßt ihn zuerst rot werden und dann verschwinden (ein Spezialeffekt, dessen Kenntnis wir Albert Einstein verdanken).

So sieht der Beobachter den Fall, um den Astronauten aber steht es schlecht. Seine Uhr tickt weiter. Er taucht in den Ereignishorizont und fällt immer schneller. Der Sog ist so stark, daß sein Körper zuerst langgestreckt und dann zerrissen wird. Je größer das Schwarze Loch ist, um so länger dauert der Fall in die Singularität.

Es ist höchst bedauerlich, daß jeder, der in ein Schwarzes Loch fällt, ein solches Schicksal erleidet, denn dort passieren interessante Dinge. Wenn man unversehrt einfach immer weiter fiele, ohne je in der Mitte anzukommen, könnte man zuschauen, wie andere Objekte, beispielsweise Galaxien oder Sterne, in das Schwarze Loch hineinfallen. Am aufregendsten ist jedoch, daß ein Schwarzes Loch die Raumzeit ähnlich krümmt, wie eine Münze mit einem Gewicht von zwanzig Tonnen, die auf ein Bett fällt, eine Daunendecke krümmt: Sie würde wie eine Kugel hindurchsausen, während sich die Decke wie eine Säule aus Daunen um sie erhebt. In einem Schwarzen Loch passiert etwas Ähnliches mit Raum und Zeit. Sie werden ein einziges Kuddelmuddel.

In einem Schwarzen Loch wäre es also möglich, in der Zeit vor- oder zurückzuspringen. Hier, in der »wirklichen Welt«, fließt die Zeit in eine Richtung, von der Vergangenheit in die Zukunft. Aber in einem Schwarzen Loch kann der Zeitpfeil in jede Richtung weisen. Falls ein Schwarzes Loch rotiert (was wahrscheinlich ist), wäre die Singularität in seiner Mitte kein Punkt, sondern ein Ring. Wer genau richtig ins Schwarze Loch hineingeriete und nicht zusammengepreßt würde, bis er kleiner ist als ein Quark, könnte durch die Singularität hindurchgleiten und durch einen Raumzeittunnel in ein anderes Universum gelangen – oder in eine andere Zeit.

Diese Vorstellung hat viel Begeisterung und Interesse geweckt, aber damit hat Stephen Hawking nichts im Sinn. »Es tut mir leid, wenn ich jene enttäuschen muß, die gern galaktische Touristen wären, aber so geht das nicht«, sagte er. »Wenn man in ein Schwarzes Loch springt, wird man zerrissen und zerdrückt, bis man nicht mehr existiert.«

Charles Messier

Charles Messier (1730–1817) hat sein Leben der Vermeidung von Irrtümern gewidmet. Insbesondere wollte er nicht noch einmal dem Irrtum erliegen, einen Kometen nicht als solchen zu erkennen. Der Fehler war ihm 1758 unterlaufen, als die Astronomen die Wiederkehr des Kometen erwarteten, der später als Halleyscher Komet bekannt wurde, und er als Assistent an der Sternwarte der französischen Marine den Auftrag bekam, ihn zu finden.

Der Große Nebel im Orion.
National Optical Astronomy Observatories

Aus dem Messier-Katalog

- M1. Der Krebsnebel im Sternbild Stier. Messier beschrieb diese Gaswolke als »weißliches Licht, das sich wie eine Flamme ausbreitet«. Diese Überreste einer Supernova, die im Jahr 1054 explodierte, haben in ihrer Mitte einen Pulsar. (Siehe Abb. auf der darauffolgenden Seite)
- M13. Als Messier diesen »runden und strahlenden« Fleck im Sternbild Herkules sah, sagte er, es sei »ein Nebel, bei dem ich sicher bin, daß er keinen Stern enthält«. Er ist ein Kugelhaufen, eine kugelförmige Ansammlung von etwa einer Million Sterne. (Vgl. Abb. S. 322)
- M31. Der Andromedanebel, ein Fleck am Himmel, der bis zum zwanzigsten Jahrhundert für einen Nebel gehalten wurde, bis er sich als eine Galaxie erwies, als ein völlig eigenständiges Sternsystem, gleichwertig mit unserer Milchstraße. (Siehe Abb. S. 329)
- M42. Der Orionnebel. Er gehört zum Schwert des Orion und ist für das bloße Auge wenig eindrucksvoll. John Herschel verglich diese grünliche Wolke, in der Sterne geboren werden, »mit einer gerinnenden Flüssigkeit oder einem Himmel voller Schäfchenwolken«. Der Nebel wird oft als das schönste Objekt am Himmel bezeichnet. (Siehe Abb. gegenüber)
- M45. Die Plejaden sind ein offener Haufen, dessen sehr junge Sterne noch in verschwommene Nebelschleier eingehüllt sind. Zu diesem »Siebengestirn« gehören mehrere hundert Sterne, nicht nur die sieben oder sechs gut sichtbaren. (Siehe Abb. S. 461)
- M57. Der Ringnebel in Lyra. Dieser dicke Kreis aus Licht, der einen Stern umgibt, ist ein planetarischer Nebel, der sich bildete, als ein sterbender Stern eine Gasschale abstieß, die von ultravioletter Strahlung aus dem freigelegten Kern dieses Sterns erhellt wird. John Herschel meinte, der mittlere Bereich sehe aus »wie über einen Reifen gezogene Gaze«. (Vgl. Abb. S. 282)
- M81. Die schöne, mit Sternen übersäte Spirale in Ursa Major, dem Großen Bären, ist durch ein Meer von Gas mit M82 verbunden, einer unregelmäßigen Galaxie, die wie gesprenkelt aussieht.

Messier hatte sich seiner Aufgabe unverdrossen, aber vergebens gewidmet. Er hoffte, als derjenige in die Geschichte einzugehen, der den Kometen im achtzehnten Jahrhundert als erster sah, und suchte anderthalb Jahre den vorhergesagten Bereich ab. Als er den Kometen endlich gefunden hatte, verlangte der Direktor der Sternwarte ohne einsichtigen Grund von ihm, die Ankündigung um einen Monat aufzuschieben. Aber in der Zwischenzeit hatten andere, darunter der sächsische Landwirt Johann Georg Palitzsch, den Kometen gesehen und die Nachricht von seinem Auftauchen verbreitet. Als Messier schließlich seine Sichtung bekanntgab, machte man sich über ihn lustig.

In demselben Jahr erwarteten ihn noch mehr Enttäuschungen. Ein Komet ist zwar unverkennbar, wenn er am richtigen Ort ist und einen großen Schweif zeigt, aber ferne Kometen sehen wie kleine, verschwommene Lichtflecken aus (so vor 1986 der Halleysche Komet) und ähneln damit vielen anderen Himmelskörpern. Im September 1758 meinte Messier, im Sternbild Stier einen Ko-

Der Krebsnebel im Sternbild Stier. National Optical Astronomy Observatories

meten entdeckt zu haben. Spätere Beobachtungen zeigten, daß sich das Objekt – der Krebsnebel – nicht bewegt und also kein Komet sein kann.

Trotz oder gerade wegen dieser Enttäuschungen wurde Messier ein unverbesserlicher Kometenjäger. Um nicht noch einmal ein schon bekanntes Objekt zu entdecken, beschloß er, alle verdächtigen Objekte so zu katalogisieren, daß weder er noch irgend jemand sonst sie je mit dem gesuchten verwechseln könnte.

Der erste Eintrag in seinem Katalog war der Krebsnebel, der M1 heißt. »Dieser Nebel hat nach Form und Helligkeit soviel Ähnlichkeit mit einem Kometen«, schrieb Messier, »daß ich es unternahm, andere zu finden, so daß Astronomen diese Nebel nicht mit Kometen verwechseln, die gerade erst zu leuchten beginnen.«

Messier veröffentlichte 1771 einen Katalog mit 45 Scheinkometen, den er im Laufe des nächsten Jahrzehnts erweiterte. 1784 war der Messier-Katalog abgeschlossen und beschrieb 103 verschwommene Lichtflecken, auf die kein Kometenjäger mehr Zeit verwenden muß. Die Messier-Zahlen dieser Objekte werden immer noch verwendet. Der Katalog wurde 1864 um fünftausend Sternhaufen und Nebel ergänzt, die John Herschel in seinem *General Catalogue* zusammenstellte, und später zum *New General Catalogue* (*NGC*) mit beinahe 15000 Objekten erweitert. Unter den Messier-Objekten und den vielen neu hinzugekommenen sind naturgemäß viele interessante Nebel, Sternhaufen, Kugelhaufen, Spiralgalaxien und elliptische Galaxien, für die sich Messier gar nicht weiter interessiert hätte.

Henry Draper und sein Katalog

Henry Draper (1837–1882) übte den größten Teil seines Lebens den falschen Beruf aus. Er arbeitete nach dem Medizinstudium als Arzt am Bellevue Hospital in New York City, aber sein Herz gehörte den Sternen. Er baute sich außerhalb der Stadt in Hastings-on-Hudson eine Sternwarte, für deren Siebzig-Zentimeter-Spiegel er sich am Tag nach seiner Hochzeit zusammen mit seiner jungen Frau das Glas besorgte. Er organisierte Ausflüge, um die Venus zu beobachten, machte Expeditionen, um Finsternisse zu sehen und photographierte das Spektrum von Wega und hundert anderer Sterne. Seine Frau, Mary Anna Draper, eine Dame der Gesellschaft, unterstützte ihn. Während der Sonnenfinsternis von 1878 wurde sie gebeten, zu zählen, wie viele Sekunden die Finsternis dauerte. »Damit sie nicht abgelenkt würde, setzte man sie in ein Zelt, wo sie nichts von dem ganzen wunderschönen Schauspiel sah«, erinnerte sich die Astronomin Annie Jump Cannon später. »Dort saß sie und rief geduldig und genau die Sekunden aus, während sich das wunderbare und ehrfurchtgebietende Schauspiel entfaltete.«

Nach dem Tod seines Vaters entschloß sich Draper, die Medizin aufzugeben und sich der Photographie der Sterne und insbesondere der Sternspektren zu widmen. (Das lag sozusagen in der Familie. Sein Vater, John William Draper, war der Präsident der Medizinschule an der Universität von New York und ein bekannter

Chemiker, der 1843 die erste Daguerreotype des Sonnenspektrums gemacht hatte.) Im darauffolgenden Oktober unternahm Draper mit Freunden eine Reise in den Westen, wo sie jagten, ritten und während eines Schneesturms in den Rocky Mountains zelteten. Im November war Draper wieder daheim und Gastgeber eines Abendessens, an dem Asaph Hall, der Entdecker der Marsmonde, und Edward Charles Pickering vom Harvard Observatory teilnahmen. Während der Mahlzeit bekam der 45jährige Draper einen Anfall von Schüttelfrost. Fünf Tage später starb er an Lungenentzündung.

Weniger als zwei Monate später bot Pickering der Witwe in einem Brief seine Hilfe bei der Weiterführung der Arbeit zu den Sternspektren an: »Ich wäre sehr froh, wenn ich etwas zum Gedächtnis eines Freundes tun könnte, dessen Talent ich immer bewundert habe, und ich werde immer bedauern, daß ich ihm nicht häufiger begegnet bin.« Drapers Witwe wollte ihrem Mann gern ein geeignetes Denkmal errichten und ließ sich im Laufe eines längeren, vertrauensvollen Briefwechsels mit Pickering zu dem ehrgeizigen Unternehmen anregen, Sternspektren sammeln und ordnen zu lassen. Frau Draper vermachte der Harvard University alle astronomischen Instrumente ihres Mannes und stiftete zudem eine Glasscheibe, die zu einem Prisma geschliffen werde konnte. Dieses Prisma, das dem Objektiv vorgesetzt wurde, erzeugte bei allen Sternen im Gesichtsfeld ein Spektrum. Mit seiner Hilfe klassifizierten Pickering und seine Mitarbeiter fast 250 000 Sterne. Diese Arbeit, die erst nach über vierzig Jahren abgeschlossen war, wäre unmöglich gewesen ohne die Arbeit einer Gruppe von Frauen, die gelegentlich »Pickerings Harem« genannt wurde.

Pickering, seit 1876 Direktor des Harvard Observatory, der ersten Sternwarte, an der Frauen arbeiteten, begrüßte die Mitarbeit von Frauen sowohl als ehrenamtliche wie auch als bezahlte Assistentinnen. Trotz der geringen Bezahlung bewarben sich Frauen aus aller Welt, und Pickering stellte möglichst viele ein. Diese Frauen, allgemein als »Computer« bezeichnet, erarbeiteten den Katalog, untersuchten in schönen Räumen mit gemusterten Tapeten und gerahmten Porträts unablässig und sorgfältig Sternspektren, eine unendlich mühselige Arbeit. Harlow Shapley, der zwei Jahre nach Pickerings Tod 1919 Direktor wurde, schrieb in seiner Autobiographie: »Ich erfand den Ausdruck ›Mädchenstunde‹ als Zeiteinheit für die Assistentinnen. Für einige Aufgaben waren mehrere Kilomädchenstunden nötig. Glücklicherweise war Harvard College überlaufen mit billigen Assistentinnen; so schafften wir die Arbeit.«

Von den Frauen, die wesentlich zu dem großen Werk, das als *Henry Draper Catalogue* bekannt wurde, beigetragen haben, verdienen einige besondere Erwähnung: Williamina Paton Fleming, eine Einwanderin aus Irland, die zunächst als Haushaltshilfe bei Pickering eingestellt wurde, dann dank seiner Unterstützung 32 Jahre lang als Astronomin arbeitete; Antonia Maury, eine Nichte von Henry Draper, die Doppelsterne untersuchte; Henrietta Swan Leavitt, deren Erforschung veränderlicher Sterne Daten lieferte, mit deren Hilfe sich die Größe der Welt abschätzen ließ; und Annie Jump Cannon, die 250 000 Sterne des Südhimmels bestimmte und eine neue Klassifizierung erarbeitete.

Die Arbeit wurde vor allem anhand von Photographien gemacht. Annie Cannon schrieb: »Obwohl das menschliche Auge ein solch bewundernswertes Instrument ist, ... eignet es sich nicht zur Beobachtung der Sternspektren.« Nachts wurde das mit Frau Drapers Geld gekaufte Prisma an der Linse des Teleskops angebracht, und dann konnten die Frauen »einen strahlenden und schönen Anblick genießen. Das funkelnde Sternenlicht wird zu einem Band, das alle Regenbogenfarben aufweist, und auch von den verräterischen dunklen Linien gekreuzt wird.« Diese Spektren wurden photographiert, entwickelt und aufgezogen, die Spektrallinien analysiert und die Sterne klassifiziert.

Das System der Klassifizierung war ein Problem. Fleming klassifizierte die Sterne nach den Wasserstofflinien im Spektrum und faßte sie in Kategorien zusammen, die sie in alphabetischer Reihenfolge von A bis O bezeichneten. (J wurde übersprungen, weil es in deutscher Schrift nicht vom I zu unterscheiden ist.) Maury ordnete die Sterne lieber nach der Temperatur und teilte sie in 22 Klassen und drei Abteilungen ein. Es kam zu mehreren Umordnungen, bis Cannon die beiden Systeme schließlich kombinierte, indem sie die von Fleming mit Buchstaben bezeichneten Gruppen nach Temperatur und Farbe neu anordnete. Das zerstörte die alphabetische Ordnung und setzte die heißesten, blauesten Sterne an ein Ende und die kältesten, rötesten Sterne an das andere. Bis heute hat sich als Gedächtnishilfe für die Reihenfolge der Kategorien OBAFGKM der Merkspruch »Oh be a fine girl, kiss me« ausgezeichnet bewährt. Hier ist eine Zusammenfassung dieser Spektralklassen:

Kategorie	Farbe	Beispiel	Temperatur in Kelvin
O	*blau*	*Zeta Puppis**	20–35 000
B	*blauweiß*	*Rigel im Orion*	15 000
A	*weiß*	*Sirius im Großen Hund*	9000
F	*gelbweiß*	*Prokyon im Kleinen Hund*	7000
G	*gelb*	*die Sonne*	5785
K	*orange*	*Arkturus in Bootes*	4000
M	*rot*	*Beteigeuze im Orion*	3000

* *Es gibt nur wenige Sterne vom Typ O. Zeta Puppis ist sechzigtausendmal leuchtkräftiger als die Sonne, aber er ist 2400 Lichtjahre entfernt und deshalb nur ein Stern zweiter Größe. Das Sternbild Puppis stellt das Achterschiff des aufgeteilten Sternbilds Argo Navis dar. Zeta Puppis wird auch Naos genannt, hergeleitet vom griechischen Wort für »Schiff«.*

Annie Jump Cannon

Als Kind beobachtete Annie Jump Cannon (1863–1941) die Sterne vom Dachboden ihres Elternhauses aus und zeichnete die Ergebnisse bei Kerzenlicht auf. Sie studierte am Wellesley College Astronomie, ging aber in ihre Heimat Delaware zurück, wo sie an Scharlach erkrankte und fast taub wurde. Nachdem sie im Alter von 29 Jahren in Spanien eine Sonnenfinsternis erlebt hatte, kehrte sie als Assistentin ihrer früheren Lehrerin Sarah Frances Whiting wieder nach Wellesley zurück, belegte Astronomievorlesungen am Radcliffe College und erhielt 1896 eine Anstellung am Harvard Observatory.

Cannon klassifizierte Sterne nach ihren Spektren. Zu Beginn schaffte sie in einem Monat etwa fünftausend Sterne, später konnte sie stündlich dreihundert Sterne praktisch fehlerlos einordnen. Ihr erstaunlich gutes Gedächtnis fand allgemeine Bewunderung. Sie schrieb neun Bände des *Henry Draper Catalogue* und klassifizierte nahezu 250 000 Sterne – »viel Material«, wie sie sagte, »um die Architektur der Himmelshäuser und die Geschichte der Himmelsvölker zu studieren.«

Cannon leistete so außerordentlich gute Arbeit, daß Pickering dem Präsidenten der Harvard University, Abbott Lawrence Lowell, 1911 vorschlug, ihren Namen ins Vorlesungsverzeichnis aufzunehmen und ihr eine offizielle Anstellung zu geben. Lowell, Bruder der Dichterin Amy Lowell und jenes Percival Lowell, der so begeistert war von dem Gedanken, es könne Leben auf dem Mars geben, hielt es für »besser, Miss Cannon nicht im Verzeichnis zu erwähnen«. Pickering durfte Cannon jedoch eine weniger angesehene Stellung anbieten. So wurde sie mit einem Jahresgehalt von 1200 Dollar zur Verwalterin der astronomischen Photographien.

Der vielbändige *Henry Draper Catalogue,* »ein bleibendes Monument«, wie die Astronomin Cecilia Payne-Gaposchkin sagte, erschien zwischen 1918 und 1924. Pickering starb 1919, aber Cannon arbeitete weiter an dem Vorhaben. Sie wurde als weltbeste Expertin in der Klassifizierung von Sternen anerkannt und erhielt 1925

Annie Jump Cannon 1925 in Oxford bei der Verleihung des Ehrendoktors. The Harvard College Observatory

als erste Frau die Ehrendoktorwürde der Oxford University. Dann endlich führte Harvard ihren Namen im Vorlesungsverzeichnis an, eine offizielle Anstellung aber erhielt sie nicht.

Sie hörte niemals auf zu arbeiten. Harlow Shapley schrieb: »Miss Cannon hatte den Nachteil – oder den Vorteil –, daß sie während des Studiums eine Infektion hatte und dabei weitgehend das Gehör verlor. Diese Behinderung entzog sie dem gesellschaftlichen Leben und brachte sie zur Naturwissenschaft.« Und Cecilia Payne-Gaposchkin, die 1956 als erste Frau an der Harvard University eine ordentliche Professur erhielt, sagte über Cannon: »Wenn ich an sie als Menschen denke, finde ich keine Worte, die ihre Lebendigkeit und ihren Charme beschreiben könnten. Sie hatte in ihrer Jugend ihr Gehör verloren, aber sie hatte nichts von dem argwöhnischen Pessimismus, der so oft den Gehörlosen nachgesagt wird. Sie trug ihr Hörgerät selbstbewußt und machte aus der Not eine Tugend, indem sie es abstellte, wenn sie konzentriert arbeiten oder sonst nicht gestört werden wollte. Sie war warmherzig, fröhlich, begeisterungsfähig, gastfreundlich. Wie viele schwerhörige Menschen hatte sie eine helle metallische Stimme, und oft brach sie in ein charakteristisches, schallendes Lachen aus.«

Cannon klassifizierte nicht nur Sterne, sondern sie entdeckte auch dreihundert Veränderliche und begann 1936, im Alter von 73 Jahren, mit der Untersuchung von zehntausend sehr schwachen Sternen. Zwei Jahre danach erhielt sie endlich eine offizielle Anstellung für ihre Arbeit. Drei Jahre später starb sie als die anerkanntermaßen beste Astronomin ihrer Zeit. »Sie war niemals mutlos; ihr Geist war immer fröhlich«, schrieb Payne-Gaposchkin. »Sie starb in ihren Siebzigern und arbeitete bis zuletzt. Aber sie wurde von den Göttern geliebt, denn sie starb jung.«

Henrietta Leavitts Standardkerze

Henrietta Swan Leavitt (1868–1921) studierte an der Society for the Collegiate Instruction of Women (später Radcliffe College), hängte nach dem ersten Abschluß 1892 ein weiteres Jahr an und arbeitete von 1895 an ehrenamtlich am Harvard Observatory, bis sie 1900 aus familiären Gründen nach Wisconsin ziehen mußte. Zwei Jahre später schrieb sie Direktor Pickering, wie gerne sie wieder zurückkäme, woraufhin er ihr eine bezahlte Dauerstelle gab. Mit Ausnahme eines langen Kuraufenthalts in Wisconsin lebte sie danach ausschließlich in Cambridge. Ihre Aufgabe am Observatorium war es, Aufnahmen des Südhimmels nach Veränderlichen abzusuchen. Insgesamt entdeckte sie rund 2400 veränderliche Sterne. Die wichtigsten waren die streng periodischen Cepheiden, gelbe Überriesen, die aufleuchten und dann langsam verblassen.

Leavitt beschäftigte sich nicht mit den Veränderlichen, die über die Milchstraße verstreut waren, sondern konzentrierte sich auf Cepheiden in der Kleinen Magellanschen Wolke, einer Begleitgalaxie der Milchstraße. Sie ist so weit von uns entfernt – etwa 200 000 Lichtjahre –, daß man allen ihren Sternen dieselbe Entfernung von der Erde zuschreiben kann; genau wie für jemanden in Berlin alle Menschen in Los Angeles praktisch gleich weit entfernt sind. Da die Sterne im wesentlichen gleich weit entfernt sind, werden scheinbare Unterschiede der Helligkeit zu wirklichen; das heißt, Sterne, die heller aussehen, *sind* auch heller.

Als Leavitt diese Cepheiden auf eine Karte eintrug, entdeckte sie etwas Erstaunliches: je heller der Stern, um so langsamer schwankt seine Helligkeit. Verhältnismäßig schwache Cepheiden – immer noch hundertmal so hell wie die Sonne – pulsieren rasch, kontrahieren und expandieren also innerhalb von einem oder zwei Tagen. Bei durchschnittlichen Cepheiden dauert die Periode von einer größten Helligkeit bis zur nächsten etwa fünf Tage. Die Perioden heller Cepheiden, die mit der Leuchtkraft von zehntausend Sonnen leuchten, können bis zu 54 Tagen betragen. Aus der Periode eines Cepheidensterns läßt sich also seine absolute Helligkeit berechnen, und aus dem Vergleich seiner scheinbaren und seiner absoluten Helligkeit läßt sich seine Entfernung abschätzen.

Aus irgendeinem Grund waren jedoch alle anfänglichen Messungen, die mit dieser Methode gemacht wurden, falsch. Ejnar Hertzsprung, der durch das Hertzsprung-Russell-Diagramm berühmt wurde, schätzte die Entfernung der Kleinen Magellanschen Wolke auf etwa dreißigtausend Lichtjahre – eine gewaltige Unterschätzung. Harlow Shapley benutzte veränderliche Sterne, um die Entfernung zu Kugelhaufen zu bestimmen und konnte deshalb

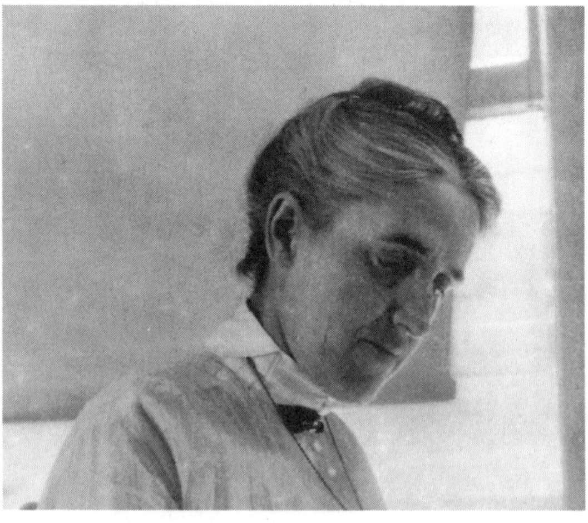

Henrietta Swan Leavitt (1868–1921).
The Harvard College Observatory

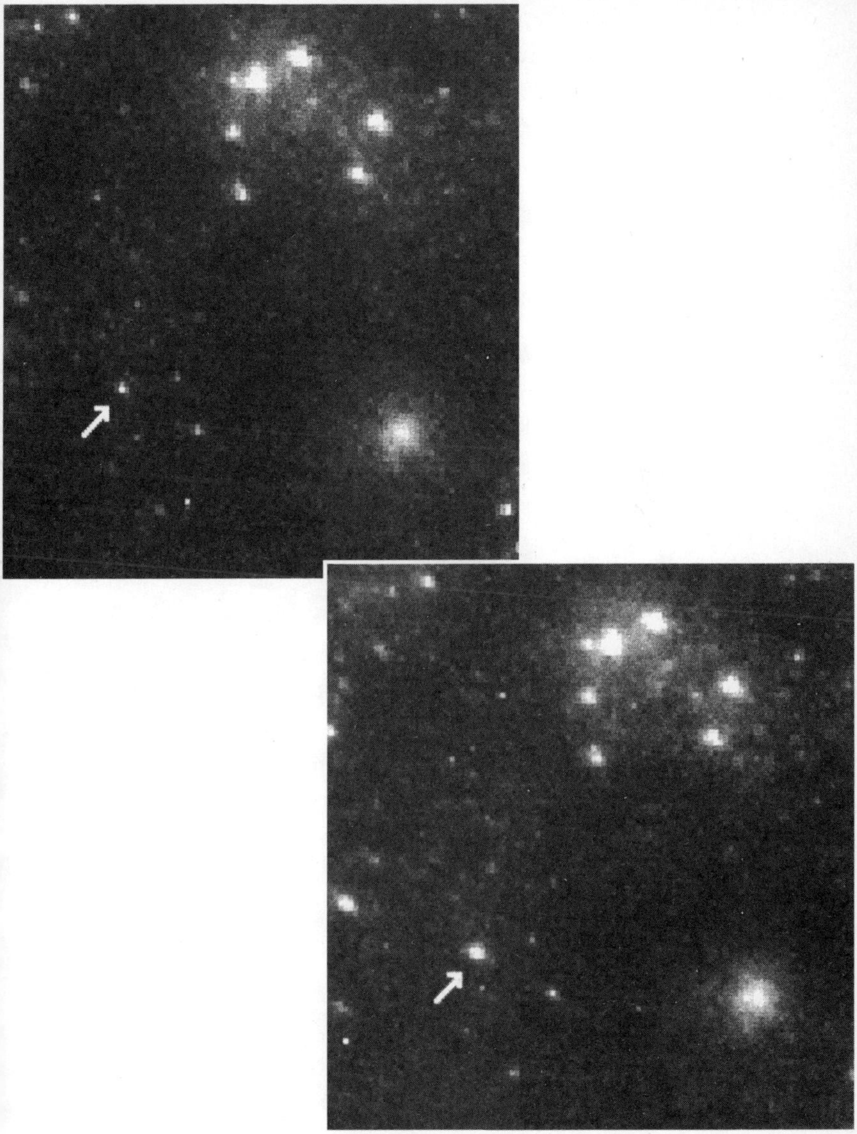

Ein Veränderlicher. Der Pfeil im Bild links verweist auf den Cepheiden vor dem Aufleuchten; das hellere Bild unten wurde fünf Tage später aufgenommen.

Abhijit Saha, Space Telescope Science Institute/NASA

unsere Position in der Milchstraße und auch die Größe unserer Galaxie abschätzen – aber seine Zahl war um das Dreifache zu groß. Und Edwin Hubble berechnete die Entfernung – nur die halbe – zum Andromedanebel.

Der Unterschied zwischen den tatsächlichen Entfernungen (wie wir sie heute wissen) und den frühen Schätzungen erscheint uns überraschend groß. Aber astronomische Entfernungen sind so gewaltig, daß eine Schätzung schon nicht schlecht ist, wenn sie um einen Faktor zwei von der richtigen Lösung abweicht, also doppelt oder halb so groß ist. Frühe Schätzungen mit Hilfe der Cepheiden waren unter anderem deshalb falsch, weil sie die Wirkung der dazwischenliegenden Staub- und Gaswolken außer acht ließen und weil sich – noch wichtiger – herausstellte, daß es zwei Arten von Cephei-Veränderlichen gibt: Cepheiden vom Typ I liegen in den Spiralarmen der Galaxien; ältere, schwächere Cepheiden vom Typ II in elliptischen Galaxien, Kugelhaufen und dem galaktischen Halo.

Als diese Korrekturen einmal gemacht waren, ließen sich mit Hilfe der Cephei-Veränderlichen viele Entfernungen berechnen. Aber nicht überall gibt es Cepheiden. Trotz ihrer Helligkeit können sie doch nur in den uns nächsten ungefähr dreißig Galaxien nachgewiesen werden. Darüber hinaus fand man keine. Deshalb suchten die Astronomen nach Standardkerzen, die in größeren Entfernungen leuchten. Sie nutzten schwache RR Lyrae-Sterne, andere Veränderliche, Kugelhaufen, in denen sich bis zu Millionen Sterne ansammeln, planetarische Nebel und Supernovae, die in Entfernungen entdeckt wurden, die tausendmal größer sind als die der Cepheiden. Obwohl Cepheiden zuverlässigere Indikatoren sind als alle anderen, helleren Objekte, war ihr Territorium so beschränkt, daß sie fast wunderlich zu sein schienen.

Aber das war vor dem Hubble-Weltraumteleskop. Noch bevor seine Mängel behoben waren, entdeckte es 27 Cephei-Veränderliche in einer Galaxie, deren Entfernung auf sechzehn Millionen Lichtjahre geschätzt wird. Da ihre absolute Helligkeit bekannt ist, kann nicht nur ihre Entfernung bestimmt werden, sondern sie können auch mit anderen Sternen, darunter Supernovae, verglichen werden. Diese Messungen werden Astronomen helfen, Supernovae als Standardkerzen zu nutzen. Bis es soweit ist, bleiben die von Henrietta Swan Leavitt bestimmten Sterne weiterhin die Meilensteine des Universums, unangetastet in ihrer Rolle als beste Entfernungsanzeiger am ganzen Sternenhimmel.

Albert Einstein

Obwohl Einstein (1879–1955) eine Aura der Heiligkeit umgibt, war er kein Heiliger, sondern berühmt. Er wurde wegen seiner Genialität gefeiert, war in seiner Jugend ein wissenschaftlicher Revolutionär und später ein hartnäckiger Konservativer. Er wurde geliebt wegen seiner Menschlichkeit, war ein eher treuloser Ehemann und ein wenig zugewandter Vater, der sein erstes Kind, eine Tochter, die ein Jahr vor der Eheschließung mit seiner ersten Frau geboren wurde, weggab. Er wurde bewundert als das »Gewissen der Welt«, war ein erklärter Pazifist, ein überzeugter Sozialist, ein Gegner der Kommunistenhetze McCarthys und ein Verfechter der weltweiten Abrüstung, aber auch einer der Theoretiker, deren Arbeit schließlich zum Bau der Atombombe führte.

Im Zweiten Weltkrieg geriet er in eine Zwickmühle. Eine Gruppe amerikanischer Physiker, die befürchteten, Forscher unter Hitler arbeiteten an der Entwicklung der Atombombe, bat Einstein 1939 um Unterstützung. Sie wollten Präsident Franklin D. Roosevelt davon überzeugen, daß die USA den Deutschen zuvorkommen müßten. Einstein war einverstanden und unterzeichnete einen Brief an Roosevelt, der die Sorge über die Konstruktion »extrem gefährlicher Bomben einer neuen Art« ausdrückte. Roosevelt ernannte daraufhin ein Komitee, das »die das Element Uran betreffenden Möglichkeiten« untersuchen sollte, und bewilligte zwei Jahre später, am Tag vor Pearl Harbor, das Manhattan-Projekt.

Obwohl Einstein damit nichts zu tun hatte (er galt als Sicherheitsrisiko), bereute er später den Brief: »Wenn ich gewußt hätte, daß diese Befürchtung [Deutschland könne mit der Entwicklung einer Massenvernichtungswaffe Erfolg haben] grundlos war, hätte ich mich an der Öffnung der Pandorabüchse nicht beteiligt.«

Es ist ironisch und traurig, daß der Brief und, wichtiger noch, Einsteins theoretische Arbeit dabei halfen, eine der größten von Menschen geschaffenen Katastrophen auszulösen. Einsteins Absicht war lauter: Er wollte das Universum in seiner Gesamtheit verstehen. Schon als Kind faszinierte ihn das Geheimnis unsichtbarer Kräfte.

Einstein wurde in Ulm geboren und wuchs in München in einer jüdischen Großfamilie auf. Aus seiner Kindheit werden zwei Zeugnisse seiner außergewöhnlichen Begabung überliefert. Er begann zwar erst als Dreijähriger zu sprechen, und seine Begabung fiel in der Schule zunächst nicht besonders auf, aber er war von Anfang an aufgeweckt. Als er vier oder fünf Jahre alt war, zeigte ihm sein Vater einen Kompaß. Es hinterließ bei dem Kind einen »tiefen und bleibenden« Eindruck, daß »diese Nadel in so bestimmte Richtung wies. Da mußte etwas hinter den Dingen sein, das tief verborgen war.« Einstein empfand das als ein »Wunder«.

Im Alter von etwa zwölf Jahren hatte er ein zweites einschneidendes Erlebnis. Ein Medizinstudent, der einmal in der Woche bei Einsteins zu Mittag aß, gab ihm ein Buch über euklidische Geometrie. Die Klarheit und Bestimmtheit des Inhalts hätten ihn unglaublich beeindruckt, sagte Einstein später. Er nannte es sein »heiliges Geometriebüchlein«. Etwa zu dieser Zeit kam er, wie er später schrieb, »zu der Überzeugung, daß vieles in den Erzählungen der Bibel nicht wahr sein konnte. Die Folge war eine geradezu fanatische Freigeisterei, aus der ein Mißtrauen gegen jede Autorität erwuchs.«

Als Einstein sechzehn war, zog seine Familie nach Italien. Obwohl er in München das Abitur machen sollte, ging er eigenmächtig von der Schule ab und folgte der Familie nach Italien, von wo aus er sich an der angesehenen Eidgenössischen Technischen Hochschule (ETH) in Zürich bewarb. Weil er aber die Aufnahmeprüfung nicht bestand, durfte er dort erst 1896, nach einem weiteren Schuljahr, mit dem Studium beginnen. Um der Wehrpflicht zu entgehen und weil ihm die militaristische Atmosphäre in Deutschland nicht gefiel, verzichtete er auf die deutsche Staatsbürgerschaft.

Nach Abschluß des Studiums wurde Einstein 1900 Schweizer und suchte einige Zeit vergeblich nach einer Anstellung. »Bald werde ich alle Physiker von der Nordsee bis zu Italiens Südspitze mit meiner Offerte beehrt haben«, schrieb er resigniert. »Aber Gott schuf den Esel und gab ihm ein dickes Fell.« Er gab Privatunterricht und arbeitete als Aushilfslehrer, bis er 1902 eine Anstellung am Schweizer Patentamt in Bern erhielt. Nach dem Tod seines Vaters im Herbst dieses Jahres heiratete er im Januar 1903 Mileva Maric, eine Mitstudentin an der ETH und die Mutter der im Vorjahr geborenen Tochter. Ihr erster Sohn, Hans, später Professor für Ingenieurwissenschaften an der University of California in Berkeley, wurde 1904 geboren. Der 1910 geborene zweite Sohn, Eduard, starb 1965 in einer Nervenheilanstalt in Zürich.

Die bescheidene Stelle als Experte zunächst dritter, später zweiter Klasse am Patentamt ließ Einstein die Freiheit, sich auf die Naturwissenschaft zu konzentrieren. Im produktiven Jahr 1905 veröffentlichte er seine Dissertation und fünf bedeutende Arbeiten. Die erste, zum photoelektrischen Effekt, bestätigt die Quantentheorie von Max Planck, wonach Licht portionsweise, in Quanten, erzeugt wird. Eine der anderen Arbeiten beschäftigt sich mit der Brownschen Bewegung, die beschreibt, wie in einer Flüssigkeit schwebende Teilchen mit Molekülen bombardiert und dadurch zu Zitterbewegungen veranlaßt werden.

Anerkennung und Ruhm aber brachte Einstein die spezielle Relativitätstheorie. Er müsse bekennen, erklärte er später, daß ihm die spezielle Relativitätstheorie ganz zu Anfang, als sie in ihm zu keimen begann, ziemliches Unbehagen bereitet habe. Nach dieser Theorie ist Gleichzeitigkeit eine relative, von der Bewegung des Beobachters und seiner Instrumente abhängige Beziehung. Das wirkt sich im Rahmen der gewöhnlichen Lebensumstände nur wenig aus, fällt aber bei astronomischen Entfernungen ins Gewicht;

wenn wir die Sterne anschauen, blicken wir hinaus in den Raum und zurück in die Zeit.

Die spezielle Relativitätstheorie warf die Newtonsche Annahme über den Haufen, daß Raum und Zeit absolut seien, also für alle Beobachter gleich. Einstein ging davon aus, daß die Lichtgeschwindigkeit im Vakuum in allen Bezugssystemen, die für die Gesetze der Physik wichtig sind, denselben Wert von 300 000 Kilometern pro Sekunde hat und erkannte, daß die Messungen von Längen und Zeiten davon abhängen, wie rasch und in welche Richtung sich der Beobachter bewegt. Die Folgen dieser Entdekkung waren verblüffend. Ein Beobachter, der eine Uhr an sich vorbeirasen sieht, würde bemerken, daß sich ihre Zeit, wenn ihre Geschwindigkeit sich der des Lichts nähert, verlangsamt (und Länge und Masse zunehmen). Mit Erreichen der Lichtgeschwindigkeit hört die Zeit auf zu vergehen und die Zeiger der Uhr scheinen stillzustehen. Aber für einen Beobachter, der sich mit der Uhr bewegt, geht sie wie gewöhnlich weiter. Die Zeit ist somit ein relatives Phänomen – ein Gedanke, der dem Diktum Newtons völlig entgegensteht, der sagte, die absolute, wahre und mathematische Zeit verfließe an sich und vermöge ihrer Natur gleichförmig und ohne Beziehung auf irgendeinen äußeren Gegenstand.

Die spezielle Relativitätstheorie beweist auch die Gleichwertigkeit von Masse und Energie. Die berühmteste Folgerung der Theorie ist die Formel $E = mc^2$, in der E die Energie bezeichnet, m die Masse und c die Lichtgeschwindigkeit. Diese elegante und großartige Gleichung – ihre Form ist einfach, ihre Folgerungen sind beeindruckend – öffnete die Tür zu einem unvorstellbaren und überraschenden Universum, das sofort die weltweite Aufmerksamkeit der Physiker erregte.

Einstein wurde 1909 ein reisender Akademiker, dessen Weg von der Universität Zürich zur Universität Prag, zur Eidgenössischen Technischen Hochschule in Zürich und nach Berlin führte, wo ihm 1914 eine Forschungsstelle angeboten wurde. Kurz nach dem Umzug nach Berlin zerbrach seine Ehe, und seine Frau kehrte mit den beiden Söhnen nach Zürich zurück. Als der Erste Weltkrieg ausbrach, engagierte sich Einstein in einer pazifistischen Organi-

In meiner Kindheit hatten wir im ganzen Universum nichts anderes zum Spielen als die Wasserstoffatome, und wir taten auch nichts anderes, ich und ein anderer Junge in meinem Alter namens Pfwfp.
Wie unser Spiel ging? Das ist schnell erklärt: Da der Raum ja gekrümmt war, ließen wir die Atome um seine Krümmung kullern wie Murmeln, und wer sein Atom am weitesten kullern lassen konnte, hatte gewonnen.
Italo Calvino, *Cosmicomics*

sation und unterzeichnete in der Überzeugung, daß ein die Grenzen überschreitender Supranationalismus die Wahrscheinlichkeit für Frieden vergrößern würde, ein Dokument, das für Europa ein »Neues Vaterland« forderte.

Die allgemeine Relativitätstheorie wurde 1915 abgeschlossen. Ihr Grundgedanke war Einstein schon 1907 im Patentamt gekommen, als er erkannte, daß ein Mensch im freien Fall sein eigenes Gewicht nicht spürt. Er nannte dies »den glücklichsten Gedanken meines Lebens«, und sagte, er habe ihn zur Gravitationstheorie geführt.

Die allgemeine Relativitätstheorie erweitert die spezielle, indem sie betrachtet, was passiert, wenn man die Schwerkraft berücksichtigt. Sie zeigt, daß jeder Körper durch seine Masse den Raum krümmt. Man stelle sich einen schweren Ball auf einer weichen Matratze vor. Die Matratze wird sich unter dem Ball krümmen, und wenn man eine Murmel auf ihren Rand legt, rollt sie unweigerlich zum Ball hin. Einstein erkannte, daß kleine Massen nicht deshalb zu größeren hinfallen, weil die größere Masse sie »anzieht«, sondern weil sie sich entlang der geradesten Linien des gekrümmten Raums bewegen. Diese unvermeidliche Bewegung zur Masse hin erklärt, wie Einstein zeigte, das als Schwerkraft bekannte Phänomen.

In einem Gedankenexperiment stellte sich Einstein einen Menschen vor, der im Weltraum in einem Fahrstuhl steckt, weit entfernt von jedem Stern oder Planeten. Der Mensch würde sich gewichtslos fühlen. Was aber, wenn der Fahrstuhl sich beschleunigte? Dann würde der Mensch im Inneren zu Boden gepreßt werden. Wenn er etwas fallen ließe, würde der Boden dem Gegenstand entgegenkommen, aber es würde so aussehen, als ob der Körper zu

Boden gefallen wäre. Er würde nicht mehr spüren, daß er im Weltraum schwebte, und solange er nicht aus dem Fenster schaute, wüßte er nicht, daß er nicht auf festem Boden steht. So gesehen sind Schwerkraft und Beschleunigung dasselbe.

Nach der Scheidung von Mileva 1919 (der er als Unterhaltszahlung die mit dem zu erwartenden Nobelpreis verbundene Geldsumme versprach), heiratete er seine Kusine Elsa und begann, sich für den Zionismus zu interessieren. In diesem Jahr erhielt seine Theorie eine wichtige Bestätigung. Einstein hatte vorhergesagt, wie weit Licht, das an einem massereichen Objekt wie der Sonne vorbeigeht, von dessen Schwerefeld abgelenkt wird. Im März 1919 war es möglich, während einer Sonnenfinsternis die Orte von Sternen, deren Licht dann an der Sonne vorbeilaufen muß, zu vermessen und mit ihren gewöhnlichen Positionen zu vergleichen. Als die Messungen Einsteins Vorhersagen bestätigten, war er augenblicklich eine internationale Berühmtheit.

Er wird heute so gefeiert wie damals. Seine professorale Zerstreutheit und seine Weigerung, Socken zu tragen, wurden so legendär wie seine berühmte Gleichung. (Als er Anfang der fünfziger Jahre einen Steuerberater um Hilfe bei der Steuererklärung bat, machte das Schlagzeilen: Das Universum sei ihm ein offenes Buch, aber die Einkommenssteuer verwirre den Vater der Relativitätstheorie. »Nicht die Mathematik macht mir Probleme«, erklärte er, »sondern die dahinterliegende Philosophie.«) Selbst heute ist sein Gesicht das bekannteste aller Wissenschaftler, und er ist eine Ikone der Popkultur. Mehr als vier Jahrzehnte nach seinem Tod taucht sein Bild immer noch auf T-Shirts, in Anzeigen, auf Plakaten und selbst in Filmen auf; so in dem Film *Insignificance* (*Die verflixte Nacht*), von Nicolas Roeg, in dem Einstein sich von Marilyn Monroe die Relativitätstheorie erklären läßt. Die Menschheit brauche einige romantische Ideale als Lichtstrahlen in der Trübnis der irdischen Existenz, meinte Einstein als alter Mann. Ihn habe man zu einem solchen Lichtstrahl gemacht.

Als 1919 seine Theorie ihre spektakuläre Bestätigung erhielt, war Anerkennung nicht die einzige Reaktion, was Einstein zu der Äußerung veranlaßte: »Unter Anwendung der Relativitätstheorie auf den Geschmack der jeweiligen Leser werde ich heute in Deutschland ein deutscher Gelehrter genannt und in England als schweizer Jude dargestellt. Wenn ich dann einmal als schwarzes Schaf gelte, dann wird diese Beschreibung umgedreht, und ich bin für die Deutschen ein schweizer Jude und für die Engländer ein deutscher Wissenschaftler.«

In Deutschland kam es zu Protesten, wenn Einstein Vorträge hielt. Auch der Nobelpreisträger Philipp Lenard, Verfasser des vierbändigen Werks *Deutsche Physik,* der als Physiker von Einstein geschätzt wurde, nannte die Relativitätstheorie ein »typisch jüdisches Blendwerk ... ein Judenbetrug, was man mit mehr Rassenkunde von vornherein hätte vermuten können«. Lenard versuchte auch die Verleihung des Nobelpreises an Einstein zu verhindern. Einstein erhielt ihn 1921, aber nicht für die Relativitätstheorie, sondern für seine Arbeit zum photoelektrischen Lichteffekt. Und Mileva bekam, wie versprochen, das Geld.

Einstein an Bord eines Schiffs neben Chaim Weizmann, einem Chemiker, der dann der erste Präsident von Israel wurde. »Auf der Überfahrt«, sagte Weizmann, »hat mir Einstein täglich seine Theorie erklärt, und bei der Ankunft war ich überzeugt, daß er sie verstanden hatte.«
Library of Congress

In den zwanziger Jahren setzte sich Einstein für Frieden und den Zionismus ein. (Er lehnte es 1952 ab, Präsident von Israel zu werden, und bemerkte: »Politik ist für die Gegenwart, aber eine Gleichung ist für die Ewigkeit.« Als Hitler 1933 an die Macht kam, war Einstein gerade in den USA. Er kehrte nicht nach Deutschland zurück; sein Sommerhaus in Caputh bei Potsdam wurde geplündert und sein Bankguthaben beschlagnahmt. (Werner Heisenberg durfte nur unter der Bedingung die Relativitätstheorie lehren, daß er Einsteins Namen nicht erwähnte.) Ende 1933 ließen sich Einstein, Elsa und seine Sekretärin Helene Dukas auf Dauer in Princeton nieder. Bis auf eine Reise in die Bermudas 1935, die er unternahm, um die amerikanische Staatsbürgerschaft beantragen zu können, hat er die USA nie wieder verlassen; 1940 legte er den Eid auf die amerikanische Verfassung ab.

Damals begegneten Einstein seltsame Dinge. Während die Relativitätstheorie manche Menschen fast um den Verstand brachte, fiel es Einstein selbst furchtbar schwer, die Folgerungen aus der Quantenphysik anzuerkennen; den Nobelpreis hatte er für den Beweis ihrer Grundlagen erhalten. Besondere Sorgen machte ihm Heisenbergs Unschärfeprinzip, wonach man nur entweder den Ort oder den Impuls eines Teilchens kennen kann, nicht aber beides gleichzeitig. Der Gedanke, man könne etwas nicht wissen, war für Einstein kränkend. Unbestimmtheit vertrug sich einfach nicht mit seinem Glauben. »Raffiniert ist der Herrgott, aber boshaft ist er nicht«, sagte er wiederholt. »Ich kann nicht glauben, daß Gott würfelt«, worauf Nils Bohr, sein guter Freund und wissenschaftlicher Gegner, gesagt haben soll: »Albert! Hör auf, Gott zu sagen, was er tun soll!« Obwohl Einstein anerkennen mußte, daß sich die Quantentheorie bewährte, hielt er sie für »albern«. Seine Zweifel machten den einflußreichsten Wissenschaftler des zwanzigsten Jahrhunderts zu einem Fossil, eindrucksvoll, aber der aktuellen Forschung entfremdet. Der Physiker Max Born sagte 1949 über ihn: »Viele von uns sehen das als eine Tragödie – für ihn, der in Einsamkeit seinen Weg sucht, und für uns, die wir unseren Führer und Fahnenträger vermissen.«

Einstein suchte eine einzige, widerspruchsfreie Synthese des

Universums, eine »einheitliche Feldtheorie«, die Mikrokosmos und Makrokosmos vereint und für subatomare Teilchen so gültig ist wie für Galaxien. Er fand sie so wenig wie die Wissenschaftler heute, und das lag auch daran, daß er sich so sehr gegen die Folgerungen aus der Quantentheorie wehrte. Obwohl er mit vielen Kollegen zusammenarbeitete und sich auf Diskussionen und Gespräche einließ, spielte sich für Einstein wahre Naturwissenschaft nur an einem Ort ab, nämlich in seinem eigenen Verstand. Oft las er nicht einmal die Fachzeitschriften. Er dachte nach. Er veranschaulichte sich die Zusammenhänge. Er sagte einmal von Max Planck: »Der Gemütszustand, der solche Leistungen ermöglicht, hat Ähnlichkeit mit dem eines frommen oder verliebten Menschen; das tägliche Mühen entspringt nicht einem Plan oder Programm, sondern einem unmittelbaren Bedürfnis.« Dasselbe galt für ihn.

Die große Debatte

Am 26. April 1920 hielt die National Academy of Science der USA ein Symposium zur Größe des Universums ab. Die wichtigsten Teilnehmer, Harlow Shapley (1885–1972) und Heber D. Curtis (1872–1942), fuhren mit demselben Zug von Kalifornien quer durch das Land nach Washington und sprachen auf der Reise viel über Blumen. Während der Tagung hielten Shapley und Curtis jeder einen Vortrag mit anschließender Diskussion. Es war keine aufregende Sache. Shapley erinnerte sich fast ein halbes Jahrhundert später an dieses »angenehme Treffen« und bemerkte: »Jahrelang sprach mir gegenüber niemand davon. Dann, vor etwa acht oder zehn Jahren, wurde wieder davon gesprochen. Ich war überrascht, daß es plötzlich wichtig wurde, als etwas Historisches.«

Das Ereignis, das heute als die »große Debatte« bekannt ist, hat eine symbolische Bedeutung gewonnen, weil es für eine entscheidende Verschiebung unseres Weltbilds steht. Offiziell ging das Symposium um die Größenordnung der Milchstraße, inoffiziell aber um so irritierende Objekte wie M31, den großen Andromedanebel. War das wirklich ein Nebel, eine Wolke von Staub und Gas innerhalb einer Galaxie, in der sich Sterne bildeten? Oder war es eine andere Galaxie, eine eigene, mit Sternen gefüllte Scheibe, eine Welteninsel, wie Kant sie genannt hätte?

Die eine Meinung wurde von Harlow Shapley vertreten. Er war der Sohn eines Heubauern aus Missouri und der Enkel eines Vorreiters der Sklavenbefreiung, der im Bahnhof einer Untergrundbahn wohnte. Shapley hatte schon als Schüler Reportagen geschrieben, bei denen er sich auf Verbrechen spezialisierte. Er wollte an der Universität von Missouri studieren, konnte sich aber erst ein Jahr später für Journalismus einschreiben. »Ich schaute in das Vorlesungsverzeichnis und bekam einen Schlag ins Gesicht«, schrieb er in seinen Erinnerungen. »Die allererste Vorlesung darin war über A-r-c-h-ä-o-l-o-g-i-e, und ich wußte nicht, wie man es ausspricht! (Wohl aber wußte ich so ungefähr, um was es ging.) Ich blätterte um und sah A-s-t-r-o-n-o-m-i-e. Das konnte ich aussprechen – und hier bin ich!«

Shapley ist bekannt geworden, weil er die Form und das Ausmaß unserer Galaxie abgeschätzt hat, indem er mit dem Eineinhalb-Meter-Teleskop des Mount Wilson die Kugelhaufen vermaß, die die Milchstraße umgeben. Er erkannte, daß die Kugelhaufen

Omega Centauri. Dieser am Südhimmel sichtbare Kugelhaufen besteht aus mehr als einer Million Sternen. National Optical Astronomy Observatories

nicht gleichmäßig über den Himmel verteilt sind, sondern sich im Sternbild Schütze konzentrieren. Die Bestimmung ihrer Entfernung gelang ihm durch Vermessung der RR Lyrae-Sterne (sie werden auch als Haufenveränderliche bezeichnet), alte veränderliche Sterne, die sich wie Cepheiden zur Entfernungsbestimmung verwenden lassen. Sie bilden, wie er herausfand, eine riesige Kugel, deren Mittelpunkt im Schützen liegt. In der Mitte dieser Kugel, so überlegte er, mußte das Zentrum der Galaxie liegen. Die Sonne war nicht das Zentrum. Sie wirkt zwar zentral, aber unser Blick ist, wie Shapley erklärte, durch in der Milchstraße liegende Gas- und Staubwolken auf unsere nähere Umgebung beschränkt.

Shapleys Berechnungen zeigten auch, daß die Galaxie viel größer ist als angenommen. Unsere Galaxis ist so groß, daß wir, wenn wir zum Sternbild Schütze oder in die genau entgegengesetzte Richtung, zum Sternbild Fuhrmann, blicken, weniger als ein Prozent der Sterne in der Milchstraße sehen. Trotzdem war Shapleys Schätzung, die für die Galaxie einen Durchmesser von 300 000 Lichtjahren angab – enorm viel mehr als die früheren Schätzungen von 15 000 bis 20 000 Lichtjahren –, etwa dreimal zu groß, was vor allem daran lag, daß er seinen Berechnungen falsche Annahmen über RR Lyrae-Sterne zugrunde gelegt hatte. Sie sind kleiner und schwächer, als er dachte, und deshalb nicht ganz so fern. Trotzdem hielt man Shapleys Verwendung veränderlicher Sterne zur Erkundung der Milchstraße für brillant. Seine Einschätzung der Größe der Milchstraße war revolutionär, auch wenn sie zu hoch lag.

Shapley hatte bei dem Symposium in jenem April seine Berechnungen vorgestellt und behauptet, der große Spiralnebel in Andromeda liege innerhalb der Milchstraße. Bedauerlicherweise hatte er die Entfernung des Andromedanebels auf der Grundlage eines leuchtenden neuen Sterns errechnet, den man 1885 dort gesehen hatte. Dieser Stern war, so wurde berichtet, auf dem Höhepunkt seiner Leuchtkraft heller gewesen als der Rest der Spirale. Da es nicht möglich schien, daß ein Stern – irgendein Stern – heller sein könnte als eine Galaxie, schloß Shapley, daß die Spirale ein Nebel sein mußte.

Shapleys Annahme schien vernünftig, aber sie war falsch. Der

Stern in Andromeda war eine Supernova, wie sie seit 1604 im Milchstraßensystem nicht mehr beobachtet worden war. Eine Supernova kann leicht eine ganze Galaxie überstrahlen, aber das konnte Shapley sich nicht vorstellen.

Er war noch aus einem weiteren Grund davon überzeugt, daß Spiralnebel ein Teil unserer eigenen Galaxie sind. Adrian van Maanen, ein aufgeweckter Mann, in dem Shapley einen Seelenverwandten sah, hatte die Bewegung von Spiralnebeln gemessen und entdeckt, daß ihre äußeren Ränder aufgrund ihrer raschen Drehung den Raum schneller als mit Lichtgeschwindigkeit durchschnitten, wenn sie sehr weit entfernt wären und die Größe einer Galaxie hätten. Da das unmöglich ist, folgt daraus, daß Spiralgalaxien nur dann zusammenbleiben können, wenn sie relativ klein und nah sind. Deshalb mußten die »Nebel« gewöhnliche galaktische Objekte sein und innerhalb der Grenzen der Milchstraße liegen.

Aber van Maanen hatte sich verrechnet. Obwohl andere Wissenschaftler diese Vermutung äußerten, hielt Shapley »getreulich zu seinem Freund«, ein Irrtum, der immer an ihm genagt hat. Als klar wurde, daß Nebel nicht so rasch wirbeln, fühlte sich Shapley persönlich verraten. Weil Shapley immer wieder darauf zurückkam, ist van Maanen, der unter anderem einen Weißen Zwerg im Sternbild Fische entdeckte, seitdem als ein Mann bekannt, der einen Fehler machte. So fühlt sich jeder, der sich auf ihn beruft, bemüßigt zu bemerken, welch achtbarer und verläßlicher Wissenschaftler er gewesen sei.

Shapleys Gegner in der Debatte, Heber D. Curtis vom Lick Observatory, war Altphilologe, bevor er Astronom wurde. Er stimmte mit Shapley in fast keinem Punkt überein. In seinem Vortrag griff er Shapleys Methoden an, behauptete, seine Bestimmung veränderlicher Sterne sei ungenau und van Maanens Zahlen seien falsch. Curtis behauptete, die Sonne sei der Mittelpunkt unserer Galaxie, das Universum sei klein und nicht groß, und Spiralnebel – insbesondere Andromeda – seien andere Galaxien weit jenseits der Milchstraße.

So hatten beide Männer recht und unrecht. »Ich hatte recht und Curtis hatte unrecht in bezug auf den wichtigsten Punkt –

den Maßstab, die Größe«, schrieb Shapley. »Das Universum ist groß, und er sah es als ein kleines.« Aber es ärgerte Shapley, daß Curtis in bezug auf die Spiralnebel recht hatte. Shapley fand es unfair, daß Curtis die Frage überhaupt aufgeworfen hatte, weil er ihn habe bloßstellen wollen. »Curtis hatte von Anfang an eine andere Frage gestellt als ich: Sind die Spiralgalaxien innerhalb unseres Systems oder außerhalb? Aber darum ging es gar nicht. Curtis gewann mit dieser vorgeschobenen Frage.«

Am Tag nach der Debatte erschien im *Kansas City Star* ein anonymer Artikel über das Ereignis: »Dr. Harlow Shapley ... versuchte in einem ausführlichen Vortrag voller Gleichungen der höheren und allerhöchsten Mathematik zu zeigen, daß es nur ein Universum gibt, aber ein Universum, das zehnmal größer ist, als die wildesten astronomischen Berechnungen bisher ergeben haben ... In den Grenzen seines vergleichsweise engen Weltalls ließ Dr. Curtis ein Feuerwerk von Cosinus- und Tangentenfunktionen los, die zur Befriedigung seiner Anhänger seine Auffassung einer Liga von Welten bewies, wobei die Frage offenblieb, ob unser Universum im kosmischen Spiel einer großen, einer kleineren oder einer provinziellen Liga angehört.« Der Astronom Owen Gingerich äußerte die Vermutung, Shapley, ehemals Zeitungsreporter in Kansas, habe diesen Artikel selbst geschrieben.

Im Jahr darauf verließ Shapley Kalifornien und wurde Direktor des Harvard Observatory. Nicht nur leitete er die Sternwarte, sondern er schrieb auch Bücher, war einer der Organisatoren der UNESCO und ein beliebter Professor, der seine Studenten einmal im Monat bei Vollmond zu sich einlud.

Aber der Umzug nach Massachusetts wurde als Fehler erachtet. Auf dem Mount Wilson wurde weiterhin wichtige Arbeit geleistet. So fand Edwin Hubble, den Shapley nicht leiden konnte, im Andromedanebel Cephei-Veränderliche, und konnte damit beweisen, daß Curtis recht hatte – M31 ist kein Nebel, sondern eine eigene Galaxie – und daß Shapley auch recht hatte: Das Universum ist viel größer als irgend jemand sich bisher vorgestellt hatte. Am Ende des Jahrzehnts, das mit der großen Debatte begann, konnte Hubble zeigen, daß das Universum sogar immer größer wird.

Theodore Roosevelt und die Königin der Nebel

In einer klaren dunklen Herbstnacht sieht der große Nebel im Sternbild Andromeda aus wie ein schwacher ovaler Fleck. Aber war er wirklich ein Nebel, eine wirbelnde Wolke aus glühendem Gas? Oder ein »saturniformer« Körper, umgeben von einer Reihe von Ringen? Oder entstand da gerade ein Sonnensystem, wie 1899 behauptet worden war? Man hatte in dem verschwommenen Fleck über 1500 »winzige« Sterne gezählt. War er also ein Haufen kleiner, enggepackter Sterne oder eine Kantsche Welteninsel? Heber D. Curtis war 1918 davon überzeugt, daß Andromeda, die Königin der Nebel, mit einem Nebel nichts zu tun habe, sondern eine eigene Galaxie sei.
Zwei Laien, die seine Meinung teilten, waren der Naturkundler William Beebe (1877–1962) und sein Freund Theodore Roosevelt (1858–1919). Beebe beschreibt eine ihrer häufigen Begegnungen:

Nach einem Abend, an dem wir vielleicht die Grenzen des Wissens erörtert oder eine neue Möglichkeit erwogen hatten, wie man sich in den Geist und Sinn von Tieren versetzen könne, gingen wir oft in den Garten hinaus, wo wir mit wechselnden Rollen ein vergnügliches astronomisches Ritual durchführten. Wir suchten, bis wir, mit oder ohne Fernglas, den schwachen himmlischen Lichtfleck jenseits der linken unteren Ecke des großen Quadrats im Pegasus gefunden hatten. Dann sagte einer von uns:

Das ist die Spiralgalaxie in der Andromeda.
Sie ist so groß wie unsere Milchstraße.
Sie ist eine von hundert Millionen Galaxien.
*Sie ist 750 000 Lichtjahre entfernt.**
Sie besteht aus hundert Milliarden Sonnen,
und jede ist größer als unsere Sonne.

Nach einer Pause grinste Colonel Roosevelt mich dann an und sagte: »Jetzt sind wir, meine ich, klein genug! Gehen wir ins Bett.« Wir haben dieses Ritual im Lauf der Jahre wohl vierzig- oder fünfzigmal wiederholt, und es hat nie seinen Reiz verloren.

* *Heute wird die Entfernung des Andromedanebels auf 2,25 Millionen Lichtjahre geschätzt.*

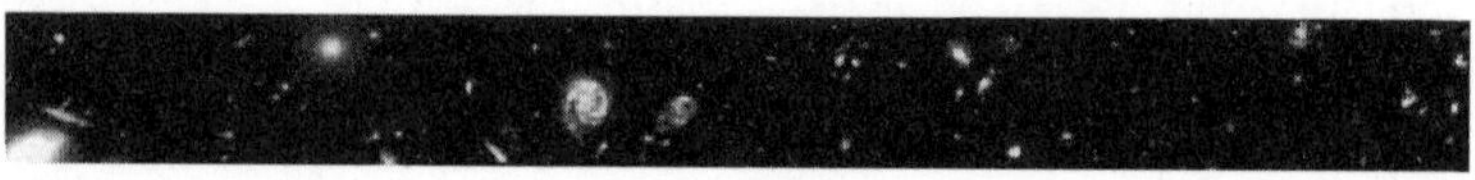

Edwin P. Hubble

Edwin Powell Hubble (1889–1953) war ein eindrucksvoller Mann, hochgewachsen, gutaussehend, erfolgreich in fast allem, was er unternahm. Nach der Schule hatte er ein Stipendium für die University of Chicago in der Tasche und den sehnsüchtigen Wunsch, in der Mannschaft seiner Universität Football zu spielen – ein Traum, den er auf Drängen seiner Eltern schweren Herzens aufgab. Er spielte statt dessen Basketball und wurde ein so guter Boxer, daß man ihn aufforderte, gegen den Schwergewichtsweltmeister Jack Johnson zu kämpfen. Er schlug das Angebot aus, fand aber andere Gelegenheiten für Auseinandersetzungen. Als junger Student geriet er auf einem Rangierbahnhof in einen Streit, bei dem ihm ein Messer in den Rücken gestochen wurde und er den Angreifer bewußtlos schlug. Einige Jahre später, als er den Sommer in Deutschland verbrachte, rettete er eine Frau vor dem Ertrinken, freundete sich mit ihrem Ehemann an, wurde aber zu einem Pistolenduell herausgefordert, als diesem Gerüchte zu Ohren kamen, seine Frau und Hubble hätten eine Affäre. Beide Männer verfehlten ihr Ziel um Längen.

Damals studierte Hubble als Rhodes-Stipendiat an der Oxford University Jura. Das Leben in England machte einen so tiefen Eindruck auf ihn, daß er, als er drei Jahre später in die USA zurückkehrte, einen britischen Akzent hatte, den er sein Leben lang beibehielt. Hubble wurde 1913 Rechtsanwalt in Kentucky, gab den Beruf aber fast sofort wieder zugunsten der Astronomie auf. »Mit der Astronomie ist es wie mit dem Priesteramt, man muß dazu berufen sein«, sagte er später zu einem Journalisten. »Ich merkte die Berufung, nachdem ich ein Jahr lang in Louisville Rechtsanwalt gewesen war.« Wenn diese Aussage auch nicht ganz zutraf – er arbeitete niemals als Rechtanwalt, wohl aber als Lehrer und Basketballtrainer –, bezeugt sie doch seine Bekehrung. Hubble ging nach Chicago zurück, promovierte in Astronomie und erhielt von George Ellery Hale ein Angebot für eine Stelle am Mount Wilson Observatory. Doch noch bevor er sich auf den Weg nach Westen machen konnte, trat Amerika 1917 gegen Deutschland

Edwin Hubble am 1,20-Meter-Teleskop.
Caltech

und dessen Verbündeten in den Krieg ein. Hubble meldete sich sofort als Freiwilliger. Er wurde nach Frankreich geschickt, wo er während seines zweijährigen Dienstes bei der Infanterie am rechten Arm verwundet und zum Major befördert wurde. Damit erhielt er den Titel, der ihm sein Leben lang eine willkommene Anrede war.

Nach dem Krieg war die Stelle auf Mount Wilson noch frei, und Hubble zog nach Kalifornien, um schwache Nebel zu untersuchen; das war schon das Thema seiner Doktorarbeit gewesen. Er photographierte sie, nahm ihre Spektren auf (ein Vorgang, der pro Galaxie bis zu zehn Nächten erforderte), untersuchte ihre Formen und kategorisierte sie. Aber noch immer wußte er auf die wichtigste Frage keine Antwort: Waren diese Nebel Gaswolken, die in unserer eigenen Milchstraßengalaxie gefangen sind oder schwebten sie als eigene Sterngebilde weit außerhalb?

Das herauszufinden wurde möglich, als der Zweieinhalb-Meter-

Der Andromedanebel (M31) und ein kleiner Begleiter, die elliptische Galaxie M32.
National Optical Astronomy Observatories

Das expandierende Weltall – zwei übliche Vergleiche

Ganz gleich, welche Galaxie man wählte, die Expansion des Universums sieht immer gleich aus. Wissenschaftler, die versuchen, diesen bizarren Zustand zu erklären, ziehen im allgemeinen zwei Vergleiche:

1. Der Vergleich mit dem Ballon. Man stelle sich einen Ballon vor, der mit Punkten übersät ist, von denen jeder eine Galaxie darstellt. Wenn er aufgeblasen wird, vergrößert sich der Abstand zwischen den Punkten. Jeder Punkt scheint sich von jedem anderen Punkt zu entfernen.

2. Der Vergleich mit dem Gugelhupf. Die Rosinen entsprächen den Galaxien, und der Hefeteig wäre der Raum. Beim Gehen dehnt sich der Teig aus, und überall in diesem Universum entfernen sich die Rosinen voneinander, weil sich der Teig als Raum ausdehnt. Je mehr Teig zwischen zwei Rosinen, um so größer die Ausdehnung. Wenn der Kuchen doppelt so groß wird, beträgt die Entfernung zwischen zwei Rosinen, die ursprünglich nur einen Zentimeter auseinander liegen, zwei Zentimeter, zwischen Rosinen, die zuvor vier Zentimeter auseinander waren, acht Zentimeter und so weiter. Je weiter die Rosinen auseinander liegen, um so rascher scheinen sie sich voneinander zu entfernen.

Spiegel auf dem Mount Wilson, damals das größte Teleskop der Welt, in Betrieb genommen wurde. Mit seiner Hilfe machte Hubble viele Aufnahmen von M31, dem Großen Andromedanebel, und von M33 im Dreieck. Im Oktober 1923 fand er bei einer langen Belichtung von M31 den ersten von vielen Cephei-Veränderlichen. Er bestimmte ihre Pulsationsperioden (zwischen zehn und achtzig Tagen) und verglich ihre Helligkeit mit der der Cepheiden, die Henrietta Leavitt in der Kleinen Magellanschen Wolke entdeckt hatte. Damit konnte er ihre Entfernung bestimmen und zeigen, daß der Andromedanebel mindestens 800 000 Lichtjahre entfernt ist, also unmöglich zur Milchstraße gehören kann. An dem Treffen der American Astronomical Society in Washington, das am 30. Dezember 1924 begann, nahm Hubble zwar nicht teil, sandte aber im letzten Augenblick eine Arbeit ein, in der er seine Methoden und Ergebnisse beschrieb. Sie wurde am 1. Januar 1925 verlesen und veränderte die Astronomie grundlegend. Es gab keinen Zweifel mehr, der Andromedanebel war eine andere Galaxie, und der Himmel war tatsächlich voller Galaxien, die alle unglaublich viel weiter entfernt waren als bisher angenommen.

Während der nächsten Jahre arbeitete Hubble mit Milton Humason zusammen. Humason, der mit vierzehn Jahren die Schule verlassen hatte, war zunächst Maultiertreiber und später Hausmeister auf dem Mount Wilson gewesen. Dann hatte er als Hubbles Assistent die Spektren photographiert und daraus die Entfernungen von etwa zwei Dutzend Himmelskörpern berechnet, bis er wegen seiner eigenen Leistungen als Astronom anerkannt wurde. Einige Jahre zuvor hatte Vesto M. Slipher vom Lowell Observatory in Arizona die Spektren von über einem Dutzend »Spiralnebeln« gemessen und zu seiner Überraschung festgestellt, daß sie fast alle zum roten Ende des Spektrums hin verschoben waren. Wenn man diese Verschiebung als Doppler-Effekt versteht, bedeutet das, daß sie sich von uns entfernen. (Ausnahmen sind der Andromedanebel und die wenigen kleinen Galaxien, die unter dem Einfluß der Schwerkraft der Milchstraße stehen. Sie gehören zu unserer Lokalen Gruppe von Galaxien und zeigen eine Blauverschiebung, was anzeigt, daß sie sich uns nähern, die Entfernung geringer wird.) Aufbauend auf Sliphers Ergebnissen und unter Berücksichtigung seiner eigenen Daten zeichnete Hubble jede Galaxie in ein Diagramm ein, in dem er die Geschwindigkeit im Verhältnis zur Entfernung eintrug, und erhielt ein außerordentlich interessantes Ergebnis: Eine Galaxie entfernt sich von uns um so rascher, je weiter sie weg ist. Das gilt für alle Himmelsrichtungen. Diese Tatsache wird Hubble-Effekt genannt.

Der Hubble-Effekt ließ darauf schließen, daß entweder jede Galaxie in der Welt ihr möglichstes tat, um der Milchstraße zu entgehen, oder daß sich jede Galaxie von jeder anderen Galaxie entfernt. Hubble machte damit die Entdeckung, die auf dem Gebiet der Astronomie für die wichtigste des zwanzigsten Jahrhunderts gehalten werden kann (der Astronom Allan Sandage, ein Schüler Hubbles, nannte sie »die verblüffendste wissenschaftliche Entdeckung, die je gemacht wurde«): Das Weltall dehnt sich aus. Diese ungeheuerliche Tatsache ist so gut belegt, daß selbst

Einstein, dem die Vorstellung eines expandierenden Universums zuwider war, sie anerkennen mußte.

Hubbles Werk ist Grundlage der heutigen Astronomie. Ein Blick in den Index eines typischen Lehrbuchs der Astronomie zeigt, daß auf den Eintrag »Hubble, Edwin« die Stichworte »Hubble-Effekt«, »Hubble-Gesetz«, »Hubble-Klassifikation der Galaxien«, »Hubble-Konstante«, »Hubble-Weltraumteleskop« und »Hubble-Zeit« folgen. »Einstein« und »Galilei« haben jeweils nur zwei Einträge.

Hubble, Pfeifenraucher und leidenschaftlicher Angler, wurde häufig als distanziert, arrogant und kaltherzig beschrieben; der joviale Milton Humason dagegen wird als »gemütlich« und »liebenswert« beschrieben. Obwohl Hubble und seine Frau Grace einen beeindruckenden Freundeskreis hatten (darunter Aldous Huxley), erklärte Harlow Shapley, daß »Hubble Menschen einfach nicht mochte«. Aber Shapley, der meinte, die Milchstraße sei groß genug für den Andromedanebel, hatte Grund für seine Abneigung gegen Hubble. Hubble erkannte nicht nur nicht an, daß seine eigene Arbeit auf Shapleys bahnbrechender Bestimmung veränderlicher Sterne aufbaute, sondern er wies ihm auch noch einen Irrtum nach.

Mehr noch, Hubble beleidigte Shapley sogar. Shapley erzählt: »Ich erinnere mich, daß jemand eine meiner Arbeiten Hubble zur Begutachtung schickte. Es war eine gute Arbeit, und sie war richtig, ich wußte, über was ich redete. Der Artikel war für eine Zeitschrift wie *Scientific American* bestimmt. Hubble schrieb einfach quer darüber ›völlig bedeutungslos‹. Die Herausgeber, die mir davon erzählten, fanden die Geschichte außerordentlich lustig, weil die Worte ›Shapley – völlig bedeutungslos‹ aus Versehen mitgedruckt wurden.«

Bei anderer Gelegenheit gab Hubble Shapley, dem Direktor des Harvard Observatory, eine Ohrfeige, als er von der Astronomin Cecilia Payne-Gaposchkin sagte: »Sie ist der beste Mann, den Harvard hat.«

Trotz dieser Provokationen schrieb Shapley anerkennend, daß »Hubble unverdrossen weiterarbeitete und sehr berühmt wurde, und das mit Recht. Er war ein ausgezeichneter Beobachter, besser als ich.« Hubble starb 1953 an einem Schlaganfall. Es gab kein formelles Begräbnis, und sein Grab ist unbekannt.

Die Hubble-Konstante

Hubbles Gesetz besagt, daß eine Galaxie sich um so rascher von uns entfernt, je weiter weg sie ist. Hubbles Konstante H_0 mißt den Faktor zwischen Geschwindigkeit und Entfernung; anders gesagt, sie mißt, wie rasch sich das Universum ausdehnt. Wenn man die Hubble-Konstante kennt, kann man herausfinden, wie groß und wie alt das Universum ist. Sie ist also ein Stein von Rosette. Der Wettlauf um ihre Bestimmung ist leidenschaftlich und erbittert und noch nicht entschieden.

Im Prinzip sollte ihre Messung gar nicht so schwer sein. Man braucht eigentlich nur die Fluchtgeschwindigkeiten, die sich aus der Rotverschiebung ableiten lassen, und die genauen Entfernungen von hinreichend vielen fernen Galaxien zu kennen und die Geschwindigkeiten durch die Entfernungen zu dividieren. Aber leider ist die Entfernungsbestimmung sehr schwierig. Die Parallaxe liefert die Entfernungen zu einigen nahen Sternen, ist aber außerhalb der Galaxie nutzlos. Cepheiden ermöglichen es, die Entfernungen zu nahen Galaxien zu bestimmen, aber jenseits einer bestimmten Entfernung lassen sich keine Cepheiden mehr aufspüren. Supernovae können zwar als Standardkerzen dienen, aber sie stellen sich nicht gerade dann und dort ein, wo sie gebraucht werden. Die hellste Galaxie in einem Haufen ist nützlich, wenn man ähnliche Galaxien und Haufen vermißt. Aber wie kann man das wissen? Riesige elliptische Galaxien können Standardkerzen sein und auch Kugelhaufen, Quasare, bestimmte Arten von übergroßen Spiralgalaxien und Gravitationslinseneffekte, bei denen das Licht ferner Objekte durch dazwischen liegende Galaxien gespalten, umgelenkt und verstärkt wird. Leider ist keines dieser Verfahren zuverlässig. Die Durchführung astronomischer Messungen ist eine komplizierte, fehleranfällige Aufgabe, die um so schwieriger und unsicherer wird, je weiter die Galaxie entfernt ist. Unterschiedliche Entfernungsmessungen liefern unterschiedliche Hubble-Konstanten und damit eine andere Expansionsgeschwindigkeit für das Universum.

Hubble selbst schätzte H_0 auf 530 Kilometer pro Sekunde pro Megaparsec (ein Megaparsec entspricht 3,26 Millionen Lichtjahren), mit einer Fehlerquote von fünfzehn Prozent. Das ließ auf ein kleines und junges Universum schließen, weniger als zwei Milliarden Jahre alt. Das war unmöglich, weil man für Erdgestein schon ein Alter von vier Milliarden Jahren nachgewiesen hatte. Seit Hubbles Zeit ist H_0 immer weiter abgestürzt. Allan Sandage, Hubbles astronomischer Erbe, gab 1956 den Wert 180 an, was auf ein Universum schließen läßt, das dreimal so groß und dreimal so alt ist wie das von Hubble geschätzte. Zwei Jahrzehnte später gaben Sandage und Gustav Tammann bekannt, H_0 betrage 57. Dann näherte sie sich 50, fiel auf 42, stieg hoch auf 52, und rutschte wieder auf 45 ab. Diesen Zahlen entspricht ein Universum, das fünfzehn bis zwanzig Milliarden Jahre alt ist, je nachdem, wieviel Masse es enthält.

Diese Zahlen sind umstritten. Ein langjähriger Kritiker ist der Astronom Gérard de Vaucouleurs von der University of Texas, der sich für eine Hubble-Konstante in der Nähe von hundert eingesetzt hat, was zu einem Universum führt, das etwa zehn Milliarden Jahre alt ist.

Und dann gibt es die Zahlen dazwischen. Anfang der achtziger Jahre fanden Jeremy Mould vom Caltech, John P. Huchra von der Harvard University und dem Smithsonian Astrophysical Observatory, Gregory D. Bothun von der University of Oregon und Marc Aaronson (der im Alter von 37 Jahren bei einem tragischen Unfall von einer Feuerschutztür der Sternwarte auf dem Kitt Peak erschlagen wurde) Werte für H_0, die von 65 (für nähere Galaxien) bis 90 (für entferntere Galaxien) reichen. Bei ihren Berechnungen benutzten sie eine Methode, die auf der von R. Brent Tully und J. Richard Fisher entdeckten Tatsache beruht, daß eine Galaxie sich um so rascher dreht, je heller und also massereicher sie ist, und daß die Spektrallinie, die das Vorliegen von neutralem Wasserstoff anzeigt, um so breiter ist, je rascher die Galaxie rotiert. Die Breite der Linie – ein relativ leicht zu erhaltender Wert – zeigt die Leuchtkraft der Galaxie an. Dieses Verfahren ermöglicht die Untersuchung von Galaxien, die bis zu dreihundert Millionen Lichtjahre entfernt sind.

Aber nichts ist narrensicher. Tully und Fisher haben ihre Messungen zunächst an Galaxien durchgeführt, die so nah sind, daß sie mit Hilfe von Cepheiden geeicht werden können, und dann auf entferntere Galaxien angewendet. Diese Messungen müssen also zuverlässig sein. Aber frühere Messungen an Cepheiden wurden mit altmodischen photographischen Platten gemacht, die bei geringen und hohen Lichtintensitäten ungenau sind. Andererseits sind die CCD, hauchdünne Ladungskoppler, sehr genau. Sie reagieren auf jedes Photon. Mit ihrer Hilfe haben die Astronomen Wendy Freedman von der Carnegie Institution und ihr Mann Barry F. Madore vom Caltech Cepheiden neu vermessen, die Zahlen in die Tully-Fisher-Beziehung und andere Entfernungsanzeiger eingesetzt und eine Hubble-Konstante in der Nähe von 80 gefunden. Diese Zahl entspricht einem Universum, das jünger und kleiner ist als das von Sandage, und größer und älter als das von de Vaucouleurs.

Es gibt jedoch ein Problem. Das Alter der Kugelhaufen, die über die ganze Galaxie verteilt sind, wird gewöhnlich aufgrund der Sternentwicklung auf etwa fünfzehn Milliarden Jahre geschätzt; ein Wert, der Sandages Zahlen entspräche. Offensichtlich kann das Universum nicht jünger sein als seine Sterne. Also hat entweder Sandage recht, oder die Kugelhaufen sind einige Millionen Jahre jünger als angenommen. Das könnte sein, weil schon ein kleiner Fehler bei der Entfernungsmessung von Sternen in Kugelhaufen zu einem großen Unterschied im Alter der Haufen führt. Aber auch das physikalische Modell könnte falsch sein. Vielleicht hatte Einstein recht, als er zusätzlich eine kosmologische Konstante, die nicht gleich Null ist, einführte. Im Augenblick jedenfalls führen unabhängige Messungen zu unterschiedlichen Hubble-Konstanten, und die Astronomen müssen sich noch auf eine Zahl einigen.

Auch wenn die Hubble-Konstante unzweifelhaft bekannt wäre, wüßten wir noch nicht, wie alt die Welt ist. Sie ist nämlich strenggenommen keine Konstante; als am Anfang der Welt alles auseinanderraste, war sie größer als jetzt. Die Schwerkraft hat die Dinge verlangsamt, aber der Grad dieser Verlangsamung läßt sich nicht bestimmen, solange wir nicht wissen, wieviel Masse im Universum enthalten ist. Wenn die Masse bekannt ist, werden die Wissenschaftler nicht nur herausfinden, wie alt das Universum ist, sondern auch, welches Schicksal es haben wird.

In der Zwischenzeit brauchen die Wissenschaftler bessere Entfernungsmessungen. Zu ihnen könnte uns das Neueste verhelfen, das wir mit Hubbles Namen verbinden, das Hubble-Weltraumteleskop.

Das Hubble-Weltraumteleskop

Wir sind nach Definition der genaue Mittelpunkt des beobachtbaren Bereichs. Wir kennen unsere unmittelbare Nachbarschaft ziemlich genau. Wenn die Entfernung zunimmt, nimmt auch unser Wissen ab, und zwar rasch. Schließlich erreichen wir die dunkle Grenze – die äußersten Grenzen unserer Teleskope. Dort messen wir Schatten und suchen unter gespenstischen Meßfehlern nach Marksteinen, die kaum weniger schattenhaft sind.

Edwin P. Hubble

Der Gedanke war einfach – Lyman Spitzer, ein Astrophysiker in Princeton, hatte ihn schon 1947: Wenn man ein Teleskop außerhalb der Atmosphäre installiert, hat man eine viel klarere Sicht. Er war in begrenzter Weise schon in den siebziger und achtziger Jahren mit Beobachtungsstationen wie dem International Ultraviolet Explorer (IUE-Satelliten), dem X-ray Einstein Observatory, der Röntgenstrahlen empfängt, und dem Infrared Astronomy Satellite verwirklicht worden. Im großen wurde das Unternehmen am 24. April 1990 in Angriff genommen, als das Hubble Space Telescope (HST), das drei Jahrzehnte lang für etwa anderthalb Milliarden Dollar entwickelt worden war, an Bord der Raumfähre Discovery vom Kennedy Space Center in den Raum getragen wurde. Das Teleskop, das die Erde in 95 Minuten einmal umläuft, sollte Objekte entdecken, die zu schwach sind, um von der Erde aus gesehen zu werden. Es sollte auch im ultravioletten Bereich beobachten – dieses Licht wird von der Atmosphäre absorbiert und kann deshalb nicht erfolgreich von der Erde aus beobachtet werden – und vor allem zehnmal bessere Bilder, als es mit Teleskopen auf der Erde möglich ist, liefern.

Die Hoffnungen erlitten einen Schlag, als sich herausstellte, daß der Hauptspiegel mit einem Durchmesser von 2,40 Metern – er wurde in einem Artikel kurz nach dem Start als »der vollkommenste astronomische Reflektor überhaupt« bezeichnet – ernsthaft und überflüssigerweise mangelhaft war. Auch die Gyroskope, die Kreisel, waren fehlerhaft, ebenso die Sonnensegel, die etwas zitterten, wenn das Teleskop die Grenze zwischen Nacht und Tag überschritt. Es wurde erklärt, das Problem mit den Sonnensegeln sei schlimmer als das Problem mit dem ringförmigen Spiegel, aber der Spiegel erhielt besonders viel Aufmerksamkeit, weil seine Mängel rechtzeitig hätten bemerkt werden können.

Das Problem beim Spiegel war die sphärische Aberration. Das bedeutet, daß der Spiegel das Licht nicht in einem einzigen Punkt konzentrieren kann, weil er um ein Fünfzigstel der Breite eines Menschenhaares zu flach ist – ein Fehler, der im Verhältnis zur Lichtwellenlänge groß genug ist, um 85 Prozent des Sternenlichts zu einem nebligen Halo verschwimmen zu lassen, während nur fünfzehn Prozent im zentralen Blickpunkt scharf bleiben. Der Fehler betraf zwei der Instrumente des Teleskops, die Kamera für Weitwinkel- und Planetenaufnahmen und die für leuchtschwache Objekte. Das Ärgerlichste daran war, daß die Diskrepanz hätte einfach vermieden werden können, wenn Primär- und Sekundärspiegel und auch ihre Tests sorgfältig genug überprüft worden wären.

Das Teleskop wurde jedoch in diesem mangelhaften Zustand gestartet, daher waren seine Sicht deutlich eingeschränkt und seine Aufnahmen verschwommen. Trotzdem konnten Computertechniker und andere Wissenschaftler noch vor Dezember 1993, als Astronauten mit einer Reihe von wichtigen Reparaturen die Kurzsichtigkeit des Teleskops behoben, durch Rückrechnung einen Teil des Fehlers korrigieren. Das fehlerhafte und oft geschmähte Hubble-Weltraumteleskop hatte schon damit einige eindrucksvolle Durchbrüche erreicht:

- Die Auflösung von Pluto und Charon in zwei Objekte. Die Existenz des Plutomondes war zwar gefolgert worden, aber nun wurde er tatsächlich als ein eigenständiger Himmelskörper gesehen.

- Die Entdeckung von Jets, Stoßwellen und einer seltsamen Struktur, die wie eine Leiter aussieht, in dem Nebel, der den massereichen Stern Eta Carinae umgibt. Er war 1843 der zweithellste Stern am Himmel. (Siehe Abb. S. 35)

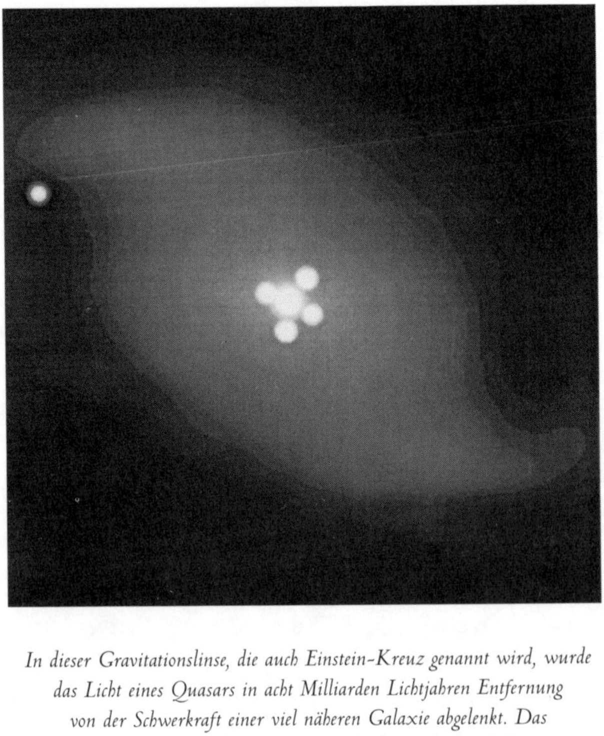

In dieser Gravitationslinse, die auch Einstein-Kreuz genannt wird, wurde das Licht eines Quasars in acht Milliarden Lichtjahren Entfernung von der Schwerkraft einer viel näheren Galaxie abgelenkt. Das vervierfachte Licht des Quasars umgibt das Licht der Galaxie wie Blütenblätter eine Blume. NASA/ESA

- Die Entdeckung eines sich ausdehnenden elliptischen Rings von leuchtenden Trümmern um die Supernova 1987A. (Siehe Abb. S. 282)

- Die Entdeckung eines staubigen X vor dem Kern von M51, der Spiralgalaxie in den Jagdhunden. Man vermutet, daß es die Lage eines Schwarzen Lochs anzeigt, das soviel Masse hat wie eine Million Sonnen. Das Hubble-Weltraumteleskop hat auch in den Zentren zweier anderer Galaxien, M32 und M87 (siehe Abb. S. 290), Hinweise auf Schwarze Löcher entdeckt.

- Die völlig unerwartete Entdeckung junger Kugelhaufen in der pekuliären Galaxie NGC 1275 im Sternbild Perseus; bisher hielt man alle Kugelhaufen für alt.

- Bilder einer fernen Radiogalaxie, die so jung ist, daß die meisten ihrer Sterne nur fünfhundert Millionen Jahre alt sind – also nur ein Zehntel so alt wie die Sonne.

- Die Entdeckung eines der heißesten Sterne, die je gefunden wurden, einem Weißen Zwerg mit einer Temperatur von 200 000 Grad Kelvin im Inneren des Nebels NGC 2440 in der Milchstraße.

- Die Entdeckung von sechs unglaublich großen hellen Knoten von Sternkonstellationen in der pekuliären Galaxie Arp 220, die sich vermutlich durch den Zusammenstoß zweier Spiralgalaxien gebildet haben.

- Eine detaillierte Aufnahme der Gravitationslinsen G2237 + 0305. Einstein vermutete als erster, es müsse Gravitationslinsen geben, und hatte vorhergesagt, daß ein Stern in großer Entfernung wie eine Linse wirken und das Licht eines noch entfernteren Sterns ablenken und bündeln könnte. Unter günstigen Umständen, dachte er, würde das Licht zu einem Kreisring gebeugt werden. Fritz Zwicky hielt das zwar bei Sternen für unwahrscheinlich, nicht aber bei Galaxien. Zwicky hatte recht, aber diese spezielle Gravitationslinse wird trotzdem als Einstein-Kreuz bezeichnet. Die Abbildung (S. 338) zeigt eine Galaxie in vierhundert Millionen Lichtjahren Entfernung, umgeben von vier Bildern eines noch entfernteren Quasars.

- Schließlich hat das Hubble-Weltraumteleskop es Astronomen ermöglicht, einer neuen, besseren Hubble-Konstanten näherzukommen, indem es eine bestimmte Art Supernova als Standardkerze auswies. Diese Supernova, bei der einer von zwei weißen Zwergsternpartnern explodiert, erreicht immer dieselbe maximale Helligkeit. Sie ist außerdem in Entfernungen zu beobachten, die tausendmal größer sind als die, in denen man Cepheiden findet. Sie könnte als Entfernungsanzeiger außerordentlich nützlich sein, wenn man die absolute Helligkeit wenigstens von einer genau bestimmen könnte.

Das ginge am besten, wenn man in derselben Galaxie, in der diese Supernova verzeichnet wurde, zuverlässige Cepheiden finden könnte. Die Nützlichkeit von Cepheiden läßt sich nicht überbieten, weil man ihre absolute Helligkeit kennt, sowie ihre Periode bekannt ist. Durch Vergleich von absoluter und scheinbarer Helligkeit läßt sich ihre Entfernung berechnen. Deshalb wurde das Teleskop auf IC4182 eingestellt, eine schwache Spiralgalaxie in sechzehn Millionen Lichtjahren Entfernung, die 1937 eine solche Supernova zeigte. Man fand tatsächlich Cepheiden, was es ermöglichte, die Entfernung und damit die absolute Leuchtkraft der Explosion zu bestimmen.

Aufgrund dieser Information konnte eine Forschergruppe, zu der Abhijit Saha, Allan Sandage und Gustav Tammann gehörten, bekanntgeben, daß die neue, verbesserte Hubble-Konstante zwischen dreißig und sechzig Kilometer pro Sekunde pro Megaparsec liegt, wobei der Mittelwert, also 45, der wahrscheinlichste ist. Danach ist das Universum etwa fünfzehn Milliarden Jahre alt.

Es braucht nicht gesagt zu werden, daß über diese Zahl keine Einmütigkeit herrscht. Einige Forscher weisen darauf hin, daß die

Zahlen irreführend sein könnten, denn IC 4182 könnte mit Staub gefüllt sein, was seine Cepheiden schwächer und damit entfernter erscheinen ließe, als sie es wirklich sind. Noch ist keine Übereinstimmung erreicht worden, und das Alter des Universums ist noch immer nur ungenau bekannt.

Ein Garten von Galaxien

Stumpf ist derjenige, der sich mit Galaxien beschäftigt und bei ihrem Anblick nicht ein Gefühl von Verrücktheit, Machtlosigkeit oder Schwindel empfindet.
Timothy Ferris

Zwar hat man die Existenz von anderen Galaxien als unserer eigenen schon seit Jahrhunderten vermutet, aber sie wurde erst dann eine unwiderlegbare Tatsache, als Edwin Hubble mit Hilfe des Zweieinhalb-Meter-Spiegels auf dem Mount Wilson eine so detaillierte Aufnahme des Andromedanebels machte, daß er in ihr die pulsierenden Cepheiden aufspüren konnte, mit deren Hilfe Astronomen Größe und Entfernung messen können. Selbst in diesem großen Teleskop waren diese hellen Sterne außerordentlich schwach, was darauf hinweist, daß der Andromedanebel sehr, sehr weit weg ist – nach Hubbles Schätzung 800 000 Lichtjahre entfernt. In dieser Entfernung konnte er weder ein Nebel noch ein Haufen von Sternen sein, die sich in einem leuchtenden, nebelhaften Oval versammelt hatten. Er mußte eine eigene Galaxie sein, ein strahlendes Sternenrad, der Milchstraße ähnlich und gänzlich jenseits von ihr.

Heute scheint diese Entdeckung fast rührend, denn wir wissen inzwischen, daß es Galaxien gibt wie Sand am Meer, so häufig, daß sie manchmal, wie die Asteroiden, das »Geschmeiß des Himmels« genannt werden.

Hubble ordnete Galaxien in vier Kategorien: Ellipsen, Spiralen, Balkenspiralen und Irreguläre – so nannte er jene asymmetrischen, seltsam aussehenden Galaxien, oft Zwerggalaxien, deren ursprüngliche Struktur durch die Schwerkraft eines benachbarten Systems oder einer vorbeiziehenden Galaxie verzerrt worden war.

Elliptische Galaxien bestehen vor allem aus alten Sternen mit sehr wenig Staub und Gas. Sie sind rund oder oval (je nachdem, wie sie relativ zur Erde geneigt sind) und erinnern an glänzende Weihnachtsbaumkugeln.

Spiralgalaxien ähneln rotierenden Windrädern aus Sternen. Von der Seite sieht eine Spiralgalaxie wie eine Platte aus Staub und Sternen aus, in deren Mitte eine Wölbung glüht. Bei Aufsicht zeigt eine Spiralgalaxie Spiralarme, in denen man junge Sterne findet, die um eine hellleuchtende Horde alter Sterne herumwirbeln. Bis zum äußersten Rand der Galaxie umgibt den Kern und die Spiralarme ein Halo aus Kugelhaufen, verstreuten einzelnen Sternen und eine unsichtbare Wolke aus dunkler Materie. Gelegentlich hängen

Spiralgalaxie NGC 4565, die wir von der Seite her sehen.
Yerkes Observatory, University of Chicago

an den Enden kleine Begleitgalaxien. In der Mitte vieler Galaxien vermutet man ein Schwarzes Loch.

Balkenspiralen – zu dieser Gruppe gehört vermutlich auch die Milchstraße – ähneln Spiralen, aber der Kern wird von einem dikken Balken von Sternen durchquert. Beide Spielarten, die mit und die ohne Balken, rotieren mit gewaltiger Geschwindigkeit. Die Sonne, die sich mit etwa 800 000 Kilometern pro Stunde fortbewegt, braucht etwa zweihundert Millionen Jahre, um das Zentrum der Galaxie einmal zu umrunden.

Außerdem gibt es veränderliche Galaxien und hyperaktive Spiralen, sogenannte Seyfert-Galaxien, leuchtende übergroße elliptische Galaxien, die man im Zentrum galaktischer Haufen findet und die dafür bekannt sind, daß sie kleinere Galaxien verschlingen; Ringgalaxien, die anscheinend keinen Kern haben; Polarringgalaxien, in denen ein eingefangener Kreis junger Sterne senkrecht zu einer alten Sternscheibe rotiert, und verscherte Sternenbänder, Überreste von Zusammenstößen von Galaxien.

Ein zerrissener Streifen Materie kreuzt die leuchtende Ellipse der pekuliären Galaxie Centaurus A (NGC 5128). Mount Wilson

Zu den bemerkenswertesten Galaxien gehören:

- Die pekuliäre Galaxie NGC 5128, auch bekannt als Centaurus A, die zwei Lappen hat, aus denen in entgegengesetzte Richtungen Radiowellen herausstrahlen.

- M87, eine starke Röntgen- und Radioquelle, die einen Strahl von heißem Plasma ausstößt, der fünftausend Lichtjahre lang

M87 (NGC 4486), eine riesige elliptische Galaxie im Sternbild Jungfrau. Ihr gewaltiger Jet ist etwa fünftausend Lichtjahre lang.
National Optical Astronomy Observatories

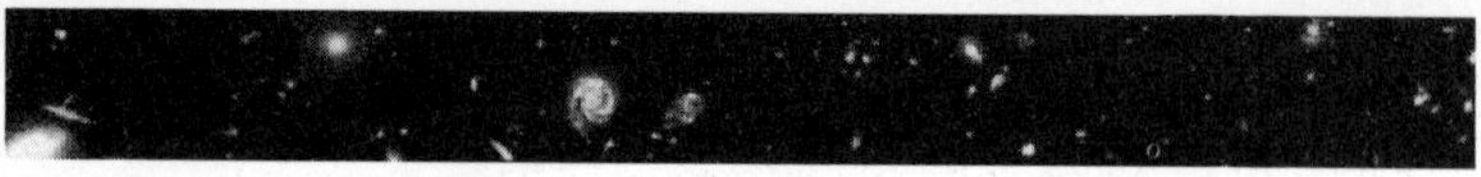

M51, die Spiralgalaxie in den Jagdhunden

Am 13. Oktober 1773 war Charles Messier mitten bei der Zusammenstellung seines Katalogs verschwommener Objekte, die man für Kometen halten könnte, auf einen Fleck, seinen 51., genau unter der Deichsel im Großen Wagen gestoßen. Nachdem er sich vergewissert hatte, daß M51 kein Komet war, verlor er das Interesse daran.

John Herschel (1792–1871), der Sohn von Wilhelm Herschel, schaute genauer hin. Er sah, was er für einen Sternenring »mit großer Ähnlichkeit und starker Analogie im Bau« zur Milchstraße hielt. Aber sein Teleskop war zu schwach, als daß er es genauer hätte identifizieren können.

Auch Lord Rosse (1800–1867), ein irischer Adliger, der sich 1834 aus dem britischen Parlament zurückzog, um sich dem Bau von Teleskopen zu widmen, beobachtete M51. Als er den Nebel mit einem Neunzig-Zentimeter-Spiegel beobachtete, fand er nichts Interessantes. Einige Jahre später hatte er ein besseres Instrument konstruiert, das wegen seiner Größe Leviathan genannt wurde. Dieser komplizierte und gefährliche Apparat hatte einen Spiegel mit einem Durchmesser von hundertachtzig Zentimeter und ein Rohr von siebzehn Meter Länge, groß genug, um durchzukriechen. Es war mit Hilfe von Treppen, Haken und Ketten und einem großen Flaschenzug zwischen zwei mit Efeu bewachsenen und mit Zinnen besetzten Mauern in Birr Castle, dem Familiensitz, befestigt. Seine Bedienung erforderte die Hilfe von vier Assistenten.

Als Lord Rosse M51 mit diesem Spiegelteleskop betrachtete, sah er nicht nur einen Ring von Sternen, sondern eine deutliche Spirale – die erste, die entdeckt wurde. Eine Zeichnung, die er von M51 anfertigte, zeigt die Spiralarme und einen kleinen undeutlichen Fleck.

Die Astronomen hielten M51 zunächst für ein entstehendes Sonnensystem. Aber seit man in den zwanziger Jahren dieses Jahrhunderts erkannt hatte, daß die Andromedagalaxie mit ihrer Spiralstruktur eine eigene Galaxie ist, zählt man auch M51 dazu. Sie ist etwa so groß wie der Andromedanebel – größer als die Milchstraße – und etwa 35 Millionen Lichtjahre entfernt. Aufnahmen des Hubble-Weltraumteleskops zeigten 1992 eine dickes X vor dem Kern, das wohl aus zwei einander durchdringenden Staubringen besteht, die ein Schwarzes Loch

Dieses Diagramm der Milchstraße zeigt die Scheibe der Sterne, den Staubstreifen, den Halo der Kugelhaufen und die Lage der Sonne links von der Mitte. Es wurde zuerst 1935 in einem Vortrag von John Stanley Plaskett gezeigt, der dafür bekannt ist, daß er den massereichsten Doppelstern in der Galaxie entdeckte.
Yerkes Observatory, University of Chicago

umgeben und mit Materie versorgen. Ein Jet von schäumendem heißem Gas und Radiowellen, der aus dem Zentrum hervorschießt, läßt vermuten, daß das Schwarze Loch im Inneren von M51 hellere und energiereichere Prozesse hervorruft als das sehr ruhige Schwarze Loch, das man in unserer eigenen Galaxie vermutet.

Der von Lord Rosse gezeichnete Fleck ist die Begleitgalaxie NGC 5195, deren ursprüngliche Form vermutlich durch M51 verzerrt wurde. Diese Kollision spielte sich vor Millionen von Jahren ab. Jetzt entfernt sich NGC 5195 von M51.

Die Spiralgalaxie (NGC 5194) in den Jagdhunden und ihr Begleiter (NGC 5195).
National Optical Astronomy Observatories

ist, und in deren Mitte sich vermutlich ein Schwarzes Loch mit der Masse von zwei Milliarden Sonnen befindet.

- Die pekuliäre Galaxie Arp 220, die 95 Prozent ihrer Energie im infraroten Teil des Spektrums abgibt und möglicherweise durch den Zusammenstoß zweier riesiger Spiralgalaxien entstand. Arp 220 bringt in einem solchen Tempo neue Sterne hervor, daß in ihrem Kern eines Tages Supernovae wie bei einem Feuerwerk explodieren werden.

- M82, eine Galaxie, die zu explodieren scheint, womöglich als Reaktion auf den Vorbeigang der größeren, kräftigeren Spiralgalaxie M81.

- Unsere eigene Milchstraße, eine Balkenspirale mit einem Durchmesser von näherungsweise hunderttausend Lichtjahren. Ihre große, etwas ovale zentrale Wölbung enthält Milliarden alter Sterne und nach neuen Messungen ein Schwarzes Loch. Astronomen haben vier Spiralarme gefunden, die sich aus dem Kern herauswinden und jeweils nach dem Sternbild heißen, in dem sie am besten sichtbar sind – Perseus, Kentaur, Schütze und Orion. Unser Sonnensystem liegt etwa dreißigtausend Lichtjahre von der Mitte entfernt.

Die Mythologie der Milchstraße

Wenn Stadtbewohner im Urlaub zum Himmel aufschauen, sind sie oft überrascht von der Milchstraße. Aber man kann das Band der Milchstraße auch schon wenige Kilometer außerhalb einer Stadt sehen. Die pudrigen Streifen sind nichts anderes als das helle Rad unserer Galaxie von innen her gesehen. Neben der Wirklichkeit der Milchstraße, die ein sich drehendes Leuchtrad von Sternen ist, in deren unsichtbarem Zentrum ein alles verschlingendes Schwarzes Loch sein könnte, verblaßt die Mythologie. Aber in der Mythologie geht es ja auch nicht um die Spiralarme der

Galaxie oder ihre zentrale Wölbung; in der Mythologie geht es um uns.

Nehmen wir beispielsweise die Geschichte von der Erschaffung der Milchstraße in der griechischen Mythologie. Zeus und seine sterbliche Geliebte, Alkmene, hatten ein Kind, das sie Herkules nannten. Weil das Kind sterblich war, legte Zeus es seiner Gemahlin Hera an die Brust, damit es durch ihre Milch Unsterblichkeit erlange. Hera aber stieß das Kind von sich, und dabei spritzte ihre Milch über den Himmel und bildete einen milchigen Kreis – *galaxias kyklos* (von dem griechischen Wort für Milch, *gala,* und Kreis, *kyklos*). Daher kommt unser Wort »Galaxie«. Die Römer nannten sie *via lactea,* die Milchstraße. Die Ägypter sahen sie als himmlischen Nil, der aus dem Euter der kuhköpfigen Mondgöttin Hathor strömt. Und bei den Chinesen ist die Milchstraße ein Fluß, der zum Land der Pfirsiche führt; es fließt zwar keine Milch, aber in der Geschichte kommt auch eine Kuh vor.

Die Milchstraße und das Sternbild des Schützen.
National Optical Astronomy Observatories

Die Kuh erzählte einem Kuhhirten namens Kien-niou, er würde eine Fee zur Frau bekommen, wenn er in den Besitz ihres Kleides käme. So ging er zu einer Wiese, wo sieben badende Feen ihre Kleider abgelegt hatten, stahl eines und wartete. Als die Feen aus dem Wasser kamen, zogen sechs von ihnen ihre Kleider an und kehrten in den Himmel zurück. Die siebte, eine Weberin namens Tchi-niu, blieb zurück. Kien-niou nahm sie zur Frau, und augenblicklich wurde die Kuh krank. Sie sagte Kien-niou, er solle nach ihrem Tod aus ihrem Fell einen Sack machen, ihn mit Sand füllen, und ihn und auch den goldenen Nasenring immer bei sich tragen. Kien-niou gehorchte.

Drei Jahre vergingen. Das Paar hatte einen Sohn und eine Tochter, aber Tchi-niu wollte immer noch ihr Kleid zurückhaben. Eines Tages, nachdem Kien-niou ihr verraten hatte, wo es war, holte sie es und kehrte in ihre himmlische Heimat zurück. Untröstlich folgten ihr Kien-niou und die Kinder mit Hilfe des Zauberfells nach.

Als Tchi-niu ihn sah, nahm sie eine goldene Haarnadel und zeichnete einen Strich an den Himmel. Er wurde zu einem Fluß, dem einen Arm der Milchstraße. Kien-niou warf den Sand aus dem Sack darüber. Da zog sie einen längeren Strich, das war der andere Arm des himmlischen Flusses. Kien-niou warf den Ring nach ihr, Tchi-niu schleuderte ihr Weberschiff zurück. Schließlich befahl der Herrscher der Götter, sie sollten mit den Streitereien aufhören, und trennte sie.

In einer freundlicheren Fassung dieser Geschichte folgt der Kuhhirte seiner Geliebten in den Himmel, wo sie alle Tage tanzen. Das mißfällt den Himmelsgöttern, deshalb schaffen sie die Milchstraße, um die beiden voneinander fernzuhalten, damit Tchi-niu, die Weberin, ihre Arbeit tun kann.

In beiden Fassungen der Geschichte bilden am siebten Tag des siebten Monats (der nach dem chinesischen Kalender in den August fällt) Elstern, schwarzweiß wie die Milchstraße, eine Brücke, die die Liebenden zusammenführt. Wenn es regnet, müssen sie wieder ein Jahr warten.

Der Kuhhirte ist der Stern Atair im Sternbild des Adlers, die Weberin Wega im Sternbild der Leier; die Kinder sind zwei kleinere Sterne. Die Milchstraße verläuft zwischen Atair und Wega, zwei hellen Sternen im Sommerdreieck.

Unsere Galaxie wurde in vielen Kulturen als Straße gesehen. In Skandinavien war es der Weg nach Walhalla, in Osteuropa ein mit Stroh bedeckter Pfad, das, je nachdem, wer die Geschichte erzählt, von einem armenischen Feuergott, einem persischen Dieb oder einer Gruppe ungarischer Zigeuner gestohlen worden war. In England hieß sie nach einer Römerstraße, die von London nach Dover führte, Watling Street, für die Cherokee war sie ein Maismehlpfad, und die Oglala-Sioux sahen sie als den Weg, auf dem die Geister zum Gericht gingen. Nachdem sie die Lagerfeuer der Toten hinter sich gelassen haben, kommen sie zu einer alten Frau, die ihr Schicksal entscheidet; entweder öffnet sie ihnen das Tor in die andere Welt, oder sie stößt sie über einen Felsvorsprung auf die Erde zurück.

Einige Galaxien im Virgohaufen. Unter den vielen Spiralgalaxien sind auch zwei helle elliptische Galaxien M84 links und M86 in der Mitte.
National Optical Astronomy Observatories

Haufen, Superhaufen und Leeren

Weder die Sterne noch die Galaxien sind gleichmäßig im Weltraum verteilt. Lange bevor ihr wahres Wesen erkannt wurde, und als Galaxien noch für Nebel gehalten wurden, war ihre Verteilung in Haufen und Superhaufen schon bekannt. Wilhelm Herschel sprach 1785 von einer »bemerkenswerten Ansammlung von vielen hundert Nebeln, die in dem zu sehen sind, was ich das nebulöse Stratum von Coma Berenices genannt habe«. Viele dieser Nebel gehören zum Coma-Superhaufen, einer Himmelsgegend, die extrem reich ist an Galaxien; Fritz Zwicky katalogisierte 1957 in diesem Gebiet fast dreißigtausend Galaxien.

Es leuchtet ein, daß Teile des Universums mehr oder weniger leer sein müssen, wenn sich Galaxien in bestimmten Bereichen ansammeln. Trotzdem war es eine Überraschung, als Wissenschaftler 1981 im Sternbild Bootes so etwas wie eine Leere entdeckten. Eine weitere Überraschung war die dreidimensionale Karte einer winzigen Schnitte des Universums, die Margaret Geller und John Huchra, beide an der Harvard University und dem Smithsonian Astrophysical Observatory, gemeinsam mit der Doktorandin Valérie de Lapparent veröffentlichten. Der erste Querschnitt wies erstaun-

Wir lernen alle in der Schule, daß Ptolemäus der Dummkopf war, der meinte, die Erde sei der Mittelpunkt der Welt. Meiner Meinung nach war das ein eher unbedeutender Gedanke des Ptolemäus, wenn man ihn mit seinem Gedanken vergleicht, wie nützlich Karten als maßstabsgerechte Darstellungen natürlicher Systeme sind. Dieser Gedanke liegt einem großen Teil der modernen Naturwissenschaft zugrunde. Heute erstellen wir Karten vom menschlichen Genom. Wir machen eine Karte von der Anordnung der Atome in Molekülen. Wir kartieren die DNAs. Wir erstellen Karten von der Verteilung der irdischen Ressourcen. Wir erfassen die Verteilung der Arten im tropischen Regenwald in Karten. Wir machen Karten vom Universum. Alle diese Dinge sind maßstabsgetreue Darstellungen natürlicher Systeme. Unser erster Schritt zum Verständnis dieser Wissenschaft ist die Herstellung eines Modells.
Margaret Geller

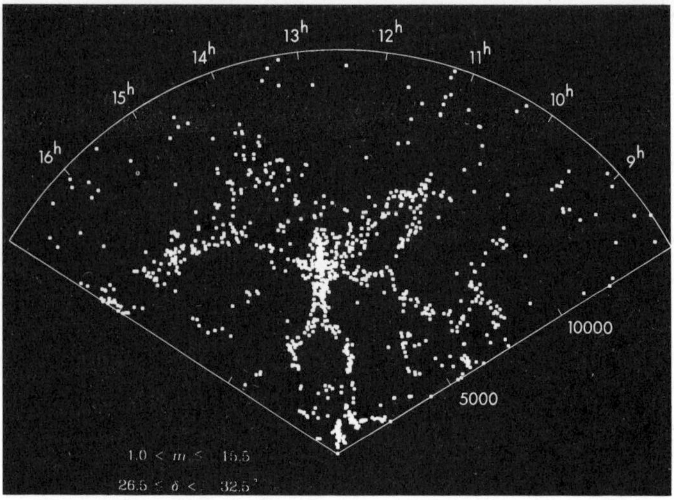

Dieser »Strichmännchenschnitt« des Universums zeigt die Verteilung von 1065 Galaxien und läßt eine schaumige Struktur vermuten, in der dünne Schichten von Galaxien gigantische blasenförmige Leeren umgeben.
Harvard-Smithsonian Center for Astrophysics,
Margaret Geller, John Huchra und Valérie de Lapparen

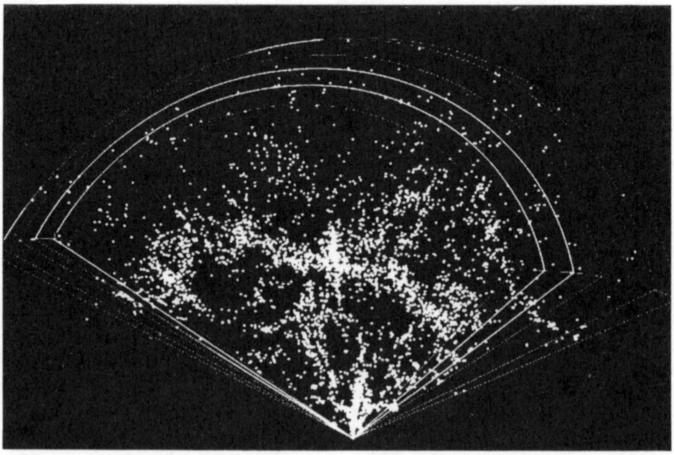

In dieser Karte, die vier benachbarte »Tortenstücke« des Universums kombiniert, zeigt sich das Band von Galaxien, das sich quer über das Zentrum erstreckt und als Große Mauer bezeichnet wird. Harvard-Smithsonian Center for Astrophysics,
Margaret Geller, John Huchra und Valérie de Lapparent

lich viel Struktur auf, denn er zeigte große Leeren, die von dünnen Schichten von Galaxien begrenzt waren, die die Durchmusterung durchzogen und zusammen eine Figur wie ein Strichmännchen bilden. Benachbarte Schnitte bestätigten die Struktur und zeigten eine lange Reihe von Galaxien – die Große Mauer – quer über der Figur. (»Sie wird auch das Harvard-Strichmännchen genannt«, sagt Geller. »Wenn die Auflösung hoch genug wäre, könnte man sehen, daß es unser T-Shirt trägt.«) Die dünnen Bögen von Galaxien und die großen Leeren erinnerten Geller auch noch an etwas anderes: »Wenn man sich einen Querschnitt durch die Seifenblasen im Spülstein in der Küche vorstellt, erkennt man leere Bereiche, die von Schaum, den Blasen umgeben sind. Deshalb haben wir vorgeschlagen, daß die Galaxien auf zweidimensionalen Oberflächen liegen und ein blasenähnliches Muster bilden. Es sind die größten uns bekannten Muster der Natur.«

Offenbar haben die stabilsten und massereichsten Figuren viel Ähnlichkeit mit den flüchtigsten. Wir wissen nicht, warum das so ist. Es gibt mehrere Erklärungsversuche für die Haufenbildung. Nach der sogenannten Bottom-up-Theorie haben sich ge-

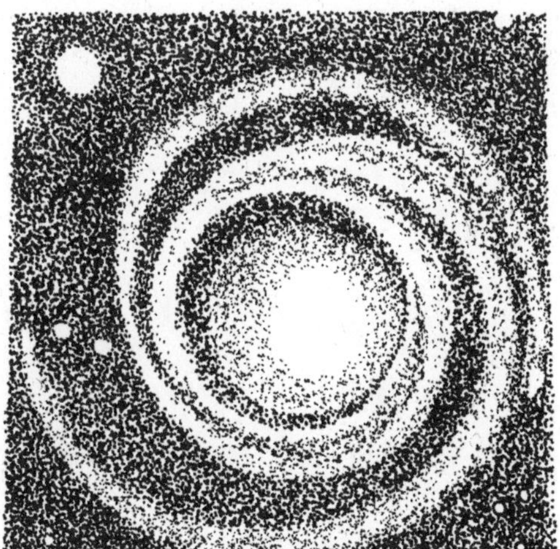

Zeichnung der Galaxie NGC 4622.
Hannah Berman

trennte Wolken aus Staub und Gas allmählich zu Galaxien kondensiert.

Nach der entgegengesetzten Top-down-Theorie begann alles mit einem Pfannkuchen aus Urgas, der so groß war, daß er einen ganzen Galaxienhaufen erklären könnte. Im Lauf der Äonen brachen Teile davon ab, bildeten getrennte Galaxien, in denen noch kleinere Kondensationen der Materie zur Geburt einzelner Sterne führten. Unbestätigte Hinweise, die diese Theorie unterstützten, tauchten 1991 auf, als Radioastronomen eine flache Wasserstoffwolke entdeckten, die einen Durchmesser von Millionen Lichtjahren hat, so massereich ist wie dreihundert Billionen Sonnen und so nahe am Rand des beobachtbaren Universums liegt, daß ihr Licht schon seit dreizehn Milliarden Jahren zu uns unterwegs ist (angenommen, das Universum sei etwa fünfzehn Milliarden Jahre alt).

Vielleicht wird die Schaumstruktur des Universums auch auf unbekannte Weise durch die geheimnisvolle dunkle Materie bestimmt, die, was immer sie auch sein mag, einfach durch das Schwerkraftgesetz das sichtbare Universum dazu bringen kann, ihren Befehlen zu gehorchen.

Unsere lokale Galaxiengruppe

Man stelle sich die Milchstraße in der Mitte einer Raumkugel mit tausend Kiloparsec Radius, 3 260 000 Lichtjahren in jeder Richtung vor. In dieser Kugel stellen über zwei Dutzend Galaxien die Lokale Gruppe dar, unseren spärlichen Galaxienhaufen. (Der Comahaufen hat dagegen 1300 große Galaxien.) Zur Lokalen Gruppe gehören:

- M31, der Andromedanebel. Mit einem Durchmesser von 130 000 Lichtjahren ist er die größte Galaxie der Lokalen Gruppe und hat mehrere Begleitgalaxien, darunter die elliptische M32.
- Die Milchstraße, die zweitgrößte Galaxie der Lokalen Gruppe. Zu ihren Begleitern gehören die Große und die Kleine Magellansche Wolke, zwei unregelmäßige Galaxien, die am Südhimmel sichtbar sind und durch eine Wasserstoffbrücke mit der Milchstraße verbunden sind, die der Magellansche Strom genannt wird.
- M33, die drittgrößte Spirale der Lokalen Gruppe, nach ihrem Sternbild auch Dreiecksnebel genannt.
- NGC 6822, eine kleine irreguläre Galaxie im Sternbild Schütze, deren Durchmesser kleiner als ein Zehntel des Durchmessers der Milchstraße ist. Sie wurde 1884 von Barnard entdeckt. In ihr bilden sich ständig neue Sterne.
- Irreguläre Galaxien in Pegasus, Walfisch und Aquarius und winzige elliptische Zwerggalaxien in den Sternbildern Drachen, Kleiner Bär, Carina, Löwe und Bildhauer; dieses Sternbild umfaßt eine Ansammlung von Sternen, die so klein und unscheinbar ist, daß sie keinen Kern, keine Spiralarme und keine interstellaren Gaswolken hat. Die elliptische Galaxie Maffei I und sein spiraliger Begleiter Maffei II, die 1968 von dem italienischen Astronomen Paolo Maffei entdeckt wurden und damals für die entferntesten Mitglieder der Lokalen Gruppe gehalten wurden, sind nach heutigen Messungen zu weit entfernt, um dazuzugehören. Aber die Zählung ist noch nicht abgeschlossen, und die Wahrscheinlichkeit ist groß, daß einsame und abgeschiedene Zwerggalaxien am Rand der Lokalen Gruppe unsere noch unentdeckten Nachbarn sind.

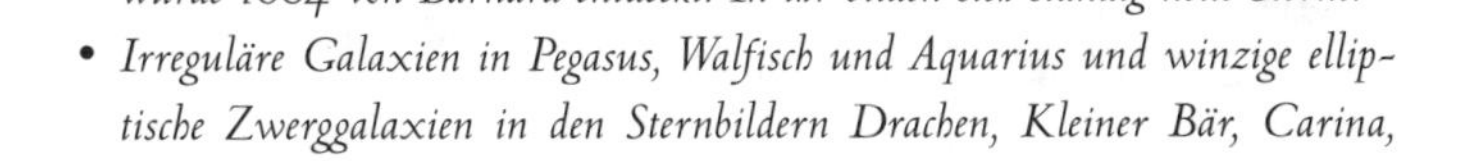

Die Doppelgalerie NGC 4650A im Sternbild Kentaur. Im Zentrum eine linsenförmige strukturlose Galaxie aus alten rötlichen Sternen und nahezu senkrecht dazu ein Ring aus Staub und jungen blauen Sternen und Gasnebeln, vermutlich entstanden durch Zusammenstoß. Die Analyse zweier Systeme von Rotationsgeschwindigkeiten erlaubt die Messung der räumlichen Verteilung und der dunklen Materie. Eines der ersten Photos des Very Large Telescope. ESO

Der Urknall

Am Anfang wurde das Universum erschaffen. Das machte viele Leute sehr wütend und wurde allenthalben als Schritt in die falsche Richtung angesehen.

Douglas Adams,
Das Restaurant am Ende des Universums

Der Urknall sagt im Grunde, daß das Universum früher einmal sehr heiß und sehr dicht war, jetzt aber nicht mehr so ist.

Margaret Geller

Die allgemeine Relativitätstheorie sagt zwar ein sich veränderndes Universum vorher, aber Einstein war fest davon überzeugt, daß ein homogenes und isotropes Weltall statisch sein muß. Er machte 1917 das, was er später »die größte Eselei meines Lebens« nannte, als er in seine Gleichungen eine sogenannte kosmologische Konstante einführte, die die Wirkung der Schwerkraft aufheben und die Ausdehnung des Universums vermeiden sollte.

Es war zu spät. Die Vorstellung eines dynamischen Universums lag in der Luft. Der holländische Astronom Willem de Sitter fand eine Lösung der Einsteinschen Feldgleichungen, bei der das masselose Universum, das also nur aus Raum bestand, expandierte, und der russische Meteorologe Alexander A. Friedmann (1888–1925) fand später mehrere Lösungen der Einsteinschen Gleichungen, die alle ein sich ausdehnendes Weltall bedingten. Friedmann beschrieb drei mögliche Entwicklungen, zu denen immer eine Phase der Expansion gehört. In einem offenen Universum geht die kosmische Expansion in alle Ewigkeit weiter, in einem geschlossenen folgt der Expansion die Umkehr, eine Kontraktion, bis zu einem schrecklichen letzten Augenblick, dem »großen Zusammenbruch«, und in einem flachen Universum verlangsamt sich die Expansion allmählich, ohne ganz aufzuhören, so daß das Universum im wesentlichen ein Plateau erreicht.

Als Friedmann seine Ergebnisse aufgeschrieben hatte, sandte er seine Arbeit an Einstein. Mehrere Monate später teilte dieser ihm kurz mit, daß er eine Veröffentlichung befürworte. Auf die Veröffentlichung in der *Zeitschrift für Physik* reagierte Einstein jedoch, indem er Friedmann einen Fehler nachwies. Tatsächlich aber machte er selbst einen Fehler, wie Friedmann ihm in einem Brief schrieb, auf den Einstein erst nach langer Zeit reagierte. Drei Jahre später zog sich Friedmann bei einem nächtlichen Ballonflug eine Lungenentzündung zu, an der er bald darauf im Alter von 37 Jahren starb.

Dann folgte Georges Lemaître (1894–1966), Priester und Wissenschaftler. Zunächst war er Ingenieur geworden und hatte im Ersten Weltkrieg als Artillerieoffizier in der belgischen Armee gedient. Nach Meinung des englischen Astronomen Sir William Hunter McCrea war er »ein Mann voller Tatendrang, extrovertiert, der gern und oft lachte. In gewisser Weise aber, denke ich, war dieses Auftreten ein Schutz für seine empfindliche Persönlichkeit. Er war ein mutiger Mensch.« Nach dem Ersten Weltkrieg studierte Lemaître Mathematik und Physik an der Universität im belgischen

Abbé Georges Lemaître (Mitte) mit Albert Einstein und dem Physiker Robert A. Millikan, Präsident des Caltech, der technischen Hochschule Kaliforniens.

Caltech

Löwen und trat nach der Promotion einem Priesterseminar bei. Nachdem er 1923 als Jesuit zum Priester geweiht worden war, kehrte er zur Naturwissenschaft zurück. Er arbeitete am Harvard Observatory und kam durch eine Vorlesung von Edwin Hubble zu der Erkenntnis, daß sich das Weltall ausdehne. Dann aber mußte in der Vergangenheit alles viel enger beisammengewesen sein. Wenn man einen Film von der Expansion des Universums rückwärts laufen ließe, meinte er, kämen die Galaxien einander immer näher, bis sie schließlich an einem einzigen Ort wären. Schließlich wäre die gesamte Materie des Universums in diesem einen Punkt versammelt. Lemaître stellte sich diesen Fleck, dem er etwa die Größe der Erdbahn zuschrieb, als Uratom oder als kosmisches Ei vor, aber im Verlauf der Entwicklung seiner Theorie schrumpfte der Fleck praktisch auf Null zusammen. Als er explodierte – er nannte dieses Ereignis »den großen Knall« – zerfiel er, ähnlich wie ein Atom beim radioaktiven Zerfall, in Galaxien und kosmische Strahlung. »Am Anfang gab es Feuerwerke von unvorstellbarer Schönheit«, meinte er. »Dann kam die Explosion, und danach füllte sich der Himmel mit Rauch. Wir sind zu spät gekommen und können uns den Glanz des Geburtstags der Schöpfung nur noch ausmalen.«

Lemaître, dessen Vater versehentlich seine Glasbläserei in die Luft fliegen ließ, wußte, wie überraschend diese Vorstellung war. In seinem Buch *L'atom primitif* schrieb er: »Ich werde bestimmt nicht behaupten, daß diese Hypothese des Uratoms schon bewiesen sei, aber ich wäre sehr glücklich, wenn sie dem Leser nicht absurd oder unwahrscheinlich erscheint.«

Obwohl viele Einzelheiten der von ihm aufgestellten Theorie unzutreffend sind – beispielsweise trägt der radioaktive Zerfall nicht zur Expansion bei –, erklärt dieses Szenario die Ausdehnung des Universums besser als andere. Nachdem Hubble bewiesen hatte, daß die Ausdehnung des Universums keine Theorie war, sondern eine Tatsache, erhielten Lemaîtres Gedanken die ihnen gebührende Aufmerksamkeit, als Sir Arthur Eddington die Arbeit Lemaîtres 1930 in den *Monthly Notices of the Royal Astronomical Society* nachdrucken ließ. Im Jahr darauf zog Einstein die kosmologi-

Jeder Kubikzentimeter Raum ist ein Wunder.
Walt Whitman

sche Konstante als »theoretisch unbefriedigend« zurück. (Es hätte ihm sicher gefallen, daß heutige Physiker sich gewisser Unvereinbarkeiten von Theorie und Beobachtung bewußt sind, die sich anscheinend durch die Einführung der kosmologischen Konstante beheben lassen.) Lemaître erhielt den Preis, den selbst Nobel nicht verleihen kann: Er wurde als Vater des Urknalls bekannt.

Der Ablauf des Urknalls, wie er heute verstanden wird, beginnt mit einem Punkt unendlicher Dichte, unendlich hoher Temperatur und einer einzigen Kraft. Etwas zwingt ihn, sich auszudehnen. Diese Expansion ist ein Kataklysmus, der überall passiert. 10^{-43} Sekunden später, einer Zeit, die als Planck-Zeit bekannt ist, »gefriert« die Schwerkraft »aus« von der ursprünglichen »Urkraft« und etabliert damit ihre unabhängige Gegenwart. In wunderbarer Vielfalt purzeln Teilchen und Antiteilchen ins Sein. Innerhalb des nächsten unvorstellbar winzigen Bruchteils einer Sekunde manifestiert sich die starke Kernkraft, die Teilchen zusammenhält, und das Universum bläst sich auf, verdoppelt sich immer wieder, bis es von der Größe eines Teilchens zu der einer Melone angeschwollen ist. Die schwache Kernkraft, die den radioaktiven Zerfall bewirkt, und die elektromagnetische Kraft bilden, das heißt trennen sich. Quarks finden sich zu Protonen und Neutronen zusammen. Materie und Antimaterie begegnen sich in selbstmörderischer Unruhe und tauchen das Universum in Strahlung. Nun ist es eine Sekunde alt.

Innerhalb von drei Minuten bilden sich die ersten Atomkerne. 500 000 Jahre später gelangen die Elektronen in ihre Umlaufbahnen um die Kerne und bilden Atome. Einige hundert Millionen Jahre nach der Explosion kollabieren Atomwolken und bilden Galaxien. Die Sterne leuchten auf.

Währenddessen dehnt sich der Raum immer weiter aus. Nicht etwa entfernen sich die Galaxien voneinander, sondern der Raum selbst dehnt sich aus, und die Galaxien bewegen sich mit ihm mit.

Vor dem Urknall

Das Universum kam mit einem Urknall ins Sein, vor dem es, wie uns Einsteins Theorie lehrt, kein Vorher gab.

John Wheeler

Es gibt keine Möglichkeit, aufgrund der Kenntnis der Ereignisse nach dem Urknall, zu bestimmen, was vor dem Urknall war. Das bedeutet, daß die Existenz oder Nichtexistenz von Ereignissen vor dem Urknall rein metaphysisch ist.

Stephen Hawking

Natürlich waren wir alle dort – sagte der uralte Qfwfq –, wo denn sonst? Daß es einen Raum geben könnte, wußte ja damals noch niemand. Und eine Zeit, dito – was hätten wir auch mit ihr anfangen sollen, zusammengedrängt wie Ölsardinen?
Ich sagte »zusammengedrängt wie Ölsardinen« bloß so, als literarisches Bild: in Wirklichkeit gab es nicht mal genug Raum, um sich darin zusammenzudrängen. Jeder Punkt von jedem von uns fiel mit jedem Punkt jedes anderen von uns in einem einzigen Punkt zusammen, der ebender war, in dem wir uns alle befanden. Wobei wir uns eigentlich gar nicht mal störten, höchstens in Hinblick auf den Charakter, denn wenn kein Platz ist und man immer so einen Unsympath wie den Herrn Pber^t Pber^d zwischen den Füßen hat, ist das schon wirklich sehr störend.

Italo Calvino, *Cosmicomics*

Vielleicht ist das Universum nur eines von diesen Dingen, die von Zeit zu Zeit passieren.

Edward Tryon

Obwohl die Urknalltheorie heute weitgehend akzeptiert ist, führten einige Wissenschaftler eine heftige Kampagne gegen sie, unter ihnen der englische Astronom Fred Hoyle, der mit aller Macht die von ihm gemeinsam mit Hermann Bondi und Thomas Gold entwickelte Steady-State-Theorie vertrat. »Es war Golds Idee, daß es einen Vorgang geben könne, der fortwährend Materie erschafft, so daß der Zustand insgesamt unverändert bleibt«, erinnerte sich Bondi 1988. »Fred und ich sagten: ›Ach, das widerlegen wir vor dem Abendessen.‹ Wir aßen an diesem Abend erst ziemlich spät, und bald sahen wir alle, daß dieses eine durchaus mögliche Lösung des Problems war.« Die Theorie forderte ein Universum ohne Anfang und ohne Ende. Trotz der Ausdehnung des Universums – eine unumstrittene Tatsache, die Hubble 1929 bewiesen hatte – bleibt seine Dichte konstant, weil fortwährend neue Materie erschaffen wird. Hoyle behauptete, ein solches Ereignis sei nicht annähernd so unwahrscheinlich, wie es klingt. »Es stellt sich heraus, daß die erforderliche Rate sehr gering ist und etwa auf ein Atom pro Jahrhundert pro einem Volumen hinausläuft, das dem des größten von Menschen errichteten Gebäudes entspräche«, schrieb er. »Es ist also überhaupt nicht schwer zu verstehen, warum der Vorgang, wenn er wirklich so abläuft, nicht im irdischen Labor entdeckt wurde.« Ironischerweise war es Hoyle, der in einer Radiosendung in den vierziger Jahren abfällig von einer Urexplosion sprach und damit dieser Theorie ihren englischen Namen gab: »Big Bang«.

Es ist schwer zu glauben, daß das ganze Universum mit allem, was darin ist, durch die Explosion eines winzigen dimensionslosen Punktes entstanden sein soll. Aber es ist das anerkannteste Modell der Schöpfung. Und es gibt Beweise. Viele lieferte einer der ersten Befürworter der Theorie, George Gamow (1904–1968). Der unzähmbare Sohn eines russischen Lehrers (einer der Schüler seines Vaters war Leo Trotzkij) kam 1934 in die USA und machte sich als Physiker und als Verfasser und Illustrator vieler populärwissenschaftlicher Bücher einen Namen. Wir verdanken ihm zwei Beweisstücke für die Urknalltheorie.

Das erste hat mit der Häufigkeit der Elemente im Universum

zu tun. Gamow und sein Mitarbeiter Ralph Alpher zeigten, daß Kernreaktionen im ursprünglichen Feuerball Wasserstoff, Deuterium (oder schweren Wasserstoff) und Helium – die zusammen 99 Prozent von allem ausmachen – in Anteilen erzeugt haben, die jenen ähnlich sind, die wirklich beobachtet werden. Die Arbeit, in der diese chemischen Häufigkeiten beschrieben werden, versprach, ein Meilenstein zu werden, und Gamow, als Spaßvogel bekannt, wollte die Öffentlichkeit auf besondere Weise darauf aufmerksam machen. Weil nun Alphers und sein eigener Name große Ähnlichkeit mit den griechischen Buchstaben Alpha und Gamma haben, nahm er Hans Bethe in die Liste der Verfasser auf, so daß die Arbeit am 1. April 1948 (Gamow fand Gefallen an dem Datum) im *Physical Review* die drei Verfassernamen angab: Alpher, Bethe und Gamow.

Gamow meinte auch, daß die schweren Elemente – nicht nur Wasserstoff und Helium – beim Urknall aus dem Stoff entstanden sein müßten, den er (mit Aristoteles) »Ylem« nannte. Hierbei irrte er – schwere Elemente werden in Supernovae erzeugt, wie Hoyle später zeigte –, aber in bezug auf eine andere Sache hatte er recht. Wie seine Kollegen Ralph Alpher und Robert Herman glaubte Gamow, daß die Explosion das Universum mit Hitze durchflutete, die sich im Lauf der Äonen abkühlen müsse. In dem Rest dieser Wärme, einer kalten Mikrowellenhintergrundstrahlung, solle noch heute das Universum baden.

Wie die ursprünglichen Friedmann-Modelle wurde auch diese Vorhersage wenig beachtet, bis der Physiker Robert Dicke aus Princeton und sein Doktorand Jim Peebles Mitte der sechziger Jahre zu ähnlichen Überlegungen kamen. Damals, 1965, arbeiteten Arno Penzias und Robert W. Wilson, zwei Naturwissenschaftler, für Bell Laboratories in New Jersey mit einer Radioantenne von sechs Metern Durchmesser, die die Aufgabe hatte, Telefonanrufe an Kommunikationssatelliten weiterzuleiten. Zu ihrem Ärger konnten sie ein anhaltendes niederfrequentes Rauschen einfach nicht zum Verschwinden bringen. Wohin sie auch ihre bewegliche Antenne drehten, es war immer da. Weil sie dachten, es sei etwas nicht in Ordnung mit der Antenne, schlossen sie eine verdächtigte

Ursache nach der anderen aus. Es lag nicht an der Temperatur, es lag nicht am Staub, es waren nicht die beiden Tauben, die in der Radioschüssel nisteten. Es war auch nicht das von den Tauben beigesteuerte »weiße Dielektrikum«. Ratlos bat Penzias Dicke um Hilfe.

Schließlich wurde das Rauschen identifiziert: Es war genau die Strahlung, die Gamow und seine Kollegen vorhergesagt hatten – das verlöschende Licht des Feuerballs am Anfang der Zeit. Seine Temperatur war überall drei Kelvin, also minus 270 Grad Celsius, sehr nahe am vorhergesagten Wert. Seine Allgegenwart, deren Entdeckung Penzias und Wilson den Nobelpreis einbrachte, bleibt der stärkste Beweis für den Urknall (obwohl Wilson selbst aus philosophischen Gründen zur Steady-State-Theorie neigte). Die Nachricht von der Entdeckung erreichte Georges Lemaître auf dem Totenbett.

Ein Vierteljahrhundert später, im November 1989, begann COBE, der Satellit, der diesen kosmischen Hintergrund erforschen sollte, den Himmel zu durchmustern und die schwache Mikrowellenstrahlung zu messen – den Hintergrund des Universums, den allgegenwärtigen Rest der Schöpfung. Die Ergebnisse schienen zunächst zu bestätigen, daß die Strahlung unabhängig davon, wohin man schaut, gleichförmig ist; keine Klumpen, keine Beulen, keine Quantenfluktuationen. Diese Entdeckung paßte gut zur Idee des Urknalls.

Aber sie führte auch dazu, daß der Urknall in Frage gestellt wurde. Denn obwohl das Universum in seinen ersten kurzen Augenblicken völlig glatt und ebenmäßig gewesen sein mag, ist es das jetzt nicht mehr. An manchen Orten gibt es Galaxien, an anderen nicht. Materie sammelt sich in Strömen und Blasen, das Universum ist ein klumpiger Eintopf. Gegner der Urknalltheorie behaupteten, eine Theorie der Schöpfung, die nicht die Existenz von Galaxien und Sternen erklären kann, könne nicht viel taugen. Dieser Einwand klang nicht unvernünftig.

Im April 1992 jedoch verkündete George Smoot von der University of California in Berkeley die Entdeckung sehr geringer Temperaturschwankungen in der Mikrowellenstrahlung. Sie war nicht gleichförmig, obwohl die Unterschiede winzig waren: sechs Teile pro Million. Aber im Lauf der Zeit würde dieses winzige Gekräusel stärker werden, und die Unterschiede größer. Nach Smoot wurden diese Wellenrippen, die bis zu zehn Milliarden Lichtjahre lang waren, schließlich zum Schaum des Universums, zu den Blasen, die heute aus Galaxien, Galaxiehaufen, Haufen von Galaxiehaufen und leerem Raum bestehen.

Diese Entdeckung führte zu einer Flut von Schlagzeilen und Interviews. Journalisten sprachen vom »heiligen Gral«. Und etwa bestehende Zweifel am Urknall wurden noch geringer, denn nun war klar, daß die Samen der Struktur in die frühe Glätte eingebettet waren. In diesem Augenblick also haben wir guten Grund zu glauben, daß früher einmal alle Materie, aller Raum, einfach alles, in einem einzigen, dem Verstand nicht zugänglichen Punkt reiner Energie zusammengepreßt war.

Antimaterie

Es gibt zwei Hotels in Djang: Das Hotel Windsor und, auf der anderen Straßenseite, das Hotel Anti-Windsor.

Bruce Chatwin

Der Physiker Paul A. M. Dirac, bekannt als Mann weniger Worte, schaute einmal einer strickenden Frau zu. Danach ertappte er sich beim Nachdenken über die rhythmische Bewegung der Stricknadeln, und ihm kam der Gedanke, daß sich bei anderer Bewegung zu jeder Masche ihr Gegenstück erzeugen ließe. Als er das der Strickerin sagte, erfuhr er, daß er damit die Maschen beschrieben hatte, ohne die es keine Ärmelbündchen und keine Muster gäbe.

Diese Entdeckung, auf die Dirac stolz war, paßt besonders gut zu ihm, weil die Beziehung zwischen »rechten« Maschen und »linken« Maschen beim Stricken, also an sich gleichen, aber umgekehrten Maschen, Ähnlichkeit hat mit der zwischen Materie und Antimaterie. Deren Existenz hatte Dirac 1928 auf der Grundlage einer Gleichung behauptet, deren Lösung entweder positiv oder negativ sein konnte. Die eine Lösung beschrieb ein Elektron, ein sehr kleines subatomares Teilchen mit negativer Ladung, die andere ein geheimnisvolles spiegelbildliches Teilchen, ein Antielektron, mit derselben winzigen Masse, aber entgegengesetzter Ladung. Es mußte einfach existieren. Das positiv geladene Proton konnte unmöglich das Antielektron sein, denn dessen Masse ist 1836mal so groß wie die des Elektrons. Diracs unbekanntes Teilchen mußte zwar dieselbe Masse haben wie das Elektron, sich aber anders verhalten. (Der Physiker George Gamow nannte diese seltsamen Teilchen aus Antimaterie »Eselelektronen«.)

Diracs Behauptung wurde 1932 von Carl Anderson bestätigt. Mit Hilfe einer Nebelkammer und einer Bleiplatte spürte Anderson Teilchen in dem Moment auf, da sie auf die Platte stießen und von ihrem geraden Weg abgelenkt wurden. Die Elektronen folgten immer derselben Bahn. Während Anderson eine Aufnahme dieser Teilchenbahnen untersuchte, bemerkte er einige Linien, die in die entgegengesetzte Richtung bogen. Das waren die Bahnen der positiven Elektronen. Anderson nannte diese Antielektronen Positronen.

Die Entdeckung – sie machte Dirac und Anderson zu Nobelpreisträgern – war die erste von vielen auf diesem Gebiet. Diracs Annahme, es müsse zu jedem Teilchen ein Antiteilchen geben, wurde experimentell bestätigt, als 1955 das Antiproton und 1956 das Antineutron entdeckt wurden. Die Existenz von Antimyonen, Antitauonen, Antineutrinos und Antiquarks ist bekannt, und man nimmt an, daß alle Materie theoretisch eine Antithese hat.

Man hat jedoch überraschend wenig Antimaterie entdeckt. Niemand hat ein einziges Antielement oder gar eine Antigalaxie entdeckt, und auch keinerlei Anzeichen für die starken Explosionen, die dann eintreten sollten, wenn Materie und Antimaterie aufeinanderprallen. Alles scheint aus Materie zu bestehen – eine seltsame Situation, wenn doch Teilchen und Antiteilchen in gleichem Maße entstehen.

Nicht nur werden gleich viele Teilchen und Antiteilchen geschaffen, sondern sie werden auch entsprechend vernichtet. Bei jeder Begegnung vernichten sie einander in einem Ausbruch von Energie und Gammastrahlen, was immer wieder neu die Frage aufwirft, die Leibniz, Newtons großer Rivale, 1714 stellte: »Warum gibt es etwas und nicht nichts?«

Eine Antwort ist, daß Materie und Antimaterie nicht in gleichen Anteilen erschaffen wurden. Auf je 100 000 000 000 Antiprotonen kamen 100 000 000 001 Protonen. Selbst die wechselseitige Vernichtung konnte daher den Triumph der Materie nicht verhindern.

Andererseits wurden, vielleicht beim Urknall, Teilchen und Antiteilchen auseinandergerissen, was ihren gemeinsamen Selbstmord verhinderte und jedes zwang, für sich allein zu überleben. Vielleicht gibt es auch Antiplaneten, Antisterne und Antigalaxien, die ihr umgekehrtes Leben leben. (Richard Feynman sagte, Antiteilchen seien gewöhnliche Teilchen, die in der Zeit zurücklaufen.) Man kann sie nicht an ihrem Aussehen unterscheiden, weil sichtbares Licht gleichermaßen von Teilchen und Antiteilchen ausgestrahlt wird, aber eine Antigalaxie, die mit einer regulären Galaxie zusammenstößt, würde in einem außerordentlichen Gammastrahlausbruch explodieren.

Wir haben keinerlei Hinweise auf eine solche Explosion. Antimaterie kann im Labor geschaffen werden, aber wenn sie mit Materie in Berührung kommt, detonieren beide Teilchen und löschen einander aus.

Aber es gibt Antimaterie. Irgendwo nahe der Mitte unserer Galaxie sendet ein unbekanntes Objekt, möglicherweise ein Neutronenstern oder ein Schwarzes Loch, Positronen aus. Ein Ballonversuch entdeckte 1979 hoch über Texas Antiprotonen. Sie könnten im Urknall entstanden sein oder durch den Zusammenstoß von Teilchen im Raum. Die NASA beabsichtigt, einen Antimateriekollektor in den Raum zu schicken, um herauszufinden, wieviel Antimaterie sich dort findet. Wahrscheinlich wird nicht sehr viel gefunden werden, denn alles spricht dafür, daß in diesem Universum die Materie im Übergewicht ist. Was aber, wenn es, sagen wir, Antigalaxien gäbe? Oder wenn eines Tages in einem Tank mit Reinigungsflüssigkeit hier auf der Erde einige Antineutrinos entdeckt würden? Das könnte bedeuten, daß irgendwo ein Antistern explodiert ist, der Ströme von Antineutrinos freisetzt und so beweist, wie recht Thomas Hardy hatte, als er sagte: »Manches mag zu seltsam sein, als daß man es glauben könnte, aber nichts ist zu seltsam, als daß es nicht passiert sein könnte.«

Dunkle Materie

Der Gedanke, das Universum könnte mit unsichtbarer Materie gefüllt sein, ist nicht neu. Ende des achtzehnten Jahrhunderts schon dachten John Michell und Pierre Simon de Laplace darüber nach, ob es so massereiche Objekte geben könnte, daß ihnen kein Licht entkommt. Ihre Überlegungen, die fast zwei Jahrhunderte älter sind als die Bezeichnung »Schwarzes Loch«, geschahen in einer Zeit, die die Astronomin Virginia Trimble die »Neusteinzeit« der Geschichte der dunklen Materie nannte.

Fritz Zwicky, bekannt für seine Arbeit mit Supernovae und Galaxien, gehört zu Trimbles »klassischer« Periode. Zwicky hatte 1933 nach der Untersuchung von Galaxiehaufen in Coma Berenices berechnet, wieviel Schwerkraft nötig wäre, um die Galaxien davon abzuhalten, in alle Himmelsrichtungen auseinanderzulaufen, und wieviel Masse nötig wäre, um diese Schwerkraft zu erzeugen. Die Masse stellte sich als ein Vielfaches der sichtbaren Masse heraus. Es mußte dort draußen mehr geben, als wir sehen – Zwicky sprach von »fehlender Masse«, heute sagt man »dunkle Materie« –, und zwar in enormen Mengen. Zwicky berechnete, daß ein Minimum von neunzig Prozent des Universums aus dieser unbekannten, unsichtbaren Substanz besteht. Man könnte sagen, Fritz Zwicky habe die Existenz von fast allem hergeleitet.

Wäre Zwicky ein anderer Mensch gewesen oder die dreißiger Jahre ein anderes Jahrzehnt, wäre diese Leistung wohl viel früher gewürdigt worden. Obwohl Dutzende von Wissenschaftlern auf diesem Gebiet arbeiteten, war die Frage der dunklen Materie nicht besonders aktuell, bis die Astronomin Vera Rubin 1977 von überraschenden Beobachtungen berichtete, die vermuten ließen, daß selbst innerhalb der Grenzen der Galaxien viel mehr Masse liegt, als man sehen kann. Rubin hatte ihre Ergebnisse bei der Messung der Rotationsgeschwindigkeit von Gas in der Nähe von Galaxien erhalten. Man hatte gemeint, bei Galaxien würden die äußeren Bereiche, wie beim Sonnensystem, langsamer rotieren als jene näher am Zentrum. Rubin aber entdeckte, daß die Rotationsgeschwindigkeit in Spiralgalaxien zum Rand hin nicht abnimmt. In der Milchstraße beispielsweise fliegen Sterne unabhängig von ihrer Lage mit einer Geschwindigkeit von etwa 240 Kilometern pro Sekunde durch den Raum. Sterne in der Nähe der Mitte der Galaxie und Sterne in den Ausläufern der Spiralarme scheinen mit derselben Geschwindigkeit zu rotieren.

Offenbar sind Galaxien von Schalen dunkler Materie wie von gespenstischen Halos umgeben. Die Galaxie, die wir sehen, ist wie

Denn die chaotischen Leeren außerhalb der Sterne werden durch Sterne gemessen.
William Blake

das Dotter im Ei oder das Auge im Gesicht Teil von etwas Größerem. Das Gas und die Sterne in den äußeren Armen rotieren mit derselben Geschwindigkeit wie jene in der Mitte, weil sie in gewisser Weise alle in der Mitte sind. Rubin berechnete, daß Spiralgalaxien das Fünf- bis Zehnfache ihrer sichtbaren Materie enthalten. Fast alles, so stellte sich heraus, ist unsichtbar und nicht aufzuspüren.

Was also ist dunkle Materie? Sie kann kein Wasserstoffgas sein, denn das würde sich durch die Emission von Strahlung verraten, und auch kein Staub, denn der ist sichtbar. Sie kann auch nicht aus Schwarzen Zwergen bestehen, der Asche, die übrigbleibt, wenn ein weißer Zwergstern aufhört zu leuchten, denn das Universum ist noch zu jung, als daß es sie schon geben könnte. Weitere Kandidaten sind unerkannte Zwerggalaxien (davon müßte es Milliarden geben) und MACHOs (*massive compact halo objects*), zu denen Schwarze Löcher, große Planeten und sogenannte braune Zwerge zählen, die zu klein sind, um Sterne zu sein. Braune Zwerge – der englische Astronom Patrick Moore sagte, sie seien »Sterne, die die Aufnahmeprüfung nicht bestanden haben« – sind nicht heiß genug, um Kernreaktionen auszulösen, senden aber doch genug Infrarotstrahlung und Licht aus, um gerade eben aufgespürt werden zu können. Es wären Aberbilliarden brauner Zwerge nötig, wenn ihre Masse die fehlende Masse darstellen sollte. Bis heute wurde aber kein einziger nachgewiesen.

Vielleicht besteht dunkle Materie auch aus exotischen Teilchen. Neutrinos beispielsweise gibt es in solchen Mengen, daß sie die Anomalien der Schwerkraft selbst dann erklären könnten, wenn sie nur sehr wenig Masse hätten. Aber es ist nicht klar, ob sie Masse haben, deshalb werden andere Teilchen in Betracht gezogen, darunter langsame, schwach wechselwirkende Photinos, Gravitinos und Gluinos. Wie Neutrinos können diese schwach wechselwirkenden massereichen Teilchen, die kurz WIMPs (*weakly interacting mas-*

sive particles) genannt werden, ohne jede Hemmung durch uns hindurchgehen, haben aber im Gegensatz zu den Neutrinos eine nicht unerhebliche Masse. Wenn es hinreichend viele von ihnen gibt, könnte jedes dieser hypothetischen Teilchen die flüchtige dunkle Materie sein. Und dasselbe gilt für Axionen, Squarks, Selektronen, Sneutrinos, kosmische Strings und einen rätselhaften, gespenstischen Stoff, den man »Schattenmaterie« nennt, der weder spürbar noch sichtbar ist, der sich aber nach Meinung des Nobelpreisträgers Abdus Salam wie die unsichtbaren Djinns aus 1001 Nacht durch seine Schwerewirkung verrät.

Dunkle Materie bestimmt das Schicksal des Universums. Ganz gleich, ob sie aus dunklen Zwergen und jupiterähnlichen Planeten besteht oder aus ungeheuren Wolken von Neutrinos mit extrem geringer Masse, die sich von einer Galaxie zur anderen wölben, oder was auch immer. »Astronomen sagen gern, die dunkle Materie könne aus kalten Planeten, dunklen Sternen, Ziegelsteinen oder Tennisschlägern bestehen«, schreibt Vera Rubin. »Physiker sagen gern, sie könne aus Milliarden von winzigen Schwarzen Löchern oder aus nicht ganz so vielen riesigen Schwarzen Löchern oder auch aus den exotischen Teilchen aus dem Zoo der Dinge bestehen, die von physikalischen Theorien zugelassen werden, aber niemals beobachtet wurden. Was es auch ist – und es könnte auch mehr als eine Art sein –, es muß der Hauptbestandteil unseres Universums sein.« Je mehr es von diesem geheimnisvollen Stoff gibt, um so langsamer dehnt sich das Universum aus. Im Augenblick scheint es bei aller Allgegenwärtigkeit der dunklen Materie nicht genug davon zu geben, um die Ausdehnung aufzuhalten. Aber wenn dunkle Materie zwischen Haufen und Superhaufen lauert, wenn sie in die großen intergalaktischen Leeren gesickert ist, wenn tatsächlich über 99 Prozent von allem dunkle Materie ist, könnte sich das Universum tatsächlich verlangsamen, aufhören zu expandieren und sich dann wieder zusammenziehen.

Fritz Zwicky

Selbst in den reinen Sphären der Wissenschaft wird gelegentlich die Persönlichkeit wichtiger als die Leistung, wie das Beispiel von Fritz Zwicky (1898–1974) belegt. Dieser sprachbegabte Mensch hatte einen schwierigen Charakter; zugleich war er ein erstklassiger Wissenschaftler, der vor Originalität und Erfindungsreichtum strotzte (wie fünfzig Patente belegen). Trotzdem wurden seine Leistungen in der Astronomie oft durch seine Persönlichkeit überschattet.

Zwicky wurde in Bulgarien geboren, und seine Eltern waren Schweizer. Er studierte an der Eidgenössischen Hochschule in Zürich (derselben Institution, die Einstein bei der Aufnahmeprüfung durchfallen ließ und die ihn später zum Professor berief) und erlangte 1922 den Doktor für eine Arbeit über Salzkristalle. Drei Jahre danach emigrierte er in die USA, wo er bis zu seinem Tod mit dem Caltech, dem California Institute of Technology, verbunden blieb. Im Zweiten Weltkrieg wurde er Forschungsdirektor bei der Aerojet Engineering Corporation; für seine Arbeit auf dem Gebiet des Düsenantriebs erhielt er von Präsident Harry Truman die Freedom Medaille. Nach dem Krieg arbeitete er in Deutschland und Japan für die amerikanische Regierung; er war unter anderem damit beauftragt, den Schaden abzuschätzen, den die über Hiroshima und Nagasaki abgeworfenen Atombomben angerichtet hatten.

Zu seinen wissenschaftlichen Leistungen zählen:

- Zwicky sagte in Zusammenarbeit mit Walter Baade die Existenz von Neutronensternen voraus. In der Veröffentlichung hieß es: »Mit aller Vorsicht vertreten wir die Meinung, daß Supernovae den Übergang von gewöhnlichen Sternen zu Neutronensternen darstellen.« Mehr als drei Jahrzehnte später wurden Pulsare entdeckt, womit diese Vorhersage bestätigt war.

- Zwicky führte eine höchst erfolgreiche Suche nach Supernovae in fernen Galaxien durch, bei denen er Photos zu Hilfe nahm, die mit einem 45-Zentimeter-Schmidt-Teleskop auf Mount Palomar gemacht wurden.

- Zwicky erkannte, daß Galaxien zur Haufenbildung neigen und entdeckte Haufen in den Sternbildern Pegasus, Fische, Krebs, Coma Berenices und anderen.

- Zwicky stellte einen sechsbändigen Katalog von Galaxien und Galaxienhaufen zusammen.

- Zwicky erklärte, daß Galaxien als Gravitationslinsen wirken und es damit Wissenschaftlern ermöglichen könnten, die Masse entfernterer Galaxien zu berechnen.

- Zwicky maß die Beziehung zwischen Licht und Masse im Coma-Haufen. Das führte zur Entdeckung der Existenz einer geheimnisvollen und unsichtbaren dunklen Materie, die mindestens neunzig Prozent der Masse des ganzen Universums ausmacht.

Trotz dieser Leistungen sah sich Zwicky gelegentlich vom wissenschaftlichen Establishment ausgeschlossen und wurde ein Einzelgänger. Er war »der letzte der wissenschaftlichen Individualisten, eine Art, die im Zeitalter der Teamarbeit ausstirbt«, schrieb die Astronomin Cecilia Payne-Gaposchkin von der Harvard University in einem Nachruf. »Seine Zeitgenossen fanden ihn mit seiner angriffslustigen Originalität und seiner unverblümten Ruppigkeit, mit der er auf seiner Meinung beharrte, stur und starrköpfig. Seine Gedanken waren so fruchtbar und seine Vorhaben so ungeheuerlich, daß er alle Möglichkeiten der großen Observatorien hätte nutzen können. Er erinnert mit seiner schroffen Bestimmtheit an Tycho Brahe: brillant, starrköpfig, streitlustig, ein hervorragender Beobachter und sehr menschlich.«

Er irritierte seine Mitmenschen, aber er hatte auch treue Freunde. »Ich fand ihn außerordentlich amüsant und sehr anregend und überhaupt nicht schwierig«, erklärte der aus England stammende Astronom Wallace Sargent vom Caltech. »Er hatte einen Sinn für Humor, der sich von dem anderer Menschen unterschied. Er übertrieb gern, um eine Antwort zu provozieren, und sagte oft Sachen, die viel übertriebener waren, als er glaubte.« Das haben seine Gesprächspartner nicht immer gemerkt.

Es war auch nicht allgemein bekannt, daß Zwicky, wie Payne-Gaposchkin sagt, »einer der freundlichsten Menschen war und voll tiefer Sorge um die Menschheit«. Nach dem Zweiten Weltkrieg arbeitete er aktiv für die Pestalozzi-Stiftung, die Waisenhäuser unterstützte, und organisierte ein Hilfskomitee, das vom Krieg beschädigte wissenschaftliche Bibliotheken mit Astronomiebüchern und Zeitschriften versorgte.

Außerdem war Zwicky ein Mann mit einer Vision. Genau wie Johannes Kepler seine Theorie der platonischen Körper für den Höhepunkt seiner Arbeit hielt, so setzte Zwicky großes Vertrauen in eine komplexe übergreifende Theorie, die er die »morphologische Methode« nannte. Wie er in seinem 1949 veröffentlichten Buch *Morphologische Astronomie* behauptet, läßt sich sein System auf alle menschlichen Unterfangen anwenden. Sein vorrangiges Ziel war die Evolution und Vollendung eines geistigen Weltbildes, das es uns erlaube, alle wesentlichen Beziehungen zwischen physikalischen Körpern, Phänomenen, Begriffen und Ideen zu veranschaulichen, zu verstehen und zu erkennen, welche menschlichen Fähigkeiten für alle zukünftigen konstruktiven Tätigkeiten nötig seien. Seine Grundsätze seien allgemeingültig, erforderten aber eine innerliche Befreiung von allen Vorurteilen. »Morphologisches Denken und Handeln gelingt nur dem wahrhaft freien Menschen und stellt deshalb die fundamentale Stärke der Demokratie dar. Alle Diktatoren und absoluten Ideologien würden sich durch morphologisches Denken und Handeln das eigene Grab schaufeln.« Besondere Aufmerksamkeit sollte den Irrwegen des menschlichen Geistes geschenkt werden, wozu ein tiefes Verständnis der psychischen und geistigen Eigenarten der Menschen vonnöten sei. Zwicky glaubte, daß das richtige Weltbild schon lange bekannt sei, wenn es nicht die Verirrungen des menschlichen Geistes, die Trägheit der Gedanken und Handlungen und den lähmenden Einfluß steriler Lehrmeinungen gäbe.

Zumindest einmal gab Zwicky jedoch zu, daß die »morphologische Methode« ihre Grenzen haben könne. Mit seinem singenden Schweizer Akzent vertraute er, Vater dreier Töchter, Wallace Sargent einmal an, daß die Mädchen Liebeskummer hätten. Sicherlich könne die morphologische Methode da helfen, meinte Sargent. »Manche Dinge kann selbst die morphologische Methode nicht lösen«, antwortete Zwicky.

Fritz Zwicky starb 1974 und wurde in der Schweiz begraben. Er war provozierend, bitter, nachdenklich, witzig und so brillant, daß er, wie ein berühmter Astronom sagte, »als der größte Astronom des zwanzigsten Jahrhunderts in die Geschichte einginge, wenn er nicht so bissig gewesen wäre«.

Quasare

Die Geschichte der Quasare ist die Geschichte einer Verschiebung der Wahrnehmung. Die Anfang der sechziger Jahre entdeckten Objekte waren rätselhaft; sie sahen aus wie gewöhnliche, schwache blaue Sterne, strahlten aber Radiowellen aus. Wegen ihres sternähnlichen Aussehens und ihrer Flut von Radiowellen wurden sie »quasistellare Radioquellen« oder kurz »Quasare« getauft. Aber wirklich ungewöhnlich ist ihr Spektrum. Auf seiner Aufnahme eines Lichtpünktchens sechzehnter Größe im Sternbild Dreieck, das als 3C48 (das 48ste Objekt im *Third Cambridge Catalogue of Radio Sources*) bekannt war, entdeckte Allan Sandage »das verrückteste Spektrum, das ich je gesehen habe«.

Es gab Erklärungen zuhauf. Vielleicht waren Quasare dichte Sterne aus exotischen schweren Elementen. Vielleicht waren sie die strahlenden Überreste jüngerer Supernovae, denen die Elektronen weggezogen worden waren, was vertraute Elemente in etwas Seltsames verwandeln kann. Vielleicht waren Quasare auch gar keine Sterne. Sandage erwähnte die »ferne Möglichkeit, daß es sich um sehr ferne Galaxien handeln könnte«.

Der nötige Sprung wurde von dem holländischen Astronom Maarten Schmidt gemacht, der am Caltech in Pasadena arbeitete. Schmidts Interesse an der Astronomie wurde während langer Kriegsnächte in Groningen geweckt, als aus Furcht vor Bombenangriffen verdunkelt werden mußte. »Im Sommer 1942 ... besuchte ich meinen Onkel, einen Amateurastronom. Er zeigte mir sein Teleskop und erklärte mir, wie ich mir selbst eins bauen könnte«, erinnerte sich Schmidt. »Als Röhre diente mir eine Toilettenpapierrolle, und ich erhielt wirklich ein Bild. Das war mein erstes Fernrohr.«

Zwanzig Jahre später arbeitete Schmidt am damals größten Teleskop der Welt, dem Fünf-Meter-Spiegel auf dem Mount Palomar in Californien. Am 27. Dezember 1962, am Vorabend seines 33sten Geburtstags, photographierte er das Spektrum der rätselhaften Radioquelle 3C 273, die anscheinend aus einem gewöhnlichen Stern dreizehnter Größe im Sternbild Jungfrau bestand und einem nahen Jet, der aus dem Stern herausbirst. »Mein erster Verdacht war, daß der Jet eine merkwürdige Galaxie ist, die mit der Radioquelle verknüpft ist, und daß der Stern dreizehnter Größe im Vordergrund war«, erinnerte sich Schmidt 1988. Er vermutete, das Sternspektrum würde ihn als ein relativ nahes, schwaches, gewöhnliches Objekt identifizieren.

Das Spektrum war jedoch rätselhaft. Während er einen Artikel darüber schrieb, fand er am 5. Februar 1963 die Lösung: Die üblichen Emissionslinien, die das Vorliegen von Wasserstoff verraten, waren zwar vorhanden, aber nicht in ihrer gewöhnlichen Lage, sondern weit zum roten Ende des Spektrums hin verschoben. Die Folgerungen waren verblüffend, weil sich ein Körper um so rascher von uns entfernt, je größer seine Rotverschiebung ist, und je rascher er sich von uns entfernt, desto größer ist seine Entfernung.

Die Rotverschiebung von 3C 273 zeigte, daß sich dieser Himmelskörper mit der überraschend großen Geschwindigkeit von fast sechzehn Prozent der Lichtgeschwindigkeit von uns entfernt, was bedeutete, daß er keineswegs nah war, sondern unglaublich weit weg – zwei Milliarden Lichtjahre. Obwohl er uns wegen seiner großen Entfernung nur wie ein schwacher Lichtfleck vorkommt, ist er unglaublich leuchtkräftig, hundertmal heller als eine ganze Galaxie. Überrascht teilte Schmidt seinem Kollegen Jesse Greenstein seinen Befund mit, der sofort das schon erwähnte Spektrum von 3C 48 überprüfte und entdeckte, daß dieser mit einer noch größeren Rotverschiebung mit 37 Prozent der Lichtgeschwindigkeit in die Ewigkeit rast. Was wie ein naher Lichtfleck aussah – wie die glühende Spitze einer Zigarette oder eine funkensprühende Wunderkerze –, erwies sich als ein loderndes Feuer am fernsten Horizont. Die Entdeckung elektrisierte die Astronomen. In einer Zeitschrift beschrieb es jemand als »den Augenblick, in dem die Astronomie aus dem Gleis geriet und interessant wurde«.

Quasare sind bei weitem die hellsten und fernsten Objekte im Universum. Der hellste bekannte Quasar ist zur Zeit HS 1946 + 7658 im Sternbild Drachen. Er strahlt mit der unvorstellbaren Leuchtkraft von eineinhalb Billiarden Sonnen. Es ist eine astronomische Trivialität, daß etwas um so weiter zurück in der Zeit und um so näher am Urknall ist, je ferner es ist. Deshalb sind Quasare das älteste, was bisher gefunden wurde. Die helleren Quasare sind uns wahrscheinlich auch näher. Weniger leuchtkräftige Quasare könnten sich als noch ferner und älter erweisen, als astronomische Fossilien aus einer noch früheren Zeit. »Es war sofort klar«, erklärte Schmidt, »daß man beginnen konnte, die Geschichte des Universums zu erforschen.«

Trotz ihres Aussehens sind Quasare keine Sterne, und nur etwa zehn Prozent von ihnen sind starke Radioquellen. Quasare wurden in hochaktiven jungen Galaxien gefunden, in deren Mitte ein Schwarzes Loch mit der Masse von vielleicht hundert Millionen Sonnen vermutet wird. Das tobende Schwarze Loch zieht Gas, Staub und Sterne in eine wirbelnde Akkretionsscheibe, die es umgibt wie ein gigantischer Autoreifen die Achse. Während die in das Schwarze Loch hineingesogenen Körper ihrem Untergang entgegenkreiseln, steigt die Temperatur auf hunderte Millionen Grad und setzt eine Flut von Energie in Form von Licht, Röntgen-, Ultraviolett- und Infrarotstrahlung frei, zu der möglicherweise auch Gammastrahlung und manchmal, aber nicht immer, Radiostrahlung gehört.

Es ist möglich, daß Quasare geboren werden, wenn zwei gasreiche Galaxien zusammenstoßen. Daten vom Infrarotsatelliten IRAS lassen vermuten, daß manche wechselwirkenden Galaxien unter den von der Kollision aufgewirbelten gigantischen Staubstürmen Quasare verbergen.

Seit den sechziger Jahren wurden mehrere tausend Quasare gefunden, einer ferner als der andere. Wie bei anderen heftig explodierenden Körpern sehen wir auch sie nicht in unserem eigenen Teil des Universums, weil wir sie nicht in der Gegenwart sehen. Sie gehörten zum frühen Universum. Wenn Astronomen einen Quasar beobachten, der, sagen wir, sieben Milliarden Lichtjahre von uns entfernt ist, sehen sie Licht, das sich auf seine Reise zur Erde machte, lange bevor es diesen Planeten gab. Wir kennen mittlerweile Quasare in so gewaltigen Entfernungen und so nahe am Urknall, daß sie buchstäblich am Rand der Zeit sind. Wie kosmische Leuchtfeuer beleuchten Quasare den Raum zwischen ihnen und uns – zwischen damals und jetzt. Wenn ihr Licht uns schließlich erreicht, offenbart es uns gewaltige urzeitliche Wolken aus neutralem Wasserstoff. Aber jenseits der Quasare ist der Raum undurchsichtig. Die Quasare stellen, wie Schmidt sagt, »die Grenze der unterscheidbaren Objekte dar«. Wenn man einen Quasar anschaut, sieht man das Universum, wie es vor Milliarden von Jahren war – jedenfalls nach der Standardtheorie.

Der Astronom Halton C. Arp jedoch ist einer von jenen, die vermuten, daß Quasare nicht so weit entfernt sind, wie man meint, und daß große Rotverschiebungen nicht notwendig ein Hinweis auf große Entfernungen sind. Arp stützt seine ketzerische Meinung darauf, daß viele Quasare mit großen Rotverschiebungen anscheinend durch Lichtgirlanden mit nahen Galaxien mit kleineren Rotverschiebungen verknüpft sind. So verbindet beispielsweise eine leuchtende Brücke den anscheinend weitentfernten Quasar Markarian 205 mit der relativ nahen Galaxie NGC 4319. Selbst 3C 273, einer der hellsten und berühmtesten Quasare, scheint mit einer gigantischen Wasserstoffwolke in Wechselwirkung zu sein – obwohl die Rotverschiebung von 3C 273 darauf schließen läßt, daß er zwei Milliarden Lichtjahre entfernt ist, während sich das Licht von der Wolke erst auf den Weg zur Erde machte, als die Dinosaurier ihr Leben aushauchten, also vor lediglich 65 Millionen Jahren. Etwas stimmt da also nicht. Eine Lösung wäre, daß Quasare eine riesige Rotverschiebung aufweisen, weil sie mit unglaublicher Geschwindigkeit von ihren Heimatgalaxien ausgestoßen wurden.

Wenn aber Quasare aus Galaxien herausschossen, dann sollten einige Quasare auch in unsere Richtung gestoßen worden sein, während noch kein Quasar mit Blauverschiebung gefunden wurde. Das spricht grundsätzlich gegen dieses Modell.

Vielleicht sieht es nur so aus, als ob es eine Verbindung zwischen 3C 273 und der Wasserstoffwolke oder zwischen anderen Quasaren und Galaxien gibt, so wie ein Stern, den man durch ein Fenster sieht, durch einen Farbfleck auf dem Glas mit ihm verbunden scheint. Weil es viele Beispiele für Quasare gibt, die anscheinend zu Galaxien mit derselben Rotverschiebung gehören, ist die Lehrmeinung immer noch, daß die Quasare kompakte, blendende Überreste aus der Jugend des Universums sind. Maarten Schmidt sagt: »Reife, nahe Galaxien, deren Licht nicht sehr lange braucht, bis es uns erreicht, haben keine Quasare. Aber in sehr, sehr weitentfernten Galaxien sehen wir immer noch den mit Quasaren übersäten funkelnden Himmel der Urzeit.«

Leben und Werk von Stephen Hawking

Stephen Hawking, ein zugkräftiger und überaus erfolgreicher Medienstar, der mit einer tödlichen Krankheit kämpft, scheint Einsteins Ruhm und Ruf eines Genies geerbt zu haben. Der Mann wird gefeiert, nach Meinung mancher Wissenschaftler über Gebühr. Sein Buch *Eine kurze Geschichte der Zeit*, ein Bestseller, der vermutlich mehr gekauft als gelesen wird, wurde sogar verfilmt. Hawking beflügelt uns nicht nur wegen seiner intellektuellen Durchbrüche, sondern wegen der Hilflosigkeit seines Körpers, eines so zerbrechlichen Gehäuses, daß Hawking eine einzigartige Form körperloser Intelligenz darzustellen scheint. Dieses Bild paßt aber nicht zu dem Mann, dessen Anziehungskraft zum einen von seiner Brillanz, seinem Mut und seiner Verletzlichkeit herrührt, zum anderen jedoch von seiner Schlagfertigkeit, seiner Begeisterung für Marilyn-Monroe-Poster und seiner Menschlichkeit.

Hawking wurde am 8. Januar 1942 geboren, dem dreihundertsten Todestag Galileis (was er oft erwähnt). Er wuchs in einer Londoner Vorstadt in einem exzentrischen Haushalt auf. Im Keller wurden Bienen gezüchtet. Sein Vater, der lange in Afrika gelebt hatte, war ein in der Forschung tätiger Mediziner. Die Biologie reizte Hawking nicht, aber als Vierzehnjähriger beschloß er, sich der Mathematik und Physik zu widmen. Als er sich drei Jahre später in Oxford einschrieb, ließ er sich die Haare wachsen und verschwendete nicht allzuviel Zeit auf das Studium, denn er war ein beliebter Student und stand in dem Ruf, gescheit genug zu sein, um nicht lernen zu müssen. So spielte er abends Bridge und trainierte tagsüber als Steuermann mit der Rudermannschaft seines Colleges. Ein Photo von 1961 zeigt ihn vorn im Achter, elegant in weißem Anzug und Strohhut, während die muskulösen Ruderer gestreifte Anzüge tragen. »Steve und ich mußten jeden Nachmittag auf dem Fluß sein, sechs Tage in der Woche«, erinnerte sich der Physiker Gordon Berry später. »Etwas mußte zu kurz kommen, und das waren ganz entschieden die experimentalphysikalischen Übungen.«

Als Hawking die erste Abschlußprüfung ablegte, nachdem er die Vorlesungen einige Jahre lang nicht besonders ernst genommen hatte, lagen seine Noten auf der Kippe der Aufnahmekriterien der Cambridge University, wo er weiterstudieren wollte. Er sagte es den Prüfern direkt: »Wenn ich die beste Note bekomme, gehe ich nach Cambridge, mit der zweitbesten bleibe ich in Oxford. Deswegen erwarte ich, daß Sie mir die beste geben.« Das taten sie auch.

In Cambridge verschlechterten sich seine gelegentliche Unbeholfenheit und die Neigung zum undeutlichen Sprechen, die sich schon in Oxford angedeutet hatte, und das Schuhebinden fiel ihm schwer. Nachdem sein Vater diese Probleme während der Weihnachtsferien bemerkt und der zwanzigjährige Hawking Spezialisten aufgesucht hatte, wurde innerhalb weniger Wochen amyotrophe laterale Sklerosis (ALS) diagnostiziert. Diese unaufhaltsame Krankheit läßt die Muskeln schwinden, aber nicht den Verstand; gewöhnlich befällt sie nur ältere Menschen. Bei Hawking machte sie zunächst rasche Fortschritte. Man gab ihm noch zwei Jahre zu leben. »Ich kam mir selbst als eine sehr tragische Gestalt vor«, sagte er einem Interviewer, »und begann, Wagner zu hören.«

Zwei Jahre später wurde es langsam besser. Er heiratete Jane Wilde, die er vor der Diagnose kennengelernt hatte – sie war damals noch Schülerin –, und begann, sich seiner Arbeit zu widmen. Sein Doktorvater Dennis Sciama riet Hawking, Vorlesungen des Mathematikers Roger Penrose zu hören, der sich mit den Vorgängen beschäftigte, die dann eintreten, wenn ein Stern seinen Brennstoff verbraucht hat und kollabiert. Penrose zeigte, daß ein Stern in einem von Einsteins allgemeiner Relativitätstheorie beherrschten expandierenden Weltall eine Singularität werden muß, wenn er über einen bestimmten Punkt hinaus zusammenfällt – das ist der hypothetische Punkt in einem Schwarzen Loch, in dem Materie zu unendlicher Dichte zusammengepreßt wird und Raum, Zeit und die Naturgesetze aufgehoben sind. Hawking fand diesen Gedanken aufregend. Er konzentrierte sich auf die Erforschung vollständig kollabierter Sterne und hatte damit seine Lebensaufgabe gefunden. Der Physiker Dennis Overbye sagte: »Es ist schwer, Hawking nicht als seine eigene Metapher zu sehen.«

Hawking bemerkte, daß der Vorgang, der einen Stern zu einer Singularität zusammenfallen läßt, auch umkehrbar sein könnte. Eine Singularität könnte sowohl Anfang als auch Ende sein. In dem Fall könnte das Universum, von dem man wußte, daß es sich ausdehnt, als Singularität begonnen haben. Hawking konnte noch mehr zeigen: Ein sich unendlich ausdehnendes Universum muß mit einer Singularität begonnen haben.

Was aber, wenn das Universum sich nicht unendlich ausdehnt? Was, wenn es genug Materie hat, so daß sich die Expansion verlangsamt und umkehrt und in der Implosion endet, die wir den großen Zusammenbruch nennen? Müßte auch dieses Universum als Singularität begonnen haben? Nach Meinung von Hawking lautete die Antwort: ja. Gemeinsam mit Penrose veröffentlichte er 1970 eine Arbeit, die zeigte, daß das Universum als Singularität begonnen haben muß.

Im November jenes Jahres hatte er beim Zubettgehen (»meine Krankheit macht das zu einem ziemlich langsamen Prozeß, deshalb hatte ich reichlich Zeit«) eine andere Erkenntnis: Da einem Schwarzen Loch nichts entkommen kann, wird es niemals kleiner. Es kann nur so groß bleiben, wie es ist, oder größer werden, aber sich weder teilen noch schrumpfen und nicht explodieren. Mit jedem neuen Materieteil, das es aufnimmt, wird seine Masse größer und der Ereignishorizont ein wenig weiter.

Dieser Gedanke wurde in Princeton von Jacob Bekenstein, einem Doktoranden Wheelers, aufgegriffen. Bekenstein sah eine Parallele zwischen einem Schwarzen Loch und dem Begriff der Entropie, dem Maß für zufälliges Chaos in einem System. Nach dem zweiten Hauptsatz der Thermodynamik kann die Menge der Unordnung in einem geschlossenen System im Lauf der Zeit höchstens zunehmen; wie ein Schwarzes Loch wird auch die Entropie immer größer. Da jedes System Entropie hat, müßten die Entropie eines Schwarzen Lochs und sein Ereignishorizont jedesmal zunehmen, wenn es Materie verschluckt. Die Größe eines Schwarzen Lochs und seine Entropiemenge könnten äquivalent sein.

Hawking erhob Einwände und behauptete, jedes System mit einem bestimmten Grad an Unordnung oder Entropie müsse auch eine Temperatur haben, und alles, was eine Temperatur hat, sende selbst dann, wenn die Temperatur sehr gering ist, Strahlung aus. »Aber nach Definition sind Schwarze Löcher Dinge, die überhaupt nichts ausstrahlen«, schrieb er. Deshalb, so schloß er, treffe der Vergleich nicht zu. Außerdem irritierten ihn Bekensteins Überlegungen.

Dann aber ließ sich Hawking bei einem Aufenthalt in Moskau von seinen sowjetischen Kollegen Seldowitsch und Starobinski davon überzeugen, daß rotierende Schwarze Löcher vielleicht doch Teilchen aussenden. Beim Nachrechnen stellte Hawking zu seiner Überraschung und zu seinem Ärger fest, daß »selbst nichtrotierende Schwarze Löcher offensichtlich stetig Teilchen hervorbringen und aussenden«. (Bei Vorlesungen projizierte Hawking an dieser Stelle eine Folie auf die Leinwand mit der einfachen Feststellung: »Ich hatte unrecht.«)

Er kam zu diesem Schluß, indem er Schwarze Löcher vom Gesichtspunkt der Quantenmechanik und des Unschärfeprinzips her betrachtete, wonach der Raum niemals vollständig leer ist. Vielmehr wird er von vagabundierenden Paaren »virtueller« Teilchen bevölkert – materiellen und ihren antimateriellen Zwillingen –, die im Sein auftauchen und einander vernichten, alles in einem Bruchteil eines Bruchteils einer Nanosekunde, zu rasch, um beobachtbar zu sein. Hawking überlegte, ob nicht das Antimaterieteilchen, wenn ein solches Paar in der Nähe des Ereignishorizonts auftauchte, in das Schwarze Loch hineingesogen würde, während das andere, eine Spur weiter davon entfernt, an dem Monster vorbei und in das alltägliche Universum gelangte. Das Teilchen würde dann scheinbar aus dem Schwarzen Loch hinausströmen. In diesem Fall wären Schwarze Löcher, wie Hawking sagt, »nicht gar so schwarz«.

Die Strahlung des Schwarzen Lochs kommt nicht aus dem Schwarzen Loch selbst, sondern aus dem umgebenden Raum. Trotzdem fordert die sogenannte Hawking-Strahlung einen Tribut vom Schwarzen Loch: Wenn ein Teilchen in die Ewigkeit wirbelt wie Wasser durch einen Abfluß, um nie wiederzukehren, hat sein verwitweter Partner, der sich nicht selbst vernichten kann, keine andere Wahl, als Materie zu werden. Das braucht Energie. Und diese Energie muß vom Schwarzen Loch kommen.

Aber Energie, lehrte Einstein, ist nur eine andere Form von Masse und umgekehrt. Wenn also das Schwarze Loch dem virtuellen Teilchen etwas Energie abgibt, verliert es auch eine winzige Menge Masse, was ja eigentlich nicht passieren sollte. Das Schwarze Loch schrumpft ein wenig und strahlt stärker.

Schließlich verdampft das Schwarze Loch in einer gewaltigen Explosion, die der einer Milliarde Wasserstoffbomben, jede eine Megatonne schwer, entsprechen könnte. Das wird noch nicht sehr bald passieren, denn das durchschnittliche Schwarze Loch existiert etwa 10^{67} Jahre, bevor es verschwindet.

Da es nach dem Unschärfeprinzip theoretisch möglich ist, daß ein Teilchen schneller ist als Licht, konnte Hawking diesen Vorgang 1991 in einer Vorlesung auf noch exotischere Weise beschreiben: »Die Wahrscheinlichkeit ist gering, daß ein Teilchen größere Entfernungen mit Überlichtgeschwindigkeit zurücklegt, aber es könnte gerade so lange schneller sein als Licht, bis es aus dem Schwarzen Loch herauskommt, dann aber langsamer als Licht.« Er warnt jedoch, daß das bei großen Schwarzen Löchern eher unwahrscheinlich ist. Selbst Schwarze Löcher, deren Masse gleich der Sonnenmasse ist, sind dafür zu groß, weil die Teilchen mehrere Kilometer lang schneller als Licht sein müßten, bevor sie wieder in das gewöhnliche Universum eintreten könnten.

Aber wie ist es mit außerordentlich kleinen Schwarzen Löchern? Das ist etwas anderes. Hawking behauptet, daß es Schwarze Löcher, Brocken mit der Masse eines Bergs, geben könnte, die aus der Zeit stammten, als das Universum jung und viel dichter gewesen war als heute. Diese Minilöcher, Ergebnisse der Schöpfung, sollten eher rasch verdampfen. Nach Hawking müßten sie etwa zu unserer Zeit verdampfen und in einem Ausbruch von Gammastrahlen verschwinden. Noch aber haben die Forscher, von denen viele die Existenz dieser Miniaturmonster bezweifeln, keine Anzeichen für ein solches Ereignis entdeckt. Das bedeutet nicht, daß es nicht noch eintreten könnte.

Hawkings Gedanke, daß ein Schwarzes Loch nicht kleiner werden kann, wurde also durch die Aufdeckung des Konzepts der Hawking-Strahlung widerlegt; das zeigt, daß Schwarze Löcher völlig verschwinden können. Ähnlich erging es seinen Gedanken über die Singularität zum Beginn der Zeit. Er dachte erneut darüber nach. Es stimmte, daß die allgemeine Relativitätstheorie die Existenz von Singularitäten forderte, aber an dem Punkt der Singularität, wo die Materie zu unendlicher Dichte zusammengepreßt ist, versagte die Theorie. Vielleicht könnte die Quantenmechanik, die ja durch Unbestimmtheit gekennzeichnet ist, verhindern, daß es je eine Urknallsingularität gegeben habe.

Hawking kam zu dem Schluß, seine ursprüngliche Überzeugung, wonach das Universum mit einer Singularität begonnen habe, sei falsch gewesen. Vielleicht hat das Raum-Zeit-Universum nie begonnen. Die Überlegung verläuft etwa so: Wenn man dem Anfang des Universums nahe genug kommt, gibt es keine Zeit. Wenn es keine Zeit gibt, gibt es keinen Augenblick der Schöpfung, keinen Augenblick des Entstehens, überhaupt keinen Augenblick. Ohne Zeit gibt es keine Zeit.

Dieser Gedankengang ist schwer zu verstehen. Hawking betont, daß es in jedem Fall so aussähe, als ob das Universum in einer Singularität beginnt und endet. »In gewissem Sinn sind wir also dennoch alle verdammt«, schreibt er. Aber in einem anderen Sinn, einem sehr abstrakten Sinn, der viele Universen für möglich hält und zu dem auch ein mathematischer Begriff gehört, die »imaginäre Zeit«, ist die Zeit wie ein Kreis, ohne Anfang und Ende. Bei diesem »grenzenlosen« Ansatz vergleicht Hawking das Universum mit der Erde: Wo man auch anfängt, man kommt zu keinem Ende. Die Erde hat keinen Anfang. »Mit der Frage, was vor dem Urknall passierte, ist es so, als ob man fragte, welcher Punkt nördlich vom Nordpol liegt«, schreibt Hawking. »Die Größe, die wir als Zeit messen, hatte einen Anfang, aber das bedeutet nicht, daß die Raumzeit einen Rand hat, genau wie die Oberfläche der Erde am Nordpol keinen Rand hat. Jedenfalls hat man mir das erzählt; ich war selbst noch nie dort.«

Hawking hat auch über Baby-Universen nachgedacht, Nebenprodukte in Alan Guths inflationärem Weltmodell, das entstand, nachdem sich das frühe Universum einen flüchtigen Augenblick lang wild aufgeblasen hatte. Wenn dieser Vorgang im Gewebe der Raumzeit winzige Unebenheiten schuf, könnten diese kleinen Hügel und Täler angewachsen und zu parallelen Universen geworden sein, die mit unserem Universum durch Wurmlöcher, Quantentunnel durch die Raumzeit, verbunden sind. In diesem Fall könnte unser Universum eines unter vielen sein.

Trotz der verheerenden Verschlechterung seines körperlichen Zustands hat Hawking an allen diesen Fragen weitergearbeitet. Zwei Jahre nach der Geburt des ersten seiner drei Kinder, 1969, konnte er auch mit einem Stock nicht mehr selbständig gehen und wurde in den Rollstuhl gezwungen. Schließlich brauchte er rund um die Uhr Krankenpflege und konnte sich nur verständlich machen, wenn seine Studenten seine mühsamen Äußerungen übersetzten. Als er 1979 als Lucasian Professor der Mathematik auf den Lehrstuhl Isaac Newtons berufen wurde, schrieb er zum letzten Mal seinen Namen. Seine Sprache wurde fast unverständlich, und als eine Notoperation 1985 einen Luftröhrenschnitt erforderlich machte, verlor er seine Stimme völlig. Sie wurde ihm mit einem computerisierten Sprachsynthesizer wiedergegeben, der an seinem Rollstuhl befestigt ist.

Nichts davon hat ihn vor den gewöhnlichen Krisen bewahrt, für die das Fleisch anfällig ist. Es kam 1990 zu einer in der Öffentlichkeit erstaunlich wenig wahrgenommenen Scheidung von seiner Frau Jane. Und an einem regnerischen Abend im März 1991 unterschätzte er die Entfernung des sich nahenden Verkehrs beim Überqueren einer Straße und lag »auf der Straße, die Beine über den Überresten des Rollstuhls«. Bei dem Unfall brach er sich einen Arm, schnitt sich am Kopf, und das Computersystem, das ihm das Sprechen ermöglicht, wurde beschädigt. Er heiratete ein zweites Mal, kann immer noch lächeln und befolgt weiterhin, jedenfalls in seiner intellektuellen Arbeit, die Anweisung, die Sir Arthur Eddington 1928 in einer Vorlesung gab. »Ich fordere Sie dazu auf, in beide Richtungen zu schauen. Denn der Weg zum Wissen von den Sternen führt über das Atom, und wir haben wichtige Erkenntnisse über das Atom von den Sternen erhalten.«

In dem Dokumentarfilm über Hawking, bei dem Errol Morris Regie führte, sagt Hawkings Schwester Mary: »Vater verstand sich sehr gut auf theologische Gespräche, deshalb begründeten wir alles theologisch.« Das scheint eine Gewohnheit zu sein, die Hawking nicht verloren hat. In seinen Arbeiten äußert sich Hawking wiederholt und zwiespältig zur Frage der, wie seine Schwester sagt, »Existenz oder nicht Gottes«. Oft macht er sich über den Gedanken lustig. Er schrieb über seine Erlebnisse im Vatikan, wo er 1981 an einer Konferenz über Kosmologie teilnahm: »Am Ende der Konferenz wurde den Teilnehmern eine Audienz beim Papst gewährt. Er sagte uns, es sei in Ordnung, wenn wir die Entwicklung des Weltalls nach dem Urknall erforschen, aber wir sollten nicht den Urknall hinterfragen, denn der sei der Augenblick der Schöpfung und deshalb das Werk Gottes. Ich war froh, daß er nicht wußte, worüber ich kurz zuvor in meinem Vortrag während der Konferenz gesprochen hatte – die Möglichkeit, daß die Raumzeit endlich sei, aber keine Grenze habe, was bedeutet, daß sie keinen Anfang hat und es keinen Augenblick der Schöpfung gibt. Ich hatte nicht den Wunsch, das Schicksal von Galilei zu teilen.«

Zugleich schreibt Hawking, daß die Grundlagen der Relativitätstheorie, wenn je eine einheitliche Theorie gefunden würde, die sie mit den Grundlagen der Quantenmechanik vereint, »früher oder später im Prinzip von jedem verstanden werden sollten, nicht nur von einigen Wissenschaftlern. Dann werden wir alle, Philosophen, Wissenschaftler und gewöhnliche Menschen, in der Lage sein, uns an der Diskussion der Frage zu beteiligen, warum wir und das Universum existieren. Wenn wir die Antwort darauf finden, wäre das der endgültige Triumph der menschlichen Vernunft, denn dann würden wir den Plan Gottes kennen.«

Strings

Es ist nicht nötig, Schmetterlinge zu erklären, weil jeder sie schon gesehen hat. Es ist unmöglich, Superstrings zu erklären, weil niemand sie je gesehen hat. Aber bitte, glauben Sie nicht, ich wolle Sie verwirren. Freeman Dyson

Wenn die Zeit für einen Begriff reif ist, taucht er überall auf. So ist es mit den kosmischen Strings. Man meint, daß es sie in zwei Größen gibt – riesengroße kosmische Strings und winzig kleine Superstrings. Und die Tatsache, daß sie reine Spekulation sind, hindert niemanden daran, sie zu beschreiben.

Kosmische Strings sind lange, massereiche, vibrierende Fäden, die nicht dicker sind als ein Teilchen. Sie wurden einen winzigen Bruchteil eines Bruchteils einer Sekunde nach dem Urknall geschaffen und bilden Schlingen, die sich über Millionen von Lichtjahren hinwegwinden. Kosmische Strings bestehen nicht aus gewöhnlicher Materie, sondern aus etwas so Verfeinertem, daß sie praktisch metaphysisch sind. Man hat sie »Risse in der Struktur der Raumzeit« genannt, »reine Stückchen eines vereinheitlichten Kraftfelds«, »theoretische Röhrchen der Raumzeit« und – die verständlichste Beschreibung – »extrem dünne Röhren eines falschen Vakuums, mit Massen von 10^{16} Tonnen pro Zentimeter«. Ihre unglaublich große Masse könnte ein Teil der fehlenden Masse – der dunklen Materie – des Universums sein.

Kosmische Strings, die mit ihrer ungeheuren Schwerkraft Galaxien und Galaxienhaufen hinter sich herziehen, winden sich durch das Universum, fangen Galaxien ein und erzeugen möglicherweise das schaumige Gemisch aus Galaxiehaufen und Leeren, aus dem das Universum zu bestehen scheint. Schließlich verdampfen oder zerfallen sie. Es könnte noch einige besonders gewaltige kosmische Strings geben, aber dafür gibt es keine Beweise. Karten, welche die Verteilung von Hunderttausenden von Galaxien aufzeigen, lassen jedoch erkennen, daß sich Galaxien und Galaxiehaufen gewöhnlich in Gruppen, als Strömungen oder Girlanden anordnen. Diese Ketten könnten die alten Pfade der kosmischen Strings darstellen.

Die winzigen Strings, sogenannte Superstrings, leben in der subatomaren Lilliputwelt. Superstringtheorien ersetzen die verschwommenen punktförmigen Teilchen der Quantentheorie durch vibrierende schwingende Strings, die so winzig sind – vielleicht nur 10^{-33} Zentimeter lang –, daß sie nach Meinung des Physikers Edward Witten, Professor am Institute for Advanced Study in Princeton, »noch ungeheuer viel kleiner sind als Dinge, die als unvorstellbar klein gelten«. In diesen Superstrings sind sechs unbekannte Variablen zusammengerollt, die man sich gewöhnlich als Dimensionen denkt. »Die Vorstellung von zusätzlichen Dimensionen mag für jemanden, der nicht Physik studiert hat, etwas merkwürdig klingen«, sagt Witten. »Physiker jedoch wissen, daß es vieles gibt, was viel seltsamer ist als zusätzliche Dimensionen. Die allgemeine Relativitätstheorie ist seltsam, die Quantenmecha-

Krishna öffnet seinen Mund

Eines Tage kam Yasoda zu Ohren, daß ihr Pflegesohn Krishna Schmutz gegessen habe. Als sie ihn schalt, bekundete er seine Unschuld, und zum Beweis bat er sie, in seinen Mund zu schauen. In der Bhagavadgita ist beschrieben, was dann passierte.

»Sie sah in seinem Mund das ganze ewige Universum und den Himmel und die Teile des Himmels und die Erde mit ihren Bergen, Inseln und Meeren; sie sah den Wind und den Blitz und den Mond und die Sterne und den Tierkreis und Wasser und Feuer und Luft und den Raum selbst; sie sah die zitternden Sinne, den Geist, die Elemente und die drei Stränge der Materie. Sie sah in dem Körper ihres Sohnes, in seinem offenen Mund, das ganze Universum in all seiner Vielfalt, mit allen Lebewesen und die Zeit und die Natur und Handeln und Hoffnungen und ihr eigenes Dorf und sich selbst. Dann bekam sie Angst und war verwirrt ...«

nik ist seltsam, Antimaterie ist seltsam. Alle diese Dinge sind seltsam, aber wahr. Im Vergleich mit einer Reihe von Dingen, die sich in der Physik in der Vergangenheit als wahr herausgestellt haben, sind zusätzliche Dimensionen gar nicht so radikal neu.«

Die Superstringtheorie, die anscheinend einige rätselhafte mathematische Anomalien ausschließen kann, die andere Theorien belasten, ist besonders interessant für Physiker, die nach einer Theorie für alles suchen – einer einzigen, einheitlichen Theorie, die von der subatomaren Schicht aufwärts wirkt und die vier Naturkräfte (Schwerkraft, starke Kernkraft, schwache Kernkraft und Elektromagnetismus) erklärt und vereinheitlicht.

Diese Superstrings haben nichts mit kosmischen Strings zu tun. Aber es ist einfach nicht zu übersehen, daß es Parallelen zwischen ihnen gibt, auch wenn keine Beziehung zwischen ihnen besteht. Sie bilden beide Schlingen, sie können möglicherweise beide helfen, die Vorherrschaft der dunklen Materie im Universum zu erklären; kosmische Strings durch ihre Masse und Superstrings durch die vermutete Existenz der sogenannten Schattenmaterie, die weder zu sehen noch zu spüren ist und die trotzdem für die Existenz einer ganzen unsichtbaren Doppelwelt verantwortlich sein könnte.

Es ist vorstellbar, daß Superstrings und kosmische Strings sich zur selben Zeit gebildet haben und daß die neu geschlüpften Strings auf supergalaktische Länge ausgezogen wurden, als sich das Universum in der ersten Sekunde seiner Existenz aufblähte. Witten sagte: »Obwohl ein Superstring, das ein Elementarteilchen darstellt, unglaublich winzig ist, gibt es im Prinzip keinen Grund, warum man mit einer wirklich guten Pinzette nicht eines von diesen Dingen fassen und strecken und immer weiter dehnen könnte.« Vielleicht waren die beiden Arten von Strings zu Beginn ein und dieselbe. Und vielleicht gibt es sie auch gar nicht.

Warum ist der Himmel nachts dunkel?
Das ungelöste Rätsel

Warum das ein Rätsel ist, ist selbst ein Rätsel. Wenn man jemanden fragt, warum der Nachthimmel dunkel sei, wird man zurückgefragt, ob man noch ganz bei Trost sei. In der Astronomie haben jedoch viele Generationen von Wissenschaftlern eine Überlegung nach der anderen erwogen und verworfen, um immer wieder das zu bestätigen, was jedermann von Anfang an wußte: Es gibt nicht genug Sterne.

Die Überlegung beginnt mit der Annahme, daß die Naturgesetze überall gelten und daß unser Teil des Kosmos jedem anderen entspricht. Dann muß unser Universum auch unendlich sein, weil sonst (wie Newton behauptete) jedes Objekt früher oder später jeden anderen Körper anzöge und das Universum schließlich als Opfer der Schwerkraft kollabierte. Ein unendliches Universum aber hätte unendlich viele Sterne. In jeder Richtung, überall, würde unser Blick auf das Licht eines Sterns treffen. Um Mitternacht (und auch mittags) würde der Himmel im Licht unzähliger Sterne erstrahlen.

Aber das tut er nicht. Der Mathematiker Thomas Digges erklärte das 1576 damit, daß die Sterne »aufgrund ihrer wunderbaren Entfernung für uns unsichtbar werden«, obwohl das Universum unendlich sei und die Sterne von hier bis in die Ewigkeit verstreut seien, kurz: sie seien zu weit weg.

Edmond Halley zog einen ähnlichen Schluß. Er stellte sich die

Erde von einer unendlichen Reihe sternenbesetzter konzentrischer Schalen umgeben vor, wie russische Puppen, jeweils eine in der anderen. Je entfernter die Schale, um so schwacher die Sterne, aber auch um so zahlreicher. Halley bemerkte, daß ferne Sterne, die mit einem Teleskop sichtbar sind, trotzdem für das bloße Auge unsichtbar sind.

Johannes Kepler glaubte, der Nachthimmel sei dunkel, weil das Universum von einer dunklen Mauer umgeben sei, hinter der es nichts mehr gebe. Und der berühmte Magdeburger Bürgermeister Otto von Guericke (1602–1686), der öffentlich mit Halbkugeln die Eigenschaften des Vakuums vorführte, meinte, die Anzahl der Sterne sei endlich, aber die Lücken zwischen den Sternen und jenseits von ihnen seien unendlich dunkel und tief.

Obwohl diese und noch viele andere Astronomen sich dieser Frage widmeten, wird das Problem zumeist mit dem Bremer Augenarzt Heinrich Olbers (1758–1840) verknüpft, dem berühmten Amateurastronomen, der fünf Kometen und Pallas und Vesta entdeckte, zwei der ersten vier Asteroiden. (In Anerkennung seiner Leistungen wurden der Asteroid 1002 und ein Mondkrater nach ihm benannt.) Das ihm zu Ehren als Olberssches Paradoxon bezeichnete Phänomen besagt, daß der Staub zwischen den Sternen das Sternenlicht absorbiert, was es daran hindert, uns zu erreichen. Das ist aber leider, wie John Herschel zeigte, nicht richtig. Es trifft auch nicht zu, daß geheimnisvolle dunkle Sterne die hellen Sterne verdecken.

Ein unerwarteter Teilnehmer an der Debatte war Edgar Allan Poe, der meinte, das Universum pulsiere, und das beobachtbare Universum sei nur ein Teil von dem, was dort draußen ist, und wir seien in enormen Entfernungen von »unendlichen goldenen Mauern des Universums« umgeben, die aus »Myriaden von leuchtenden Körpern bestehen, die durch ihre reine Anzahl anscheinend zu einem verschmelzen«. Sie sind so weit entfernt, schrieb Poe in seinem langen Prosagedicht »Heureka«, daß die Entfernung jenes unsichtbaren Hintergrundes eben derart ungeheuerlich sei, daß uns bisher noch kein Lichtstrahl von dort überhaupt erreicht habe. Lord Kelvin, nach dem die absolute Temperaturskala benannt ist, dachte ähnlich. Er meinte, daß uns selbst dann, wenn alle Sterne gleichzeitig zu leuchten begonnen hätten, »in keinem Augenblick das Licht von mehr als einem äußerst kleinen Anteil aller Sterne erreichen würde«. Wenn der Nachthimmel hell wäre, müßten die entferntesten Sterne früher zu leuchten begonnen haben als die näheren, denn sonst hätte ihr Licht nicht genug Zeit gehabt, hierherzugelangen, und das, bemerkte er, sei unwahrscheinlich.

Im zwanzigsten Jahrhundert fachte der als Vertreter der Steady-State-Theorie bekannte Hermann Bondi das Interesse an der Frage erneut an. Bondi meinte, der Himmel sei nachts dunkel, weil die Lichtwellen eines Stern um so weiter gedehnt würden, je weiter er entfernt ist, und deshalb sollte das Licht ferner Sterne stark rotverschoben und wesentlich geschwächt sein.

Aber auch das ist nicht der Grund, wie der Astronom Edward Harrison, der Verfasser von *Darkness at Night*, beschreibt. Der Grund ist, daß es nicht genug Sterne gibt. Um den Himmel von einem Horizont zum anderen bei Tag und bei Nacht zu erhellen, um jeden Fleck am Himmelszelt mit Sternenlicht zu bedecken, wären, so Harrison, zehnbillionenmal mehr Sterne nötig, als es gibt.

Man kann es auch so sehen: Der Himmel würde in Licht baden, wenn wir eine Billionen Billionen (10^{24}) Lichtjahre weit sehen könnten. Aber wir können nicht so weit zurückblicken, weil sich das Universum erst seit ungefähr fünfzehn Milliarden Jahren ausdehnt. Es ist nicht alt genug. Außerdem haben Sterne eine endliche Lebensspanne, und die hellen Sterne sterben am schnellsten. Nach Harrison gibt es also, wenn Sterne weniger als hundert Milliarden Billionen Jahre leben, einfach nicht genug Sterne. Im Universum ist keine der Zahlen groß genug.

Was sehen wir statt Sternenlicht? Hinter den Sternen, jenseits der Galaxien, hinter den Quasaren stoßen wir auf etwas, was wir uns als Keplers Mauer vorstellen können. Sie umgibt uns als die kosmische Hintergrundstrahlung, ein Überrest aus dem Urknall, als der Himmel wirklich glühte. Seitdem ist das Licht schwächer geworden, die Temperatur ist gesunken, und die Ausdehnung des

Universums hat den Feuerball der Schöpfung in einen infraroten Schimmer verwandelt, der für das bloße Auge unsichtbar ist, wie Harrison schreibt: »Obwohl wir nur eine Mauer der Dunkelheit sehen, bedeckt der Urknall den Himmel und erfüllt Raum und Zeit mit seinem Nachglühen.«

Dennoch bleibt die Frage offen: Warum sollte jemand überhaupt Zeit auf eine solche Frage verwenden? Hermann Bondi hatte die Antwort. Er meinte, daß die Kosmologie, bei der es um das Universum geht, sich sonst der Beobachtung verschlösse, also in einem Elfenbeinturm säße, wie man ihn sich nicht besser denken könne. In bezug auf die Frage der nächtlichen Dunkelheit präsentierte die theoretische Kosmologie zunächst einmal ein plausibles Szenario – selbst nachts sollte der Himmel wie ein Sternenvorhang leuchten –, was eindeutig der Beobachtung widersprach. Die Erklärung hat zu vielen Theorien und strenger logischer Analyse geführt. Eine Erklärung nach der anderen mußte aufgegeben werden. Doch die Suche war nach Bondi keineswegs müßig: »Die Entdeckung der kosmologischen Bedeutung der Dunkelheit des Nachthimmels hat die Kosmologie zu einer Wissenschaft gemacht.«

UFOs

Etwas bewegte sich auf uns zu, dann wieder etwas von uns weg, dann kehrte es zurück, dann ging es weg. Es war bläulich, rötlich und leuchtend.

Jimmy Carter, ehemaliger Präsident der USA

Der gefährlichste Feind der Naturwissenschaft ist die Liebe zum Wunderbaren. Eugene M. L. Patrin

Die meisten Wissenschaftler, so sollte vorweg bemerkt werden, bestreiten die Existenz von UFOs (unidentifizierten fliegenden Objekten) kategorisch. Wie andere Skeptiker sind sie der Meinung, daß UFOS eher in den Bereich der Psychologie als der Astronomie gehören. Sie zeigen sich von Berichten über Begegnungen mit UFOs unbeeindruckt und belächeln die Umfragen, die solche Berichte sammeln, einschließlich jener, die ergab, daß schon 3,7 Millionen Amerikaner von Außerirdischen entführt worden seien.

Trotzdem gibt es viele Menschen, die fest an die Existenz von UFOs glauben. Gewöhnlich datieren sie den Beginn der modernen UFOlogie auf den Juli 1947, als es, wie behauptet wird, etwa hundertzwanzig Kilometer nordwestlich von Roswell in New Mexiko zu einem Einschlag kam. Der Rancher William Brazel entdeckte ein mit sonderbaren Hieroglyphen bedecktes Wrack. Einige Tage später informierte er den Sheriff der Stadt, der wiederum die Roswell Air Force Base benachrichtigte. Der dortige Kommandeur gab bekannt, man habe das Wrack einer fliegenden Untertasse gefunden. Nach wenigen Tagen wurde die Geschichte revidiert und erklärt, daß es sich um einen Wetterballon handle. Im Wrack seien, wie die UFOlogen behaupteten, die zersetzten Überreste von vier kleinen menschenähnlichen Wesen gefunden worden.

Das war nur der Anfang. Ältere Berichte von Begegnungen – eine Familie in Australien wurde von einem eiförmigen Objekt terrorisiert, zwei Männer in Schweden wurden durch kleine graue, gallertartige Geschöpfe belästigt – haben exotischeren Behauptungen Raum gemacht. Inzwischen werden Menschen nicht mehr nur belästigt, sondern entführt. Die Opfer mußten sich medizinischen Untersuchungen unterziehen und Operationen über sich ergehen lassen, die kleine geometrisch geformte Narben hinterließen. Frauen behaupteten, sie seien zum Geschlechtsverkehr gezwungen und im Rahmen eines Brutprogramms geschwängert worden, und man habe ihnen die Kinder weggenommen. Vielen Menschen wäre Ähnliches zugestoßen, sie wüßten aber nichts mehr davon. Ein Hinweis sei die plötzliche Erkenntnis, daß man sich nicht erklären könne, wo man seine Zeit »verloren« habe.

Die Geschichten gehen mit erstaunlichen Beschuldigungen einher, die Regierung sei mit Außerirdischen im Bunde, halte ihr Wissen geheim und verbreite absichtlich falsche Informationen. Mindestens dreißig fliegende Untertassen und ebenso viele Leichen von drei außerirdischen Zivilisationen würden tiefgekühlt aufbewahrt. Die Geheimdienste verschiedener Länder wüßten Bescheid, hätten aber beschlossen, keine Informationen herauszugeben.

Nach Meinung der Wissenschaftler lassen sich die UFO-Geschichten auf Phänomene wie Eiskristalle, Wolken, Meteore, Blitze, Vögel, die Venus, grelle Lampen, Wetterballons und Zeppeline zurückführen. Es wird darauf verwiesen, daß die Reisezeit zu anderen Sternen hoffnungslos lang ist. Selbst mit Lichtgeschwindigkeit dauert eine Reise zum nächsten Fixstern viereinhalb Jahre, aber die ist für unseren Körper unerreichbar, denn je näher er dieser Geschwindigkeit käme, um so größer (bis an unendlich) würde seine Masse. So stellt wohl die befremdliche Anthologie bizarrer Geschichten eine zeitgenössische Mythologie dar.

Das Warten am Wasserloch – die Suche nach außerirdischer Intelligenz

Sind wir allein? Isaac Newton verneinte das. Er schrieb in seinen privaten Aufzeichnungen, daß genau wie das Land, das Meer und die Luft belebt seien, und auch stehende Gewässer, Essig, die Körper und das Blut von Tieren und andere Säfte, mit unzähligen Lebewesen, die zu klein seien, um ohne die Hilfe von Vergrößerungsgläsern gesehen zu werden, so könne auch der Himmel mit Wesen gefüllt sein, deren Art wir nicht kennen. Im neunzehnten Jahrhundert begannen einige Experimentatoren darüber nachzudenken, wie man den Kontakt mit jenen Wesen herstellen könnte. Einer von ihnen war der hochbegabte Carl Friedrich Gauß (1777–1855), der »Fürst der Mathematiker«. Noch als Student entdeckte Gauß eine Möglichkeit, ein siebzehnseitiges regelmäßiges Vieleck mit Zirkel und Dreieck zu konstruieren, was den Griechen nicht gelungen war. Neben seinen mathematischen Entdeckungen berechnete er die Bahn von Ceres und war schon mit dreißig Jahren Direktor der Sternwarte Göttingen.

Als Vierzigjähriger begann er, über die Bewohner des Mondes nachzugrübeln, und kam auf den Gedanken, daß man ihnen ein Signal schicken könnte, indem man in Sibirien eine große geometrische Figur schüfe. Er wollte ein riesiges Weizenfeld in Form eines rechtwinkligen Dreiecks bestellen, bei dem die Quadrate über den Seiten aus dunkelgrünen Fichtenwäldern bestehen sollten, so daß sich der Satz des Pythagoras ablesen ließe. Wenn die Figur nur hinreichend groß wäre, würde jedem Beobachter klar, daß es sich um kein Naturphänomen handle.

Um 1840 hatte der Wiener Astronom Joseph von Littrow eine ähnliche Idee. In der Sahara sollten etwa vierzig Kilometer große Löcher in Form von Kreisen, Dreiecken und anderen Figuren ausgehoben, mit Kerosin gefüllt und angezündet werden. Diese Flammen könnten seiner Meinung nach für Bewohner anderer Welten sichtbar sein. Der französische Physiker Charles Cros schlug 1869 vor, riesige Spiegel, die Sonnenlicht sammeln und zum Mars reflektieren, in einer erkennbaren Anordnung – etwa in Form ei-

Irgendwo im All ... gibt es neben all den Planeten, die von Humanoiden, Reptiloiden, Fischoiden, wandelnden Baumoiden und superintelligenten Schatten von blauer Färbung bewohnt werden, auch einen Planeten, der ausschließlich kugelschreiberoiden Lebensformen vorbehalten ist. Und dieser Planet ist es, zu dem sich unbeaufsichtigte Kugelschreiber auf den Weg machen, indem sie still und heimlich durch Wurmlöcher im Kosmos in eine Welt entschwinden, in der sie, wie sie wissen, sich eines durch und durch kugelschreiberoiden Lebensstils erfreuen können.
Douglas Adams,
Per Anhalter durch die Galaxis

nes Sternbilds – über Europa zu verteilen.

Der aus Kroatien stammende exzentrische Erfinder Nikola Tesla (1856–1943) hielt es für aussichtsreicher, die Verbindung mit außerirdischen Zivilisationen mit Hilfe von Radiowellen aufzunehmen. Er glaubte sogar, das dabei empfangene Zwitschern stamme von einer fremden Zivilisation. Sein Gesinnungsgenosse Lord Kelvin war davon überzeugt, daß die Marsianer insbesondere mit New York City in Kontakt zu treten versuchten.

Mehr als ein halbes Jahrhundert später verfaßten Philip Morrison und Giuseppi Cocconi das, was praktisch zum Manifest der Gedanken wurde, Radiowellen seien das Mittel der Wahl zur Verständigung zwischen den Welten. In ihrem Artikel über die Suche nach interstellarer Kommunikation, der am 19. September 1959 in der Zeitschrift *Nature* erschien, sprachen die Verfasser von dem »Kanal, der jedem Beobachter im Universum bekannt sein muß«. Es war die Radioemissionslinie von neutralem Wasserstoff – 1,420 Megahertz. Im Jahr darauf gründete der Astronom Frank Drake das Projekt Ozma (benannt nach der schönen Prinzessin des Zauberlands Oz, zu deren Untertanen Wesen mit ellenlangen Ohren gehören, die bis Tausende von Kilometern jeden Laut hören können) und führte in diesem Frequenzbereich eine Radiosuche von Tau Ceti und Epsilon Eridani durch, zwei relativ nahen sonnenähnlichen Sternen. Drake suchte am Radioteleskop von Green Bank, West Virginia, zweihundert Stunden lang, fand aber keine Signale, die von jenen Sternen kamen.

Seitdem haben Astronomen in aller Welt immer wieder versucht, Signale von anderswo aufzufangen. Sie haben Hunderte von sonnenähnlichen Sternen sowohl bei der Frequenz von Wasserstoff als auch bei der anderer Moleküle untersucht. Seit Mitte der achtziger Jahre hat der Megachannel Extraterrestrial Assay der Harvard University – mit finanzieller Unterstützung von Steven Spielberg – einen großen Frequenzbereich untersucht. All diese Bemühungen blieben bis jetzt ergebnislos.

Aber sie sind nichts im Vergleich zu NASAs SETI (Search for Extraterrestrial Intelligence), einer Durchmusterung des Himmels mit hochauflösenden Mikrowellen, die am 12. Oktober 1992, dem fünfhundertsten Jahrestag der Ankunft von Kolumbus in Amerika, begonnen wurde. Dieses Projekt, das man auch »Knock Knock« nennt, setzt mindestens sechs Radioteleskope ein, darunter die Dreihundert-Meter-Metallschüssel in Arecibo, Puerto Rico, und durchmusterte in den ersten dreißig Beobachtungssekunden mehr, als auf dem Gebiet zuvor geleistet worden war. Bis heute wurde kein einziger Klingon gefunden, aber es gibt andere Entdeckungen, die die Meinung, es könne anderswo Leben geben, bestätigen. Man hat im interstellaren Raum und in Kometen organische Moleküle gefunden und um Sterne herum Materiescheiben, die vermuten lassen, daß die Bildung von Sonnensystemen nichts Einmaliges ist. Leben könnte durchaus verbreiteter sein als bisher angenommen.

Aber wo sollen wir suchen? Die NASA beschränkt ihre Suche auf einen kurzen Bereich von Mikrowellenfrequenzen, das sogenannte »Wasserloch«, das sich von der Emissionslinie von Wasserstoff (H) bis zu der von Hydroxyl (OH) erstreckt. In diesem Bereich stört Radiostrahlung nur wenig, und das könnten ja auch fremde Zivilisationen bemerkt haben. Bis zur Halbzeit des Mikrowellen-Beobachtungsprogramms wollen sich die Radioastronomen deshalb auf diese Frequenzen konzentrieren, wenn sie achthundert sonnenähnliche Sterne innerhalb eines Radius von 75 Lichtjahren durchmustern. Und für den Fall, daß die kleinen Monster auf einem anderen Kanal oder von einem anderen Stern aus senden, werden sie anschließend den ganzen Himmel auf zehn Millionen Kanälen durchsuchen.

Aber selbst wenn sie nichts finden, ist damit noch nichts bewiesen, denn auch die Zeit muß stimmen. Eine fremde Zivilisation, die die Sonne vor einem Jahrhundert beobachtete, hätte nichts von uns gehört. Eine Zivilisation, die genau jetzt schaut, aber über hundert Lichtjahre entfernt ist, würde ebenfalls nichts finden. Noch kann sie kein Radiosignal vom Planeten Erde erreicht haben. Aus ihrer Sicht sind wir stumm.

Eine Zivilisation jedoch, die einige Lichtjahre näher ist, könnte die Radiosignale entdecken, die seit ihrer ersten Ausstrahlung mit Lichtgeschwindigkeit in den Kosmos rasen. Eine fortgeschrittene Zivilisation in sechzig Lichtjahren Entfernung würde jetzt eine Kriegsnachricht aus dem Zweiten Weltkrieg empfangen oder Marlene Dietrich »Ich bin von Kopf bis Fuß auf Liebe eingestellt« singen hören. Eine Zivilisation in etwa dreißig Lichtjahren Entfernung, die ihre Aufmerksamkeit gerade in unsere Richtung lenkt, könnte sich über die 68er Bewegung den Kopf zerbrechen. Da sich Radiowellen mit Lichtgeschwindigkeit ausbreiten, würden, auch wenn sie sofort reagierten, erst unsere Enkelkinder ihre Antwort empfangen.

Vielleicht also lebt irgendwo auf einem anderen Planeten, der einen anderen Stern umläuft, eine Spezies, die wir uns noch nicht vorstellen können. Aber bis jetzt war die Suche vergeblich. Im Augenblick haben wir keinerlei Grund, auf irgendeinem der vielen Sterne in der Galaxie außer auf unserem eigenen Planeten auch nur einen Schimmer von Bewußtsein zu vermuten (vom technologischen Wissen gar nicht zu reden). Es gibt bis jetzt keinen Grund zum Zweifel an der Bemerkung, die Sir Arthur Eddington machte: »Nicht einer in der Vielfalt der Sterne in ihren Myriaden Haufen schaut auf Szenen hinunter, die mit jenen vergleichbar sind, die sich unter den Strahlen der Sonne abspielen.«

Botschaft an Unbekannt

Die USA sandten in den siebziger Jahren drei Botschaften an die Sterne. Die erste Botschaft wurde zweimal abgesandt; einmal von Bord der Sonde Pioneer 10, die am 2. März 1972 gestartet wurde, und dreizehn Monate später von Pioneer 11. Beide Sonden hatten eine goldeloxierte Aluminiumplatte an Bord, kleiner als ein Blatt Papier, in die eine Botschaft geätzt war. Sie war von Carl Sagan, Frank Drake und Linda Salzman Sagan, Sagans damaliger Frau, entworfen worden und enthielt eine Darstellung des Wasserstoffatoms, eine Karte, die die Erde in Relation zu vierzehn Pulsaren zeigt, ein Bild des Sonnensystems mit einem Pfeil, der die Bahn der Pioneer-Sonde anzeigt, Größenangaben in Binärzahlen und Zeichnungen von zwei nackten Menschen, die vor der Sonde stehen, damit die Außerirdischen unsere Größe erkennen. Der Mann hebt einen Arm zum Gruß, die Frau, deren langes, nach hinten gekämmtes Haar in der Mitte gescheitelt ist, läßt die Arme hängen. Die Zeichnung war sofort umstritten. Man bemängelte, daß das Bild pornographisch sei, daß die Frau keine Genitalien habe, daß die Darstellung sexistisch sei, weil der Mann in einer aktiven Pose gezeigt ist und die Frau in einer passiven. Trotzdem wurde es auf eine achtzigtausend Jahre währende Reise nach Alpha Centauri geschickt. Wenn die Plakette dort ankommt – Carl Sagan behauptet, sie sei widerstandsfähig genug, um Hunderte von Millionen Jahren im Raum überleben zu können – sollte sie noch gut erhalten sein. Die Alpha Centaurianer »werden viel über uns wissen«, schrieb der Astrophysiker Rudolf Kippenhahn. »Aber eines werden sie nie herausfinden, nämlich wie wir von hinten aussehen. Das wird ihnen immer ein Geheimnis bleiben.«

Die zweite Botschaft an die Sterne wurde am 26. November 1974 von dem Radioteleskop in Arecibo, Puerto Rico, ausgestrahlt. Drei Minuten lang wurden 1679 binäre Ja-Nein-, An-Aus-Pulse zum Kugelhaufen M13 gesandt. Die Zahl 1679 wurde gewählt, weil sie das Produkt von zwei Primzahlen, nämlich 23 und 73, ist. Horizontal angeordnet, in 23 Reihen zu je 73 Pulsen, fällt an der Anordnung überhaupt nichts Besonderes auf, bei 73 Reihen

»Manche Menschen haben Schwierigkeiten mit der Größe der Dinge. Es gibt keinen Grund, warum das Universum so groß ist. Es enthält mehr Raum, als ich für absolut nötig halte. Auch mehr Zeit. Weißt du, wen ich beneide?«
»Nein.«
»Rate mal!«
»Ich weiß nicht.«
»Geschöpfe mit wenig Schwerkraft«, sagte Endor. »Auf einem Planeten mit wenig Schwerkraft sind die Bewohner lang, schlank und fein gebaut. So stell ich mir die Ratnerianer vor. Ich sehe sie über dem Land treiben, fast ektoplasmikalisch, eine Rasse von Emanationen, nur gefleckt mit fester Materie. Ja. Wesen, die von der Schwerkraft ihrer Planeten nahezu befreit sind.«
Don DeLillo, *Ratner's Star*

mit 23 Pulsen aber ergibt sich ein bemerkenswertes Muster.

Jeder Bestandteil des Musters hat eine Bedeutung. Von oben nach unten stellen sie zunächst die Zahlen 1 bis 10 in der Binärdarstellung dar, dann die Atomzahlen der Elemente Wasserstoff, Kohlenstoff, Stickstoff, Sauerstoff und Phosphor und Information über RNAs und DNAs, einschließlich einer graphischen Darstellung der Doppelhelix. Außerdem enthält die Nachricht eine menschliche Gestalt, Binärzahlen, die die Größe eines Menschen und der Weltbevölkerung angeben, unter der menschlichen Gestalt eine Darstellung des Sonnensystems mit der Sonne rechts und, etwas erhöht, der Erde, ein Bild des Teleskops in Arecibo und eine Binärzahl, die seinen Durchmesser angibt. Zur Galaxie M13 gehören etwa eine Million Sterne. Dort kann diese Botschaft in etwa 25 000 Jahren empfangen werden, falls die Radioteleskope dort in genau dem richtigen Augenblick in unsere Richtung zeigen. Falls die Empfänger jedoch während der drei Minuten, die diese Botschaft dauert, zufällig anderweitig beschäftigt sind, ist sie für sie unwiederbringlich verloren.

Die dritte Botschaft, ebenfalls im Doppel hergestellt und gesendet, wurde 1977 von Voyager 1 und 2 in den Raum getragen. Mit Hilfe einer Technik, die inzwischen veraltet ist, wurde eine audiovisuelle Botschaft in Kupfer gepreßt und mit Aluminium ummantelt; außerdem wurde die Hülle mit einem extradünnen Film aus reinem Uran 238 überzogen. Auf die Behälterhülle wurden eine

Pulsarkarte und die Bahn von Pioneer 10 graviert, die Darstellung des Wasserstoffatoms und Piktogramme, die eine Gebrauchsanweisung darstellen, wie die Platte mit Hilfe einer Nadel und der Hülle abgespielt werden kann.

Wenn die Außerirdischen diese Botschaften entschlüsseln, hören sie auf der Bildplatte Grüße in sechzig Sprachen, Geräusche wie Regen, Küsse, Herzschläge und das Anlassen eines Autos, den Gesang der Buckelwale, Chuck Berrys »Jonny B. Goode«, Bachs zweites Brandenburgisches Konzert, Musik aus Mozarts Zauberflöte, senegalische Trommeln, ein Navajo-Lied, die elektrische Aktivität der Augen, der Muskeln, des Gehirns und des Herzens einer Frau und die Stimme des ehemaligen Generalsekretärs der Vereinten Nationen, Kurt Waldheim. Außerdem enthält die Platte 115 Bilder von Menschen, Orten und irdischen Dingen, von einer Schneeflocke bis zu einem Supermarkt.

Das ist alles. Wie eine Flaschenpost, die ins unendliche Meer geworfen wird, treiben die Botschaften des Raumprogramms zu den Sternen. Sie werden nicht bald ankommen, denn die Entfernungen sind gewaltig. Nach einer Reise von 26161 Jahren wird Voyager 2 in der Oortschen Wolke ankommen, der Heimat der Kometen. Das Raumschiff ist dann immer noch innerhalb unseres Sonnensystems.

Imagines coeli Meridionales.

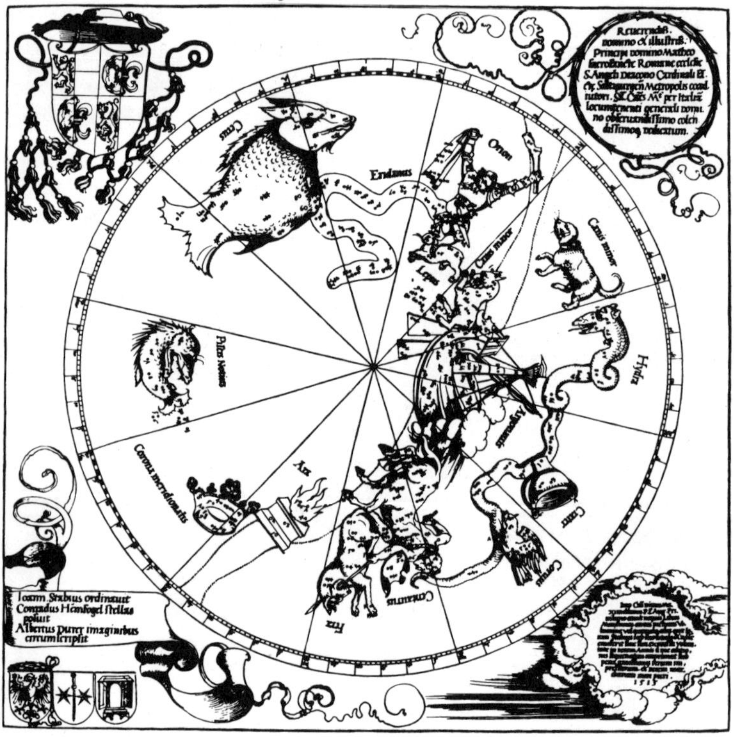

IV

Ein Album der Sterne und Sternbilder

Die Erscheinung eines Sternes (1. Größe) von bei Tag und Nacht weithin strahlender Lichtstärke (einer neuen leuchtenden Sonne), entstanden durch Kollision und weißglühende Amalgamation zweier nichtleuchtender Ex-Sonnen um die Zeit der Geburt von William Shakespeare über dem Delta-Stern im ruhenden, nie untergehenden Sternbild der Cassiopeia sowie diejenige eines Sternes (2. Größe) von ähnlichem Ursprung, doch geringerer Lichtstärke, der um die Zeit der Geburt von Leopold Bloom im Sternbild der Corona Septentrionalis erschienen und daraus wieder verschwunden war, sowie ferner diejenige anderer Sterne von (vermutlich) ähnlichem Ursprung, welche (tatsächlich oder vermutlich) im Sternbild der Andromeda um die Zeit der Geburt von Stephen Dedalus und im Sternbild der Auriga einige Jahre nach Geburt oder Tod von Rudolph Bloom jun. und in anderen Sternbildern einige Jahre vor oder nach Geburt oder Tod anderer Personen erschienen und daraus wieder verschwunden waren …

James Joyce, *Ulysses*

Sternnamen

Ihr tiefes: »Eins!«
sprach von der Sonne,
von Mond und Sternen,
Saturn und Mars
und Jupiter,
beschwor die Fernen,
wog Sternpunkte aus
mit Sigma's und Tau's.
Robert Frost, *Turmgespräch*

Die meisten Sterne werden zwar nur durch Nummern in Sternkatalogen gekennzeichnet, die hellsten Sterne aber haben Namen. Ihre Ursprünge sind unterschiedlich. Einige Namen wie Sirius, Pollux, Procyon sind griechisch, Regulus und Stella Polaris sind lateinisch, Nunki (im Sternbild Schütze) ist babylonisch. Die allermeisten Sternnamen jedoch sind arabisch. Während das Licht der Gelehrsamkeit in Europa verlosch und das finstere Mittelalter begann, bewahrten und vermehrten die Araber das Wissen von den Sternen.

Nachdem ein Reisender aus Indien dem Kalifen Abu Jafar al-Mansur 773 erzählt hatte, er könne Finsternisse vorhersagen, ließ der Kalif eine Reihe von Astronomiebüchern ins Arabische übersetzen. Ein halbes Jahrhundert später, unter einem anderen Kalifen, wurde der Sternkatalog des Ptolemäus, der mehr als sieben Jahrhunderte zuvor geschrieben worden war, ins Arabische übersetzt. Andere Kataloge folgten, darunter einer, der 1420 von Ulugh Beg (1394–1449) zusammengestellt worden war. Er führte 1018 Sterne auf, die dieser usbekische Fürst, Enkel von Timur, auf seiner Sternwarte in Samarkand beobachtet hatte.

Als die Europäer schließlich wieder erwachten, griffen sie zu den arabischen Texten, schufen neue Sternkarten und veränderten die arabischen Namen, weshalb die Herkunft der Sternnamen nicht immer leicht zu rekonstruieren ist. So bezeichneten einige

Araber beispielsweise den zweithellsten Stern im Orion als *yad al-ganza'*, Hand der Zwillinge. Ein Übersetzer in Paris verwechselte 1246 das y mit einem b – ein naheliegender Fehler, weil sich die beiden Buchstaben im Arabischen nur durch einen einzigen Punkt unterscheiden. So wurde *yad al-ganza'* zu *bad al-ganza'* , und daraus wurde in einer Zeit, in der die Rechtschreibung nicht durch Regeln festgelegt war, schließlich Beteigeuze oder auch Betelgeuse.

Im Jahr 1603 veröffentlichte der bayrische Jurist und Astronom Johann Bayer (1572–1625) in Augsburg einen schönen, neuartigen Sternatlas, *Uranometria*, in dem jedem Stern entsprechend seiner Helligkeit ein griechischer Buchstabe zugeordnet wurde. Mit wenigen Ausnahmen (zu denen der Große Bär gehört) erhielt der hellste Stern in jedem Sternbild den Buchstaben Alpha, der zweithellste den Buchstaben Beta und so weiter. Dem griechischen Buchstaben folgte der Genitiv des lateinischen Namens des Sternbildes. So wurde Rigel Kentaurus, »der Fuß des Zentauren«, auch als Alpha Centauri bezeichnet.

Bayers Bezeichnungen sind heute noch in Gebrauch. Aber es gibt in jedem Sternbild Hunderte von Sternen, während das griechische Alphabet nur 24 Buchstaben hat, deshalb mußte Bayer auch lateinische Buchstaben zu Hilfe nehmen. Bald wurden andere Systeme eingeführt. John Flamsteed (1646–1719), den König Charles II. von England zum ersten Königlichen Astronomen ernannte, bezeichnete jeden Stern entsprechend seiner Stellung im Sternbild, weigerte sich aber als Perfektionist, die Veröffentlichung seines Systems zu genehmigen. Auch Edmond Halley, der Newton überredet hatte, die *Principia Mathematica* zu veröffentlichen, konnte Flamsteed nicht überzeugen. Er nahm deshalb die Sache selbst in die Hand und veröffentlichte Flamsteeds Fixsternverzeichnis auf eigene Faust. Flamsteed verbrannte alle Kopien, die er nur auftreiben konnte, und darum stand die *Historia Coelestis Britannica* erst 1725 nach seinem Tod zur Verfügung.

Flamsteed klassifizierte 2682 Sterne, aber es gibt natürlich viel mehr. Es gibt auch viele Klassifizierungssysteme. Heute kann ein Stern einen Namen haben und eine Bayer-Bezeichnung, oder eine Flamsteed-Zahl, wie 61 Cygni oder 17 Tauri; er kann, wie Lalande

21185, der der Sonne fünftnächste Stern, einer der 47000 Sterne sein, die der französische Astronom Joseph Jérôme Le Français de Lalande (1732–1807) katalogisierte. Im neunzehnten Jahrhundert veröffentlichte Friedrich Wilhelm August Argelander (1799–1875) die vierbändige *Bonner Durchmusterung*, einen großen, an der Bonner Sternwarte erstellten Sternkatalog. In diesem letzten ohne Hilfe photographischer Aufnahmen erstellten Katalog schrieb Argelander 324198 Sternen BD-Zahlen zu. Außerdem erdachte er eine neue Möglichkeit, Veränderliche zu benennen. Stephen Groombridge (1755–1832), ein englischer Kaufmann und Amateurastronom, katalogisierte 4243 Zirkumpolarsterne, zu denen auch Groombridge 1830 gehört, ein schneller leuchtschwacher Stern im Großen Bären. Die Klassifizierung der etwa 250000 Sterne im *Henry Draper Catalogue*, der Anfang des zwanzigsten Jahrhunderts veröffentlicht wurde, ist im wesentlichen das Werk von Annie Jump Cannon vom Harvard Observatory. Seither wurden viele weitere Kataloge erstellt, darunter der *Guide Star Catalogue* des Hubble-Weltraumteleskop, eine computerisierte Liste von über 15169873 Sternen und 3,6 Millionen Galaxien.

Aber so wichtig die systematische Erfassung der Sterne auch sein mag, offenbar ist das menschliche Bedürfnis, Dinge zu zählen, schwächer als der Wunsch, sie zu benennen.

Während Flamsteed seine Sterne zählte, benannte Edmond Halley, der so gern sein Förderer gewesen wäre, Alpha Canum Venaticorum, den hellsten Stern im Sternbild Jagdhunde nach Charles II., Englands beliebtem König. Selbst heute noch kennt man Cor Caroli, das Herz von Charles, unter diesem Namen.

So ist es auch mit Barnards Stern im Schlangenträger, Ophiuchus. Er wurde nach Edward Emerson Barnard benannt, der entdeckte, daß dieser unbedeutende nahe Stern, der auch Pfeilstern genannt wird und zu schwach ist, um mit dem bloßen Auge beobachtet zu werden, rascher über den Himmel gleitet als jeder andere Stern, den wir am Himmel sehen. Van Biesbroecks Stern, ein 1943 entdeckter roter Zwerg, ist berühmt, weil er so schwach ist. Der 1917 entdeckte Van Maanens-Stern im Sternbild Fische ist ein weißer Zwerg und berühmt, weil er so klein ist; HD 47129 im

Sternbild Einhorn, der für den massereichsten Stern in der Galaxie gehalten wird, ist besser als Plasketts Stern bekannt. Und so ist es überall auf der Himmelskugel. Einige Sterne haben Namen, die etwas bedeuten, wie Sualocin und Rotanev im Sternbild Delphin. Diese arabisch oder russisch klingenden Namen erhielten sie von Niccolo Cacciatore, dessen latinisierter Name Nicolaus Venator lautet – rückwärts gelesen ergibt das Sualocin Rotanev. Giuseppi Piazzi, der den ersten Asteroiden entdeckte und dessen erster Assistent Cacciatore war, nahm sie 1814 mit diesen Namen in seinen Sternkatalog auf. Cacciatore ist übrigens keineswegs der einzige, dessen Name auf ewig umgekehrt wurde. Im Sternbild Cassiopeia wird ein Stern gelegentlich Navi genannt, ein Hinweis auf den mittleren Namen von Virgil I. »Gus« Grissom, der 1967 starb, als seine Apollo-Raumfähre in Flammen aufging.

Wie hell ist ein Stern?

Hinschauen allein genügt nicht. Ein helles Leuchtsignal kann ein unscheinbarer, aber naher Stern sein, ein zitternder Lichthauch aber eine riesengroße, sehr ferne Sonne. Deshalb verwendet man zwei Arten von Größenangaben, um die Helligkeit eines Sterns zu bezeichnen. Die scheinbare Helligkeit oder Größe (*m* für lateinisch *magnitudo*, Größe) mißt, wie hell der Stern erscheint. Dieses Maß wurde 134 vor Chr. erfunden, als der griechische Astronom Hipparch von seiner Sternwarte auf Rhodos aus am mutmaßlich ewigen und unveränderlichen Himmel im Skorpion einen neuen Stern auftauchen sah. Er konnte das jedoch nicht beweisen, weil er keine genauen Aufzeichnungen darüber hatte, wie das Sternbild früher ausgesehen hatte. Um beim nächsten Auftauchen eines neuen Sterns dessen Neuheit nachweisen zu können, beschloß er, eine Sternkarte zu erstellen. Dazu schätzte er mit dem bloßen Auge die scheinbare Helligkeit von etwa eintausend Sternen ab, die er in sechs Kategorien einteilte, von der ersten Größenklasse, der kleinsten Gruppe, zu der die zwanzig hellsten Sterne gehörten, bis zur sechsten, der zahlenmäßig größten Gruppe mit den schwächsten Sternen. So führte er für alle Zeit ein, daß ein Stern um so heller ist, je kleiner die Zahl ist, die seine Größe angibt.

Das System des Hipparch, das immer noch verwendet wird, wurde 1856 von dem englischen Astronomen Norman Pogson geeicht, der festlegte, daß ein Stern erster Größe hundertmal heller ist als ein Stern sechster Größe und folglich jede Größenklasse 2,512mal heller ist als die folgende (2,512 ist die fünfte Wurzel aus hundert). Seitdem haben schwächere Sterne noch größere Zahlen erhalten – das Hubble-Weltraumteleskop kann das Spektrum von Sternen der 26sten Größenklasse bestimmen. Und einige sehr hellleuchtende Himmelskörper haben Zahlen erhalten, die so klein sind, daß sie negativ sind. Die Sonne hat eine Größe von minus 26,72, und Sirius, der hellste Stern am Nachthimmel, hat eine Größe von minus 1,46.

Da diese Größenklasse die scheinbare Helligkeit eines Sterns mißt, kann sie irreführend sein. (Trotzdem beziehen sich Wissenschaftler, wenn sie von Sternen erster oder zweiter Größe sprechen, gewöhnlich auf ihre scheinbare Helligkeit.) Für die wirkliche Leuchtkraft eines Sterns spielt die Entfernung eine Rolle. Deshalb erfand der dänische Astronom Ejnar Hertzsprung den Begriff der absoluten Helligkeit (M), der es erlaubt, Sterne danach zu vergleichen, wie hell sie aussähen, wenn sie alle gleich weit von der Erde entfernt wären. Sie wir ebenfalls in Größenklassen gemessen. Er wählte als Einheit die Entfernung von zehn Parsec oder 32,6 Lichtjahren – etwas weniger als die Entfernung der Sterne Arcturus im Sternbild Bärenhüter, Bootes, und Pollux in den Zwillingen, Gemini, die beide etwa 36 Lichtjahre entfernt sind. Auf dieser Skala haben Rigel und Beteigeuze im Orion eine absolute Größe von minus 7,1 und minus 5,6, während Sirius, der uns heller erscheint, es nur auf 1,4 bringt. Er ist an unserem Himmel deshalb so hell, weil er uns so nah ist.

Die absolute Helligkeit der Sonne ist noch weniger beeindrukkend, denn sie liegt mit M gleich 4,8 in bezug auf Leuchtkraft und Masse in der Mitte. Aber der Zahl nach sind die allermeisten Sterne kleiner, kühler und weniger leuchtkräftig als die Sonne, die zur leuchtkräftigen Minderheit der Oberklasse gehört. Helle Sterne sind außerordentlich selten. In unserer unmittelbaren Umgebung sind nur vier Sterne so hell wie die Sonne oder noch heller. Die anderen 49 sind schwächer, nicht einmal viertklassig. Und unsere Nachbarschaft ist mehr oder weniger typisch. In der gesamten Galaxie sind etwa siebzig Prozent aller Sterne bescheidene, wenig leuchtkräftige Rote Zwerge, viel schwächer als die Sonne; von diesen Proleten unter den Sternen können wir keinen einzigen mit dem bloßen Auge sehen.

Der Hundsstern und sein Welpe

Und hieraus erkennet man den Wahn der Sterndeuter, welche die Hitze der Hundstage dem Hundssterne zugeschrieben, der alsdann mit der Sonne aufgehet.

Christian Wolff, *Vernünftige Gedanken von den Wirkungen der Natur*

Der hellste und einer der erdnächsten Sterne ist Sirius, der Hundsstern. Er gehört zum Sternbild Großer Hund, Canis Major, das eine gewisse Ähnlichkeit mit der Umrißzeichnung eines Hundes hat und seit langem gefürchtet und verehrt wird. Um 3200 vor Chr. ging er zur Sommersonnenwende in der Morgendämmerung auf. Dieser »Frühaufgang« kündigte die jährliche Überschwemmung des Nils und den Beginn eines neuen Jahres an. Die alten Ägypter nannten ihn den Stern der Isis, stellten ihn in einer Hieroglyphe als Hund dar und richteten den Tempel von Dendara nach seinem Aufgangspunkt aus. Die Römer feierten den Stern Ende April, wenn er in der Abenddämmerung unterging, mit einem komplizierten Ritual, bei dem ein Priester die Eingeweide eines roten Hundes verbrannte. Mohammed verbot die Verehrung des Sirius (und aller anderen Sterne), weil er den Einfluß für unheilvoll hielt. Die Sternkundigen des Mittelalters meinten, die »Hundstage« im August seien deshalb so schrecklich heiß, weil Sirius dann in den Taghimmel verschwunden war und seine Wärme zu der der Sonne beisteuerte.

Die Möglichkeit, daß Sirius einen Begleiter haben könnte, wurde zuerst 1752 erwogen, als Voltaire beschrieb, wie er sich die Entdeckung eines Siriusmondes vorstellte. Friedrich Wilhelm Bessel behauptete 1844 die Existenz eines Begleiters, nachdem er bemerkt hatte, daß die Eigenbewegung des Sirius nicht so gerade war wie

Das machtvolle Feuer des Sirius blendete das Auge mit stählernem Glitzern, Capella war gelb, Aldebaran und Beteigeuze leuchteten in glühendem Rot. Für jemanden, der in solch einer sternklaren Mitternacht allein auf einem Hügel steht, wird die Rotation des Erdballs zu einem fast greifbaren Erlebnis.
Thomas Hardy,
Am grünen Rand der Welt

die eines Einzelsterns, sondern wellenförmig, was nahelegte, daß er und ein unsichtbarer Begleiter einen gemeinsamen Schwerpunkt umliefen. Seine Vermutungen wurden bestätigt, als der Teleskopkonstrukteur Alvan Graham Clark 1862 diesen Begleiter entdeckte, den man zunächst für schwach und kalt hielt. Dann analysierte Walter Sydney Adams 1914 sein Spektrum und erkannte, daß Sirius B ganz im Gegenteil leuchtkräftig, heiß, überraschend klein und verblüffend dicht ist. Seine Masse, etwa so groß wie die der Sonne, ist in ein Volumen gepreßt, das kleiner ist als Neptun. »Die Botschaft des Siriusbegleiters lautete entschlüsselt: ›Ich bestehe aus Materie, die dreitausendmal dichter ist als alles, was man je gesehen hat; eine Tonne meiner Materie ist ein Klümpchen, das in eine Streichholzschachtel passen würde‹«, erinnerte sich Sir Arthur Eddington. »Was konnte man damals darauf entgegnen? Die meisten von uns sagten: ›Sei still. Rede keinen Unsinn.‹« Heute ist Sirius B der berühmteste Weiße Zwerg.

Sirius birgt zwei Geheimnisse. Eines betrifft seine Farbe. Obwohl er im Altertum oft als weiß beschrieben wurde, bezeichneten ihn einige, darunter Cicero, auch als rot. Deshalb fragte man sich, ob er die Farbe verändert habe. Diese Möglichkeit wurde zugunsten der Erklärung verworfen, daß Sirius, wenn er tief am Horizont steht, in vielen Farben schillert.

Seltsamer noch ist die in den dreißiger Jahren von einem französischen Anthropologen bekanntgegebene Entdeckung, daß die westafrikanischen Dogon in Mali, die keine Teleskope und auch nicht die üblichen wissenschaftlichen Verfahren kannten, schon davon überzeugt waren, daß Sirius einen kleinen schweren Begleiter hat, der ihn alle fünfzig Jahre (tatsächlich sind es 51 Jahre) einmal umrundet. Man hat mehrere Erklärungen für dieses überraschende Wissen vorgeschlagen. Eine Version schreibt sie Außerirdischen zu, eine andere vermutet komplizierte mythologische Überlegungen, bei denen Menstruationsblut und seltene Getreidearten eine Rolle spielen; am wahrscheinlichsten ist die banale Erklärung, daß astronomisch versierte Missionare den Dogon vom Hundsstern und seinem Begleiter erzählt haben.

Die hellsten Sterne am Himmel

Stern	Sternbild	Typ	Scheinbare Helligkeit	Absolute Helligkeit	Entfernung (in Lichtjahren)
Sirius	*Großer Hund Canis Major*	*blauweißer Hauptreihenstern*	-1,46	+1,4	8,8
*Canopus**	*Kiel des Schiffs, Carina*	*weißer Überriese*	-0,72	–3,1	100**
Arcturus	*Bärenhüter, Bootes*	*gelbroter Riese*	-0,04	–0,2	36
*Rigel Kentaurus (Alpha Centauri)**	*Kentaur Centaurus*	*gelbweißer Hauptreihenstern*	0,0	+4,4	4,3
Wega	*Leier, Lyra*	*blauweißer Hauptreihenstern*	0,03	+0,3	26
Capella	*Fuhrmann, Auriga*	*gelber Riese*	0,08	–0,6	42
Rigel	*Orion*	*blauer Überriese*	0,12	–7,1	910
Prokyon	*Großer Hund, Canis Major*	*weißer Unterriese*	0,38	+2,6	11
*Achernar**	*Eri, Eridanus*	*blauer Unterriese*	0,46	–1,6	85
Beteigeuze	*Orion*	*roter Überriese*	0,50	–5,6	310
*Hadar**	*Kentaur Centaurus*	*blauweißer Riese*	0,61	–5,1	460
Altair	*Adler, Aquila*	*weißer Hauptreihenstern*	0,77	+2,2	17
Aldebaran	*Stier, Taurus*	*gelbroter Riese*	0,85	–0,3	68
Antares	*Skorpion*	*Roter Überriese*	0,96	–4,7	330
Spica	*Jungfrau, Virgo*	*blauer Hauptreihenstern*	0,98	–3,5	260
Pollux	*Zwillinge, Gemini*	*gelbroter Riese*	1,14	+0,2	36
Fomalhaut	*Südlicher Fisch Piscis Austrinus*	*weißer Hauptreihenstern*	1,16	2,0	23
Deneb	*Schwan, Cygnus*	*weißer Überriese*	1,25	–7,5	1800
*Mimosa**	*Kreuz des Südens Crux*	*blauer Riese*	1,25	–5,0	420
Regulus	*Löwe, Leo*	*blauer Hauptreihenstern*	1,35	–0,6	85

* *Zu weit südlich, um von Mitteleuropa aus sichtbar zu sein.*

** *Erstaunlicherweise liegen solche Angaben, die man für gut bestätigt halten sollte, gelegentlich weit auseinander. Schätzungen der Entfernung von Canopus reichen von 74 Lichtjahren bis zu 1200 Lichtjahren, und die Angaben für die absolute Helligkeit reichen von -2,5 bis -8,5.*

Stella Polaris, der Nordstern

Doch ich bin standhaft wie des Nordens Stern
Des unverrückte, ewig stete Art
Nicht ihresgleichen hat am Firmament,
Der Himmel prangt mit Funken ohne Zahl,
Und Feuer sind sie all' und jeder leuchtet;
Doch einer nur behauptet seinen Stand.
William Shakespeare, *Julius Cäsar*

Schiffer werden auf der See von den Stürmen umgetrieben
bis die Zeit ihr langes Weh durch den Nordstern aufgerieben.
Johann Christian Günther

Die alten Chinesen nannten den Stern, der in der Liste der hellsten Sterne an fünfzigster Stelle steht, »den großen Himmelskaiser« und den »Herrscher der Herrscher«, weil er bei weitem der nützlichste aller Sterne ist. Die nordamerikanischen Pawnee gaben den Grund dafür an, wenn sie ihn als »Stern, der

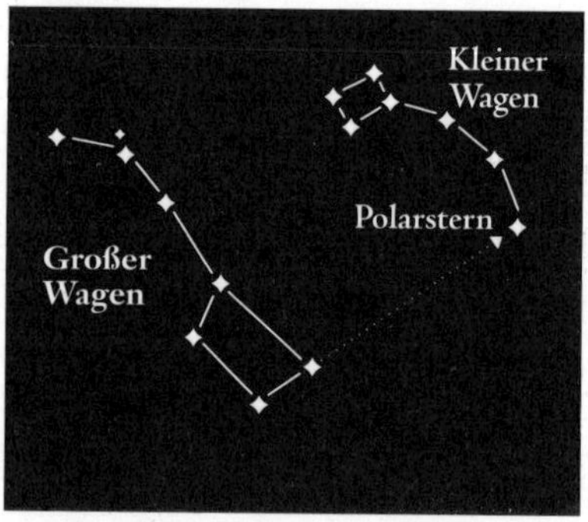

nicht herumwandert« bezeichneten. Dieser Stern, Stella Polaris, der auch Leitstern oder Nordstern oder Nordpolarstern oder auf arabisch Alrukabe, Knie, heißt und auf den die Erdachse fast genau hinweist, ist der äußerste Stern im Schwanz des Kleinen Bären, Ursa Minor, und der letzte Stern in der Deichsel des Kleinen Wagens. Er wurde von Dichtern wie Shakespeare, Wordsworth, T.S. Eliot,

Goethe, Lessing, Rückert und vielen anderen besungen und ist berühmt, weil er sich nicht bewegt. Wenn man ihn einmal gefunden hat (die letzten beiden Sterne des Großen Wagens weisen genau in seine Richtung), findet man ihn zeit seines Lebens immer am selben Ort wieder: genau im Norden, gerade über dem Schornstein des Nachbarhauses, zwischen den Zweigen eines Maulbeerbaums. Von Abenddämmerung bis Morgengrauen und zu allen Jahreszeiten ist er das, was Shakespeare ein »ever-fixed mark« nannte.

Aber das gilt nur für eine bestimmte Zeit; auf Dauer ist seine Beständigkeit nur scheinbar. Während die Erde um die Sonne

Der Polarstern.
Lowell Observatory

kreist, dreht sie sich zugleich um ihre Achse um einen imaginären Pol. Weil aber die Erde keine vollkommene Kugel ist, liegt ihre Achse nicht fest, sondern schwankt. Die Erde taumelt wie ein Kreisel, und der imaginäre Pol beschreibt im Lauf von 25 800 Jahren am Himmel einen Kreis. (Astronomen bezeichnen das als die Präzession der Äquinoktien.) Vor etwa 4 600 Jahren zeigte die Achse auf einen anderen Nordstern, nämlich Thuban im Sternbild Drachen. Siebentausend Jahre davor war Wega der Polarstern. Zur Zeit weist die Achse bis auf etwa ein Grad in Richtung des Polarsterns, aber im Jahr 2102 wird die Ausrichtung noch besser sein. In fünftausend Jahren jedoch wird Alpha Cephei, der hellste Stern im Sternbild Cepheus, die Weltachse markieren.

Der Polarstern, ein weißer Stern mit einem kleinen bläulichen Begleitstern neunter Größe, ist auch in anderer Weise ein Wandelstern. Er ist ein pulsierender Stern, ein Cepheide, dessen Helligkeit mit einer Periode von knapp vier Tagen schwankt. Die Schwankung ist gering und schwer zu entdecken, und sie nimmt seit 1970 ab. Vielleicht leuchtet der Polarstern eines Tages mit beständigerem Licht. Inzwischen taumelt die Erde weiter, und nichts hat Bestand.

Der 61ste Stern des Schwans und andere nahe Sterne

Nach der Erfindung des Teleskops haben sich die Astronomen mehr als zwei Jahrhunderte lang vergeblich bemüht, die Entfernung zu einem Fixstern zu bestimmen. Das Problem wurde 1838 gelöst, als der große Astronom Friedrich Wilhelm Bessel (1784–1846) in Königsberg die Entfernung zu dem unauffälligen Stern 61 Cygni im Sternbild Schwan berechnete.

Bessel wählte 61 Cygni, weil er so rasch über den Himmel zieht. Um ein Gefühl für seine Geschwindigkeit zu bekommen, stelle man sich den ganzen Himmel, die uns umgebende Kugel, in 360 Bogengrad unterteilt, vor. Vom Horizont bis zum Zenit über dem

Kopf sind es neunzig Grad; wenn man den Arm nach vorn ausstreckt, bedeckt die Faust etwa zehn Bogengrade. Ein Bogengrad ist in sechzig Bogenminuten unterteilt und jede Bogenminute in sechzig Bogensekunden. Jedes Jahr legt 61 Cygni eine Entfernung von 5,22 Bogensekunden zurück – unvorstellbar wenig. Bei diesem Tempo braucht der Stern etwa dreieinhalb Jahrhunderte, um ein halbes Grad zu durchstreifen, eine Entfernung, die etwa der Breite des Vollmondes entspricht. Nach menschlichen Begriffen steht 61 Cygni still. Astronomisch gesehen bewegt er sich so rasch, daß er »der fliegende Stern« genannt wird.

Seine Bewegung, die sogenannte »Eigenbewegung«, ließ Bessel vermuten, daß 61 Cygni relativ erdnah sein müsse, und deshalb sollte man seine Entfernung mit Hilfe der Parallaxenmethode berechnen können. Damit bezeichnet man das Verfahren, bei dem man in der klassischen Pose des Kunstmalers den Daumen in Armlänge vor sich hält, einen Punkt an der Zimmerwand anschaut und erst das eine und dann das andere Auge schließt. Der Daumen scheint relativ zum Hintergrund zu springen, weil man ihn von zwei unterschiedlichen Orten aus betrachtet, während der Hintergrund, beispielsweise die Tür, unverändert bleibt. Dieses Verfahren ermöglicht es, die Entfernungen naher Gegenstände herauszufinden, indem man berechnet, wie weit sich ihre Lage verschiebt, wenn sie von zwei Orten aus betrachtet werden. Wenn man den Grad der Verschiebung kennt (er ist in der Astronomie immer extrem klein), die Entfernung zwischen den Beobachtungspunkten mißt und die Regeln der Trigonometrie anwendet, kann man die Entfernung berechnen.

Leider sind die Sterne so weit von uns entfernt, daß keine zwei Orte auf der Erde weit genug auseinander liegen, um eine andere Ansicht zu liefern. Bessel beobachtete 61 Cygni deshalb von entgegengesetzten Punkten der Erdbahn aus, indem er den Stern in Abständen von sechs Monaten vermaß. So erhielt er ein Dreieck mit einer Grundlinie von etwa dreihundert Millionen Kilometern, der doppelten Entfernung der Erde von der Sonne.

Nachdem Bessel 61 Cygni in einem Zeitraum von drei Jahren wiederholt vor den Hintergrundsternen vermessen hatte – unter

Benutzung sorgfältig geeichter Meßinstrumente und Fernrohre, von denen man sagte, sie seien besser montiert als die des großen Wilhelm Herschel, darunter einem von ihm selbst erdachten sogenannten Heliometer –, konnte er berechnen, daß die Parallaxe von 61 Cygni etwas weniger als ein Drittel einer Bogensekunde betrug – ein winziger Betrag, ein Bruchteil eines Haars, aber für seine Zwecke ausreichend. Aus der Länge der Grundlinie des Dreiecks und dem Winkel der Parallaxe, die Bessel durch mühsame Messungen bestimmt hatte, konnte er dann leicht die Entfernung des Sterns berechnen: 61 Cygni war, so fand Bessel, 10,3 Lichtjahre entfernt – etwas weniger als der heutige Wert von 11,2 Lichtjahren, aber nahe genug, um als genau zu gelten. Indem er die tatsächliche Entfernung zu einem Stern berechnete (61 Cygni ist ungefähr 106 Billionen Kilometer entfernt), durchstieß Bessel »die große und bisher unüberwindliche Schranke für unsere Ausflüge in die

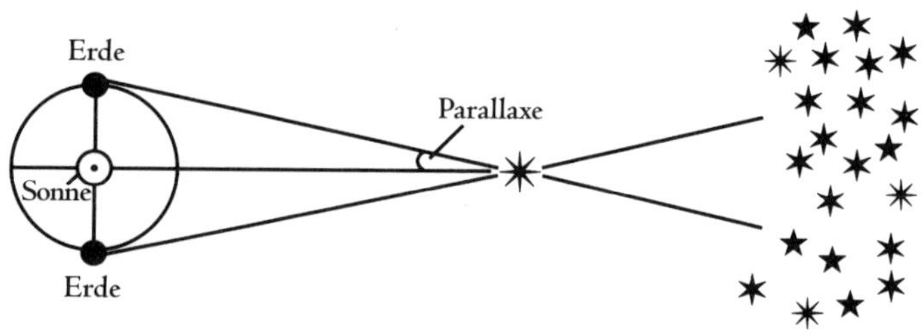

Sternwelt«, sagte Sir John Herschel, »die Schranke, an der wir uns so lange und so vergeblich abgemüht haben«. Die wirkliche Größenordnung des Universums, die lange in den unzugänglichen Abgründen des Raums verborgen gewesen war, kam in Blickweite.

Mit Hilfe dieses Verfahrens haben die Astronomen die Entfernungen zu den uns nächsten etwa zweitausend Sternen berechnen können. (Zur Berechnung entfernterer Sterne sind andere Methoden nötig.) Der schwache, aber sichtbare Stern 61 Cygni ist ein Doppelstern fünfter Größe, der aus zwei gelbroten Zwergen besteht, die einander einmal in 650 Jahren umlaufen und möglicherweise von einem unbedeutenden dritten Körper begleitet werden, der entweder ein sehr kleiner Stern oder auch ein Planet ist. 61 Cygni ist nicht der erdnächste Stern; vierzehn Sterne sind uns näher, wenn die Sonne nicht mitgezählt wird – aber zehn davon sind zu schwach, um sichtbar zu sein. 61 Cygni ist auch nicht der Stern mit der größten Eigenbewegung; diese Eigenschaft kommt Barnards Pfeilstern zu. 61 Cygni ist der Stern, der die erste Kerbe in die Meßlatte des Weltalls hieb.

Die erdnächsten Sterne

- Proxima Centauri, der zweite Stern auf dieser Liste, ist einer der leuchtschwächsten Sterne, die wir kennen. Er ist der (mit Ausnahme der Sonne) uns nächste Stern und kreist in beträchtlicher Entfernung von seinem Elternpaar Alpha Centauri A und Alpha Centauri B, deren Entfernung von Thomas Henderson (1798–1844) berechnet wurde. Henderson, der Direktor der Sternwarte am Kap der Guten Hoffnung gewesen war, kehrte 1830 nach Schottland zurück, analysierte die Daten, die er über Alpha Centauri gewonnen hatte und bestimmte seine Parallaxe und damit seine Entfernung. Das brachte ihm jedoch weniger Ruhm, als er gehofft haben mag, weil durch Bessel die Entfernung von 61 Cygni bereits bekannt war, als Henderson seine Ergebnisse 1839 veröffentlichte.

- Barnards Pfeilstern, 1916 von Edward Emerson Barnard entdeckt, ist der Stern mit der größten Eigenbewegung. Er rast durch den Kosmos und kommt in jedem Jahr und in jedem Jahrhundert doppelt so weit wie 61 Cygni. Es ist ein Roter Zwerg, ein Hauptreihenstern, röter als die Sonne.

- Wolf 359 ist der schwächste Rote Zwerg, den man bis jetzt kennt.

Stern	Sternbild	Typ	Scheinbare Helligkeit	Absolute Helligkeit	Entfernung
Sonne		*gelber Hauptreihenstern*	-26,72	+4,8	8 *Lichtminuten*
Proxima Centauri	*Kentaur Centaurus*	*Roter Zwerg*	11,05	+15,4	4,2 *Lichtjahre*
Alpha Centauri	*Kentaur Centaurus*	*gelbweißer Hauptreihenstern*	0,0	+4,4	4,3 *Lichtjahre*
Alpha Centauri B	*Kentaur Centaurus*	*gelbroter Hauptreihenstern*	1,33	+5,71	4,3 *Lichtjahre*
Pfeilstern	*Schlangenträger Opiuchus*	*Roter Zwerg*	9,54	+13,22	5,9 *Lichtjahre*
Wolf 359	*Löwe, Leo*	*Roter Zwerg*	13,53	+16,65	7,6 *Lichtjahre*
Lalande 21185	*Großer Bär Ursa Major*	*Roter Zwerg*	7,50	+10,5	8,1 *Lichtjahre*
Luyten 726–8A	*Walfisch, Cetus*	*Roter Zwerg*	12,52	+15,46	8,4 *Lichtjahre*
Luyten 726–8B	*Walfisch, Cetus*	*Roter Zwerg*	13,02	+15,96	8,4 *Lichtjahre*
Sirius A	*Großer Hund Canis Major*	*blauweißer Hauptreihenstern*	-1,46	+1,4	8,8 *Lichtjahre*
Sirius B	*Großer Hund, Canis Major*	*Weißer Zwerg*	8,3	+11,2	8,8 *Lichtjahre*
Ross 154	*Schütze Sagittarius*	*Roter Zwerg*	10,45	+13,14	9,4 *Lichtjahre*

- Lalande 21185 ist der hellste Rote Zwerg.
- Luyten 726–8A, ebenfalls ein Roter Zwerg, gehört zu einem Doppelsternsystem. Sein Begleiter 726–8B ist berühmt, weil er einmal in zwanzig Sekunden 160mal aufflackerte.
- Sirius A ist der hellste Stern am Himmel. Sirius B, sein winziger Begleitstern, ist ein Weißer Zwerg.
- Ross 154 im Schützen, der letzte Stern dieser Liste, ist einfach nur ein Roter Zwerg, ohne besondere Bedeutung, ein gewöhnlicher Stern.

Friedrich Wilhelm Bessel und die »persönliche Gleichung«

Der in Minden geborene Friedrich Wilhelm Bessel (1784–1846) kam im Alter von fünfzehn Jahren als kaufmännischer Lehrling in eine Bremer Handelsfirma. Er gab den Kaufmannsberuf bald auf, nicht aber die für diesen Beruf nötige Genauigkeit, die ihn schließlich berühmt machte. Nachdem er Mathematik, Geographie und Sprachen studiert hatte, wurde er Astronom, schrieb eine Arbeit über den Halleyschen Kometen und sandte sie an Heinrich Olbers, den Bremer Arzt und Kometenjäger, dessen Name mit der Frage verknüpft wird, warum der Nachthimmel dunkel ist. Olbers sorgte für die Veröffentlichung und stellte Bessel dem Justizamtmann und Amateurastronomen Johann Hieronymus Schröter vor, der den Zwanzigjährigen als Assistenten an seine private Sternwarte in Lilienthal bei Bremen holte. Sechs Jahre später wurde Bessel von König Friedrich Wilhem III. von Preußen zum Direktor der Sternwarte Königsberg ernannt, wo er bis zu seinem Tod blieb.

Bessel beschäftigte sich zeit seines Lebens mit Meßverfahren. Er maß nicht nur die Parallaxe und damit die Entfernung von 61 Cygni, sondern auch den Durchmesser des Merkur (bis auf etwa fünfzehn Kilometer genau). Und er erstellte einen Sternkatalog, in dem er etwa 75 000 Beobachtungen zusammenfaßte und die Positionen von 31 895 Sternen angab. Gleichzeitig befaßte er sich mit mechanischen Instrumenten. Sie waren oft ungenau, fand er, und in der Praxis erreichten sie, selbst wenn sie noch so sorgfältig geplant und gebaut worden waren, nicht das beabsichtigte Maß an Genauigkeit. Immer war irgend etwas nicht in Ordnung, nicht ganz horizontal, nicht ganz glatt, nicht perfekt geeicht. Diese winzigen Fehler schadeten der Präzision des Instruments, und der Astronom mußte sie korrigieren. »Jedes Instrument wird zweimal gebaut«, sagte Bessel in einer Vorlesung. »Einmal in der Werkstatt des Handwerkers, aus Messing und Stahl, und dann noch einmal vom messenden Astronomen auf dem Papier, mit Hilfe der Liste notwendiger Korrekturen, die er aufgrund seiner Untersuchung erstellt.«

Friedrich Wilhelm Bessel (1784–1846).
Yerkes Observatory, University of Chicago

Auch eine andere Korrektur war notwendig, wie er bemerkte, als er die zur Katalogisierung all jener Sterne nötigen Messungen durchführte. Dabei mußte der Augenblick markiert werden, in dem der Stern zuerst das feine Fadenkreuz im Okular des Teleskops zu berühren schien. Sein Assistent, der dieselbe mühsame Aufgabe verrichten mußte, registrierte diesen Moment unweigerlich einen Augenblick später als Bessel. Das veranlaßte Bessel, den Begriff des »persönlichen Fehlers« einzuführen, wonach genaue Beobachtungen dadurch gefährdet sind, daß manche Menschen ein Ereignis immer ein bißchen früher oder (noch häufiger) später bemerken als andere. Die Verschiebung ist in der Regel immer gleich groß, deshalb kann man sie berücksichtigen. Bessel nannte sie die »persönliche Gleichung«.

Geschichten vom Tierkreis

Jedes Jahr, wenn die Sonne, der Mond und die Planeten über den Himmel ziehen, durchlaufen sie denselben Himmelsstreifen mit den zwölf Sternbildern, die wir Zodiak oder Tierkreis nennen. Schon um 3500 vor Chr. unterschieden die Sumerer Stier, Löwe und Skorpion, seine besonders auffallenden Konstellationen. Allmählich kamen die anderen Sternbilder dazu; Ophiuchus, der Schlangenträger, und Cetus, der Walfisch, die beide in dieses Band hineinragen, wurden jedoch niemals zu den Tierkreiszeichen gezählt. Um 1600 vor Chr. hatte der Tierkreis der Chaldäer – ein Volk, das sich so sehr der Sterndeutung widmete, daß »Chaldäer« und »Astrologe« zu Synonymen wurden – schon große Ähnlichkeit mit unserem. Und bereits um 400 vor Chr. war der Tierkreis und auch der größte Teil seiner Mythologie in der uns bekannten Form etabliert. Jedes Volk hat Geschichten über die Sterne erzählt. Die Geschichten, die hier erzählt werden, stammen vor allem von den Griechen.

Widder, Aries

Menschen, die im Zeichen des Widders geboren werden, haben eine starke Persönlichkeit, sagen die Astrologen. Das Sternbild ist jedoch durchaus zweitrangig; sein Hauptkennzeichen ist ein fla-

Der deutsche Astronom Johannes Müller (1436–1476), als Regiomontanus bekannt, veröffentlichte Tabellen der Planetenbewegungen, Bücher über Astrologie und eine verbesserte Fassung des Almagest von Ptolemäus. Dieses Titelbild zierte eine Ausgabe dieses Buchs, das 1496, zwanzig Jahre, nachdem er an der Pest gestorben war, veröffentlicht wurde. Es zeigt Regiomontanus und Ptolemäus, der sein gekröntes Haupt über ein Buch beugt, wie sie unter einer Armillarsphäre sitzen. Library of Congress

Chris Callinan: Welches ist die Parallaxe der subsolaren Ekliptik von Aldebaran? Bloom: Hat mich gefreut, von Ihnen zu hören, Chris. K. 11.
James Joyce, *Ulysses*

ches Dreieck aus Sternen zweiter und vierter Größe.

Die Geschichte vom Widder beginnt mit König Athamas von Böotien und den zwei Kindern aus seiner ersten Ehe, in der er nicht glücklich war. Auch in der zweiten Ehe hatte Athamas Probleme. Seine neue Frau, Ino, haßte ihre Stiefkinder und wollte sie töten. Damals herrschte eine Hungersnot, deshalb sandte der König einen Boten zum Orakel von Delphi, um den Willen der Götter zu erkunden. Die Königin Ino aber fing die Boten ab und bestach sie; statt des Orakelspruchs teilten sie dem König mit, Athamas müsse seinen Sohn Phrixos opfern. Wie der biblische Abraham bereitete Athamas das Opfer vor. Glücklicherweise schickte Nephele, die Mutter der Kinder, im letzten Augenblick einen fliegenden Widder, dessen Fell wie Gold war. Phrixos kletterte mit seiner Schwester Helle auf den Widder und floh zum Schwarzen Meer. Über dem Wasser verlor Helle den Halt und stürzte in die Meeresenge zwischen Europa und Asien, die Hellespont genannt wurde. Phrixos aber kam sicher nach Kolchis, opferte den Widder auf dessen Geheiß und hängte das fabelhafte Goldene Vlies an einer Eiche auf, wo der dortige König es von einem Drachen bewachen ließ.

Eine andere Geschichte besagt, Neptun habe aus Angst, die von ihm begehrte Frau werde ihn abweisen, sich selbst und das Ziel seiner Begierde in Schafe verwandelt. Aus ihrer Vereinigung sei der Widder mit dem Goldenen Vlies hervorgegangen.

Stier, Taurus

Mars in dem Stiere war mein Aszendent,
Weh! Wehe! Daß man Lieben Sünde nennt!
Ich folgte meiner Meinung ganz und gar
Wie meine Sternstellung beschaffen war,
Und daher blieb für lustige Genossen
Auch meine Venuskammer nicht verschlossen.
Geoffrey Chaucer,
Die Erzählung der Frau aus Bath

Neben dem eher unscheinbaren Sternbild Widder ist der Stier großartig. Weil in den alten Mythen viele Stiere vorkommen, ist nicht klar, um welchen Stier es sich handelt. Es könnte der Stier der Osiris sein, eine Art Dalai Lama unter den Stieren, der an bestimmten Körperzeichen erkannt und in der Kindheit auserwählt wird, um das Gefäß zu sein, das die Seele des großen Gottes enthält. Schließlich wird der Stier geopfert und ein neuer gesucht. Auch Zeus könnte gemeint sein, der sich einmal in einen schneeweißen Stier verwandelte, um die phönizische Prinzessin Europa zu entführen. Sowie sie auf seinen Rücken gestiegen war, schwamm er durch das Mittelmeer nach Kreta, wo er sie verführte. Sie hatten drei Söhne. Unter anderem schenkte er ihr einen Hund, der später das Sternbild Großer Hund wurde. Oder es könnte eine Darstellung von Minotaurus sein, der als Mann mit einem Stierkopf auf Kreta geboren wurde. Im Sternbild erkennt man nur Kopf und Schulter des Stiers.

Im Sternbild Stier fallen zwei Sternhaufen ins Auge, die Hyaden in seinem Gesicht und die nahen Plejaden, das Siebengestirn, und außerdem der helle Stern Aldebaran, sein Auge. Aldebaran ist ein gelbroter Riese, dessen Durchmesser 36mal so groß ist wie der der Sonne. Er zieht am Himmel hinter den Plejaden her, denn er geht am selben Ort eine Stunde später auf – Aldebaran ist nach dem Arabischen gebildet und bedeutet »Nachfolger«. (Nach einer polynesischen Sage gab es in diesem Teil des Himmels einmal nur den hellsten Stern der Schöpfung; der aber prahlte immerzu mit seiner Schönheit. Das erzürnte den Maori-Gott Tane so sehr, daß er Aldebaran nach ihm warf. Dabei zerbrach der schöne Stern, und nur die Plejaden blieben von ihm übrig.)

Das Sternbild Stier ist auch die Heimat des Krebsnebels, des verschwommenen Überrests der Supernova, die im Jahr 1054 beobachtet wurde.

Zwillinge, Gemini

Die Dioskuren (Söhne des Zeus) Castor und Pollux (die Griechen nannten sie Kastor und Polydeukes) waren Brüder, die sich mit Jason und den Argonauten auf die Suche nach dem Goldenen

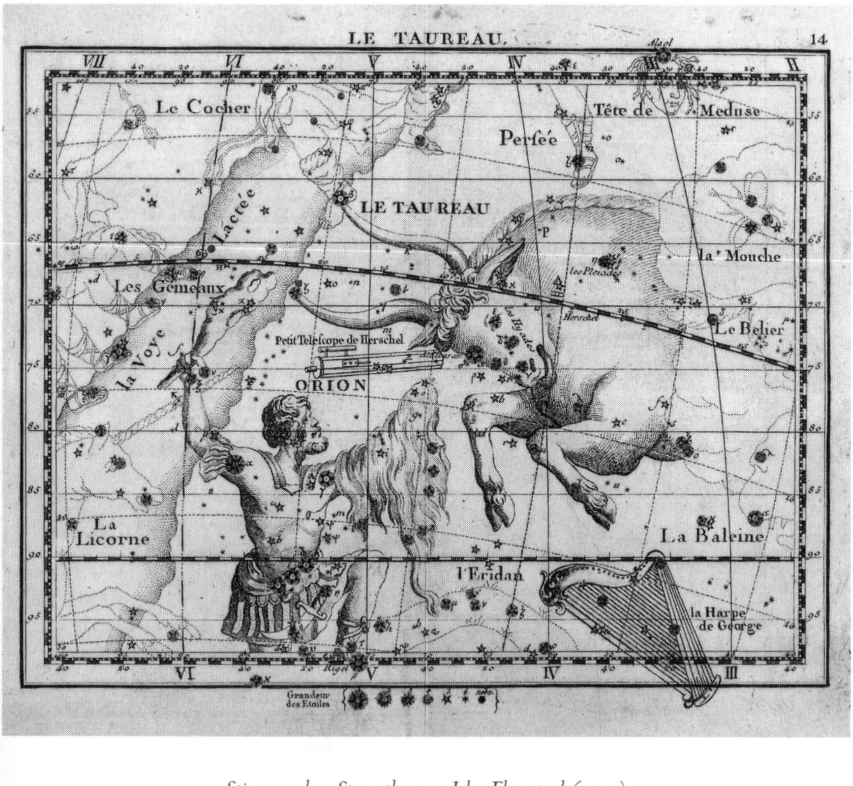

Stier aus dem Sternatlas von John Flamsteed (1725).
Deutsches Museum, München

Vlies machten. Sie waren aus einem riesigen Ei geschlüpft und vielleicht die Zwillinge, die Leda, die Königin von Sparta, empfangen hatte, als Zeus sich in Gestalt eines Schwans mit ihr paarte. Vielleicht waren sie auch Halbbrüder, die am selben Tag von zwei Vätern gezeugt worden waren. Nach dieser Fassung waren Polydeukes und die schöne Helena, der Anlaß zum Trojanischen Krieg, Kinder des Zeus und deshalb unsterblich. Kastor und Klytämnästra, seine Schwester, aber waren die Kinder von Tyndaräus, dem König von Sparta, und also sterblich. Der sterbliche Kastor und sein unsterblicher Bruder waren unzertrennlich. Eines Tages nahmen die Brüder an einer Hochzeitsfeier teil und beschlossen, die Bräute zu entführen. Es kam zu einem Kampf, bei dem die beiden frischgebackenen Ehemänner und Castor getötet wurden. Schmerz-

Zwillinge aus Johann Bayers Uranometria *(1655). Der Stern Castor ist in der Stirn des rechten Zwillings, während Pollux am Kinn des anderen liegt. Unter dem dunklen Streifen, der den Tierkreis darstellt, liegen die hellen Sterne Procyon (L) im Kleinen Hund, und Beteigeuze (H), die Orions Schulter markiert. Der gepunktete diagonale Streifen ist die Milchstraße.* Yerkes Observatory, University of Chicago

erfüllt bat Polydeukes Zeus, ihn seine Unsterblichkeit mit seinem Bruder teilen zu lassen. Zeus erfüllte die Bitte, indem er die Brüder gemeinsam an den Himmel versetzte. Aber sie mußten für jeden Tag auf dem Olymp einen Tag im Hades verbringen.

Die australischen Eingeborenen erzählen, daß der Mond, der bei ihnen Kulu heißt, während der Traumzeit eine Gruppe von Frauen so erbarmungslos gejagt habe, daß zwei Eidechsenmänner, die Wati-kutjara genannt werden, ihn mit ihren Bumerangs tödlich verwundet hätten, wodurch sein Gesicht weiß und blutlos geworden sei. Die Frauen seien in die Plejaden verwandelt worden und die Eidechsenmänner seien zum Sternbild der Zwillinge geworden.

Pollux, in der Helligkeitsskala an siebzehnter Stelle, ist ein gelbroter Riese und etwa 36 Lichtjahre von uns entfernt. Castor, an 23ster Stelle, ist eigentlich ein System von drei Doppelsternen, also sechs Sternen, die 46 Lichtjahre von uns entfernt sind. Zum Sternbild Zwillinge gehört auch NGC 2392, ein planetarischer Nebel mit einem Weißen Zwerg in der Mitte. Er wurde von Wilhelm Herschel entdeckt und ist als Eskimonebel bekannt, weil er an ein Gesicht erinnert, das von einer Pelzkappe umrahmt wird. Ein weiteres ungewöhnliches Objekt in diesem Sternbild ist der geheimnisvolle Pulsar Geminga, der seit 1972 als eine starke Quelle von Gammastrahlen bekannt ist. Er ist nur 195 Lichtjahre von uns entfernt und entstand vor 340 000 Jahren in einer Supernova, einer Explosion, die vermutlich zwanzig Prozent der Ozonschicht der Erde zerstörte, unseren steinzeitlichen Planeten mit ultravioletter Strahlung überschüttete und vielleicht zur Bildung der Gasblase beitrug, die die Sonne und andere Sterne einhüllt. Geminga ist jetzt in Gemini, zieht aber so rasch über den Himmel, daß er zur Zeit der Explosion vermutlich im Sternbild Orion war.

Krebs, Cancer

Hera haßte Herkules schon vor seiner Geburt. Sie versuchte ihn zu töten, als er noch ein Säugling war, indem sie ihm zwei Schlangen in die Wiege legte. Später, als Herkules die vielköpfige Hydra bekämpfte, unterstützte sie das Ungeheuer und ließ während des Kampfes einen großen Krebs aus dem Sumpf kommen, der Herkules in den Fuß biß und dann von ihm zertreten wurde. Hera versetzte den Krebs an den Himmel, gönnte ihm aber keine hellen Sterne, weil er seine Aufgabe nicht erfüllt hatte. Deshalb ist der Krebs das unauffälligste Sternbild im Tierkreis.

Es hat jedoch ein beachtliches Merkmal, nämlich den verschwommenen Sternhaufen M44, der als Praesepe oder Krippe bekannt ist. Mit dem bloßen Auge erkennt man nur einen schwachen Lichtfleck, aber wie Galilei 1610 entdeckte, ist es eine Ansammlung vieler Sterne. Galilei zählte 36 Sterne, seitdem hat man über 350 gefunden. Der Haufen ist etwa 530 Lichtjahre von der Erde entfernt.

Löwe, Leo

Eine der Aufgaben des Herkules war es, dem König Eurystheus das Fell des nemäischen Löwen zu bringen. Das Raubtier war in Form eines Meteors vom Mond gefallen und in Nemea gelandet, wo es das Land bedrohte und die Menschen quälte. Menschliche Waffen konnten ihn nicht verwunden, Herkules aber versperrte einen der Eingänge zur Höhle des Löwen, trieb das Tier in eine Ecke, schlug ihm mit der Keule ins Genick und erwürgte es. Danach zog er ihm das Fell ab und trug es selbst.

Ein rechtwinkliges Dreieck von Sternen markiert die Hinterbeine des Löwen, wo ein Haufen von Spiralgalaxien liegt. Vorn gleicht das Sternbild einem riesigen Fragezeichen und läßt Kopf, Mähne und Vorderbeine erahnen. Unten am Fragezeichen liegt Regulus, das Herz des Löwen.

Regulus, kleiner König, erhielt seinen Namen im fünfzehnten

Jahrhundert. Er ist ein großer bläulicher Stern und hat einen kleinen gelbroten Begleiter, der selbst ein Doppelstern ist. Unmittelbar über Regulus ist Eta Leonis, ein riesiger weißer Stern. Diese Sterne sind sehr gegensätzlich. Regulus ist 85 Lichtjahre entfernt und sieht nur wegen seiner Nähe viel heller aus als der etwa zweitausend Lichtjahre entfernte Eta Leonis. Wenn die Sonne die Größe einer Erbse hätte, wäre Regulus so groß wie ein Tischtennisball, während Eta Leonis den Durchmesser eines Autoreifens hätte. Wenn Eta Leonis nur so weit entfernt wäre wie Regulus, würde er jeden Stern am Himmel um ein Vielfaches überstrahlen, und wenn er so nahe wäre wie Sirius, wäre er tagsüber sichtbar. Wegen seiner großen Entfernung aber ist Eta Leonis nur ein unauffälliger Lichtfleck dritter Größe.

Jungfrau, Virgo

Nach dem römischen Dichter Ovid (43 vor Chr. – 17 nach Chr.) hat es vier Zeitalter gegeben, von denen jedes schlimmer war als das vorherige. Das erste war das utopische Goldene Zeitalter, in dem die Menschen die von Jupiters lichtem Baum gefallenen Eicheln lasen. Dann kam das Silberne Zeitalter, in dem die Luft in dörrender Hitze erglühte und starre Eiszapfen im Winde hingen. Diesem folgte das Eherne Alter, wild und kriegerisch. Das noch heute bestehende Eiserne Zeitalter ist schlimmer als alle früheren. »Nur vom Raub wird gelebt. Der Freund ist vorm Freunde nicht sicher, nicht vor dem Eidam der Schwäher, auch Bruderliebe ist selten.« Traurig verhüllten deshalb die Göttinnen der Scham ihr lichtes Antlitz und kehrten in die Gemeinschaft der ewigen Götter zurück. Als letzte Gottheit ging Astraia, die Tochter der Aurora. Eine andere Fassung dieser Geschichte besagt, daß Tyche die letzte Gottheit war, die die Erde verließ. Sie ist eine wenig bekannte Glücksgöttin, der die Herrschaft über die Würfel gegeben war; sie heißt gelegentlich auch Dike. Als das Eisenzeitalter kam, das Krieg und Verbrechen brachte, stieg sie zum Himmel auf, wo sie als Göttin der Gerechtigkeit gilt, weil sie der Waage so nahe ist.

Tyche und Astraia werden beide durch das Sternbild Jungfrau dargestellt.

Virgo, das einzige Sternbild im Tierkreis, das als Frau beschrieben wird, wurde mit praktisch jeder Göttin in Verbindung gebracht, von Ishtar bis Urania, der Muse der Astronomie; auch mit Persephone, die sechs Monate des Jahres bei Pluto, der sie entführte, unter der Erde verbringt und sechs Monate oberhalb bei ihrer Mutter Demeter, der Göttin des Getreides; und mit Erigone, der pflichtbewußten Tochter des sterblichen Ikarios, der Dionysos in Attika aufnahm und zum Dank dafür den Wein erhielt. Als er den Wein und seinen Spender bekanntmachen wollte und mit einem Weinkarren von einer Stadt zur anderen zog, hielten die berauschten Hirten und Bauern den Wein für giftig und töteten Ikarios. Erigone war untröstlich, als sie vom Mord an ihrem Vater hörte, und wurde schließlich in ein Sternbild verwandelt. (Ikarios wird gelegentlich mit dem Bärenhüter Bootes gleichgesetzt, und der Wa-

Die wohl schönste Galaxie an unserem Himmel ist M104 in Virgo, die wir von der Seite sehen. Wie der schmale dunkle Rand eines leuchtenden Huts zieht sich ein dunkler Streifen von Staub und Gas um ihren Äquator, weshalb sie auch als Sombrerogalaxie bezeichnet wird. Man hält sie für ein Mittelding zwischen einer Spiralgalaxie wie der Milchstraße und einer elliptischen Galaxie. National Optical Astronomy Observatories

gen, in dem er seinen Wein transportierte, mit Ursa Minor, dem Kleinen Wagen.)

Virgo ist das zweitgrößte Sternbild – Hydra ist das größte – und hat nur einen hellen Stern erster Größe, Spica, was auf lateinisch Kornähre bedeutet. Spica ist besonders leicht zu finden. Wenn man den Großen Wagen gefunden hat, folgt man der Kurve seiner Deichsel bis zu Arcturus und dann weiter, bis man Spica erblickt. Dieser lange graziöse Bogen erstreckt sich über den halben Nachthimmel.

Mit Hilfe der Sterne der Jungfrau kann man auch den Virgohaufen ausmachen, den uns nächsten großen Galaxiehaufen. Diese Ansammlung von nahezu dreitausend Galaxien, darunter 250 großen, ist etwa siebzig Millionen Lichtjahre entfernt – weit jenseits der Milchstraße. Am Himmel bedeckt der Virgohaufen eine Fläche, die etwa vierzehnmal so groß ist wie der Mond. Sein Durchmesser beträgt mehr als zehn Millionen Lichtjahre.

Waage, Libra

Die unauffällige Waage ist das einzige Tierkreiszeichen, das nicht nach einem Lebewesen heißt. Vor viertausend Jahren sahen die Sumerer in diesem Sternbild die »Himmelswaage«, weil die Sonne am ersten Herbsttag, wenn Tag und Nacht gleich lang sind, in ihr steht. Zweitausend Jahre später noch konnten die Römer und die Ägypter eine ähnliche Konstellation erkennen.

Für die Griechen war Libra der Wagen, mit dem Pluto Persephone in die Unterwelt brachte. Aber sie verbanden das Sternbild auch mit dem majestätischen Skorpion und beschrieben zwei seiner hellsten Sterne als dessen nördlichen und südlichen Fangarm; die arabischen Namen lauten: Zubenelgenubi und Zubeneschamali.

Zubeneschamali ist ein weißer Stern, dessen Farbe aber auch als blasses Smaragdgrün beschrieben wurde. Heute leuchtet er nicht besonders hell, aber Eratosthenes von Cyrene fand ihn im dritten vorchristlichen Jahrhundert leuchtstärker als Antares, den hellen roten Stern im Herzen des Skorpion, was darauf schließen läßt, daß entweder Zubeneschamali damals heller war oder Antares sich geändert hat oder der für seine Berechnung des Erdumfangs berühmte Eratosthenes nicht aufgepaßt hat.

Skorpion

Für die Chinesen war dieses Sternbild ein Drachen. Die Polynesier sahen in ihm den Angelhaken, mit dem der trickreiche Gott Maui die Inseln vom Meeresboden hochholte. Die Griechen sahen es als einen gigantischen Skorpion, und das ist leicht nachzuvollziehen. In einer Sommernacht, wenn der Skorpion vom Horizont

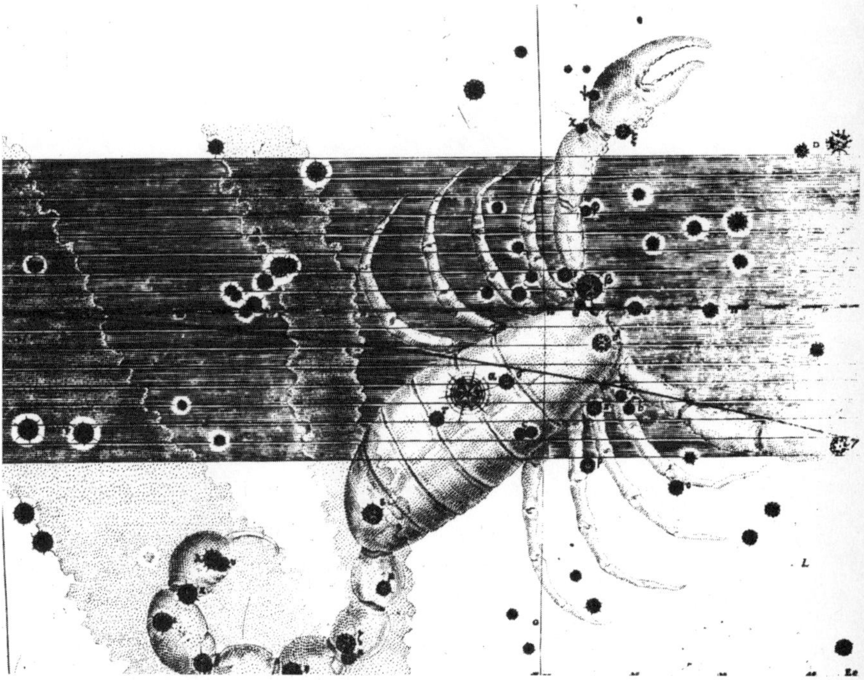

Skorpion aus Johann Bayers Uranometria *(1655). Der hellste Stern, Antares, liegt in der Mitte des Sternbilds.* Yerkes Observatory, University of Chicago

emporzukrabbeln scheint, sieht er aus, wie man ihn sich vorgestellt hat.

Die Geschichten, die über ihn erzählt werden, spiegeln seine Stellung am Himmel: Orion, der große Jäger, brüstete sich, daß ihm kein Tier etwas zuleide tun könne, woraufhin Hera den Skorpion schickte, um ihn eines Besseren zu belehren. Er verletzte Orion tödlich, aber vor seinem Tode erschlug Orion den Skorpion mit seiner Keule. Oder Orion drohte, alle Tiere zu töten, woraufhin Gaia den Skorpion schickte, damit er selbst stürbe. Oder er versuchte, Artemis zu vergewaltigen, die einen riesigen Skorpion aufhob und ihn damit tötete. Jedenfalls enden die Geschichten damit, daß Orion und Skorpion sich am Himmel gegenüberstehen. Wenn einer aufgeht, geht der andere unter.

Der auffälligste Stern ist der hellrote Überriese Antares, das Herz des Skorpions.

An der Südspitze von Südamerika, in Feuerland, werden diese drei Sterne auf besondere Weise verknüpft. Antares ist der Gott Kwonyipe, die Sterne über und unter ihm sind seine beiden Frauen, und auf der anderen Seite des Himmels leuchtet sein Gegner, der helle Stern Alpha Carinae, den wir Canopus nennen.

Wie der Planet Mars, den die Griechen Ares nannten, ist auch Antares rötlich; sein Name »Antares« bedeutet eigentlich »Anti-Ares«, also Gegner des Mars. Aber trotz seiner offensichtlichen Röte ist Antares wie Zubeneschamali auch als grün bezeichnet worden. Beobachter bemerkten im neunzehnten Jahrhundert immer wieder, daß sich bei genauer Betrachtung ein grünes Licht ins Gesichtsfeld dränge. Das erweckte den Verdacht, daß der Stern einen grünen Begleiter haben müsse.

Der Begleitstern sechster Größe war bereits 1819 entdeckt. Er wurde als blaßgelb, sehr blau, purpur oder grün beschrieben, was einfach eine optische Täuschung sein könnte, die durch den Kontrast zum roten Antares zustande kommt.

Schütze, Sagittarius

Man braucht nicht viel Vorstellungskraft, um im Sternbild Skorpion einen Skorpion zu erkennen; schon vor fünftausend Jahren wurde es so genannt. Aber es ist nicht so einfach, im Sternbild Schützen einen Schützen zu entdecken. Eher denkt man an eine Teekanne mit einem Henkel, einem Knopf auf dem Deckel und einer Tülle, aus der Milch in die Milchstraße fließt. In einer Sommernacht, wenn der Skorpion über den Horizont geklettert ist, folgt ihm der Schütze nach und ist leicht zu erkennen. Er markiert die Mitte der Galaxie, wo die Milchstraße am dicksten und hellsten ist. Dort gibt es viele Sternhaufen und Nebel; unter ihnen sind der Lagunennebel, der seltsam ausgebeulte Trifidnebel und der Omeganebel, in dem aus glühenden Wasserstoffwolken junge Sterne geboren werden.

In Indien wurde dieses Sternbild vor dreitausend Jahren als

Der Trifidnebel M20 im Schützen. Dunkle Spuren von Staub und Gas heben sich von Wolken ab, die im Licht nicht sichtbarer Sterne glühen. National Optical Astronomy Observatories

Pferd gesehen. Die Babylonier sahen darin den Kriegskönig Nergal, die Chinesen einen Tiger und die Araber eine Herde von Straußen, wobei die Sterne in der Nähe der Tülle die weglaufenden und die im Henkel die zurückkehrenden Strauße darstellten, und der Stern auf dem Deckel ist der Hirte, der beide bewacht.

In der klassischen Mythologie war Sagittarius ein Kentaur, halb Pferd und halb Mensch. Eine Sage erzählt, daß Ixion, der seinen Schwiegervater ermordete, Hera verführen wollte. Nachdem Hera Zeus von diesen Avancen berichtet hatte, stellte dieser dem Nebenbuhler eine Falle, indem er eine Wolke schuf, die seiner Gemahlin haargenau glich. Ixion paarte sich mit dieser Wolke, und aus dieser Vereinigung gingen die rüpelhaften und lüsternen Kentauern hervor.

Auch Chiron, Freund von Apollo und Lehrer von Jason, Asklep und Achilles, war ein Kentaur; er wurde durch die Vereinigung von Chronos und der Nymphe Phylira gezeugt. Weil Chronos nicht wollte, daß seine Frau Rhea von dieser Affäre erfuhr, nahm er die Gestalt eines Pferdes an, und deshalb wurde Chiron halb Mensch, halb Pferd. Als Göttersohn war Chiron unsterblich, aber einmal, als die anderen Kentauern und Herkules betrunken in einen Streit gerieten, wurde Chiron, ein unschuldiger Beobachter, von einem der giftigen Pfeile des Herkules ins Knie getroffen. In großen Schmerzen, denen er nicht durch den Tod entgehen konnte, bat er flehentlich, seine Unsterblichkeit einem anderen übergeben zu dürfen. Sein Wunsch wurde erfüllt. Prometheus, der den Göttern Feuer entwendet hatte, um es den Menschen zu bringen, und der damit bestraft worden war, daß seine Leber unablässig von einem Adler gefressen wird, wurde unsterblich und Chiron an den Himmel versetzt. Der Ort ist umstritten. Einige sagen, Chiron sei der Schütze, andere behaupten, die guten Plätze seien schon besetzt gewesen, deshalb sei er die Konstellation Kentaur am Südhimmel geworden. Und der kriegerische Schütze, der mit einem Pfeil auf den Skorpion zielt, sei einer der Söhne des Ixion.

Steinbock, Capricorn

Der Steinbock ist eines der schwächsten Sternbilder im Tierkreis und hat wenige Galaxien und ferne Objekte. Aber er ist ein seltsames mythologisches Symbol. Wie der Schütze halb Mann und halb Pferd, ist der Steinbock halb Ziege und halb Fisch. Dieser Ziegenfisch, der auf babylonischen Tafeln vorkommt, wird mit einer Reihe von Gestalten identifiziert, zu denen auch der gehörnte Gott Pan gehört. Er saß eines Tages mit einigen anderen Göttern am Nil, als plötzlich das Monster Typhon erschien. Die Götter erschraken, als sie die Donnerstimme hörten und hundert Schlangenköpfe sahen, und verwandelten sich rasch in Tiere, um zu fliehen. Aber Pan konnte sich nicht dazu entschließen und erstarrte. Erst im allerletzten Moment sprang er in den Fluß und wurde verwandelt, noch ehe sein Körper ganz untergetaucht war. Seine untere Hälfte wurde ein Fisch, während die obere, noch über dem Wasser, eine Ziege blieb.

Wassermann, Aquarius

Aquarius, ein Mann mit einem Wassereimer, ist wahrscheinlich eine babylonische Gestalt, die mit frühen Erzählungen von Überschwemmungen verknüpft ist. Für die Ägypter kündigte dieses Sternbild die jährliche Überflutung des Nils an. Es ist am Himmel von anderen Wassersternbildern umgeben, darunter Walfisch und Fische. Um diese Gestalt ranken sich keine besonderen Mythen. Aquarius wird oft mit Ganymed identifiziert, den Zeus sich als seinen Mundschenk wählte, und den entweder, wie Homer behauptet, die Götter entführten, oder den der Adler, ganz in seiner Nähe, an den Himmel versetzte.

Das Sternbild Wassermann besitzt zwei große planetarische Nebel, wie sie sich bilden, wenn ein sterbender Stern eine Schale von leuchtendem Gas ausstößt. Oft behält das Gas seine Kugelform auch in der Ausdehnung. Das größte und nächste Beispiel ist der Helixnebel (NGC 7293), der deutlich einen glühenden kreisförmigen Ring erkennen läßt, in dessen Mitte ein einzelner Stern leuchtet. Zum Wassermann gehört auch der Saturnnebel (NGC 7009), der so heißt, weil er eine gewisse Ähnlichkeit mit dem gleichnamigen Planeten hat. Die hellsten Sterne im Wassermann sind Sadalmelik, Sadalsud und Sadachbia, was soviel heißt wie »mächtiger König«, »Mächtigster der Mächtigsten« und »Herr der verborgenen Dinge« oder »Herr der Zelte«.

Fische, Pisces

Doch folge nun, ich möchte gerne gehen,
Die Fische schimmern schon am Horizonte.
Dante Alighieri, *Inferno*

Wie Pan wurden auch Aphrodite und ihr Sohn Amor oder Eros (die Römer nannten sie Venus und Cupido) einmal vom Ungeheuer Typhon bedroht. Auch sie entkamen, indem sie in einen Fluß sprangen, wo sie in Fische verwandelt wurden. Um sich auf keinen Fall in den Tiefen des Meeres zu verlieren, banden sie ihre Schwanzflossen mit einem Faden zusammen. Der weißblaue Doppelstern vierter Größe, den wir als Alrescha kennen, was vom arabischen *al-rischa* kommt, stellt einen Knoten in dem Faden dar. Er ist der hellste Stern des Sternbildes.

Das Sternbild Fische ist aus einem anderen Grund bemerkenswert. Vor über zweitausend Jahren entsprachen die Tierkreiszeichen, wie die Astrologen sie benutzen, etwa den Sternbildern, die die Astronomen unterscheiden. (Die Sternbilder sind jedoch nicht gleich groß, während den Tierkreiszeichen auf dem Kalender traditionell gleichviel Raum zugeschrieben wird.) Am 21. März, dem ersten Tag des Widders, trat die Sonne damals gerade in den Bereich des Himmels ein, in dem dieses Sternbild war, und einen Monat später fand man sie unter den Sternen

Die große Knospe – grüne Aquinoktien und sich windende träumende Fische zu jungem Widder, Wasserschlaf zu Feuerwachen steht uns bevor.
Thomas Pynchon,
Die Enden der Parabel

des Stiers. Aber weil die Erde um ihre Achse schwankt, entsprechen die Daten der Astrologen nicht mehr der astronomischen Wirklichkeit. Deshalb finden wir heute die Sonne am ersten Frühlingstag, der einmal der erste Tag des Widder war, im Sternbild Fische. Und auch das wird nicht von Dauer sein. Um das Jahr 2500 herum wird die Sonne am ersten Frühlingstag im Wasserträger sein. Dann beginnt das Zeitalter des Wassermanns.

Die zehn hellsten Sterne des Tierkreises

Einige Sternbilder im Tierkreis sind am Nachthimmel aufregende Erscheinungen und andere nicht. Das hängt von der Verteilung der Sterne der ersten und zweiten Größenklasse ab, und die ist nicht gleichmäßig. Von den fünfzig hellsten Sternen am Himmel sind drei im Skorpion, zwei im Stier, zwei in den Zwillingen und je einer in Löwe, Jungfrau und Schütze. Die anderen Sternbilder im Tierkreis können sich bei allen ihren sonstigen Vorzügen mit keinem einzigen hellen Stern brüsten.

Stern	Sternbild	Typ	Scheinbare Größe	Entfernung (in Licht jahren)
Aldebaran	*Stier*	*gelbroter Riese*	0,9	68
Antares	*Skorpion*	*roter Überriese*	1	330
Spica	*Jungfrau*	*blauer Hauptreihenstern*	1	260
Pollux	*Zwillinge*	*gelbroter Riese*	1,1	36
Regulus	*Löwe*	*blauer Hauptreihenstern*	1,4	85
Castor	*Zwillinge*	*blauweißer Hauptreihenstern*	1,6	46
Shaula	*Skorpion*	*blauer Unterriese oder Hauptreihenstern*	1,6	275
El Nath	*Stier*	*blauer Riese*	1,7	130
Kaus Australis	*Schütze*	*blauer Unterriese*	1,9	85
Sargas	*Skorpion*	*weißer Überriese*	1,9	915

Ein Drama am Nordhimmel – Perseus, Cassiopeia, Cepheus, Andromeda, Pegasus und Cetus

Das große mythologische Drama des Nordhimmels ist am besten im Herbst zu beobachten. Dem König Akrisios von Argos wurde prophezeit, seine Tochter Danae werde einen Sohn gebären, der ihn eines Tages töten werde. Um diesem Schicksal zu entgehen, sperrte er seine Tochter Danae in einen Turm ein. Zeus aber, der das schöne Mädchen liebte, drang in Gestalt eines Goldregens in ihren Kerker und zeugte mit ihr einen Knaben. Als Akrisios von dem Kind, Perseus, hörte, sperrte er Mutter und Kind in eine Truhe und ließ sie ins Meer werfen. Dort behütete sie Zeus, bis sie auf der Insel Seriphos an Land gespült wurden, wo der Fischer Diktys Perseus wie sein eigenes Kind aufzog.

Als Jahre später der Bruder von Diktys, König Polydektes, die schöne Danae begehrte, wies sie ihn ab. Polydektes wollte den inzwischen erwachsenen Perseus aus dem Wege schaffen und befahl ihm, das Haupt einer der drei Gorgonen zu holen, nämlich das der Medusa, einer schönen jungen Frau, deren Haare, ein Schlangennest, einen so schrecklichen Anblick boten, daß jeder versteinerte, der sie anschaute. Sie lebte inmitten eines Skulpturengartens versteinerter Männer und Tiere. Weil die Gefahr so groß war, erhielt Perseus göttliche Hilfe: Hermes gab ihm geflügelte Sandalen und eine Sichel, die Nymphen gaben ihm eine Tarnkappe und einen Lederbeutel, in den er den Kopf der Medusa tun sollte, und Athene verschaffte ihm ein glänzendes Bronzeschild. In diesem

Schild betrachtete Perseus das Spiegelbild der Medusa, die er schlafend fand, und konnte ihr so das Haupt abschlagen, ohne sie anzusehen, und steckte den Kopf in den Beutel. Mit der Tarnkappe konnte er sich vor den Angriffen der unsterblichen Schwestern schützen. Als einige Blutstropfen der Medusa ins Meer fielen, wo sie sich mit dem Schaum der Wellen vermischten, entstand daraus Pegasus, das geflügelte Pferd, mit dem er fliehen konnte.

Auf dem Heimweg sah Perseus die an ein Kliff geschmiedete Andromeda. Die liebliche Tochter von Kepheus und Kassiopeia, dem König und der Königin von Äthiopien, war durch die Eitelkeit ihrer Mutter in diese Gefahr geraten; diese hatte damit geprahlt, ihre Tochter sei schöner als die Nereiden, die Meernymphen. Die waren beleidigt und hatten Poseidon, den Meeresgott,

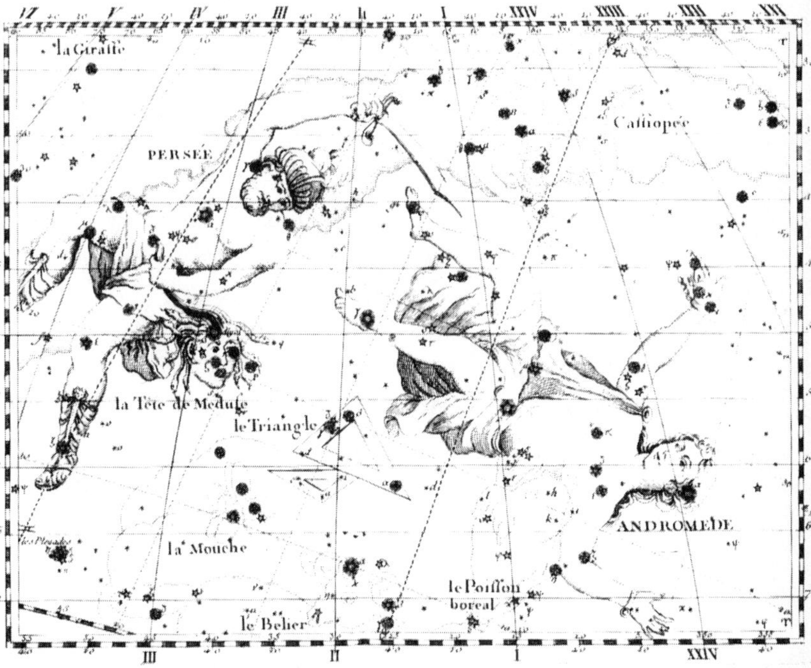

Andromeda, Perseus und das Dreieck aus dem Sternatlas von John Flamsteed (1725).
Library of Congress

gebeten, Kassiopeia zu strafen. Poseidon hatte daraufhin eine gewaltige Überschwemmung und das alles verschlingende Seeungeheuer Ketus geschickt. Das von Kepheus befragte Orakel versprach Befreiung, wenn Andromeda dem Ungeheuer geopfert würde. Als eine Art Kompromiß hatte Kepheus seine Tochter an ein Kliff gekettet.

Als Perseus vorbeiflog, kam gerade die Flut, die sie verschlingen sollte, aber »unmerklich ergreift ihn Feuer, er staunt, verhält und bricht vor dem Anblick des schönen Bildes«, wie Ovid schreibt. Perseus ließ sich für die Tötung des Ungeheuers die Hand der Andromeda versprechen, woraufhin er den Drachen nach heftigem Kampf mit seinem Zauberschwert erlegte. Um das Medusenhaupt zu schützen, hatte er es auf ein Algennest gelegt; die Algen wurden zu Stein, und so entstanden die Korallen.

Später merkte Perseus, daß auf Kepheus kein Verlaß war, denn der hatte seine Tochter schon seinem Bruder Phineus versprochen. Gerade als die Hochzeit von Perseus und Andromeda gefeiert werden sollte, tauchte Phineus mit seinem Heer auf. Aber Perseus entschied den Kampf für sich, indem er das Medusenhaupt hervorholte, bei dessen Anblick seine Feinde zu Stein wurden. Ein ähnliches Schicksal erwartete Atlas, einen der Titanen, der in die Gebirgskette verwandelt wurde, auf der das Himmelsgewölbe ruht, und auch Polydektes, der Zweifel darüber äußerte, ob Perseus den Kopf wirklich erbeutet habe und deshalb gezwungen war, das Beweismaterial anzuschauen. Schließlich übergab Perseus das Haupt der Göttin Athene, die es auf ihrem Schild verewigte.

Später, bei den Feierlichkeiten anläßlich der Beerdigung eines thessalonischen Königs, warf Perseus einen Diskus, der sich, vom Wind abgelenkt, in die Tribüne verirrte und einen Zuschauer traf, der daraufhin einen Herzschlag erlitt. Das war natürlich ausgerechnet sein Großvater, der alte König Akrisios. Die Prophezeiung hatte sich erfüllt.

Am Himmel ist Cassiopeia leicht zu finden. Alte Sternkarten zeigen das Sternbild als eine Königin, die auf ihrem Thron sitzt, aber ihre Gestalt läßt sich, je nach der Jahreszeit, besser als ein W oder M beschreiben. Das Sternbild umläuft den Polarstern, und deshalb steht Kassiopeia die Hälfte der Zeit auf dem Kopf – nach Meinung früher griechischer und römischer Dichter eine Strafe. Natürlich kreisen alle zirkumpolaren Sternbilder am Himmel in dieser Weise, aber aus irgendwelchen Gründen spielt die umgedrehte Stellung nur in der Mythologie der schönen eitlen Königin Kassiopeia eine Rolle.

Cepheus ist in der Nähe. Obwohl er in Sternkarten gewöhnlich als König dargestellt wird, ähnelt das Sternbild eher einem Haus von einem Fünfjährigen gezeichnet; die Dachspitze ist ganz nahe am Polarstern. Pegasus ist als riesiges Quadrat zu erkennen. Andromeda springt aus einer Ecke des Quadrats heraus und streckt sich Perseus entgegen, wo der Doppelstern Algol das schrecklich funkelnde Auge der Medusa darstellt.

Algol – der Teufelsstern, das Gespenst oder das Haupt der Medusa

Alte Himmelskarten zeigen Perseus, wie er, das Schwert in der Hand, das Schlangenhaupt der Medusa hochhält. Ihr funkelndes Auge ist der Bedeckungsveränderliche Algol. Die Bedeutung seines Namens leitet sich vom arabischen *al-ghul* her (ein Ghul ist ein unheilbringender Dämon). Die Bedeutung seines chinesischen Namens Tseih She ist noch schlimmer: »aufgehäufte Leichen«.

Die Veränderlichkeit des Sterns wurde von dem Astronomen John Goodricke (1764–1786) entdeckt. Goodricke war von Geburt an taubstumm, wurde als Sohn einer englischen Familie in Holland geboren und in England erzogen, wo ihn der Vater seines besten Freundes in der Beobachtung des Himmels anleitete. Eines Nachts, kurz nach seinem neunzehnten Geburtstag, sah Goodricke, daß Algol, normalerweise ein Stern zweiter Größe, so schwach war wie ein Stern vierter Größe.

Goodricke war nicht der erste, dem das auffiel; schon 1667 hatte Geminiano Montanari in Bologna dasselbe beobachtet, aber nicht weiterverfolgt. Nach fünf Monaten sorgfältiger Beobach-

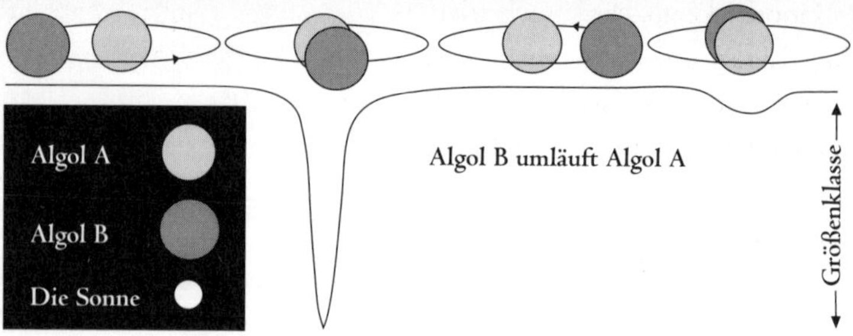

tung erkannte Goodricke das Muster. Der Stern wiederholt es alle zwei Tage, zwanzig Stunden, 48 Minuten und 56 Sekunden: Plötzlich wird er schwächer, und zehn Stunden später wieder heller.

Für dieses Verhalten von Algol, so dachte Goodricke, mußte ein unsichtbarer Begleiter verantwortlich sein, der dann, wenn er vor Algol vorbeizieht, das Licht blockiert und den Stern verdeckt. Die übrige Zeit ist das Licht konstant.

Goodrickes Deutung trifft zu. Obwohl Algol wie ein Lichtpunkt aussieht, gehört er, wie die meisten Sterne, zu einer Gruppe. Die beiden Hauptsterne, Algol A und Algol B, umlaufen einander in einer Entfernung von nur zehntausend Millionen Kilometern – das ist etwa ein Vierzehntel der Entfernung zwischen der Sonne und der Erde und so nah, daß die Sterne einander verformen können. Im Vergleich mit dem etwas größeren Algol B ist Algol A so hell – leuchtkräftiger als die Sonne –, daß Algol B dunkel erscheint. Wenn dieser »dunkle« Stern vor seinem Begleiter vorüberzieht, nimmt die Leuchtkraft des Systems auf einmal stark ab, aber wenn der helle Stern den »dunklen« verdeckt, sinkt die Leuchtkraft nur wenig.

Weniger als hundert Jahre nach Goodrickes frühem Tod – er starb mit 21 Jahren – stellte sich heraus, daß Algol nicht nur ein Doppelstern ist, sondern sogar ein Sternsystem mit mehreren Sternen, denn in 75 Millionen Kilometern Entfernung vom Hauptstern umläuft ein dritter Stern die beiden anderen ungefähr alle 22 Monate einmal. Ein noch fernerer vierter Stern braucht 188 Jahre für einen Umlauf um das Mehrfachsternsystem.

Goodricke machte noch viele andere Entdeckungen, darunter Beta Lyrae, ebenfalls ein bedeckungsveränderlicher Stern, der zu einem System gehört, das aus einem blauen Riesen, einem Roten Riesen und einem dazwischenliegenden Strom von Gas besteht, und Delta Cephei, ein pulsierender Stern, der so wichtig ist, daß eine ganze Kategorie von Sternen, die sogenannten Cepheiden, nach ihm benannt wurden. Goodrickes große Begabung wurde bald erkannt. Schon als Neunzehnjähriger erhielt er die Copley-Medaille der Royal Society und mit 21 Jahren wurde er zu ihrem Mitglied gewählt. Sein plötzlicher Tod zwei Wochen später wurde einer Lungenentzündung zugeschrieben, die er sich in der kalten Nachtluft zugezogen hatte.

Stella Mira, der wunderbare Stern

Zwar leuchten die meisten Sterne gleichmäßig, aber nicht alle. Erstaunlich viele von ihnen sind Veränderliche, deren Leuchtkraft so rasch anschwillt und nachläßt, daß sie zu blinken scheinen, oder sie stoßen große Teile ihrer Materie als Nebel aus, oder ihre Helligkeit wird durch rußige Wolken von Kohlenstoff in der Sternatmosphäre verdunkelt, oder sie explodieren. Einige Sterne sind so unförmig, daß sie heller aussehen, wenn wir ihre Längsseite sehen, und schwächer, wenn wir sie vom schmalen Ende her sehen. Einige Sterne flackern auf, wenn sie einem Begleitstern Materie abgesogen haben. Manche werden regelmäßig von ihren Partnern verdunkelt.

Der erste veränderliche Stern wurde am 13. August 1596 entdeckt, als David Fabricius (1564–1617) im Sternbild Walfisch einen Stern bemerkte, den er noch nie gesehen hatte. Fabricius, ein ostfriesischer Pfarrer und engagierter Amateurastronom, war mit Johannes Kepler und Tycho Brahe befreundet, der eine Supernova in Cassiopeia beobachtet hatte. Fabricius wußte also, daß Sterne sich verändern können. Vielleicht dachte er sogar, daß Omikron Ceti – diesen Namen erhielt der Stern 1603 von Johann Bayer – dieselbe Art Stern war, wie ihn Brahe 1572 so aufregend gefunden hatte.

Aber das stimmte nicht. Anders als Tychos Stern, eine Supernova, die einmal hell aufleuchtete und deren Leuchtkraft dann rasch abnahm, geht Omikron Ceti an und aus, wird im Turnus von elf Monaten ein- und abgeblendet. 1638, nach mehreren Jahren der Beobachtung hatte man seine regelmäßigen Veränderungen erkannt. Johannes Hevelius veröffentlichte 1662 ein Buch über ihn, dem er den Titel *Historiola mirae stellae* (Eine kurze Geschichte des wunderbaren Sterns) gab. Seitdem ist der veränderliche Stern im Sternbild Walfisch als Mira, wunderbarer Stern, bekannt.

Mira ist ein Roter Riese, so aufgeblasen und durchscheinend, daß er praktisch gar nicht da ist, einer der größten und kühlsten Sterne am Himmel. Während einer Periode von durchschnittlich 331 Tagen schwillt er von einem Stern, der nicht ganz so hell ist wie die Sonne, bis auf die 250fache Helligkeit an, bläst Staub und Gas weg und zieht sich wieder zusammen. In seinem schwächsten Zustand ist er ein Stern zehnter Größe, in seinem Maximum wird er gewöhnlich ein Stern zweiter Größe; Wilhelm Herschel sah ihn 1779 sogar so hell wie Aldebaran, einen Stern erster Größe. Gegen Ende des achtzehnten Jahrhunderts waren nur ein Dutzend Veränderliche von der Art Miras bekannt, heute jedoch kennen Astronomen buchstäblich Tausende, darunter einen mit einer Periode von dreitausend Tagen. Obwohl es so viele sind, hat noch keiner von ihnen je ein so helles Maximum erreicht wie ihr wunderbares Vorbild.

Orion

Du weißt, daß der Orion seitwärts aufgeht
Robert Frost, *Der Sternenspalter*

Wenn man ein exemplarisches Sternbild wählen müßte, wäre es Orion. Er hat alles, eine deutlich erkennbare Gestalt, eine aufregende Mythologie, leuchtende Sterne, prächtige Nebel.

In der griechischen Mythologie ist Orion, der Sohn des Meeresgottes Poseidon, ein Jäger, der eine Keule und ein Schild hält, um sich vor dem Stier zu schützen. Seine Hunde, der Große Hund (mit dem Hundsstern Sirius) und der Kleine Hund (mit dem hellen Stern Procyon) folgen ihm auf dem Fuß; sie gehen kurz nach dem großen Jäger auf, während noch Orions Todfeind, der Skorpion, am entgegengesetzten Ende des Himmels funkelt. Im alten China waren Orion und Skorpion Brüder, die soviel miteinander stritten, daß man sie trennen mußte.

Nach einer anderen Geschichte griff Orion einmal die Plejade Merope an, Tochter des Königs von Chios und Enkelin von Dionysos. Als ihr Vater davon erfuhr, blendete er Orion. Auf Anraten der Morgenröte, Eos, die sich in ihn verliebt hatte, holte er sich Rat bei Hephaistos, dem häßlichen Gott der Schmiede, dessen Gehilfe Kedalion ihm verriet, daß er wieder sehen könne, wenn die ersten Sonnenstrahlen seine Augen treffen würden. Orion, der wegen seiner Größe sogar durch Wasser waten konnte, setzte Kedalion kurzerhand auf seine Schulter und ließ sich von ihm den Weg zeigen. Als die Sonne über den Horizont kam, konnte Orion wieder sehen.

In der Mythologie der Hindu stellt das Sternbild Orion den Gott Prajapati dar, der Rohini begehrt, eine seiner siebenundzwanzig Töchter, die alle mit dem Mond verheiratet waren. Prajapati erzürnte den Stern Sirius so sehr, daß Sirius einen Pfeil auf ihn zielte und ihn in die Seite schoß. Am Himmel geht Rohini, die durch den Stern Aldebaran dargestellt wird, als erste auf, ihr folgt Prajapati, dessen drei mittleren Sterne den Pfeil darstellen. Sirius geht als letzter auf. Immer noch jagt er Prajapati.

Die drei Gürtelsterne haben auch eine eigene Geschichte. In Grönland sind sie drei Seehundjäger, die im Meer treiben, in Australien drei junge Männer, die von der Musik der Plejaden fasziniert sind, und in Argentinien kennt man sie als die drei Marien. Claude Lévi-Strauss erzählt eine südamerikanische Geschichte von drei Brüdern. Einer war verheiratet, die beiden anderen – einer schön, der andere häßlich – waren Junggesellen. Eines Tages ließ der schöne Junggeselle den häßlichen auf einen Baum klettern, um Früchte zu holen. Als sein Bruder hoch in den Zweigen war, erstach ihn der schöne mit einem Pfahl, schnitt ihm die Beine ab und warf sie als Fischfutter ins Wasser. Die Seele des häßlichen Bruders flog in den Himmel und wurde zum mittleren Gürtelstern. Die Beine wurden zu Katzenfischen und stiegen zum Himmel, wo sie als seitliche Gürtelsterne leuchten. Der schöne Bruder wurde in den Planeten Venus verwandelt, der verheiratete Bruder in den Sirius.

Von den 31 hellsten Sternen am Himmel sind fünf im Orion. Der Name des hellsten, Rigel, stammt vom arabischen Wort *ridschl* (Fuß). Er ist ein blauweißer Überriese in 910 Lichtjahren Entfernung, so hell wie 57 000 Sonnen, dessen Durchmesser neunzehnmal so groß ist wie der der Sonne. Irgendwann in den nächsten zwanzig Millionen Jahren sollte Rigel eine Supernova werden.

Beteigeuze wird schon früher explodieren, wahrscheinlich innerhalb weniger hunderttausend Jahre, also in astronomischen Maßstäben jeden Augenblick. Er ist ein pulsierender rotgelber veränderlicher Überriese, dessen Masse von etwa zwanzig Sonnenmassen sich über ein Volumen mit dem achthundertfachen Durchmesser der Sonne verteilt und aus so dünnem Gas besteht, daß er im wesentlichen ein Vakuum ist. Weil der Stern so groß ist, können die Astronomen seine Temperatur kartieren. Am kältesten ist sein nördlicher Pol.

Zu den anderen hellen Sternen gehören Bellatrix, was »Kriegerin« bedeutet, und die Sterne im Gürtel: Mintaka, Alnilam und der Dreifachstern Alnitak, arabische Namen, die »Gürtel«, »Perlengürtel« und »Gurt« bedeuten.

Von diesen drei Sternen hängt wie ein Schwert von einem Gürtel eine Reihe von Wunderwerken herab, zu denen der Orionnebel gehört, eine glühende Wolke mit einem Durchmesser von zwanzigtausend Lichtjahren, die Wilhelm Herschel als »einen unförmigen feurigen Nebel, die chaotische Materie zukünftiger Sonnen« beschrieb. Zu ihm gehören ungefähr tausend heiße junge Sterne, die alle innerhalb der letzten Millionen Jahre entstanden. Der Orionnebel ist also ein Brutkasten neuer Sterne, eingebettet in eine gewaltige Molekülwolke, die Wasser, Kohlendioxid und andere uns vertraute Stoffe enthält. Solche Ingredienzen führen unweigerlich zu Spekulationen. »Astronomen, die einst Hoyles Science-fiction-Roman *Die Schwarze Wolke*, in dem sich eine interstellare Wolke als lebendig erweist, als reine Phantasie abtaten, sind inzwischen bereit, ernsthaft die Frage zu erörtern, ob in interstellaren Wolken Leben entstehen könne«, schrieben die Astronomen Donald Goldsmith und Nathan Cohen. »Es könnte sich herausstellen – auch wenn das noch lange dauert –, daß sich im Orionnebel komplexe Moleküle auf eine Weise zusammengefunden haben, daß man (um milde zu spekulieren) von primitiven Lebensformen sprechen kann.«

Die Plejaden, das Siebengestirn

Borax der Dinosaurier streift durch
die Farnwedel unter Plejaden ...
Allen Ginsberg, »Iron Horse«

Eine überraschend reiche Sammlung von Geschichten und Legenden ist mit den Plejaden verknüpft, einem juwelengleichen Sternhaufen, der etwa 415 Lichtjahre von der Erde entfernt ist. Er leuchtet im Sternbild Stier an seiner Schulter. Vielen alten Kulturen zeigte dieses sogenannte Siebengestirn, von dem man nur sechs helle Sterne sieht, die Wende der Jahreszeiten an. Im Frühling ging es zur Morgendämmerung auf und gab den Beginn der Saatzeit an (oder im antiken Griechenland der Seefahrt). Im Herbst ging es auf, wenn die Sonne unterging und zeigte die Erntezeit oder die Regenzeit an – eine im Talmud erzählte Legende verknüpft die Plejaden mit der Sintflut. Und im November, wenn sie den höchsten Punkt am Nordhimmel um Mitternacht erreichten, führten die australischen Aborigines einen Tanz zur Feier des neuen Jahres und zu Ehren dieser Sterne auf. Die Plejaden sind mit fast jedem Festtag in Verbindung gebracht worden, sogar mit Allerheiligen, Halloween, dem mexikanischen Tag der Totenverehrung und einem üppigen Ritual der Azteken, deren 52jähriger Kalender seinen Höhepunkt mit einem Menschenopfer (das letzte Mal 1507) fand, das in dem Augenblick vollzogen wurde, in dem die Plejaden um Mitternacht im Zenit standen.

Die Geschichten über die Plejaden sind oft die Geschichte einer Flucht. So erzählen beispielsweise die Monache-Indianer in Zentralkalifornien eine Geschichte von sechs Frauen, die Zwiebeln fanden und, obwohl es ihren Männern nicht gefiel, nicht aufhören konnten, sie zu essen. Sowie die Männer auf die Jagd nach dem Puma gingen, kehrten die Frauen, eine von ihnen mit ihrem Säugling, auf die Felder zurück, um erneut ihren Heißhunger zu stillen. Als die Männer abends unverrichteter Dinge heimkamen, gaben sie den Frauen die Schuld an ihrem Mißgeschick und weigerten sich, bei ihnen zu schlafen. Die Frauen aßen weiter Zwiebeln, und als sie merkten, daß sie auch ohne die Männer leben konnten, entschlossen sie sich zur Flucht. Die älteste Frau warf ein Seil in die Luft und sprach ein Zauberwort, woraufhin die sechs Frauen und das Kind am Seil in den Himmel hinaufkletterten und zum Siebengestirn wurden. Als ihre Ehemänner das sahen, versuchten sie ihnen mit einem eigenen Seil zu folgen. Sie sind jetzt die sechs hellen Sterne, die Kopf und Hörner des Stiers bilden, Antares und die Hyaden.

Einige der Sterne der Plejaden.
National Optical Astronomy Observatories

In einer Geschichte, die die Onondaga-Indianer der Iroquois-Konföderation erzählten, waren die Plejaden eine Gruppe von Kindern, die ihren Eltern jeden Tag wegliefen, um an einem See zu tanzen. Eines Tages erschien ihnen ein Mann in einem Federmantel und warnte sie davor weiterzumachen. Sie aber strengten sich doppelt so sehr an und tanzten mit solcher Leidenschaft, daß sich ihre Körper vom Boden abhoben und sie in der Luft tanzten. Ihre Eltern konnten nichts anderes tun, als zuzusehen, wie sie immer höherstiegen. Als der Häuptling sie rief, schaute eines der Kinder nach unten und fiel als Sternschnuppe vom Himmel. Die anderen tanzten in den Himmel hinein und wurden die Plejaden.

In der griechischen Mythologie sind die Plejaden die sieben Töchter von Pleione und dem Riesen Atlas. Orion verliebte sich in sie und verfolgte sie. Zeus half ihnen zu entkommen, indem er sie zuerst in Tauben und dann in Sterne verwandelte. Eine andere Geschichte besagt, daß sie sich selbst töteten, als die Hyaden, ihre Halbschwestern, die über den Tod ihres Bruders Hyas untröstlich waren, in Sterne verwandelt wurden.

Es gibt keine überzeugende Erklärung dafür, warum so viele Geschichten von sieben Plejaden erzählen, obwohl man heute nur sechs helle Sterne sehen kann. Es ist auch unklar, warum so viele Geschichten von einer fehlenden Plejade erzählt werden. Vielleicht war Pleione, ein rasch rotierender Stern fünfter Größe, der als veränderlich bekannt ist, früher viel heller. Jedenfalls gibt es unendlich viele Geschichten dazu. In der oben erzählten Monache-Sage stellt der Säugling den schwächsten der Sterne dar. In der griechischen Mythologie ist die fehlende Plejade Merope, die sich anders als ihre Schwestern nicht mit einem Gott, sondern mit einem Sterblichen vermählte, und einem elenden dazu, nämlich Sisyphus, der dazu verdammt war, in alle Ewigkeit einen Fels einen Hügel hinaufzuwuchten, der sofort wieder herabrollte. Nach Ovid war das eine solche Demütigung, daß sie vor Scham ihr Haupt verhüllte. Der römische Dichter Hyginus behauptete, sie habe ihren Kopf gesenkt und sei ein Komet geworden, und ihre Haare seien der Schweif geworden. Jedenfalls ist sie verschwunden.

Vielleicht war die fehlende Plejade auch Elektra, die ihr Gesicht abwandte, um nicht sehen zu müssen, wie Troja verbrannte, oder Celaeno, der von einem Blitz getroffen wurde.

Die Plejaden werden oft als Gruppe von Frauen oder Kindern vorgestellt, die zum Himmel aufgestiegen sind. Gelegentlich wurden aber auch Gelehrte die Plejaden genannt. Im sechsten und siebten Jahrhundert vor Chr. waren die griechischen Sieben Weisen (der Astronom Thales gehörte dazu) als die philosophischen Plejaden bekannt. Im Lauf der Jahrhunderte gab es mehrere Gruppen, die diesen Namen trugen, darunter die *Pleias* im Alexandria des dritten Jahrhunderts vor Chr., zu der die sieben erfolgreichsten Tragiker gehörten, und *la grande Pléiade*, eine Dichterschule im Frankreich des sechzehnten Jahrhunderts, die die Dichtung nach antiken Vorbildern erneuern wollte.

Obwohl in diesem Haufen buchstäblich Hunderte von Sternen gezählt wurden, haben nur neun einen eigenen Namen – die sieben Schwestern, ihre Mutter Pleione und ihr Vater Atlas, der das Gewicht der Welt auf seinen Schultern trägt. Sie entstanden zusammen und sind so jung, daß die hellen, gutsichtbaren Sterne des spektralen Typs B immer noch in die verschwommenen Schleier der blauen Nebel gehüllt sind (siehe Abb. S. 461), in denen sie vor erst zwanzig bis fünfzig Millionen Jahren entstanden – viele Jahrtausende nach dem Aussterben der Dinosaurier. Also sind dem Motto dieses Abschnitts zum Trotz weder Hadrosaurus noch Velociraptor jemals unter den Plejaden umhergestreift.

Ursa Major und der Große Wagen

Mein Vater ward mit meiner Mutter einig unterm Drachenschwanz, und meine Nativität fiel unter ursa major; und so folgt denn, ich müsse rauh und verbuhlt sein.

William Shakespeare, *König Lear*

Die Sterne im Großen Bären, besonders die sieben, die wir den Großen Wagen nennen, werden nicht überall als Bär gesehen. Die alten Chinesen sahen sie als den Gott der Literatur und seine bürokratischen Diener. Die Ägypter sahen darin das Bein eines Stiers, die Sioux ein Stinktier, die Lappen ein Rentier, und die Araber stellten sich diese Sterne als eine Bahre vor, der drei trauernde Töchter folgen. Bei uns in Europa sah man diese Sterne, die sich um den Himmel drehen wie der Stundenzeiger um das Zifferblatt, als Pflug oder Wagen, der unter anderem Odin, König Arthur und Karl dem Großen zugeschrieben wurde.

Die Algonkin, die Zuni, die Eskimos und die alten Griechen jedoch sahen sie als einen Bären. Die griechischen Mythen erzählen, wie so oft, auch in diesem Zusammenhang von Liebesabenteuern des Gottes Zeus. Er begehrte eine Nymphe mit Namen Kallisto, die aber ihr Leben und ihre Jungfräulichkeit Artemis, der Göttin der Jagd und des Mondes, geweiht hatte. So verwandelte sich der Gott in Artemis und verführte Kallisto, die daraufhin einen Sohn Arcas gebar. Weil sie ihr Keuschheitsgelübde gebrochen hatte, wollten Artemis und die anderen Nymphen nichts mehr mit ihr zu tun haben, und Hera, die Gemahlin von Zeus, verwandelte Kallisto in einen Bären. In dieser Gestalt wanderte Kallisto jahrelang auf der Erde umher, bis sie eines Tages ihren Sohn Arcas erspähte, ihre Tiergestalt vergaß und lief, um ihn zu umarmen. Er aber zog erschreckt einen Pfeil, um auf sie zu schießen. In diesem Augenblick erschien Zeus, verwandelte Arcas in einen Bären und schleuderte beide an den Himmel, und zwar mit solcher Wucht, daß ihre Schwänze langgezogen wurden – und deshalb haben der Große und der Kleine Bär viel längere Schwänze, als man sie auf der Erde je an einem Bären gesehen hat.

»Aufschwoll Juno in Zorn«, schreibt Ovid. »Sie stieg hinauf zur ergrauten Tethys, dem greisen Meergott Oceanus«, und bittet: »Laßt in die bläuliche Tiefe die Sterne des Nordens nicht tauchen.« Ihrem Wunsch wurde entsprochen: Über Athen stand vor zwei- oder dreitausend Jahren keiner der Bären je so tief am Himmel, daß er das Wasser berühren konnte.

Auch Ureinwohner Nordamerikas sahen diese Sterne als Bären. Eine Erzählung aus dem Nordwesten beschreibt, was passierte, als der Coyote hörte, daß zwei seltsame Tiere am Himmel gesichtet worden seien. Zuerst überredete er seine fünf Wolfsbrüder, mit ihm gemeinsam der Sache auf den Grund zu gehen. Dann schoß er einen Pfeil in den Himmel und einen weiteren, der in den Schaft des ersten traf, und dann einen dritten, der im zweiten steckenblieb, und auf diese Weise entstand eine lange Kette von Pfeilen, die von der Erde bis zum Himmel reichte. Der Coyote und die Wölfe kletterten an ihr in den Himmel und sahen, daß die beiden Tiere Grizzlybären waren. Der Coyote kehrte sofort wieder um und nahm beim Hinunterklettern einen Pfeil nach dem anderen mit. Heute sind die beiden Bären noch immer am Himmel, und die fünf Wölfe auch (und ein Hund, der einem von ihnen gehört), weil sie alle von ihrem ehemaligen Freund am Himmel sitzengelassen wurden.

Die Irokesen und die kanadischen Micmac erzählen eine Geschichte, in der sie den Bären von Vögeln gejagt sehen. Die Sterne des eigentlichen Wagens stellen den Bären dar. Der erste Deichselstern stellt ein Rotkehlchen dar, der zweite, eigentlich ein Doppelstern, eine Meise, die einen Topf trägt, in dem sie den Bär kochen will, und der letzte Deichselstern und vier helle Sterne im Sternbild Bootes sind weitere Vögel. Die Jagd beginnt im Frühling, wenn der Bär hoch am Himmel steht. Im Lauf des Jahres umrundet der Bär den Polarstern und kommt dem Horizont immer näher, und die Vögel folgen ihm. Im Herbst, wenn Ursa Major nahe am Horizont ist, geben die vier Vögel in Bootes (der jetzt unter den Horizont taucht) die Jagd auf. Aber das Rotkehlchen zielt einen Pfeil auf den Bären und verwundet ihn. Das Blut spritzt überall hin, färbt die Brust des Rotkehlchens und auch die Blätter der Bäume. Der Bär stirbt, aber sein Geist lebt weiter, und im Frühling, wenn die Welt wieder zum Leben erwacht, erwacht auch der Bär aus seinem Winterschlaf, und die Jagd beginnt aufs neue.

Der Große Bär ist viel größer als der Große Wagen, der eigentlich nur ein Teil, eine Sterngruppe des größeren Sternbilds ist. Der Große Wagen stellt Schwanz und Hinterbeine des Großen Bären dar. Drei seiner Sterne sind besonders berühmt; die beiden hinteren Sterne des Kastens, Dubhe (auf arabisch »Bär«) und Merak, weil eine Gerade durch sie fast genau zum Polarstern zeigt, und der mittlere Deichselstern, weil er der am einfachsten zu erkennende Mehrfachstern ist; Mizar, der hellere Partner, ist ein Stern zweiter Größe, während Alkor ein Stern vierter Größe ist. (In einer der oben erzählten amerikanischen Sternsagen stellt Alkor den Hund eines der Wolfsbrüder dar, in der anderen ist er der Topf, in dem die Meise den Bären kochen will.) Englische Sterngucker sahen die beiden Sterne als Pferd und Reiter, und da Alkor und Mizar den mittleren Deichselstern bilden, nannte man Alkor dort auch »Jack auf dem mittleren Pferd«. Ein persischer Dichter des dreizehnten Jahrhunderts beschreibt den Doppelstern als Augenprüfer; wer gute Augen hat, kann seine beiden Komponenten unterscheiden.

Jetzt

Später

Entgegen dem Augenschein gehören die Sterne im Großen Wagen nicht zur selben Gruppe, und sie bilden auch nicht immer dieselbe Figur. Die mittleren fünf Sterne bewegen sich gemeinsam, werden aber nicht immer von den Sternen an den beiden Enden begleitet, die sich in andere Richtungen bewegen. In hunderttausend Jahren wird er seine Gestalt verändert haben. Der Wagen wird allmählich flacher, die jetzt sanft gebogene Deichsel erhält einen Knick, und das am besten erkennbare Sternbild wird nicht mehr so sehr einem Wagen ähneln. Seine Ähnlichkeit mit einem Bären wird so stark sein wie eh und je.

Verschwundene Sternbilder

Die 84 namentlich bekannten Sternbilder sind von einer Aura klassischer Beständigkeit umgeben. Aber das täuscht. Ptolemäus gibt 48 Konstellationen an, die also mit Recht klassisch genannt werden können; die anderen wurden in den letzten Jahrhunderten erfunden. Tycho Brahe fügte 1590 Coma Berenices hinzu, Johann Bayer beschrieb in seinem illustrierten Himmelsatlas von 1603 elf weitere Sternbilder. Das Kreuz des Südens kam 1679 hinzu. Elisabeth Hevelius, die Witwe des Danziger Astronomen Johann Hevelius, erstellte 1690 einen Katalog, in dem sie elf neue Konstellationen beschrieb, darunter die Eidechse, Lacerta, und Scutum, Sobieskis Schild.

Aber viele Sternbilder schieden auch wieder aus. Zu den verworfenen gehören:

- Antinoos, keine mythische, sondern eine historische Gestalt, segelte 130 nach Christus mit seinem Geliebten, dem Kaiser Hadrian, auf dem Nil und ertrank, was entweder ein Unfall war oder ein Selbstmord, den er beging, um einen Orakelspruch zu erfüllen und damit Hadrian zu retten. Zu seinem Gedächtnis gründete Hadrian die Stadt Antinoupolis, und Ptolemäus nannte zwei Jahrzehnte später einen Teil des Sternbilds Adler Antinoos. Er wurde auf einem Sternglobus von 1551 dargestellt, von Tycho Brahe als Sternbild erwähnt und schließlich wieder abgeschafft.

- Der Stier des Poniatowski (Taurus Poniatowski), der 1777 zu Ehren des polnischen Königs Stanislaw II. Augustus Poniatowski erfunden wurde. Er ist heute Teil des Ophiuchus, des Schlangenträgers.

- Eine Reihe von Konstellationen, die technische Errungenschaften priesen und von Johann Elert Bode vorgeschlagen wurden, darunter Herschels Teleskop (Telescopium Herschelii), der Ballon (Globus Aerostaticus), die Elektrische Maschine (Machina Electrica) und die Druckerpresse (Officiana Typographica). Die Bezeichnungen dieser Sternbilder könnten einem zu profan vorkommen, aber der Himmel ist voll solcher Gebilde. Viele wurden 1752 von Nicolas Louis de Lacaille vorgeschlagen, dessen Karten des Südhimmels unter anderem die heute noch verwendeten Sternbilder Teleskop, Mikroskop, Bildhauer (Sculptor), Chemischer Ofen (Fornax), Oktant, Pendeluhr, Luftpumpe (Antlia) und eine schwache Konstellation aufweisen, die ursprünglich Reticulus Rhomboidalis hieß und jetzt einfach Netz genannt wird.

- Noctua, Eule, die wie ihr Vorgänger Turdus Solitarius (einsame Nachtigall) aus den Himmelskarten verschwand.

- Die Flüsse Tigris und Jordan, die niemals wirklich aufgenommen wurden.

- Lilium (Lilie) und Cerberus (eine dreiköpfige Schlange, kein Hund), die beide im siebzehnten Jahrhundert abgeschafft wurden.

- Tarandus (Rentier), ein untergegangenes Sternbild aus dem achtzehnten Jahrhundert.

- Felis (Katze), ein Sternbild, für das sich Joseph Jérôme Le Français de Lalande einsetzte, das in *Uranometria* und in Bodes Sternkarte von 1801 dargestellt ist und aus unverständlichen Gründen verworfen wurde.

Obwohl die meisten Kommentatoren nur widerstrebend neue Sternbilder aufnahmen, hegten einige von ihnen großartige Pläne. So versuchte beispielsweise Erhard Weigel 1688, den ganzen Himmel neu zu ordnen, und zwar mit Hilfe eines heraldischen Motivs, das die Herrscherfamilien Europas ehren sollte. Aber kein Versuch war ehrgeiziger als der von Julius Schiller, einem frommen Katholiken, der die Sterne kurz vor seinem Tode als »Christliche Sternbilder« neu ordnete. Er erhielt etwas Unterstützung von Johann Bayer, aber Bayer starb 1625 und Schiller 1627. Damit fiel die Verantwortung für den himmlischen Katechismus Jakob Bartsch zu,

Heilige im Himmel.
American Museum of Natural History

Schwiegersohn Keplers, der für die Veröffentlichung der neuen Karten sorgte. In diesem System wurde Aries zum Apostel Petrus, der Stier zum Apostel Andreas, Orion verwandelte sich in Joseph, Perseus wurde Paulus getauft, Cassiopeia wurde zu Maria Magdalena, der Große Wagen zum Boot des Petrus und so weiter.

Keines dieser Sternbilder hatte Bestand.

Die ursprünglichen achtundvierzig Sternbilder

Von den von Ptolemäus beschriebenen Sternbildern sind heute bis auf eines noch alle bekannt.

Andromeda
Aquarius Wassermann
Aquila Adler
Ara Altar
*Argo Navis** das Schiff Argo
Aries Widder
Auriga Fuhrmann
Bootes Bärenhüter
Cancer Krebs
Canis Major Großer Hund
Canis Minor Kleiner Hund
Capricornus Steinbock
Cassiopeia Kassiopeia
Centaurus Kentaur
Cepheus Kepheus
Cetus Walfisch
Corona Australis Südliche Krone
Corona Borealis Nördliche Krone
Corvus Rabe
Crater Becher
Cygnus Schwan
Delphinus Delphin
Draco Drachen
Equuleus Füllen
Eridanus
Gemini Zwillinge
Hercules Herkules
Hydra Wasserschlange
Leo Löwe
Lepus Hase
Libra Waage
Lupus Wolf
Lyra Leier
Ophiuchus Schlangenträger
Orion
Pegasus
Perseus
Pisces Fische
Piscis Austrinus Südlicher Fisch
Sagitta Pfeil
Sagittarius Schütze
Scorpius Skorpion
Serpens Schlange
Taurus Stier
Triangulum Dreieck
Ursa Major Großer Bär
Ursa Minor Kleiner Bär
Virgo Jungfrau

* *Argo Navis, das Schiff der Argonauten, wurde um 1750 in seine Bestandteile zerlegt: Carina (Kiel), Puppis (Rumpf), Pyxis (Kompaß) und Vela (Segel).*

Himmelskunst

Es liegt auf der Hand, daß es durchaus nicht genügt, weiße Punkte auf ein blaues Schwarz zu setzen, wenn man einen gestirnten Himmel malen will.
Vincent van Gogh

Warum schenken bildende Künstler dem Sternhimmel nur selten ihre Aufmerksamkeit? Das galt, jedenfalls früher, nicht für Architekten und Innenausstatter, wie die Geschichte der Dekkengemälde bezeugt: Ein über zweitausend Jahre altes Grab aus der chinesischen Han-Dynastie ist mit einer pastellfarbenen Himmelskarte verziert, die die Milchstraße und den Großen Wagen zeigt; die alten Griechen bemalten konkave Decken mit Himmelskarten; die byzantinischen Mosaike in Ravenna zeigen einen nachtblauen Himmel, der mit Hunderten von goldenen Sternen übersät ist; eine Decke in der Farnesina in Rom zeigt Sternbilder aus dem Horoskop des am 1. Dezember 1466 geborenen römischen Bankiers Agostino Chigi; die Grand Central Station in Manhattan in New York ist berühmt, weil die Sternbilder auf der hohen Decke in der Haupthalle versehentlich seitenverkehrt sind. Man kann die Sternbilder auch mit Leuchtfarbe an die eigene Schlafzimmerdecke malen.

Wenn man aber durch ein Museum geht und nach Bildern von Sternen sucht, wird man unweigerlich enttäuscht. Man findet Himmel voller Engelsorchester, Wolken, Tauben und gelegentlich einmal Regenbogen, Sonne, Vollmond und die schmale Mondsichel (während die einseitig bucklige Phase selten ist) und den Weihnachtsstern. Aber einen Sternhimmel? Orion? Die Milchstraße? Diese einfachen Wunder, die in vielen Nächten sichtbar sind, wurden überraschend selten gemalt. Künstler schauen anscheinend nicht nach oben.

Glücklicherweise gibt es Ausnahmen:

- Die unbekannten Erschaffer der Bayeux-Teppiche, die ein Bild des Halleyschen Kometen von 1066 stickten.

- Der Florentiner Maler Giotto di Bondone (1266–1337), der den Halleyschen Kometen auf ein Fresko an der Wand der Scrovegni-Kapelle in Padua malte.

- Die Gebrüder Limburg, Paul, Herrmann und Jan (oder Jannequin), die im fünfzehnten Jahrhundert die üppigen Miniaturen in dem illustrierten Stundenbuch schufen, das als *Les trés riches heures du Duc de Berry* bekannt ist. Sie zeichneten nicht nur schmückende Sterne in die astrologischen Halbkreise, die ihre monatlichen Kalenderszenen krönten, sondern auch einen Sternhimmel mit Meteoren, eine düstere Szene vom Tod Christi, die zeigt, wie sich Sonne und Mond verfinstern, und in einem kleinen Medaillon einen verwunderten Astronomen, der die himmlischen Zeichen beobachtet.

- Albrecht Dürer (1471–1528), der neben vielen astronomischen Motiven zwei detaillierte Himmelskarten schuf, in denen ein Mathematiker 1515 die Sterne an die richtigen Stellen gesetzt hatte. Dürer zeichnete die mythologischen Gestalten, die in der Folge unter anderem von Johannes Bayer in seinem einflußreichen Himmelsatlas *Uranometria* kopiert wurde. Später schuf Dürer für einen auf Ptolemäus beruhenden Sternkatalog 48 Zeichnungen der einzelnen Sternbilder.

- Mathias Grünewald (etwa 1480–1528), der Christus inmitten von Sternen und einem Regenbogen malte, in einem anderen Gemälde einige Sterne und in einer kleinen Kreuzigungsszene einen sternübersäten Himmel mit einer sich verfinsternden Sonne, von der man heute annimmt, daß er dazu von einer

Sonnenfinsternis angeregt wurde, die am 1. Oktober 1502 in Deutschland sichtbar war.

- Tintoretto (1518–1594), ein Venezianer, der sich gut in der Mythologie des Himmels auskannte. »Die Entstehung der Milchstraße«, die in der Nationalgalerie in London hängt, zeigt Zeus, wie er Hera den Säugling Herkules gibt, damit sie ihn stillt; aus ihrer Brust strömen Milch und Sterne, was ihn unsterblich machen würde. Auch zwischen den Engeln in dem um 1588 gemalten »Paradies« sind Flecken eines Sternhimmels zu erkennen.

- Adam Elsheimer (1578–1610), der seine »Flucht nach Ägypten« 1609, kurz nach der Erfindung des Fernrohrs malte. Es zeigt eine Mondsichel, Sternbilder und eine sternreiche Milchstraße und läßt vermuten, daß Elsheimer sogar in Rom von den Entdeckungen Galileis gehört hatte. Seine Sternbilder sind zwar relativ zum Mond nicht am richtigen Ort, aber er versuchte doch, einen realistischen Himmel zu malen.

- Donato Creti (1671–1749), ein Italiener, der eine Reihe von Landschaften schuf, die heute in den Museen des Vatikans hängen. Sterngucker mit und ohne Fernrohr beobachten die Mondsichel, Jupiter und seine Monde, den Saturn mit seinen Ringen und einen glühenden Kometen, der in der Dämmerung in den Horizont eintaucht.

- Caspar David Friedrich (1774–1840), der in einigen seiner bedeutendsten Bilder den Mond und den nächtlichen Himmel malte; zum Beispiel »Zwei Männer in Betrachtung des Mondes« und »Mondaufgang am Meer«.

- Thomas Cole (1801–1848), ein Amerikaner, der hochromantische Ölbilder malte. Seine Landschaft »Mondlicht« zeigt einen glühenden Vollmond vor einem Hintergrund sorgfältig angeordneter Sterne, von denen einige rötlich schimmern.

- Honoré Daumier (1808–1879), der für seine beißende Ironie berühmt ist, schuf unter seinen gesellschaftskritischen Zeichnungen einige berühmte Karrikaturen von Astronomen.

- Jean-François Millet (1814–1875), der keine Sterne malte, aber doch in einem Bild einen vollfarbigen Regenbogen und in einem anderen eine Mondsichel malte.

- Eduard Manet (1832–1883), der gelegentlich Sterne über seine Himmel verstreute, wie in dem dumpfen »Mondlicht über dem Hafen von Boulogne«.

- Henri Rousseau (1844–1910), der seine Himmel mit Doppeldeckern, Luftschiffen, Ballons, Sonnen, Monden und in seiner

»Die Sternennacht« von Vincent van Gogh (1889).
Sammlung des Museum of Modern Art, New York

berühmten »Schlafenden Zigeunerin« (1897) mit einigen Sternen versah.

- Wassily Kandinsky (1866–1944), der in einem seiner Bücher eine Photographie eines Kugelhaufens veröffentlichte. Seine Gemälde, etwa »Mehrere Kreise« (1926), lassen an ein bewegtes Sonnensystem und Spiralnebel denken.

- František Kupka (1871–1957), ein Mystiker, dessen abstrakte Gemälde, darunter »Der erste Schritt« und »Newtonsche Scheiben«, Himmelskörper in Bewegung darzustellen scheinen.

- Diego Rivera (1886–1957), der sein astronomisches Wissen in dem Wandfresko darstellte, das er für das Rockefeller Center schuf. Das Werk war fast vollendet, als das Portrait Lenins in dem Fresko in der Öffentlichkeit eine Flut hysterischer Äußerungen auslöste (»Rivera verewigt Szenen kommunistischer Aktivitäten auf der Wand des Rockefeller Centers und Rockefeller zahlt«, lautete eine Schlagzeile). Rivera erhielt Hausverbot, Rockefeller entzog ihm seine Unterstützung, und im Februar 1934 wurde das Fresko von der Wand geschlagen. Nach seiner Zerstörung schuf Rivera das Kunstwerk in Mexiko noch einmal. Es zeigt den Menschen im Schnittpunkt zweier Ellipsen, von denen eine die Lebewesen darstellt und eine den Kosmos mit Sternen, Planeten, Sonnensystemen, Kometen, Nebeln, Spiralgalaxien und einem Stern mit Hammer und Sichel.

- Joseph Cornell (1903–1973), der in seinen Collagen oft Himmelsphotographien verwandte.

- Auch andere Künstler des zwanzigsten Jahrhunderts haben gelegentlich Sterne und Bilder des Himmels gemalt. Unter ihnen Paul Klee, Joan Miró, Maxfield Parrish, Giorgia O'Keeffe und, noch neueren Datums, Billy Al Bengtson, Vija Celmins und Betye Saar. Der Concept-Künstler James Turrell ist dafür bekannt, daß er den tatsächlichen Sternhimmel zum Fokus seiner transzendenten Erdarbeiten macht, die er in der Wüste von Arizona erschafft.

Vor allem ein Maler verdient Anerkennung dafür, daß er in den Himmel schaute und bemerkte, daß Sterne Muster bilden und daß diese Muster – die Sternbilder – ein Teil der Landschaft sind. Die »Sternennacht über der Rhône«, die Vincent van Gogh in dem produktiven Jahr 1888 malte, zeigt über dem Fluß den Großen Wagen. Die »Terrasse des Cafés an der Place du Forum in Arles am Abend« leuchtet unter dem Sternbild Aquarius. Und seine berühmte »Sternennacht« (1889) stellt nach Meinung des Kunstgeschichtlers Albert Boime von der University of California in Los Angeles das Sternbild Widder dar (in diesem Tierkreiszeichen wurde van Gogh geboren). In seinen Gemälden sind die Sterne keine Punkte, sondern Bahnen, keine Dekorationen, sondern schwere Kugeln, um die herum der Himmel wirbelt.

Van Gogh hat die Sterne nicht nur angeschaut, sondern sie waren ein Teil seiner geistigen Landschaft, und er stellte sie sich selbst dann vor, wenn er Interieurs malte wie das Porträt des Dichters Eugéne Boch. Er schrieb: »Hinter dem Kopf male ich nicht die gewöhnliche Wand des gewöhnlichen Raums, sondern die Unendlichkeit, einen schlichten Hintergrund des reichsten, stärksten, intensivsten Blaus, das ich zustande bringe, und durch diese einfache Kombination von hellem Kopf und dem reichen blauen Hintergrund erhalte ich eine geheimnisvolle Wirkung wie ein Stern in den Tiefen eines azurnen Himmels.«

Er dachte über Sterne nach, wie man sie malt, was sie bedeuten. »Warum, frage ich mich, sollten uns die leuchtenden Punkte am Himmelsgewölbe weniger zugänglich sein als die schwarzen Punkte auf der Karte von Frankreich?« schrieb er in einem Brief an seinen Bruder Theo. »Wie wir den Zug nehmen, um nach Tarascon oder nach Rouen zu fahren, so nehmen wir den Tod, um auf einen Stern zu gelangen. An diesem Gedankengang ist eines sicher wahr: Solange wir am Leben sind, können wir uns nicht auf einen Stern begeben, ebensowenig wie wir den Zug nehmen können, wenn wir tot sind. Jedenfalls scheint es mir nicht unmöglich, daß Cholera,

Nierensteine, Schwindsucht, Krebs himmlische Beförderungsmittel sind, so wie Dampfschiff, Omnibus und Eisenbahn irdische sind. Ruhig an Altersschwäche sterben hieße dann zu Fuß hingehen.« Im Werk Vincent van Goghs, einer bedrängten Seele, füllten die Sterne den Himmel.

Welches Schauspiel bot sich ihnen, als sie, zuerst der Gastgeber, dann der Gast, schweigend, doppelt dunkel, aus der Finsternis eines hinter dem Haus herführenden Weges im Halbschatten des Gartens auftauchten?

Der Himmelsbaum der Sterne, behangen mit feuchter nachtblauer Frucht.

James Joyce, *Ulysses*

Glossar

Absolute (Helligkeits-) Größe
ein Maß für die von der Entfernung unabhängige Leuchtkraft eines Sterns. Es gibt an, wie hell ein Stern erschiene, wenn er zehn Parsec *oder* 32,6 Lichtjahre *von der Erde entfernt wäre. (Siehe auch* Größenklasse.*)*

Akkretionsscheibe
eine Scheibe aus Gas und anderer Materie, die einen zentralen Stern oder ein Schwarzes Loch umläuft.

Antimaterie
Materie, die aus Antiteilchen besteht, die dieselbe Masse *haben wie gewöhnliche Teilchen, aber entgegengesetzt geladen sind. Das Antiteilchen des negativ geladenen* Elektrons, *das Antielektron oder Positron, ist also positiv geladen. Neutrale Teilchen und ihre Antiteilchen unterscheiden sich auf andere Weise; manchmal sind sie auch nicht unterscheidbar. Bei Berührung von Materie und Antimaterie zerstrahlen beide Komponenten.*

Asteroide
kleine Brocken von Gestein und Metall, die die Sonne umlaufen. Man nennt sie auch Planetoide.

Astronomische Einheit (AE)
die mittlere Entfernung der Erde von der Sonne. Sie beträgt etwa hundertfünfzig Millionen Kilometer.

Astrophysik
die Anwendung der Prinzipien und Konzepte der Physik auf Himmelskörper und Vorgänge im Weltall, wie zum Beispiel der vier Grundkräfte, der Elementarteilchen oder auch der Schwarzen Löcher.

Balkengalaxie
eine Spiralgalaxie, *etwa die Milchstraße, in deren Zentralbereich sich die Sterne in Form eines Balkens ansammeln.*

Bedeckungsveränderliche
Doppelsterne, *deren Bahnebene etwa in*

unserer Blickrichtung liegt, so daß ihre Komponenten sich gegenseitig regelmäßig, ganz oder teilweise bedecken (siehe Abb. S. 454).

Blauverschiebung
die Veränderung der Wellenlänge, wenn sich ein Objekt dem Beobachter nähert. Beim Näherkommen werden seine Strahlungswellen zusammengedrängt oder verkürzt, was sie zum blauen Ende des elektromagnetischen Spektrums *hin verschiebt. (Siehe auch* Doppler-Effekt.*)*

Bok-Globul
ein dichter, runder, dunkler Nebel, hinter dem sich ein Protostern *verbergen könnte (siehe Abb. S. 264).*

Brauner Zwerg
ein kleiner, relativ massearmer Körper, der auch durch Kontraktion in seinem Inneren nicht heiß genug wird, um eine Kernverschmelzung oder Fusion *auszulösen, der also kein Stern werden kann.*

Cassinische Teilung
die 1675 entdeckte scheinbare Lücke zwischen zwei Hauptringen des Saturns, die jedoch tatsächlich von vielen kleinen Ringen erfüllt ist.

Cepheiden
periodisch veränderliche Sterne, *gelbe Riesen und* Überriesen, *deren* absolute Helligkeitsgröße *direkt proportional zur Periode ihrer Leuchtkraftveränderung ist; dieser Sterntyp dient deshalb als* Standardkerze *zur Messung von Entfernungen im Universum (siehe Abb. S. 309).*

Chandrasekhar-Grenze
die unüberschreitbare Höchstmasse eines Weißen Zwergs, *etwa 1,4 Sonnenmassen. Beim Kollaps noch größerer Massen kommt es zur Bildung eines* Neutronensterns *oder eines* Schwarzen Lochs.

Chondrit
ein Steinmeteorit, der von kleinen runden Silikatkügelchen durchsetzt ist.

Coma
die dünne, sich ständig erneuernde, gasförmige Atmosphäre, die den Kern eines Kometen *einhüllt.*

Doppelstern
zwei Sterne, die ihren gemeinsamen Massenschwerpunkt umkreisen.

Doppler-Effekt
die Änderung der Wellenlänge von Licht (oder anderer Strahlung), die sich ergibt, wenn sich die Lichtquelle relativ zum Empfänger bewegt. Wenn ein Objekt sich dem Beobachter nähert, werden seine Wellen im wesentlichen zusammengedrängt, wodurch sie kürzer und hochfrequenter werden. Wenn ein Objekt sich entfernt, werden seine Wellen im wesentlichen gedehnt, wodurch sie länger und niederfrequenter werden. Dieser Effekt wurde nach dem österreichischen Physiker Christian Doppler (1803–1853) benannt, der erklärte, warum der Pfeifton eines Zugs höher klingt, wenn sich der Zug nähert, und tiefer, wenn er sich entfernt. Ein verwandter Vorgang führt dazu, daß Licht zum blauen, kurzwelligeren Ende des elektromagnetischen

Spektrums *hin verschoben erscheint, wenn die Quelle sich der Erde nähert, während Licht zum roten, langwelligeren Ende verschoben erscheint, wenn die Quelle sich entfernt.*

Dunkelnebel
eine dunkle interstellare Gas- und Staubwolke, die das Licht entfernterer Sterne absorbiert (siehe Abb. S. 266).

Dunkle Materie
unbekannte, unsichtbare Materie, deren Existenz man aufgrund ihrer Gravitationswirkung *vermutet. Man nimmt an, daß sie mindestens neunzig Prozent der schweren* Masse *des Universums ausmacht.*

Eigenbewegung
die immer sehr kleine Verschiebung eines Sterns am Himmel, die durch seine Bewegung in der Galaxie *verursacht wird.*

Einstein-Ring
ein optischer Effekt, der auftritt, wenn das Licht einer sehr hellen, aber sehr weit entfernten punktförmigen Quelle (Quasar, Galaxie, *Stern) auf dem Weg zu uns durch eine auf diesem Weg befindliche Massenkonzentration* (Galaxie, *Stern geringer Leuchtkraft) gerade so abgelenkt wird, daß ein Kreuz oder im Idealfall ein kreisförmiges Bild der entfernten Lichtquelle entsteht (siehe Abb. S. 338).*

Ekliptik
die Bahn, die die Sonne am Himmel jährlich vor den Sternen des Tierkreises zu durchlaufen scheint, also auch – spiegelbildlich – die Bahn der Erde um die Sonne.

Elektromagnetisches Spektrum
der volle Bereich der Wellenlängen, von den längsten, den Radiowellen, *über* Mikrowellen, Infrarotstrahlen, *sichtbares Licht,* Ultraviolettstrahlen, Röntgenstrahlen *bis zu den* Gammastrahlen, *die am kürzesten sind.*

Elektromagnetische Wechselwirkung
eine der vier Grundkräfte der Natur. Sie bestimmt die Kräfte zwischen elektrischen Ladungen und bindet die Elektronen *in der Atomhülle an die Protonen des Atomkerns. Die systematische Strömung von Teilchen gleicher Ladung ist der elektrische Strom, der die alleinige Ursache des magnetischen Feldes und seiner Kraftwirkung ist.*

Elektron
ein leichtes, negativ geladenes, subatomares Teilchen.

Ellipse
eine geschlossene, ovale Kurve, die entsteht, wenn man einen Kreiskegel auf einer schrägen Ebene durchschneidet (siehe Abb. S. 85).

Elliptische Galaxie
eine Galaxie *ohne Spiralarme, deren Form elliptisch ist und die vor allem aus alten Sternen und relativ wenig Staub und Gas besteht (siehe Abb. S. 345).*

Ereignishorizont
die ein Schwarzes Loch *einhüllende Grenzfläche, auf der die* Schwerkraft *so stark wird, daß nichts, nicht einmal Licht, entweichen kann.*

Fluchtgeschwindigkeit
die Mindestgeschwindigkeit, die nötig ist, um der Schwerkraft *eines Sterns oder Planeten zu entkommen. Um der Erde zu entkommen, muß man eine Fluchtgeschwindigkeit von 11,2 Kilometer pro Sekunde erreichen.*

Fusion
der Kernprozeß, durch den zwei Atomkerne unter Freisetzung von viel Energie zu einem schwereren Kern verschmelzen.

Galaktischer Halo
eine kugelförmige Wolke aus Sternen und Sternhaufen, die die Milchstraße umgibt.

Galaxie
eine Ansammlung von vielen Millionen oder Milliarden Sternen, die durch die Schwerkraft *zusammengehalten werden. Unsere* Milchstraße, *hat mit ihren hundert Milliarden Sternen einen Durchmesser von etwa achtzigtausend bis hunderttausend* Lichtjahren. *(Siehe Abb. S. 347.)*

Gammastrahlen
die Form elektromagnetischer Strahlung, die die größte Energie und die kürzesten Wellenlängen hat.

Gravitation,
Gravitationswechselwirkung
die durch die Masse *bedingte Anziehungskraft zwischen zwei Objekten, eine der vier Grundkräfte der Natur. Die anderen sind die starke Wechselwirkung, die schwache Wechselwirkung und die elektromagnetische Wechselwirkung. Wenn die Gravitationswechselwirkung auch im Bereich eines Atomkerns gegenüber den anderen Kräften verschwindend klein ist, so hat sie doch im Gegensatz zu diesen eine begrenzte Reichweite und bestimmt so die Struktur des Universums.*

Gravitationslinseneffekt
*der optische Effekt der Krümmung des Raumes, die sich in der Umgebung einer großen Massenkonzentration (*Galaxie, *Galaxiehaufen, Stern) aus Einsteins allgemeiner* Relativitätstheorie *ergibt. Diese Raumkrümmung kann das Licht einer entfernten Quelle, die für uns gerade hinter der Massenkonzentration steht, so ablenken, daß für uns mehrfache Spiegelbilder der entfernten Lichtquelle in der Nähe der Massenkonzentration auftauchen. (Siehe auch* Einstein-Ring, *Abb. S. 338.)*

Größenklasse
ein Maß für die Helligkeit der Sterne. Die Zählung der Größenklassen schreitet von den hellsten zu den schwächsten fort und zwar von Größenklasse zu Größenklasse um jeweils genau einen Faktor 0,4; fünf Größenklassen entsprechen einer Verminderung auf ein Prozent. Es gibt die absolute *und die* scheinbare Größe *bzw. Helligkeit.*

Halo
Lichterscheinungen in Form von Flecken, Bögen, Ringen, die durch Spiegelung oder Brechung des Lichts an Eiskristallen in der Atmosphäre entstehen.

Hauptreihe
die lange Phase im Leben eines Sterns, in der er seine Energie aus der Umwandlung von

Wasserstoff in Helium bezieht; auch der diagonale Streifen auf dem Hertzsprung-Russell-Diagramm, *der sich von heißen, hellen Sternen in der oberen linken Ecke zu kühlen, schwachen Sternen unten rechts erstreckt (siehe Abb. S. 270 und 273).*

Hertzsprung-Russell-Diagramm
eine Karte, in die die Sterne gemäß ihrer absoluten Helligkeit *(senkrechte Koordinate wachsend nach oben) und ihrer Farbe oder Temperatur (waagerechte Koordinate wachsend von rechts nach links) eingetragen werden (siehe Abb. S. 270 und 273).*

Hubble-Effekt
die von Edwin Powell Hubble gegebene Deutung der Rotverschiebung *ferner* Galaxien *als allgemeine Expansion des Weltalls, in dem sich Galaxien um so rascher von uns (bzw. voneinander) entfernen, je weiter sie von uns (bzw. voneinander) entfernt sind.*

Hubble-Konstante
die universelle Expansionsrate des Weltalls gemessen in Kilometer pro Sekunde und pro eine Million Parsec *Entfernung. Der Wert der Hubble-Konstanten liegt nach heutigen Bestimmungen zwischen sechzig und neunzig. Der Kehrwert ist eine Zeit, die mit dem seit dem* Urknall *vergangenen Alter der Welt eng zusammenhängt.*

Inflationstheorie
eine Theorie, wonach sich das Universum für eine kurze Zeitspanne unmittelbar nach dem Urknall *außerordentlich rasch ausdehnte.*

Infrarotlicht
Strahlung mit Wellenlängen, die etwas länger sind als die des sichtbaren Lichts (sie ist deshalb mit dem bloßen Auge nicht beobachtbar).

Komet
ein kleiner, nur kilometergroßer Klumpen aus Eis und Staub, der eine Bahn um die Sonne beschreibt. Wenn ein Komet der Sonne nahe kommt, verdampft das Eis an der Oberfläche des Klumpens und reißt auch den freigesetzten Staub mit. Das Gas wird dann vom Sonnenwind *in einen geraden Schweif geblasen, während der Staub vom Lichtdruck der Sonne in einen gekrümmten Schweif gedrückt wird. Beide Schweife weisen also von der Sonne weg. (Siehe Abb. S. 243.)*

Konstellation
siehe Sternbild

Korona
die äußersten Teile der Sonnenatmosphäre, die bei einer totalen Sonnenfinsternis sichtbar werden (siehe Abb. S. 39 und 100).

Kosmische Hintergrundstrahlung
Strahlung, die im Urknall *entstand und jetzt frei das Universum durchdringt, seit 300 000 Jahre nach dem Urknall das Universum durchsichtig wurde. Damals hatte diese Strahlung zunächst die Oberflächentemperatur eines heutigen Sterns. Sie gelangte inzwischen durch* Rotverschiebung *in den Mikrowellenbereich, und ihre Temperatur beträgt heute -270,85 Grad Celsius (das heißt*

sie liegt nur noch 2,7 Grad über dem absoluten Nullpunkt).

Kosmologie
die Erforschung der Entwicklung und Struktur des Universums.

Kosmologische Konstante
eine Größe, die Einstein in seine Gleichungen einführte, um eine stabile Lösung seiner Feldgleichungen zu erhalten, also ein Modell des Universums, das sich weder ausdehnt noch zusammenzieht.

Kugelhaufen
eine kugelförmige Ansammlung von Sternen, zu der einige hunderttausend bis zu einigen Millionen Sterne gehören können; Kugelhaufen finden sich vor allem im galaktischen Halo *(siehe Abb. S. 322).*

Lichtjahr
die Strecke, die Licht in einem Jahr zurücklegt, etwa 9,5 Billionen Kilometer.

Lokale Gruppe
der kleine Galaxienhaufen, zu dem die Milchstraße *und der Andromedanebel gehören (siehe Abb. S. 329).*

Magellansche Wolken
zwei kleine Begleiter der Milchstraße, *nur auf der Südhalbkugel sichtbare kleine* Galaxien.

Masse
die Gesamtmenge der Materie eines Objekts. (Ein Objekt hat auch dann eine Masse, wenn es, wie etwa ein die Erde umrundender Astronaut, gewichtslos ist.)

Meteor
eine Sternschnuppe, die entsteht, wenn ein Teilchen, oft Staub aus der Bahn eines Kometen, *durch die Erdatmosphäre saust und dabei durch Reibung bis zur Weißglut erhitzt wird und verdampft.*

Meteorit
ein Stück Materie, oft von einem Asteroiden, das groß genug ist, den Fall durch die Erdatmosphäre bis zum Erdboden zu überstehen.

Mikrowellen
elektromagnetische Strahlung, deren Wellen länger sind als die von infrarotem Licht, *aber kürzer als* Radiowellen. *Sie werden auch als kurzwellige Radiostrahlung betrachtet.*

Milchstraße
unsere Galaxie, *auch die Ebene der* Galaxie, *die wir am Himmel als schwach leuchtenden Strom von Sternen sehen.*

Nebel
eine diffuse Wolke aus interstellarem Staub und Gas. In einigen Nebeln entstehen neue Sterne, andere Nebel, so etwa der Krebsnebel, entstehen, wenn ein sterbender Stern als Supernova explodiert. (Siehe Abb. S. 35, 263, 264, 266, 272, 296, 298, 445.)

Neutrino
ein Elementarteilchen, das wenig oder keine Masse hat. Neutrinos treten praktisch mit

nichts in Wechselwirkung und können auch uns einfach so durchlaufen.

Neutronenstern
ein kleiner, dichter Stern, der etwa so groß ist wie München, der aber fast ausschließlich aus dicht gepackten Neutronen besteht und mehr Masse *hat als die Sonne. Ein Neutronenstern entsteht in einer* Supernova.

Nova
ein Stern, dessen Helligkeit plötzlich um das Tausendfache zunimmt, was vermutlich dadurch verursacht wird, daß ein Weißer Zwerg *in einem* Doppelsternsystem *seinem Begleiter unverbrauchte Materie wegnimmt, die auf dem* Weißen Zwerg *explosionsartig Fusion von Wasserstoff zu Helium auslösen kann.*

Oortsche Wolke
eine sphärische Wolke von Kometen, *von der man annimmt, daß sie das Sonnensystem umgibt.*

Parallaxe
die scheinbare Verschiebung der Position eines Körpers, die eintritt, wenn der Beobachter seine Lage ändert. Der Effekt läßt sich leicht demonstrieren, indem man seinen Daumen in Armlänge zuerst mit dem einen, dann mit dem anderen Auge ansieht. Der Daumen scheint sich gegenüber dem Hintergrund zu verschieben, weil die Lage der Augen etwas unterschiedlich ist. In der Astronomie ergeben sich unterschiedliche Beobachtungsorte, wenn die Erde sich an entgegengesetzten Punkten ihrer Bahn um die Sonne befindet. (Siehe Abb. 426.)

Parsec
eine Entfernungseinheit, die etwa 3,26 Lichtjahre *oder etwa 31 Billionen Kilometer beträgt. Ein Stern in dieser Entfernung hat gerade eine* Parallaxe *von einer Bogensekunde.*

Photosphäre
die sichtbare Oberfläche der Sonne oder auch eines Sterns.

Planetarische Nebel
leuchtende Gasschale, die von einem sterbenden Stern beim Übergang vom Stadium eines Roten Riesen *zu einem* Weißen Zwerg *ausgestoßen wird. Durch ein kleines Teleskop sieht ein planetarischer* Nebel *so rund und grünlich aus wie ein Planet, sonst aber hat er keine Ähnlichkeit mit einem Planeten. (Siehe Abb. S. 272.)*

Protostern
eine kollabierende Staub- und Gasmasse, die zu einem Stern wird (siehe Abb. S. 264).

Pulsar
ein rasch rotierender Neutronenstern, *der* Radiowellen *ausschickt (siehe Abb. S. 287).*

Quark
ein Elementarteilchen, das sich mit anderen Quarks verbindet und andere Elementarteilchen, einschließlich von Protonen und Neutronen bildet. Protonen und Neutronen beispielsweise bestehen aus je drei verschiedenen Quarks.

Quasar
ein sehr fernes, äußerst leuchtkräftiges Objekt, das sternähnlich aussieht und hundertmal heller strahlt als eine gewöhnliche Galaxie. Man vermutet, daß ein Quasar der Kern einer aktiven Galaxie ist, in deren Mitte sich ein Schwarzes Loch befindet.

Radiogalaxie
eine aktive Galaxie, die starke Radiostrahlung aussendet.

Radiowellen
die langwelligste Form elektromagnetischer Strahlung.

Refraktor
ein Teleskop, das Licht mit Hilfe einer Glaslinse sammelt und fokussiert.

Relativitätstheorie
Einsteins Relativitätstheorie. Nach der 1905 veröffentlichten speziellen Relativitätstheorie ist die Lichtgeschwindigkeit konstant und für alle Beobachter gleich, und Energie und Masse sind äquivalent ($E = m^2$). Die 1915 veröffentlichte allgemeine Relativitätstheorie verknüpft die Schwerkraft mit der Krümmung des Raums und dem Verstreichen der Zeit.

Retrograde Bewegung
der gelegentlich auftretende, scheinbar rückläufige, nach Westen gerichtete Drift eines Planeten entgegengesetzt zur gewöhnlichen Bewegung der Planeten von Westen nach Osten (siehe Abb. S. 68).

Röntgenstrahlung
eine energiereiche Form der elektromagnetischen Strahlung, deren Wellen kürzer sind als die von ultraviolettem Licht, aber länger als Gammastrahlen.

Roter Riese
ein großer, an der Oberfläche kühler, leuchtkräftiger Stern, der entsteht, wenn ein Stern die Hauptreihe verläßt und sich ausdehnt (siehe Abb. 270).

Rotverschiebung
eine Veränderung der Wellenlänge, die sich dann ergibt, wenn ein Körper sich entfernt, was die Strahlung des Objekts langwelliger werden läßt und zum roten Ende des Spektrums hin verschiebt. Eine große Rotverschiebung läßt darauf schließen, daß der Körper sich rasch entfernt und, falls es sich um eine Galaxie handelt, sehr weit entfernt ist. (Siehe auch Doppler-Effekt, Hubble-Effekt.)

RR-Lyrae-Veränderliche
regelmäßig veränderliche Riesensterne mit Perioden von weniger als einem Tag, die gewöhnlich in Kugelhaufen und anderen alten Sternsystemen gefunden werden; als Standardkerzen bekannter Leuchtkraft dienen sie zur Entfernungsbestimmung dieser Sternhaufen.

Scheinbare (Helligkeits-)Größe
ein Maß dafür, wie hell ein Stern von der Erde aus gesehen erscheint (siehe auch absolute Größe, Größenklasse).

Schwache Wechselwirkung
eine der vier Grundkräfte der Natur. Sie ist verantwortlich für den radioaktiven Zerfall zahlreicher Atome sowie auch des Neutrons.

Schwarzer Zwerg
die Sternenasche, die übrigbleibt, wenn ein Weißer Zwerg *aufgehört hat zu leuchten.*

Schwarzes Loch
ein Objekt, im allgemeinen ein vollständig kollabierter Stern, dessen Schwerkraft *so stark ist, daß ihm nichts, nicht einmal Licht, entweichen kann (siehe Abb. S. 290).*

Schwerkraft
siehe Gravitation, Gravitationswechselwirkung

Singularität
ein Punkt, in dem eine physikalische Zustandsgröße unendlich wird, zum Beispiel der Punkt unendlicher Dichte in der Mitte eines Schwarzen Lochs.

Sonnenfleck
ein relativ kühler Bereich auf der Oberfläche der Sonne, in dem das Magnetfeld besonders stark ist (siehe Abb. S. 84, 86).

Sonnensystem
die Sonne mit allem, was sie umkreist, einschließlich der Planeten und ihrer Monde, den Asteroiden *und den* Kometen.

Sonnenwind
ein von der Sonne ständig ausgehender Strom aus Protonen und Elektronen.

Spiegelteleskop
ein Teleskop, das Licht mit Hilfe eines gekrümmten Spiegels sammelt und fokussiert.

Spiralgalaxie oder Spiralnebel
eine Galaxie *mit einer* zentralen Ausbuchtung *aus alten Sternen, die von einer flachen Scheibe umgeben ist, in der jüngere Sterne, Staub und Gas spiralförmig angeordnet sind. Oft ist sie eingebettet in einem Halo* dunkler Materie. *(Siehe Abb. S. 343, 347, 348.)*

Standardkerze
ein Himmelskörper, dessen absolute Helligkeit *bekannt ist und der deshalb zur Entfernungsbestimmung genutzt werden kann.*

Starke Wechselwirkung
die Kraft, die Quarks *zusammenhält und Protonen und Neutronen in Kernen bindet; eine der vier Grundkräfte der Natur.*

Sternbild
eine Anordnung von Sternen am Himmel, die ein leichterkennbares Muster zu bilden scheinen.

Superhaufen
ein Haufen von Galaxienhaufen (siehe Abb. S. 352).

Supernova
ein explodierender Stern, der den größten Teil seiner Masse *wegschleudert und dabei so hell wird, daß er für kurze Zeit seine ganze* Galaxie *überstrahlen und wie ein neuer Stern am Himmel aussehen kann (siehe Abb. S. 281, 282, 287, 298).*

Überriese
ein sehr großer, extrem leuchtkräftiger Stern.

Ultraviolettstrahlung
elektromagnetische Strahlung, *deren Wellen kürzer sind als die des sichtbaren Lichts, aber länger als die von* Röntgenlicht. *Ultraviolettstrahlung kann die Erdatmosphäre nicht durchdringen und muß deshalb im Weltraum außerhalb der letzteren gemessen werden.*

Urknall
der Moment der Explosion vor etwa zehn bis zwanzig Milliarden Jahren, in dem die Entwicklung des Raums von einem heißen, dichten Zustand zu dem heute existierenden Universum begann.

Veränderlicher, veränderlicher Stern
ein Stern, dessen Helligkeit sich verändert.

Weißer Zwerg
ein kleiner dichter Stern, der entsteht, wenn ein gewöhnlicher Stern seinen Kernbrennstoff erschöpft hat.

Wurmloch
ein enger Tunnel, der theoretisch von einem Schwarzen Loch *in ein anderes Universum führte.*

Zentrale Ausbuchtung
eine Kugel von lauter Sternen, die das Zentrum einer Spiralgalaxie *einhüllen* *(siehe Abb. S. 343, 347).*

Weiterführende Literatur

Aschenbach, Bernd, Hermann-Michael Hahn und Joachim Trümper, *Der unsichtbare Himmel. Astronomie mit ROSAT,* Berlin 1996

Asimov, Isaac und Janet Asimov, *Kosmos und Materie. Wissenschaft an der Schwelle zum dritten Jahrtausend,* München 1995

Barrow, John D. und Joseph Silk, *Die linke Hand der Schöpfung. Der Ursprung des Universums,* Heidelberg 1995

Bertotti, Bruno, R. Balbinot, S. Bergia und A. Messina (Hg.), *Moderm Cosmology in Retrospect,* Cambridge 1990

Brandt, John C. und Robert D. Chapman, *Rendezvous im Weltraum. Die Erforschung der Kometen,* Berlin 1994

Bucky, Peter A., *Der private Albert Einstein. Gespräche über Gott, die Menschen und die Bombe,* Düsseldorf/München 1993

Bührke, Thomas, *Newtons Apfel. Sternstunden der Physik von Galilei bis Lise Meitner,* München 1997

Burkert, Andreas und Rudolf Kippenhahn, *Die Milchstraße,* München 1996

Der Sternenhimmel 1998. Astronomisches Jahrbuch für Sternfreunde für alle Tage des Jahres zum Beobachten mit bloßem Auge, Feldstecher und Fernrohr, hg. von Emst Hügli, Hans Roth und Karl Städeli, Berlin 1997

Digest: Astrophysik, Spektrum der Wissenschaft, Sonderheft, 1996

Ditfurth, Hoimar von, *Im Anfang war der Wasserstoff,* München 1997

Drake, Frank und Dava Sobel, *Signale von anderen Welten. Mit dem NASA-SETI-Projekt auf der Suche nach fremden Intelligenzen,* München 1998

Dressler, Alan, *Reise zum Großen Attraktor. Die Erforschung der Galaxien,* Reinbek 1996

dtv-Atlas zur Astronomie. Tafeln und Texte, hg. von Joachim Herrmann, München 1990

Einstein, Albert und Mileva Maric, *Am Sonntag küss ich Dich mündlich. Die Liebesbriefe 1897–1903,* hg. von Jürgen Renn und Robert Schulmann, Mitwirkung von Armin Hermann, München 1998

Engelhardt, Wolfgang, *Planeten, Monde und Kometen,* Darmstadt 1990

Fasching, Gerhard, *Sternbilder und ihre Mythen,* Berlin/Heidelberg 1998

Ders., *Verlorene Wirklichkeiten. Über die ungewollte Erosion unseres Denkraumes durch Naturwissenschaft und Technik,* Berlin/Heidelberg 1996

Ferguson, Kitty, *Das Universum des Stephen W. Hawking,* eine Biographie, Düsseldorf/München 1992

Ferris, Timothy, *Galaxien,* Berlin 1992

Ders., *Das intelligente Universum. Ein Blick zurück auf die Erde,* Berlin 1992

Ders., *Das Weltall und ich. Eine unterhaltsame Einführung in die neuen Wissenschaften von Mensch, Erde und Kosmos,* Frankfurt a. M. 1998

Field, George B. und Eric J. Chaisson, *Das unsichtbare Universum. An den Grenzen der modernen Astrophysik,* hg. von Bernhard P. Koch, Berlin 1990

Fischer, Daniel, *Mission Jupiter. Die spektakuläre Reise der Raumsonde Galileo,* Berlin 1998

Fischer, Daniel und Hilmar Duerbeck, *Hubble. Ein neues Fenster zum All,* Berlin 1995

Fölsing, Albrecht, *Albert Einstein. Eine Biographie,* Frankfurt a. M. 1993

Gamov, George, *Mr. Tompkins' seltsame Reisen durch Kosmos und Mikrokosmos,* hg. von Roman U. Sexl, Wiesbaden 1993

Gärtner, Heinz, *Er durchbrach die Schranken des Himmels. Das Leben des Friedrich Wilhelm Herschel,* Leipzig 1996

Goldsmith, Donald, *Die Jagd nach dem Leben auf dem Mars. Fakten – Hintergründe – Perspektiven,* München 1998

Gribbin, John, *Am Anfang war ... Neues vom Urknall und der Evolution des Kosmos,* Berlin 1995

Ders., *Die erste Genesis. Gott, die Zeit und der Urknall,* München 1995

Gribbin, John und Martin Rees, *Ein Universum nach Maß. Bedingungen unserer Existenz,* Frankfurt a. M. 1994

Hamel, Jürgen, *Geschichte der Astronomie. Von den Anfängen bis zur Gegenwart,* Berlin 1998

Ders., *Nicolaus Copernicus. Leben, Werk und Wirkung,* Heidelberg 1994

Hawking, Stephen W., *Anfang oder Ende?,* München 1994

Ders., *Eine kurze Geschichte der Zeit. Die Suche nach der Urkraft des Universums,* Reinbek 1998

Ders., *Die illustrierte kurze Geschichte der Zeit,* Reinbek 1997

Ders., *Stephen Hawkings kurze Geschichte der Zeit. Ein Wissenschaftler und sein Werk,* hg. von Gene Stone, Reinbek 1992

Hermann, Armin, *Einstein. Der Weltweise und sein Jahrhundert,* eine Biographie, München 1994

Herrmann, Joachim, *Das große Lexikon der Astronomie. Grundbegriffe, Geschichte, Biographien, Neueste Ergebnisse der Weltraumforschung von A–Z,* München 1997
Ders., *Wörterbuch zur Astronomie,* München 1996
Hoyle, Fred, *Kosmische Katastrophen und der Ursprung der Religion,* Frankfurt a. M. 1997
Kippenhahn, Rudolf, *Abenteuer Weltall,* Stuttgart 1991
Ders., *Hundert Milliarden Sonnen. Geburt, Leben und Tod der Sterne,* München 1993
Lang, Kenneth R., *Die Sonne, Stern unserer Erde,* Berlin/Heidelberg 1996
Lang, Kenneth R. und Charles A. Whitney, *Planeten, Wanderer im All. Satelliten fotografieren und erforschen neue Welten im Sonnensystem,* Berlin/Heidelberg 1993
Lightman, Alan, *Und immer wieder die Zeit. Einstein's Dreams,* Hamburg 1996
Longair, Malcolm S., *Das erklärte Universum,* Berlin/Heidelberg 1998
Mason, Stephen F., *Geschichte der Naturwissenschaft,* Mitwirkung von Klaus M. Meyer-Abich und Bemhard Sticker, Bassum 1997
Meyers Handbuch Weltall, Mitwirkung u. a. von Joachim Krautter, Erwin Sedlmayr, Karl Schaifers und Gerhard Traving, Mannheim/Leipzig 1994
Morrison, David, *Planetenwelten. Eine Entdeckungsreise durch das Sonnensystem,* Heidelberg 1995
Morrison, Philip und Phylis Morrison, *Zehn hoch. Dimensionen zwischen Quarks und Galaxien,* Mitwirkung von Charles Eames und Ray Eames, Heidelberg 1987
Overbye, Dennis, *Das Echo des Urknalls. Kernfragen der modernen Kosmologie,* München 1993
Pais, Abraham, *Ich vertraue auf Intuition. Der andere Albert Einstein,* Heidelberg 1995
Rees, Martin, *Vor dem Anfang. Eine Geschichte des Universums,* Frankfurt a. M. 1998
Regis, Ed, *Einstein, Goedel & Co,* Berlin 1989
Ridpath, Ian und Wil Tirion, *Der große Kosmos-Himmelsführer. Der nördliche und südliche Sternenhimmel,* Stuttgart 1987
Rowan-Robinson, Michael, *Das Flüstern des Urknalls. Die verschlüsselten Botschaften vom Anfang des Universums,* Frankfurt a. M. 1997
Ders., *Das Universum der Sterne. Himmelsbeobachtungen und Streifzüge durch die moderne Astronomie,* Heidelberg 1992
Sagan, Carl, *Blauer Punkt im All. Unsere Zukunft im Kosmos,* München 1996
Ders., *Signale der Erde. Unser Planet stellt sich vor,* Mitwirkung u. a. von Frank Drake, Ann Druyan und Timothy Ferris, München 1980
Ders., *Unser Kosmos. Eine Reise durch das Weltall,* München 1989
Schneider, Reto U., *Planetenjäger. Die aufregende Entwicklung fremder Welten,* Berlin 1997
Silk, Joseph, *Die Geschichte des Kosmos. Vom Urknall bis zum Universum der Zukunft,* Heidelberg 1996
Ders., *Der Urknall. Die Geburt des Universums,* Berlin 1990

Sky & Telescope: The Essential Magazine of Astronomy, hg. von Leif. J. Robinson, seit 1941

Sterne und Weltraum. Zeitschrift für Astronomie, hg. von Hans Elsässer, Werner Pfau, Günter D. Roth, Anneliese Schnell und Erich Übelacker, seit 1962, seit 1997 vereinigt mit *Die Sterne. Zeitschrift für alle Bereiche der Himmelskunde*

Strassmeier, Klaus G., *Aktive Sterne. Laboratorien der solaren Astrophysik,* Berlin/Heidelberg 1997

Superstrings. Eine allumfassende Theorie der Natur in der Diskussion, hg. von Paul Davies und Julian R. Brown, München 1996

Trefil, James, *Fünf Gründe, warum es die Welt nicht geben kann. Die Astrophysik der Dunklen Materie,* Reinbek 1992

Ders., *Lauter Gründe, warum die Welt ganz anders ist. Die Rätsel des Kosmos, die Grenzen des Wissens,* München 1998

Voigt, Hans-Heinrich, *Das Universum. Planeten – Sterne – Galaxien,* Stuttgart 1994

Weinberg, Steven, *Der Traum von der Einheit des Universums,* München 1993

Ders., *Die ersten drei Minuten. Der Ursprung des Universums,* München 1997

Wilson, Colin, *Phänomen Omega. Faszination des Unbekannten. Rätsel des Universums,* Würzburg 1998

Personenregister

Sachregister

Danksagungen

Von den vielen Menschen, denen ich Dank und Anerkennung schulde, möchte ich besonders John Winokur erwähnen; er war von Anfang bis Ende hilfreich, fürsorglich, aufmunternd und ermutigend. Auch Reid Boates hat mich enorm unterstützt. Ich danke meiner Mutter Hannah Berman, die die Zeichnungen auf den Seiten 226 und 355 anfertigte, meiner verstorbenen Tante Beatrice Wachtler, Sharon Bronte, Fernando Téson, Sandra Kitt und David Roth vom Hayden Planetarium, Gillian Speeth, die viele Photos besorgte, Ashton Applewhite, Pamela Dorman, Susan Elia, Amy Hill und Paris Wald, Bob Cornet, Michael Gott, Ava Guss, Margo Kaufman, Barry Kerner, Diana Rico, Bill Scharfman, RitaSue Siegal, Karen Shannon und Frank Wechsler. Und viele Wissenschaftler haben mir geholfen; besonders danken möchte ich Dr. Michael Rich von der Columbia University, der seine Zeit und sein umfassendes Wissen großzügig zur Verfügung stellte. Alle verbliebenen Fehler sind meine eigenen.

Die Originalausgabe erschien 1994 unter dem Titel
The Friendly Guide to the Universe:
A Down-to-Earth Toir of Space, Time,
and the Wonders of the Cosmos
bei Viking Pinguin, New York

Die Deutsche Bibliothek – CIP-Einheitsaufnahme
Hathaway, Nancy: Wie alt ist die Sonne, und wie weit weg sind die Sterne? Ein Begeleiter durch Raum, Zeit und die Wunder des Weltalls / Nancy Hathaway. Aus dem Amerikan. von Anita Ehlers. – München: Limes, 1998
Einheitssacht.: The Friendly Guide to the Universe <dt.>
ISBN 3-8090-3014-7

1 2 3 4 01 00 99 98

Gesetzt von Greiner & Reichel, Köln
Druck und Bindung: Pustet, Regensburg

ISBN 3-8090-3014-7